ALEXANDER NEBENDAHL

Zur Kontrolle von Wasserentgelten

Schriften zum Deutschen und Europäischen Infrastrukturrecht

Herausgegeben von Markus Ludwigs und Patrick Hilbert

Band 27

Zur Kontrolle von Wasserentgelten

Eine systematische Analyse und Gegenüberstellung der Kontrollmechanismen von Wassergebühren und Wasserpreisen

Von

Alexander Nebendahl

Duncker & Humblot · Berlin

Die Juristenfakultät der Universität Leipzig hat diese Arbeit
im Jahre 2024 als Dissertation angenommen

Bibliografische Information der Deutschen Nationalbibliothek

Die Deutsche Nationalbibliothek verzeichnet diese Publikation in der Deutschen Nationalbibliografie; detaillierte bibliografische Daten sind im Internet über http://dnb.d-nb.de abrufbar.

Satz: 3w+p GmbH, Rimpar
Druck: CPI books GmbH, Leck
Printed in Germany

ISSN 2198-0632
ISBN 978-3-428-19360-8 (Print)
ISBN 978-3-428-59360-6 (E-Book)
Gedruckt auf alterungsbeständigem (säurefreiem) Papier
entsprechend ISO 9706 ♾

Internet: http://www.duncker-humblot.de

Vorwort

Die vorliegende Arbeit wurde im Sommersemester 2024 von der Juristenfakultät der Universität Leipzig als Dissertation angenommen. Die Disputation fand am 3. Juli 2024 statt.

Großer Dank gilt meinem Doktorvater Herrn Prof. Dr. Hubertus Gersdorf für die hervorragende Betreuung, die wertvollen Anregungen und die stete Unterstützung in jeder Phase der Bearbeitung. Darüber hinaus danke ich Herrn Prof. Dr. Jochen Mohr für die zügige Erstellung des Zweitgutachtens. Beiden danke ich für die äußerst angenehme Gestaltung der Disputation.

Mein besonderer Dank gilt meinen Eltern, Ulrike und Dr. Cay Nebendahl, für die großzügige und immerwährende Förderung meiner Ausbildung. Ihnen sei diese Arbeit gewidmet.

Berlin, im August 2024 *Alexander Nebendahl*

Inhaltsverzeichnis

A. Einleitung

I. Die Wasserversorgung in Deutschland

Mit einem Wasserdargebot von 188 Milliarden Kubikmeter zählt Deutschland zu den wasserreichen Ländern der Welt.[1] Das Wasserdargebot setzt sich aus der Menge an Grund- und Oberflächenwasser, das pro Jahr durch Niederschläge, abzüglich Verdunstung, und durch Zufluss aus den Nachbarstaaten theoretisch verfügbar ist, zusammen.[2] Insgesamt verbleiben 86,7 % der jährlichen Wassermenge ungenutzt, nur 2,7 % des genutzten Wasservorkommens werden durch die öffentliche Wasserversorgung verbraucht; der Rest entfällt auf die Energieversorgung (7,2 %), Bergbau verarbeitendes Gewerbe (3,2 %) sowie die Landwirtschaft (0,2 %).[3]

Nach Angaben des Umweltbundesamtes gibt es in Deutschland 5.729 Wasserversorgungsunternehmen,[4] dabei stehen einer Vielzahl von kleinen Wasserversorgungsunternehmen eine kleine Anzahl großer Versorgungsunternehmen gegenüber.[5] Im Vergleich mit anderen europäischen Staaten zeigt sich, dass der deutsche Trinkwassermarkt mit seiner Anzahl an Wasserversorgungsunternehmen deutlich kleinteiliger aufgeteilt ist. So entfallen in Deutschland auf eine Million Einwohner ca. 88 Wasserversorger, wohingegen sich diese Zahl in den Niederlanden auf lediglich 4,4, in Italien auf 2,3, im Vereinigten Königreich auf 0,7 und in Frankreich auf nur 0,13 beläuft.[6]

Mithin gilt der Trinkwassermarkt – insbesondere im europäischen Vergleich – als fragmentiert.[7] Dieser in absoluten Zahlen nachdrücklich auffallende Umstand lässt sich in Teilen durch den in § 50 Abs. 2 Wasserhaushaltsgesetz (WHG) normierten

---

[1] *Bundesministerium für Umwelt, Naturschutz und nukleare Sicherheit*, Wasserwirtschaft in Deutschland, 2017, S. 29, 51 (Abbildung 17), abrufbar unter: https://www.umweltbundesamt.de/sites/default/files/medien/1410/publikationen/uba_wasserwirtschaft_in_deutschland_2017_web_aktualisiert.pdf (zuletzt aufgerufen am 17. 4. 2023).

[2] *Bundesministerium für Umwelt, Naturschutz und nukleare Sicherheit*, Wasserwirtschaft in Deutschland, 2017, S. 29.

[3] *Bundesministerium für Umwelt, Naturschutz und nukleare Sicherheit*, Wasserwirtschaft in Deutschland, 2017, S. 51, die Zahlen beziehen sich auf das Jahr 2013.

[4] *Umweltbundesamt*, Öffentliche Wasserversorgung, abrufbar unter: https://www.umweltbundesamt.de/daten/wasser/wasserwirtschaft/oeffentliche-wasserversorgung#grundwasser-ist-wichtigste-trinkwasserressource (zuletzt aufgerufen am 17. 4. 2023).

[5] *Scholl*, in: Immenga/Mestmäcker, 6. Aufl. 2020, GWB, § 31 Rn. 10; *Sauer/Stecker*, ZögU 2003, 259, 260.

[6] *Sauer/Stecker*, ZögU 2003, 259, 260.

[7] *Monopolkommission*, 18. Hauptgutachten 2008/2009, S. 49.

Grundsatz der ortsnahen Wasserversorgung erklären. Danach ist der Wasserbedarf der öffentlichen Wasserversorgung vorrangig aus ortsnahen Wasservorkommen zu decken, soweit nicht überwiegende Gründe des Wohls der Allgemeinheit entgegenstehen. Solche überwiegenden Gründe des Allgemeinwohls liegen vor allem dann vor, wenn eine ausreichende Wassermenge in Ortsnähe nicht zur Verfügung steht oder nicht mit vertretbarem Aufwand sichergestellt werden kann. Der Zweck des Grundsatzes der ortsnahen Wasserversorgung liegt insbesondere in einem verantwortungsbewussten Umgang und damit Schutz regionaler Ressourcen[8], um so einen flächendeckenden Grundwasserschutz zu verwirklichen.[9] Außerdem wird so eine Überforderung der schützenswerten Wasservorkommen verhindert[10] und das Wasser als Lebensquelle bestmöglich behütet. Schließlich werden durch eine ortsnahe Wasserversorgung die mit dem Wassertransport einhergehenden Gefahren und unerwünschten Nebenwirkungen, wie die Verunreinigung des Trinkwassers oder der Energieverbrauch durch Pumpeneinsatz, minimiert.[11] Letztlich wird durch den Grundsatz der ortsnahen Wasserversorgung eine „Selbstdisziplinierung aus Selbstinteresse“ angestrebt, da so die Wasserversorgung negativ beeinflussende Entscheidungen (zum Beispiel zum Bau von Industrie-, und Gewerbeanlagen oder Großbauprojekten) nur getroffen werden (sollen), wenn die – aufgrund der räumlichen Nähe der Entscheidenden – Bereitschaft zum Tragen der Konsequenzen besteht.[12]

II. Monopole im Wassermarkt als Problem?

Die Wasserversorgung in Deutschland ist monopolisiert. Die Monopolstellung der Wasserversorgungsunternehmen ergibt sich zum einen faktisch aus der Ortsgebundenheit der Leitungsnetze, das heißt fehlenden Leitungsverbindungen zu benachbarten Leitungsnetzen und zum anderen aus rechtlichen Vorgaben zu Anschluss- und Benutzungszwängen in der jeweiligen Gebietskörperschaft.[13] Die Stellung als Monopolist wird durch verschiedenartige Faktoren begründet und begünstigt. Die Hauptkosten der Wasserversorgung liegen in der Etablierung der Infrastruktur[14] – im Wesentlichen dem Aufbau eines Versorgungsnetzes durch die Verlegung von Wasserrohren – so dass der Aufbau eines parallelen Infrastrukturnetzwerkes für potenzielle Konkurrenten schon aus wirtschaftlichen Gesichtspunkten unrentabel ist. Ebenso verhindern hohe Transportkosten die Etablierung

---

[8] *Hendler/Grewing*, ZUR-Sonderheft 2001, 146, 148.

[9] *Reinhardt*, NuR 2004, 82, 87.

[10] *Breuer*, NVwZ 2009, 1249, 1251.

[11] *Breuer*, NVwZ 2009, 1249, 1251; *Hendler/Grewing*, ZUR-Sonderheft 2001, 146, 148.

[12] *Hendler/Grewig*, ZUR-Sonderheft 2001, 146, 148.

[13] *Scholl*, in: Immenga/Mestmäcker, 6. Aufl. 2020, § 31 GWB, Rn. 11.

[14] *Bundeskartellamt*, Bericht über die großstädtische Trinkwasserversorgung in Deutschland, 2016, S. 19.

eines Durchleitungswettbewerbes.[15] Zum anderen kommen mit regelmäßig vorherrschenden Anschluss- und Benutzungszwängen[16] des örtlichen Wasserversorgers rechtliche Hürden hinzu, die eine Aufweichung monopolartiger Strukturen verhindern.[17]

Der die Monopolstellung kennzeichnende fehlende Wettbewerb als Kontrollinstrument für die Entgelthöhe eröffnet der überwiegenden Mehrzahl der Wasserversorgungsunternehmen die Möglichkeit zur Erhebung von Entgelten, deren Höhe Ineffizienzkosten beinhalten und im Ergebnis als missbräuchlich angesehen werden kann.

Sofern in einem Markt mehrere Anbieter agieren, herrscht ein Wettbewerb, in dessen Folge die Anbieter nur solche Preise verlangen können, welche in einem angemessenen Preis-Leistungs-Verhältnis stehen, da sich im Falle überhöhter Preise Kundenströme Konkurrenzanbietern zuwenden werden.[18] Preise haben somit in durch Wettbewerb beherrschten Märkten eine Steuerungs- und Signalfunktion.[19] Für den Fall, dass der Wettbewerb in einem Markt aufgrund monopolistisch ausgebildeter Strukturen fehlt, entfällt auch die Steuerungs- und Signalfunktion der verlangten Preise, so dass in der Folge das angemessene Preis-Leistungs-Verhältnis gefährdet sein kann.[20] Monopole tendieren dazu, die aus mangelndem Wettbewerb folgenden Ineffizienzen auf Verbraucher umzulegen, da diese über keine alternativen Anbieter verfügen.

Im Rahmen von Effizienzkonzepten kann zwischen statischer und dynamischer Effizienz unterschieden werden.[21] Die statische Effizienz umreißt die Frage, ob die für ein Angebot vorhandenen Ressourcen optimal genutzt werden (sog. allokative Effizienz) und die Herstellung des Gutes unter dem geringstmöglichen Kosteneinsatz

---

[15] *Monopolkommission*, 19. Hauptgutachten 2008/2009, S. 52 f. (Rn. 18); *Monopolkommission*, Sondergutachten 63, S. 57 f. (Tz. 121).

[16] Ein Anschluss- und Benutzungszwang verpflichtet Grundstückseigentümer zum Anschluss des Grundstücks an eine bestimmte Einrichtung (Anschlusszwang) und zur ausschließlichen Nutzung dieser Einrichtung (Benutzungszwang). Die rechtliche Grundlage dafür bieten die meisten Gemeindeordnungen der Bundesländer, die bei Vorliegen der Voraussetzung eine Anordnung des Anschluss- und Benutzungszwanges durch Satzungserlass gestatten. Beispielhaft sei in diesem Zusammenhang auf § 9 Satz 1 Gemeindeordnung Nordrhein-Westfalen verwiesen: „*Die Gemeinden können bei öffentlichem Bedürfnis durch Satzung für die Grundstücke ihres Gebiets den Anschluß an Wasserleitung […] (Anschlußzwang) und die Benutzung dieser Einrichtungen […] (Benutzungszwang) vorschreiben.*“, vgl. auch Ausführungen unter B. I. 1. c), S. 34.

[17] *Scholl*, in: Immenga/Mestmäcker, 6. Aufl. 2020, § 31 GWB, Rn. 11.

[18] *Gersdorf*, ZWeR 2016, 113, 114 f.

[19] *Gersdorf*, ZWeR 2016, 113, 115; *Monopolkommission*, 20. Hauptgutachten 2012/2013, S. 469 (Rn. 1201).

[20] *Gersdorf*, ZWeR 2016, 113, 115.

[21] *Bovenzi/Pisarkiewicz*, The Role of Efficiency Claims in Antitrust Proceedings, Background Note, S. 11, 12 ff.

erfolgt (sog. produktive Ineffizienz).[22] Im Gegensatz dazu thematisiert die dynamische Effizienz[23] den Bereich der für den Anbieter gesetzten Anreize, Produkt- und Prozess-Innovationen voranzutreiben.[24] Im Einzelnen neigen monopolistische Anbieter dazu, allokative, produktive und dynamische Ineffizienzen aufzuweisen.[25] Allokative Ineffizienzen bestehen, wenn das angebotene Trinkwasser künstlich verknappt wird, um so das Entgelt bzw. die Gebühr durch ein geringeres Angebot bei gleichbleibender Nachfrage künstlich zu erhöhen. Produktive Ineffizienzen entstehen durch eine suboptimale Organisation der Produktionskette, die im Ergebnis zu höheren Produktionskosten führt. Außerdem neigen monopolistische (Wasserversorgungs-)Unternehmen zu einer geringeren Investition in die Forschung und Entwicklung zukunftsfähiger Versorgungssysteme, also zu dynamischen Ineffizienzen.[26] Diese Ineffizienzkosten drohen dem Verbraucher im Rahmen von „Monopolrenditen“ auferlegt zu werden. Die erschwerend hinzukommende – bereits dargestellte – starke Fragmentierung des Wassermarktes erweckt den Eindruck, dass der Markt der Wasserversorgung Effizienzoptimierungen zulässt.[27]

Dieser Ineffizienzgefahr muss zur Verdeutlichung des Handlungsbedarfes der Verbrauchspreis für Trinkwasser entgegensetzt werden. Dabei ist zunächst zu beachten, dass die Kosten der Trinkwasserversorgung bei einer durchschnittlichen Haushaltsgröße mit einem durchschnittlichen Wasserverbrauch von 225,25 Euro im Jahr 2014 auf 241,51 Euro im Jahr 2019 gestiegen sind.[28] Die Problematik der Trinkwasserversorgungskosten wird jedoch entscheidend verschärft, wenn dem Umstand Beachtung geschenkt wird, dass die Entgelte je nach Wasserversorgungsunternehmen stark variieren.[29] So beliefen sich im Frühjahr 2007 die Entgeltunterschiede in der Wasserversorgung in deutschen Großstädten auf über 300 %.[30] Beispielhaft zu nennen sind zudem große Differenzen bei den Trinkwas-

[22] *Wiedemann*, KartellR-HdB, 4. Aufl. 2020, § 7, Rn. 61.

[23] Vgl. *Hovenkamp*, Schumpeterian Competition and Antitrust, Competition Policy International, 4 (2008), S. 273 ff.

[24] *Wiedemann*, KartellR-HdB, 4. Aufl. 2020, § 7, Rn. 61.

[25] *Gersdorf*, ZWeR 2016, 113, 116.

[26] Vgl. *Gersdorf*, ZWeR 2016, 113, 116.

[27] *Cassel/Rüttgers*, Wirtschaftsdienst 2009, 345, 345.

[28] *Statistisches Bundesamt*, Wasserwirtschaft, Entgelt für die Trinkwasserversorgung in Tarifgebieten nach Tariftypen 2014 bis 2016, https://www.destatis.de/DE/Themen/Gesellschaft-Umwelt/Umwelt/Wasserwirtschaft/Tabellen/tw-06-entgelt-trinkwasserversorgung-tarifgeb-nach-tariftypen-2014-2016-land-bund.html (abgerufen am 20.10.2022); Statistisches Bundesamt, Wasserwirtschaft, Entgelt für die Trinkwasserversorgung in Tarifgebieten nach Tariftypen 2017 bis 2019, https://www.destatis.de/DE/Themen/Gesellschaft-Umwelt/Umwelt/Wasserwirtschaft/Tabellen/tw-07-entgelt-trinkwasserversorgung-tarifgeb-nach-tariftypen-2017-2019-land-bund.html (abgerufen am 20.10.2022).

[29] Vgl. auch *Scholl*, in: Immenga/Mestmäcker, 6. Aufl. 2020, § 31 GWB, Rn. 10 m.w.N.

[30] *Waldermann*, Teures Trinkwasser – Verbraucher zahlen Hunderte Euro zu viel, in: Spiegel Online vom 29.05.2007, https://www.spiegel.de/wirtschaft/grosse-vergleichstabelle-

serentgelten in den Kommunen Nordrhein-Westfalens: Im Jahr 2016 reichte die Entgeltspanne von 0,79 Euro/Kubikmeter in der Gemeinde Hövelhof bis zu 2,66 Euro/Kubikmeter in der Stadt Solingen.[31] Von besonderem Interesse ist dabei, dass die Kosten der Wasserversorgungsunternehmen sowohl in Bezug auf die Anschlussdichte als auch auf das Geländeprofil in Nordrhein-Westfalen vergleichbar sind, die Trinkwasserentgelte sich einer solchen Vergleichbarkeit jedoch entbehren.[32] Somit stellt sich die Frage, inwiefern die Entgeltspannen der Wasserversorgungsunternehmen in Deutschland verringert werden können.

III. Deshalb: Öffnung der Wasserversorgungsmärkte?

Eine mögliche Option, die dargelegten Preisspannen der Wasserversorgungsunternehmen zu verkleinern, bestünde in der Öffnung des Wasserversorgungsmarktes und damit der Abschaffung oder Reduzierung der bestehenden Monopole.

1. Zuständigkeit

Fraglich ist zunächst, wem die Zuständigkeit für eine Marktöffnung obliegt.

Die Wasserversorgung fällt in den Aufgabenbereich der öffentlichen Hand, regelmäßig tragen dabei die Kommunen oder andere Körperschaften des öffentlichen Rechts die Verantwortung.[33] Von der Wasserversorgung wird das Sammeln, Fördern, Reinigen, Aufbereiten, Bereitstellen, Speichern, Weiterleiten, Beliefern, Zu- und Verteilen von Trink- und Brauchwasser umfasst.[34] Die Bedeutung der öffentlichen Wasserversorgung ist immens: So stellte das Bundesverfassungsgericht mehrfach fest, dass das Wasser die Hauptgrundlage allen menschlichen, tierischen und pflanzlichen Lebens darstelle.[35] Nach dem Willen des Gesetzgebers stellt die öffentliche Wasserversorgung einen „*ausdrücklich und allein hervorgehobenen Belang des Wohls der Allgemeinheit*" dar.[36] Es erscheint daher bloß folgerichtig, dass die öffentliche Wasserversorgung gem. § 50 Abs. 1 WHG als Aufgabe der Da-

---

teures-trinkwasser-verbraucher-zahlen-hunderte-euro-zu-viel-a-484600.html (abgerufen am 20.10.2022).

[31] *Landesbetrieb IT.NRW*, Statistik und IT-Dienstleistungen, Pressemitteilung vom 17.01.2017, NRW: Trinkwasser kostete 2016 im Schnitt 1,67 Euro, Abwasser 2,67 Euro je Kubikmeter, https://www.it.nrw/nrw-trinkwasser-kostete-2016-im-schnitt-167-euro-abwasser-267-euro-je-kubikmeter-9744 (abgerufen am 20.10.2022).

[32] *Cassel/Rüttgers*, Wirtschaftsdienst 2009, 345, 347.

[33] *Reinhardt*, LKV 2018, 289, 292.

[34] *Hünnekens*, in: Landmann/Rohmer UmweltR, 99. EL September 2022, § 50 WHG, Rn. 5.

[35] BVerfGE 10, 89, 113; BVerfG Beschl. v. 15.7.1981 – 1 BvL 77/78, NJW 1982, 745, 750.

[36] BT-Drs. 16/12275, S. 66.

seinsvorsorge klassifiziert wird.[37] Der Begriff der Daseinsvorsorge – welcher entscheidende Prägungen durch Ernst Forsthoff erhielt[38] – kennzeichnet die Wandlung des eingreifenden Staates zum leistenden Staat, der im Zuge einer fortschreitenden Industrialisierung erkannte, sich verstärkt der Verantwortung für das Wohl der Bürger annehmen zu müssen.[39] Inhaltlich prägt die Daseinsvorsorge die staatliche Versorgung mit bedeutsamen Gütern und Leistungen, die unter anderem aus technischen Gründen auf dem freien Markt nicht oder nur eingeschränkt zur Verfügung stehen.[40] Exemplarisch dafür steht die Versorgung des Bürgers mit Wasser.

Die Daseinsvorsorge ist Bestandteil der sich aus Art. 28 Abs. 2 Satz 1 GG ergebenden kommunalen Selbstverwaltung.[41] Aus der inhaltlichen Zugehörigkeit der Wasserversorgung zur Daseinsvorsorge resultiert die Zuständigkeit der Kommunen.[42]

So ordnen die meisten Gemeindeordnungen die Zuständigkeit der Wasserversorgung den Kommunen zu.[43] Die Gemeinden können die Wasserversorgung entweder selbst erfüllen oder (privaten) Dritten übertragen.[44] Sofern sie die Aufgabenerfüllung auf Dritte übertragen, können sich die Gemeinden der Pflicht insofern nicht vollständig entziehen, als dass ihnen eine Gewährleistungsverantwortung

---

[37] Vgl. BT-Drs. 16/12275, S. 66; *Reinhardt*, LKV 2018, 289, 292.

[38] Als maßgebende Werke sind zu nennen: *Forsthoff*, Die Verwaltung als Leistungsträger, 1938, S. 6f., 12f. dort mit Bezugnahme auf die Wasserversorgung als Teil der Daseinsvorsorge; *ders.*, Rechtsfragen der leistenden Verwaltung, 1959, S. 26ff. – Zu den theoretischen Vorarbeiten: *Knauff*, Der Gewährleistungsstaat: Reform der Daseinsvorsorge, Diss. (Univ. Würzburg) 2004, S. 22ff.; *Huber*, Vorsorge für das Dasein, in: Schnur (Hrsg.), FS für Ernst Forsthoff, 1972, S. 139, 140ff.

[39] *Hellermann*, Örtliche Daseinsvorsorge und gemeindliche Selbstverwaltung, 2000, S. 16ff.; *Pielow*, JuS 2006, 692, 692; *Wolff/Bachof/Stober/Kluth*, Verwaltungsrecht I, 13. Aufl. 2017, § 9, Rn. 13.

[40] Forsthoff, Die Verwaltung als Leistungsträger (1938), S. 7.

[41] Vgl. BT-Drucksache 16/12275, S. 66; *Reinhardt*, LKV 2018, 289, 292.

[42] Vgl. BVerwG, Urt. v. 18.05.1995, 7 C 58/94, Rz. 13, 18 (entschieden zur örtlichen Energieversorgung angesichts einer kommunalrechtlichen Zuweisung der „*Versorgung mit Energie und Wasser*" als Selbstverwaltungsaufgabe).

[43] Vgl. §§ 102 Abs. 1 Nr. 3 GemO Baden-Württemberg;, Art. 87 Abs. 1 Nr. 4 GemO für den Freistaat Bayern; § 91 Abs. 3 Bbg KVerf; § 121 Abs. 1 Nr. 3 HGO; § 68 Abs. 2 Nr. 3 KV M-V; 136 Abs. 1 Nr. 3 NKomVG; 108 Abs. 1 Nr. 3 KSVG Saarland; §§ 94a Abs. 1 Nr. 3, 97 Abs. 1 Sächsische GO; § 128 Abs. 1 Nr. 3 KVG LSA; § 101 Abs. 1 Nr. 3 GO Schleswig-Holstein; vgl. auch *Gößl*, in: SZDK, Stand 57. EL Februar 2022, § 50 WHG, Rn. 17: „*In den kommunal- und wasserrechtlichen Vorschriften der meisten Länder wird die Versorgung der Bevölkerung mit Trinkwasser als Leistung der Daseinsvorsorge den Gemeinden als Pflichtaufgabe im eigenen Wirkungskreis bzw. als Selbstverwaltungsaufgabe zugewiesen [...]; lediglich in Baden-Württemberg handelt es sich um eine freiwillige Aufgabe im Rahmen der kommunalen Daseinsvorsorge*".

[44] § 30 Abs. 2 HWG, § 43 Abs. 2 LWaG MV; § 49 Abs. 1 LWG RP, § 43 Abs. 3 SächsWG, § 70 Abs. 2 WG LSA; s.a. BT-Drs. 16/12275, S. 66; *Gößl*, in: SZDK, Stand 57. EL Februar 2022, § 50 WHG, Rn. 17.

verbleibt.[45] Diese Verantwortung ist im Besonderen für den Ausfall des privaten Dritten relevant, da sich in diesem Fall die bloße Gewährleistungsverantwortung in eine Erfüllungsverantwortung wandelt.[46]

2. Modelle für mehr Wettbewerb

Die Zuständigkeit für eine Marktöffnung obliegt mithin den Kommunen. Den Gemeinden stünden verschiedene Wege für ein „Mehr" an Wettbewerb offen. Diese werden im Folgenden – auch in Bezug auf ihre Konsequenzen – beleuchtet. Grundsätzlich gibt es dabei zwei zu untersuchende Modelle, die unter den Schlagwörtern „Wettbewerb im Markt" und „Wettbewerb um den Markt" firmieren.[47]

a) Wettbewerb im Markt

Um einen Wettbewerb im Markt – oder auch direkten Wettbewerb – zu ermöglichen, müssten die bisher in sich abgeschlossenen Versorgungsgebiete für andere Anbieter zugängig gemacht werden[48] beziehungsweise den Verbrauchern die Möglichkeit der freien Anbieterwahl[49] gegeben werden. Der Weg zu einem Wettbewerb im Markt kann dabei entweder durch (1) den Bau einer parallelen Infrastruktur oder durch (2) eine Durchleitung durch fremde Netze erreicht werden.[50]

(1) Parallele Infrastruktur
Der Bau einer parallelen Infrastruktur scheint insofern vorteilhaft, als dass es nicht zu einer Vermischung von Trinkwasser aus verschiedenen Quellen kommen kann. Jedoch ist zu beachten, dass die Kosten des Netzaufbaus in der Wasserwirtschaft den entscheidenden Kostenfaktor darstellen,[51] so dass der Aufbau einer parallelen Infrastruktur betriebswirtschaftlich als unrentabel zu klassifizieren ist.[52] Das liegt darin begründet, dass zusätzlich zu langjährigen Refinanzierungsstrukturen geringere Umsätze aufgrund des verstärkten Wett-

---

[45] *Sander*, VBlBW 2009, 161, 163; *Kahl*, GewArch 2007, 441, 445; s. a. *Masson/Samper*, Bayerische Kommunalgesetze, Stand 107. EL Juni 2020, Art. 57 der bayerischen GO, Rn. 22; *Prandl/Zimmermann/Büchner/Pahlke*, Kommunalrecht in Bayern, 2019, Anm. 24 zu Art. 57 der bayerischen GO.

[46] *Gößl*, in: SZDK, Stand 57. EL Februar 2022, § 50 WHG, Rn. 17.

[47] *Michaelis*, ZögU 2001, 432, 439.

[48] Vgl. *Salzwedel*, NordÖR 2001, 185, 185; *Weiß*, Liberalisierung der Wasserversorgung, Diss. (Univ. Bayreuth) 2004, S. 34.

[49] Vgl. *Karasek/Otlieb*, ZNER 2001, 223, 226.

[50] *Markopoulos*, KommJuR 2012, 361, 362.

[51] Vgl. BT-Drs. 2/1158, S. 57 (zu § 77): *„[…]. Ferner erfordert die Errichtung neuer Versorgungsanlagen einen erheblichen Aufwand an […] Kapital […]; es ist deshalb nicht möglich, jederzeit elastisch und mit wirtschaftlich größtem Nutzeffekt die Erzeugung einem vergrößerten oder verringerten Bedarf anzupassen.*"

[52] *Markopoulos*, KommJuR 2012, 361, 362.

bewerbes zu erwarten sind.[53] Somit ist der Bau einer parallelen Infrastruktur abzulehnen.

(2) Durchleitungswettbewerb

Als alternative Form des direkten Wettbewerbes kommt eine Durchleitung durch fremde Netze in Frage (sog. Common Carriage). Im Rahmen dessen beziehen die an ein bestehendes Rohrnetzwerk angeschlossenen Verbraucher das Trinkwasser von einem anderen Wasserversorger, dem die Nutzung des Rohrnetzes durch den originären Betreiber vertraglich gestattet wurde.[54] Die Durchleitung stelle dabei die einzige finanzierbare Lösung eines direkten Wettbewerbes dar.[55] Fraglich ist mithin, ob ein Durchleitungswettbewerb – wie er in anderen Netzwirtschaften wie beispielsweise der Stromversorgung schon länger praktiziert wird[56] – auch in der Wasserwirtschaft denkbar ist. Zunächst scheint dagegen zu sprechen, dass es auf Seiten der etablierten Versorgungsunternehmen wenig bis gar keine Anreize gibt, einen Wettbewerb zuzulassen.[57] Erschwerend kommt hinzu, dass Trinkwasser kein homogenes Gut darstellt, so dass ein Durchleitungswettbewerb zur Folge hat, dass verschiedene Wasserquellen in den von mehreren Anbietern genutzten Rohren vermischt werden können.[58] Zwar sei eine solche Vermischung mit den technischen Möglichkeiten vereinbar[59], wecke jedoch einen Investitionsbedarf um die Vorgaben zu Umwelt- und Gesundheitsstandards einzuhalten.[60] Es ist daher zu befürchten, dass die erforderlichen Investitionen mittelbar auf die Verbraucher umgelegt werden und somit zu einer Kostensteigerung führen.[61] Außerdem sind (voraussichtliche) Bestrebungen der Wasserversorgungsunternehmen zu berücksichtigen, durch Expansionen Profitsteigerungen zu erreichen (Nutzung sog. Economies-of-scale-Vorteile).[62] Dies macht – bedingt durch ein fehlendes (bundesweites) Verbundnetz – die Errichtung von Verbundleitungen zwischen den bestehenden

---

[53] Vgl. auch *Besche*, Wasser und Wettbewerb, Diss. (Univ. Bonn) 2004, S. 149 f.

[54] *Sauer/Stecker*, ZögU 2003, 259, 268.

[55] So auch: *Heymann*, Deutsche Bank Research, Wasserwirtschaft im Zeichen der Liberalisierung und Privatisierung, Aktuelle Themen, Nr. 176, 2000, S. 9 – auf die hohen Kosten zur Errichtung einer parallelen Leitungsstruktur bezugnehmend.

[56] *Besche*, Wasser und Wettbewerb, Diss. (Univ. Bonn) 2004, S. 151 – die neben dem Strom- auch auf den Gassektor verweist; *Sauer/Stecker*, ZögU 2003, 259, 268.

[57] *Sauer/Stecker*, ZögU 2003, 259, 268.

[58] *Cassel/Rüttgers*, Wirtschaftsdienst 2009, 345, 349; s. a. *Rüttgers/Schwarz*, Durchleitungsexternalitäten bei der gemeinsamen Netznutzung in der Trinkwasserversorgung, Schmollers Jahrbuch: Journal of Applied Social Science Studies/Zeitschrift für Wirtschafts- und Sozialwissenschaften, vol. 130 (2010), S. 71 ff.

[59] *Cassel/Rüttgers*, Wirtschaftsdienst 2009, 345, 352.

[60] *Markopoulos*, KommJuR 2012, 361, 362.

[61] *Besche*, Wasser und Wettbewerb, Diss. (Univ. Bonn) 2004, S. 154; *Markopoulos*, KommJuR 2012, 361, 362.

[62] *Markopoulos*, KommJuR 2012, 361, 362.

Netzwerken nötig, was aufgrund der Kostenintensivität (vgl. unter A. III. 2. a) (1), S. 21) eine unerwünschte Verteuerung für den Verbraucher erwarten lässt.[63] Letztlich machen die in einem Verbundnetz anfallenden Transportkosten[64] für das Wasser und der (auch) ökologisch unerwünschte Einsatz von Pumpen den Durchleitungswettbewerb wenig attraktiv. Er ist somit abzulehnen.[65]

b) Wettbewerb um den Markt

Der Wettbewerb um den Markt – vor allem als Ausschreibungswettbewerb von Versorgungsrechten – ist im Gegensatz zum Wettbewerb im Markt dadurch gekennzeichnet, dass eine Aufhebung der Gebietsmonopole nicht vorausgesetzt wird[66], vielmehr erfolgt die Arbeitsleistung in (weiterhin) bestehenden Gebietsmonopolen.[67] Die Ausschreibung von Versorgungsrechten wird insbesondere in der Wasserwirtschaft in Frankreich praktiziert und stellt das weltweit dominierende Modell für Wettbewerb in der Wasserwirtschaft dar.[68] Im Rahmen dieses Wettbewerbsmodells wird das Recht der Wasserversorgung an dasjenige Unternehmen vergeben, welches auf der einen Seite dem Verbraucher das preislich attraktivste Angebot machen kann und auf der anderen Seite den Anforderungen an die Trinkwasserqualität, die Versorgungssicherheit, den rechtlich vorgeschriebenen Umweltstandards, der Entwicklung von Beschäftigten und der nötigen Investitionsdichte gerecht werden kann.[69] Inhaltlich gekennzeichnet ist der Ausschreibungswettbewerb dadurch, dass die (Versorgungs-)Verträge zeitlich befristet sind und die Kommunen ein entweder vertraglich festgelegtes oder ordnungsrechtlich vorgeschriebenes Aufsichtsrecht erhalten.[70] Aus der zeitlichen Befristung folgt, dass die Ausschreibungen in regelmäßigen Abständen wiederholt werden müssen,[71] um so dem Unternehmen, welches

---

[63] *Besche*, Wasser und Wettbewerb, Diss. (Univ. Bonn) 2004, S. 154 f., 156; *Markopoulos*, KommJuR 2012, 361, 362.

[64] *Karasek/Otlieb*, ZNER 2001, 223, 226; Monopolkommission, 18. Hauptgutachten 2008/2009, S. 50, Rn. 6.

[65] I. E. so auch Monopolkommission, 18. Hauptgutachten 2008/2009, S. 53, Rn. 18.

[66] *Gawel/Bedtke*, ZögU 2015, 97, 114; *Markopoulos*, KommJuR 2012, 361, 362.

[67] *Jennert*, WRP 2004, 1011, 1012; *Michaelis*, ZögU 2001, 432, 439; vgl. auch: *Blankart*, WuW 2002, 340, 349; *Krajewski*, VerwArch 2008, 174, 190.

[68] *Gawel/Bedtke*, ZögU 2015, 97, 114.

[69] *Markopoulos*, KommJuR 2012, 361, 363; *Michaelis*, ZögU 2001, 432, 441 f.; *Weiß*, Liberalisierung der Wasserversorgung, Diss. (Univ. Bayreuth) 2004, S. 37 f.

[70] *Heymann*, Deutsche Bank Research, Wasserwirtschaft im Zeichen der Liberalisierung und Privatisierung, Aktuelle Themen, Nr. 176, 2000, S. 10; *Schmalz*, ZUR 2001 Sonderheft, 152, 154; *Karasek/Ortlieb*, ZNER 2001, 223, 226; *Weiß*, Liberalisierung der Wasserversorgung, Diss. (Univ. Bayreuth) 2004, S. 38 f.

[71] *Michaelis*, ZögU 2001, 432, 442.

den Zuschlag erhalten hat, die Monopolstellung nur für eine begrenzte Zeit einzuräumen.[72] Dabei steigt die Wettbewerbsintensität mit kürzeren Vergabezeiträumen.[73]

Der Ausschreibungswettbewerb bietet dabei die Vorteile, dass öffentliche und private Unternehmen gleichberechtigt daran teilnehmen können[74] und dass der politische Einfluss insbesondere in Bezug auf die Preisgestaltung sichergestellt ist und so Effizienzspielräume ausgeschöpft werden können.[75]

Zu beachten ist jedoch, dass ca. 80% der Gesamtkosten der Wasserversorgung Fixkosten darstellen.[76] Dies wird problematisch, wenn man beachtet, dass die Vergabezeiträume sich nach der wirtschaftlichen Nutzungsdauer der zu tätigenden Investitionen zu richten haben[77], da sich andernfalls bei der Folgeausschreibung eine Wettbewerbsverzerrung ergäbe[78]. Daraus folgt, dass sich die Vertragslaufzeit bei der Übernahme von Betriebsführung und Investitionen durch die Unternehmen stark verlängern – im Einzelfall auf bis zu 30 Jahre – so dass der Wettbewerb praktisch nicht mehr spürbar ist.[79] Umgekehrt stellt sich die bloße Überlassung der Betriebsführung (als Public-Private-Partnership[80]) durch die Unternehmen und damit die Möglichkeit von kürzeren Vertragslaufzeiten und einem echten „Mehr" an Wettbewerb als ebenso wenig praktikabel dar, da sich der Einflussbereich des Unternehmens auf die variablen Kosten begrenzt und damit zeitgleich der Kostensenkungsspielraum stark begrenzt wird.[81]

Ein weiteres Problemfeld im Rahmen des Ausschreibungswettbewerbes besteht in der festen Etablierung des Unternehmens, welches den erstmaligen Zuschlag erhalten hat.[82] Eine solche Praxis hat sich scheinbar in Frankreich eingebürgert[83], so dass von dem Ausschreibungswettbewerb nicht die erhoffte Wettbewerbsintensität auszugehen vermag.

---

[72] *Markopoulos*, KommJuR 2012, 361, 363; *Schwintowski*, NVwZ 2001, 607, 610f.

[73] *Michaelis*, ZögU 2001, Band 24, Heft 4, 432, 442.

[74] *Karasek/Otlieb*, ZNER 2001, 223, 226.

[75] *Markopoulos*, KommJuR 2012, 361, 363.

[76] *Michaelis*, ZögU 2001, 432, 442.

[77] *Michaelis*, ZögU 2001, 432, 442.

[78] *Besche*, Wasser und Wettbewerb, Diss. (Univ. Bonn) 2004, S. 185; *Cantner*, Die Kostenrechnung als Instrument der staatlichen Preisregulierung in der Abfallwirtschaft, Diss. (Univ. Heidelberg) 1997, S. 370.

[79] *Besche*, Wasser und Wettbewerb, Diss. (Univ. Bonn) 2004, S. 186; *Michaelis*, ZögU 2001, 432, 442.

[80] *Koenig/Kühling*, DÖV 2001, 881, 885.

[81] *Masing*, VerwArch 2004, 150, 164; *Michaelis*, ZögU 2001, 432, 442.

[82] *Markopoulos*, KommJuR 2012, 361, 364; *Michaelis*, ZögU 2001, 432, 442.

[83] BT-Drs. 14/3363, *Sachverständigenrat für Umweltfragen*, Umweltgutachten 2000, Tz. 172.

Letztlich ist die Komplexität der konkreten Vertragsgestaltung im Rahmen des Ausschreibungswettbewerbes zu beachten.[84] So besteht die Gefahr, dass das Unternehmen, welches den Zuschlag erhalten hat, nachträglich die Preise aufgrund von (angeblichen) Kostensteigerungen anhebt.[85] Dies macht eine möglichst genaue Festlegung der zu erbringenden Leistungen sowie der korrespondierenden Preiskorridore erforderlich.[86] Dieses Bestreben wird durch den Umstand konterkariert, dass die Vertragslaufzeiten in der Regel recht lang ausfallen (s. o.) und somit auch zukünftige Entwicklungen und Eventualitäten einbezogen werden müssen, beispielsweise durch Änderungsmöglichkeiten während der Vertragslaufzeit, so dass nicht vollends ausgeschlossen werden kann, dass die sich im Ausschreibungswettbewerb befindlichen Unternehmen auf eine solche Änderungsmöglichkeit bauen und unrealistische, „geschönte“ Angebote angeben.[87] Somit sind einzelfallbezogene, alle Eventualitäten vorhersehende Vertragsgestaltungen erforderlich, die vor allem kleine Kommunen an den Rand ihrer (personellen) Kapazitäten bringen können.[88]

c) Zwischenfazit

Im Ergebnis zeigt sich, dass beide Modelle für mehr Wettbewerb in ihrer konkreten Anwendung auf die Trinkwasserversorgung mit erheblichen Problemen behaftet sind und die Wahrscheinlichkeit einer Wettbewerbssteigerung tendenziell gering ausfallen lassen.

3. Umwelt- und gesundheitspolitische Faktoren

Neben der Betrachtung der verschiedenen Modelle für mehr Wettbewerb ist zudem eine Beleuchtung der umwelt- und gesundheitspolitischen Faktoren einer Öffnung der Wasserversorgungsmärkte vorzunehmen.

Grundsätzlich vorteilhaft erscheint zunächst die aus einer Marktöffnung resultierende strikte Trennung zwischen dem Betrieb der Anlagen und der umweltpolitischen Kontrolle durch die Verantwortlichkeit verschiedener Akteure – so zeigt die Praxis doch, dass gesetzliche Vorgaben gegenüber privaten Betreibern regelmäßig strenger kontrolliert und vollzogen werden als gegenüber öffentlich-rechtlichen Betreibern.[89] Ferner birgt das Einbringen von (mehr) Kapital und Know-how durch

---

[84] *Gawel/Bedtke*, ZögU 2015, 97, 114; *Borrmann*, ZögU 1999, 256, 269 ff.; *Wieser*, ZögU 1997, 348, 349 ff.; vgl. BT-Drs. 14/3363, Sachverständigenrat für Umweltfragen, Umweltgutachten 2000, Tz. 187.

[85] *Markopoulos*, KommJuR 2012, 361, 364.

[86] *Michaelis*, ZögU 2001, 432, 443.

[87] *Michaelis*, ZögU 2001, 432, 443.

[88] *Michaelis*, ZögU 2001, 432, 443; BT-Drs. 14/3363, *Sachverständigenrat für Umweltfragen*, Umweltgutachten 2000, Tz. 187.

[89] BT-Drs. 14/3363, Sachverständigenrat für Umweltfragen, Umweltgutachten 2000, Tz. 195.

größere (private) Unternehmen Chancen, die kleineren öffentlich-rechtlichen Versorgern in diesem Maße nicht zur Verfügung stehen.[90]

Allerdings eröffnen sich neben diesen vorteilhaften Faktoren eine Reihe weiterer umwelt- und gesundheitspolitischer Faktoren, die sich als problembehaftet erweisen.[91] Dabei erscheint es sinnvoll, zwischen den beiden oben skizzierten Modellen „Wettbewerb im Markt" und „Wettbewerb um den Markt" zu differenzieren.

a) Bedenken im Rahmen des Modells Wettbewerb im Markt

Die umwelt- und gesundheitspolitischen Bedenken gegen das Modell des Wettbewerbs im Markt decken sich weitestgehend mit den Bedenken gegen das Modell des Wettbewerbs um den Markt (vgl. A. III. 3. b), S. 27). Daher werden im Folgenden die für den Wettbewerb im Markt charakteristischen Bedenken hervorgehoben.

Zunächst droht im Modell des Wettbewerbs im Markt – bedingt durch die Aufhebung der Gebietsmonopole – eine verstärkte Fernwasserversorgung.[92] Die Fernwasserversorgung erscheint insofern als bedenklich, als dass der Transport von Wasser über längere Distanzen eine höhere Verunreinigungsgefahr hervorruft, der (nur) über die mit Gesundheitsgefahren für den Verbraucher verknüpfte Zugabe von Chlor begegnet werden kann.[93] Erschwerend kommt hinzu, dass eine Fernwasserversorgung dem Grundsatz der ortsnahen Wasserversorgung zuwiderläuft und folglich den intendierten Ressourcen- und Umweltschutz des Grundsatzes konterkariert.[94]

Außerdem erscheint bedenklich, dass ein Wettbewerb im Markt ohne Durchleitungswettbewerb praktisch nicht realisierbar ist (vgl. oben). Den infolge der Vermischung der verschiedenen Wasserqualitäten drohenden Ausfällungen, Ablösungen von Belägen und Vermehrung von Mikroorganismen[95] würde praktisch nur durch eine verstärkte Chlorung zur Stabilisierung des Wassers begegnet werden können, da sonstige technische Aufbereitungsmaßnahmen aufgrund der Kostenintensität unwirtschaftlich erscheinen.[96]

---

[90] *Ewers/Botzenhart/Jekel/Salzwedel/Kraemer*, Optionen, Chancen und Rahmenbedingungen einer Marktöffnung für eine nachhaltige Wasserversorgung, BMWI-Forschungsvorhaben (11/00), Endbericht, Juli 2001, S. 63.

[91] Zur erstmaligen systematischen Untersuchung dieser problembehafteten Faktoren vgl. *Brackemann u. a.*, Liberalisierung der deutschen Wasserversorgung, 2000.

[92] So *Michaelis*, ZögU 2001, 432, 444. Eine Begrenzung erfährt dieser Aspekt durch den Grundsatz der ortsnahen Wasserversorgung gem. § 50 Abs. 2 Satz 1 WHG.

[93] *Brackemann u. a.*, Liberalisierung der deutschen Wasserversorgung, 2000, S. 66.

[94] *Brackemann u. a.*, Liberalisierung der deutschen Wasserversorgung, 2000, S. 49 f.; aufgrund des Grundsatzes der ortsnahen Wasserversorgung ebenfalls eine Durchleitung ablehnend: *Säcker/Mohr*, ZWeR 2012, 417, 421.

[95] *Besche*, Wasser und Wettbewerb, Diss. (Univ. Bonn) 2004, S. 153.

[96] *Brackemann u. a.*, Liberalisierung der deutschen Wasserversorgung, 2000, S. 35.

b) Bedenken im Rahmen des Modells Wettbewerb um den Markt

Im Rahmen des Wettbewerbes um den Markt greifen die oben genannten Bedenken des Durchleitungswettbewerbes nicht durch, da die Gebietsmonopole erhalten bleiben; die gegen die Fernwasserversorgung geäußerten Bedenken können insofern außer Betracht gelassen werden, als dass es regelmäßig am dafür notwendigen Verbindungsnetz fehlen wird und falls dieses doch vorhanden sein sollte, kann eine Fernwasserversorgung durch eine vertragliche Verpflichtung der Versorgungsunternehmen zur Nutzung regionaler Ressourcen[97] abgewendet werden.

Allerdings verbleiben auch beim Wettbewerb um den Markt umwelt- und gesundheitspolitische Bedenken – die im Übrigen auch auf den Wettbewerb im Markt durchschlagen. Diese sollen im Folgenden näher untersucht werden.

(1) Zunächst ist zu befürchten, dass private Wasserversorgungsunternehmen aufgrund des wettbewerblichen Drucks kostenintensive Multi-Barrier-Systeme ersetzen und beispielsweise durch eine verstärkte Zugabe von Chlor ausgleichen[98], welches in der Konsequenz dem Gesundheitsschutz der Verbraucher eine weniger vordergründige Rolle verschaffen würde.

(2) Ferner stünden privaten Wasserversorgern weitere Kostenoptimierungsmöglichkeiten im Bereich der Rohrnetzpflege offen. Praxiserfahrungen aus privatisierten Wasserversorgungsunternehmen im England belegen, dass Leistungsverluste von bis zu 24 % in Kauf genommen werden, ohne dass Mittel in die Instandhaltung der Rohrinfrastruktur investiert werden.[99] Derartige Leistungsverluste stehen jedoch in elementarem Widerspruch zum Grundsatz einer nachhaltigen Wasserwirtschaft und bilden unter Umständen gravierende Gefahren für den Gesundheitsschutz der Verbraucher[100], welcher durch in defekte Rohre eindringendes, kontaminiertes Grundwasser verursacht werden kann.

(3) Schließlich bestünden weitere Bedenken, sofern Unternehmen parallel in der Versorgung mit Leitungswasser und abgepacktem Trinkwasser aktiv würden (horizontale Integration). Es wäre insbesondere eine Qualitätsverschlechterung des Leitungswassers zu befürchten, da die Unternehmen einen Anreiz erhielten, Kosten zur Instandhaltung der Rohrnetzwerke zu senken (und konsequenterweise eine Verschlechterung der Wasserqualität hinzunehmen), um gleichzeitig Umsatzgewinne im Bereich des abgepackten Trinkwassers verbuchen zu können.[101]

---

[97] *Ewers/Botzenhart/Jekel/Salzwedel/Kraemer*, Optionen, Chancen und Rahmenbedingungen einer Marktöffnung für eine nachhaltige Wasserversorgung, BMWI-Forschungsvorhaben (11/00), Endbericht, Juli 2001, S. 60.

[98] *Brackemann u. a.*, Liberalisierung der deutschen Wasserversorgung, 2000, S. 60.

[99] *Michaelis*, ZögU, Band 24, Heft 4, 2001, 432, 445.

[100] *Brackemann u. a.*, Liberalisierung der deutschen Wasserversorgung, 2000, S. 63.

[101] *Brackemann u. a.*, Liberalisierung der deutschen Wasserversorgung, 2000, S. 68.

Theoretisch können die aufgezeigten Bedenken im Rahmen des Wettbewerbes um den Markt jedoch durch eine entsprechende Vertragsgestaltung sowie die Schaffung eines passenden Ordnungsrahmens entkräftet werden, allerdings zeigen Praxisbeispiele aus England, dass die Implementierung entsprechender Regeln auf Widerstände bei den privaten Versorgungsunternehmen stößt.[102] Erschwerend treten Monitoring-Probleme hinzu, die insbesondere die Netzpflege betreffen, da eine Verschlechterung der Rohre in der Regel nicht sofort sichtbar wird und private Unternehmen Untersuchungen auf den unmittelbar notwendigen und rechtlich zwingenden Umfang begrenzen werden.[103] Außerdem ist zu beachten, dass private Betreiber bei regelmäßig wiederkehrenden Ausschreibungen aus Sorge vor der Auswahl eines Konkurrenten bei folgenden Ausschreibungen lediglich geringe Anreize verspüren werden, in die Instandhaltung der Anlagen zu investieren.[104] Letztlich ist der bei Überlassung des Betriebs in private Hände verringerte staatliche Einfluss – insbesondere im Hinblick auf den Qualitätserhalt der Wasserversorgung – festzuhalten, so dass eine durchgreifende(re) Kontrolle und prozessuale Einflussnahme notwendig ist.[105]

c) Zwischenfazit

Somit zeigen beide Modelle für mehr Wettbewerb in der Wasserwirtschaft gewichtige umwelt- und gesundheitspolitische Bedenken, die bei Aufrechnung mit den möglichen Effizienzpotentialen einem Vergleich nicht standhalten können.

4. Kontroll- bzw. Regulierungsbedarf aufgrund der Monopolstellung

Insofern zeigt sich, dass ein „Mehr" an Wettbewerb – ungeachtet der Form – erheblichen Bedenken entgegensteht. Bei Annahme der Prämisse, dass der Wassermarkt weiterhin in Monopolen anzuordnen ist, stellt sich die Frage, wie Missbrauchsgefahren (Monopolrenditen, s. o.) entgegengewirkt werden kann. Ein dafür geeignetes Mittel können die Regulierung und Kontrolle von Wasserentgelten – entweder oder sowohl aus einer ex-ante oder/und einer ex-post Perspektive – sein.

Dafür sprechen ökonomische Erwägungen. Der fehlende Wettbewerb ist dem Monopol inhärent. Ein fehlender Wettbewerb bedeutet jedoch zunächst (nur) ein

---

[102] *Michaelis*, ZögU 2001, 432, 445, vgl. auch *Scheele*, ZögU 1997, Band 20, Heft 1, 35, 39 f.

[103] *Brackemann u. a.*, Liberalisierung der deutschen Wasserversorgung, 2000, S. 51.

[104] *Michaelis*, ZögU 2001, 432, 445; a. A.: *Ewers/Botzenhart/Jekel/Salzwedel/Kraemer*, Optionen, Chancen und Rahmenbedingungen einer Marktöffnung für eine nachhaltige Wasserversorgung, BMWI-Forschungsvorhaben (11/00), Endbericht, Juli 2001, S. 26, die in Bezug auf die französische Wasserversorgung feststellen, dass *„Planungs-, Bau-, Betriebs- und Finanzierungsrisiken [...] regelmäßig auf den privaten Anbieter übertragen [werden]"*.

[105] *Michaelis*, ZögU 2001, 432, 446; *Meyer-Renschhausen*, ZögU 1996, 79, 82.

fehlendes Medium zur Ermittlung marktentsprechender Preise.[106] Der so nicht vorhandene Preis- und Qualitätswettbewerb begründet die Gefahr von wohlfahrtsbeeinträchtigenden Effizienzverlusten und deren „Weiterreichen" an den Endverbraucher in Form überhöhter (Wasser-)Entgelte.[107] Aus diesem Problemfeld erwächst der Bedarf nach Kontrolle bzw. Regulierung der erhobenen Entgelte des Monopolisten – wobei sich dieser Bedarf bei lebenswichtigen Produkten oder Dienstleistungen insofern verstärkt manifestiert[108], als dass eine unentrinnbare Abhängigkeit der Verbraucher vom Monopolunternehmen zu verzeichnen ist.[109] Die Versorgung mit Trinkwasser fällt in den Bereich des Lebenswichtigen.

Somit ergibt sich der Kontroll- bzw. Regulierungsbedarf aus den fehlenden Wettbewerbspreisen und erfolgt mit der Zielrichtung der Ermittlung wettbewerbsanaloger Preise.[110]

Für einen Bedarf nach Kontrolle bzw. Regulierung sprechen auch verfassungsrechtliche Erwägungen. In diesem Zusammenhang ist auf die Rechtsprechung des Bundesverfassungsgerichts zur gestörten Vertragsparität[111] hinzuweisen.[112] Inhaltlich umreißt die Rechtsprechung Inhalt und Reichweite der durch Art. 2 Abs. 1 GG und Art. 12 GG grundrechtlich geschützten Privatautonomie. Diese setzt voraus, dass die geschlossenen Verträge auf selbstbestimmten Willenserklärungen der Parteien beruhen.[113] Das Zustandekommen eines Vertrages spricht im Grundsatz für das Vorliegen zweier selbstbestimmter Willenserklärungen.[114] Jedoch ist für den Fall, dass eine Partei ein unverhältnismäßig großes Verhandlungsgewicht besitzt – wie im Falle von Monopolen in lebenswichtigen Bereichen – von Seiten des Rechts die Verkehrung der Selbst- in eine Fremdbestimmung zu verhindern; mithin eine Wahrung der Grundrechtspositionen der Parteien zu achten.[115] Somit lösen vorstehende Konstellationen korrigierende Eingriffe des Staates aus[116], was im Besonderen

[106] *Gersdorf*, ZWeR 2016, 113, 115.

[107] *Gersdorf*, ZWeR 2016, 113, 115.

[108] *Reinhardt*, LKV 2010, 296, 296.

[109] *Gersdorf*, ZWeR 2016, 113, 115.

[110] *Gersdorf*, ZWeR 2016, 113, 115.

[111] Vgl. „Bürgschaftsfälle": BVErfGE 89, 214, 229 ff.; sowie Fälle des Schutzes des schwächeren Partners bei Eheverträgen und nachehelichem Unterhaltsverzicht: BVerfGE 103, 89, 100; sowie „Tonträgerunternehmen": BVerfG, Beschl. v. 27.7.2005 – 1 BvR 2501/04 = GRUR 2005, 880, 882.

[112] *Gersdorf*, ZWeR 2016, 113, 115; *ders.*, N&R 2008, Beilage 2/2008, 1, 8.

[113] BVerfGE 89, 214, 231 f.; BVerfGE 103, 89, 100; *Hufen*, JuS 2006, 648, 650.

[114] BVerfGE 103, 89, 100.

[115] BVerfGE 89, 214, 232; BVerfGE 103, 89, 100 f.; *Gersdorf*, N&R 2008, Beilage 2/2008, 1, 8; *Hufen*, JuS 2006, 648, 650.

[116] Vgl. BVerfGE 81, 242, 255; BVerfGE 84, 212, 229; BVerfGE 85, 191, 213; BVerfGE 89, 214, 232; BVerfGE 92, 365, 395; BVerfGE 97, 169, 176 f.; BVerfGE 103, 89, 100 f.; BVerfGE 114, 1, 34 f.; BVerfGE 114, 73, 90.

in Bezug auf öffentliche Unternehmen zu beachten ist, die gem. Art. 1 Abs. 3 GG an Grundrechte gebunden sind.[117]

So folgt sowohl aus ökonomischen als auch aus verfassungsrechtlichen Erwägungen der Bedarf nach einer Entgeltregulierung bzw. Preiskontrolle im Markt der Trinkwasserversorgung. Die nachstehende Arbeit soll sich daher dem Thema der Kontrolle und Regulierung der (öffentlich-rechtlichen) Wasserentgelte widmen, die verschiedenen Gestaltungskonzepte untersuchen und mögliche Vereinheitlichungsoptionen in den Blick nehmen.

[117] Grundlegend BVerfGE 128, 226, 244 ff.; *Gersdorf*, ZWeR 2016, 113, 116.

B. Ausgestaltung und Ordnungsrahmen der Wasserwirtschaft

I. Ordnungsrahmen der öffentlichen Wasserversorgung

Zum Verschaffen eines besseren Überblicks soll im Folgenden der Ordnungsrahmen der öffentlichen Wasserversorgung skizziert werden. Die öffentliche Wasserversorgung wird von verschiedenen Rechtsquellen beeinflusst. Dabei ist im Besonderen auf das Kommunalrecht, das Straßen- und Wegerecht, sowie das Kartellrecht, das Wasserhaushaltsrecht und die Trinkwasserverordnung einzugehen.

1. Kommunalrecht

Die öffentliche Wasserversorgung steht exemplarisch für die typische, die Daseinsvorsorge betreffenden Aufgaben der kommunalen Gebietskörperschaften.[1] Sie gehört damit in den Aufgabenkreis der gemeindlichen Selbstverwaltung, welche sich aus Art. 28 Abs. 2 GG ergibt.[2] Die Garantie der Selbstverwaltung der Gemeinden erstreckt sich auf die Regelung aller Angelegenheiten der örtlichen Gemeinschaft (sog. Grundsatz der Universalität oder Allzuständigkeit der Gemeinde).[3] Das maßgebliche Abgrenzungskriterium bildet hierbei die Örtlichkeit bzw. Überörtlichkeit einer öffentlichen Aufgabe.[4] Zu den anerkannten Aufgaben des gemeindlichen Wirkungskreises zählt dabei unter anderem die Versorgung der Bevölkerung mit Wasser.[5]

---

[1] Vgl. BVerfGE 38, 258, 270f. = NJW 1975, 255; BVerfGE 45, 63, 78; 58, 45, 62.

[2] BVerwGE 125, 116, 291; vgl. auch BVerfGE 38, 258, 270f.; BVerfGE 45, 63, 78; BVerfGE 58, 45, 62; *Mehde*, in: Dürig/Herzog/Scholz, 98. EL März 2022, Art. 28 Abs. 2 GG, Rn. 93; *Brünning*, Der Private bei der Erledigung kommunaler Aufgaben, Diss. (Ruhr-Univ. Bochum) 1996, S. 33 (zur Abwasserbeseitigung).

[3] *Hellermann*, in: BeckOK GG, 53. Ed.15.11.2022, Art. 28 GG, Rn. 41.

[4] Vgl. BVerfGE 79, 127 (151f.) = NVwZ 1989, 347: Nach dem grundlegenden Rastede-Beschluss des BVerfG sind „*diejenigen Bedürfnisse* [erfasst], *die in der örtlichen Gemeinschaft wurzeln oder auf sie einen spezifischen Bezug haben, die also den Gemeindebürgern gerade als solchen gemeinsam sind, indem sie das Zusammenleben und -wohnen der Menschen in der (politischen) Gemeinde betreffen.*“

[5] BVerfG NJW 1990, 1783, 1783; BVerwGE 98, 273, 275f. (bzgl. Energieversorgung); *Hellermann*, in: BeckOK GG, 53. Ed.15.11.2022, Art. 28 GG, Rn. 41.3.

a) Kommunale Bereitstellungspflicht

Die Gemeindeordnungen der meisten Länder sehen vor, dass die Gemeinden in den Grenzen ihrer Leistungsfähigkeit die für das Wohl der Einwohner erforderlichen öffentlichen Einrichtungen[6] bereitstellen[7] bzw. alle Angelegenheiten der örtlichen Gemeinschaft im Rahmen der Gesetze in eigener Verantwortung regeln.[8] Erforderlich sind solche Anlagen, die Teil der Daseinsvorsorge und der gemeindlichen Selbstverwaltung im Sinne des Art. 28 Abs. 2 GG sind.[9] Dabei steht die Entscheidung, ob und wenn ja in welchem Umfang öffentliche Einrichtungen geschaffen oder unterhalten werden, grundsätzlich im Ermessen der Gemeinde.[10] Jedenfalls bei einer Ausgestaltung der öffentlichen Wasserversorgung als pflichtige Selbstverwaltungsaufgabe[11] wird allerdings von einer Ermessensreduzierung auf Null auszugehen sein – ein anderweitiges Handeln der Kommunen wäre als rechtswidrig einzustufen. Die Erfüllung der Pflichtaufgabe hat unter Zurückstellung anderer Aufgaben und unter äußerster Anspannung der Finanzen zu erfolgen.[12] Sofern die öffentliche Wasserversorgung nicht als pflichtige Selbstaufgabe sondern als freiwillige Selbstverwaltungsaufgabe[13] ausgestaltet ist, ist fraglich, ob eine Ermessensreduzierung bis zur Verpflichtung zur Bereitstellung und Unterhaltung der öffentlichen Wasserversorgung aufgrund der elementaren Bedeutung der Wasserversorgung für den Einzelnen anzunehmen ist. In Teilen wird von einer faktischen Verpflichtung der Kommunen zur öffentlichen Wasserversorgung ausgegangen.[14]

---

[6] Eine öffentliche Einrichtung in diesem Sinne beschreibt die Zusammenfassung personeller Kräfte und sächlicher Mittel, die von der Gemeinde zu Zwecken der Daseinsvorsorge durch Widmung bereitgestellt und sodann unterhalten wird zum Zwecke der bestimmungsgemäßen Nutzung durch die Einwohner, vgl. *Burgi*, Kommunalrecht, 6. Auflage 2019, § 16, Rn. 5.

[7] § 10 Abs. 2 S. 1 GemO Baden-Württemberg; Art. 57 Abs. 1 S. 1 GO für den Freistaat Bayern; § 2 Abs. 1 Bbg KVerf; § 19 Abs. 1 HGO; § 4 NKomVG; § 8 Abs. 2 GO NRW; § 2 Abs. 1 Sächsische GO; § 4 KVG LSA; § 17 Abs. 1 GO Schleswig-Holstein; § 1 Abs. 4 ThürKO.

[8] § 2 Abs. 1 KV M-V; § 2 Abs. 1 S. 2 KSVG Saarland.

[9] So auch: *Brehme*, Privatisierung und Regulierung der öffentlichen Wasserversorgung, Diss. (Univ. Gießen) 2010, S. 155.

[10] *Brehme*, Privatisierung und Regulierung der öffentlichen Wasserversorgung, Diss. (Univ. Gießen) 2010, S. 155.

[11] Art. 83 Abs. 1 BayVerf i. V. m. Art. 57 Abs. 2 S. 1 GO für den Freistaat Bayern; § 37a Abs. 1 S. 1 BWG; § 59 Abs. 1 S. 1 BbgWG i. V. m. § 2 Abs. 2 BbgKVerf, § 30 Abs. 1 S. 1 HWG; § 43 Abs. 1 S. 1 LWaG MV; § 38 Abs. 1 LWG NRW; § 48 Abs. 1 S. 1 LWG RhPf; § 43 Abs. 1 S. 1 Sächsisches Wassergesetz; § 47 Abs. 1 ThürWG.

[12] *Gern*, Deutsches Kommunalrecht, 3. Aufl. 2004; Rn. 533.

[13] Vgl. § 70 Abs. 1, 2 WG LSA.

[14] *Fischer/Zwetkow*, ZfW 42 (2003), 129, 147; *Schmidtz-Jortzig*, DÖV 1993, 973, 975 f.; *Pappermann*, DVBl. 1980, 701, 705.

b) Zugangsanspruch

Den Einwohnern einer Gemeinde wird ein Anspruch auf Zugang zu der öffentlichen Wasserversorgung durch die Gemeindeordnungen der Länder eingeräumt. Die Gemeindeordnungen sprechen in der Regel von *„öffentlichen Einrichtungen der Gemeinde*" – die öffentliche Wasserversorgung ist als eine Einrichtung in diesem Sinne anzusehen.[15] Für Einrichtungen der Kreise ordnen die Kreisordnungen einen entsprechenden Zugangsanspruch der Einwohner an.[16] Dieser Zugangsanspruch der Einwohner korrespondiert mit dem sich aus Art. 28 Abs. 2 GG in Verbindung mit den jeweiligen Normen der Gemeindeordnungen ergebenden gesetzgeberischen Auftrag der Kommunen, für das kulturelle, soziale und ökonomische Wohl der Einwohner zu sorgen.[17] Die Gemeinden trifft danach die Pflicht, den Einwohnern im Rahmen des geltenden Rechts – mithin im Besonderen unter Beachtung einer etwaigen Benutzungsordnung[18], sowie der Grundrechte, vor allem des Gleichheitsgrundsatzes gem. Art. 3 Abs. 1 GG[19] – Zugang zu ihren öffentlichen Einrichtungen zu gewähren.[20]

Ein solcher Zugangsanspruch besteht auch für den Fall, dass die Einrichtung durch eine der Gemeinde oder dem Kreis zuzurechnende juristische Person des öffentlichen oder privaten Rechts betrieben wird.[21] Der Anspruch ist als sog. (öffentlich-rechtlicher) Verschaffungsanspruch ausgestaltet, welcher inhaltlich gewährleistet, dass die Gebietskörperschaft durch Einwirkung auf ihre juristische

---

[15] Vgl. § 10 Abs. 2 S. 2 GemO Baden-Württemberg; Art. 21 Abs. 1 S. 1 GemO für den Freistaat Bayern; § 12 Abs. 1 Bbg KVerf; § 20 Abs. 1 1. HS. HGO; § 14 Abs. 2 1. HS KV M-V; § 30 Abs. 1 1. HS NKomVG; § 8 Abs. 2 1. HS GO NRW; § 14 Abs. 2 1. HS GemO RhPf; § 19 Abs. 1 1. HS KSVG Saarland; § 10 Abs. 2 1. HS Sächsische GO; § 24 Abs. 1 1. HS KVG LSA; § 18 Abs. 1 S. 1 GO Schleswig-Holstein; § 14 Abs. 1 1. HS. ThürKO.

[16] § 16 Abs. 1 S. 2 LKrO Baden-Württemberg; Art. 15 Abs. 1 1. HS. LKrO Bayern; § 131 Abs. 2 i. V. m. § 12 Abs. 1 Bbg KVerf; § 17 Abs. 1 1. HS KrO Hessen; § 99 Abs. 2 1. HS KV M-V; § 30 Abs. 1 1. HS NKomVG; § 6 Abs. 2 1. HS. KrO NRW; § 10 Abs. 2 1. HS. LKrO RhPf; § 152 S. 1 1. HS. KSVG Saarland; § 9 Abs. 2 1. Hs. LKrO Sachsen; § 16 Abs. 1 LKrO LSA; § 18 Abs. 1 LKrO Schleswig-Holstein; § 96 Abs. 1 ThürKO.

[17] *Gern/Brünning*, Deutsches Kommunalrecht, 4. Aufl. 2019, Rn. 930.

[18] Vgl. VGH Baden-Württemberg, Beschl. v. 12.7.1966 – III 181/66, BWVBl. 1967, 109, 109 f.

[19] Vgl. *Frenz*, VR 2012, 1, 3.

[20] Vgl. VGH Baden-Württemberg, Urt. v. 10.11.1967 – II 756/67, DÖV 1968, 179, 180; NVwZ 1990, 93, 94; NVwZ-RR 1994, 111; NVwZ-RR 2008, 179; VGH München NJW 1991, 1498 – Ausschluss bestimmter Frauen von der Teilnahme an den Oberammergauer Passionsspielen; OVG Bln NVwZ-RR 1993, 319 – gleichberechtigte Zulassung von Behinderten und Gehfähigen; VGH Kassel NJW 1993, 2331 – Überlassung einer Halle für eine Parteiveranstaltung mit überörtlichem Charakter; VG Magdeburg, Beschl. v. 3.4.2007 – 9 B 59/07 – dem gleichberechtigten Zugang von Parteien kann nur der Schutz höherrangiger Rechtsgüter bzw. gewichtiger Interessen Dritter entgegengehalten werden.

[21] *Brehme*, Privatisierung und Regulierung der öffentlichen Wasserversorgung, Diss. (Univ. Gießen) 2010, S. 161.

Person den Zugang zu der Wasserversorgung bereitzustellen hat.[22] Im Rahmen der Durchsetzung des öffentlich-rechtlichen Verschaffungsanspruchs kämen grundsätzlich sowohl die Gemeinde bzw. der Kreis als auch die juristische Person als Gegenparteien in Betracht. Aufgrund des Umstandes, dass die juristische Person über die Zulassung zur Wasserversorgung entscheidet und die Gemeinde bzw. der Kreis lediglich auf die juristische Person einwirken könnte, erscheint es sinnvoller, dass der Anspruch gegenüber der juristischen Person durchgesetzt wird.[23] Als Anspruchsgrundlagen kommen unmittelbar Art. 3 Abs. 1 GG oder §§ 138, 826 BGB in Betracht.[24]

Die auf Zulassung zur öffentlichen Einrichtung Berechtigten umfassen grundsätzlich nur die Gemeindeeinwohner oder ihnen gleichgestellte juristische Personen oder Personenvereinigungen, sofern nicht auch Ortsfremde von der Widmung erfasst sind.[25] Die Zulassung juristischer Personen und nicht-rechtsfähiger Personenvereinigungen setzt voraus, dass sie ihren Sitz im Gemeindegebiet haben und der räumliche Schwerpunkt ihrer Tätigkeit im Gemeindegebiet liegt.[26]

c) Anschluss- und Benutzungszwang

Die Gemeinden können für die dem öffentlichen Wohl dienenden öffentlichen Einrichtungen einen Anschluss- und Benutzungszwang mittels eines Satzungserlasses erzielen.[27] Die Anordnung eines Anschluss- und Benutzungszwangs ist nicht von der Garantie des Art. 28 Abs. 2 GG erfasst und bedarf daher aufgrund des

[22] BVerwG, NVwZ 1991, 59, 59; BVerwG, NJW 1990, 134, 135; *Gern/Brünning*, Deutsches Kommunalrecht, 4. Aufl. 2019, Rn. 934; *Erbguth/Mann/Schubert*, Besonderes Verwaltungsrecht, 13. Aufl. 2020, Rdnr. 262.

[23] *Brehme*, Privatisierung und Regulierung der öffentlichen Wasserversorgung, Diss. (Univ. Gießen) 2010, S. 161 f.; vgl. ferner auch zum Problem des eröffneten Rechtsweges: *Kahl/Weißenberger*, Jura 2009, 194, 196 f. – danach sei nach überwiegender Ansicht bei einer Anspruchsdurchsetzung gegen die juristische Person der ordentliche Rechtsweg gem. § 13 GVG einschlägig; eine im Vordringen befindliche Ansicht geht (auch) in dieser Konstellation von einer öffentlich-rechtlichen Streitigkeit und damit der Eröffnung des Verwaltungsrechtswegs aus.

[24] *Gern/Brünning*, Deutsches Kommunalrecht, 4. Aufl. 2019, Rn. 934.

[25] Vgl. VGH München, Urt. v. 25.11.1992–4 N 92.932, 92.1077, 92.1390, NVwZ 1993, 797, 798 – Asylbewerberwohnheim; *Gern/Brünning*, Deutsches Kommunalrecht, 4. Aufl. 2019, Rn. 935.

[26] VGH Mannheim, NvWZ-RR 1989, 135; *Gern/Brünning*, Deutsches Kommunalrecht, 4. Aufl. 2019, Rn. 935.

[27] Vgl. § 11 Abs. 1 GemO Baden-Württemberg; Art. 24 Abs. 1 Nr. 2 GemO für den Freistaat Bayern; § 12 Abs. 2 Bbg KVerf; § 19 Abs. 2 HGO; § 15 Abs. 1 KV M-V; § 13 NKomVG; § 9 GO NRW; § 26 Abs. 1 GemO RhPf; § 22 Abs. 1 KSVG Saarland; § 14 Abs. 1 Sächsische GO; § 11 Abs. 1 KVG LSA; § 17 Abs. 2 GO Schleswig-Holstein, § 20 Abs. 2 Nr. 2 ThürKO.

Vorbehalts des Gesetzes einer gesetzlichen Ermächtigungsgrundlage.[28] Die qua Satzung ausgesprochene Anordnung eines Anschluss- und Benutzungszwangs wird daher nur auf der Grundlage einer verfassungsgemäßen Ermächtigung der Gemeindeordnung als hinreichende Rechtsgrundlage für Bescheide angesehen.[29]

Der Anschlusszwang und der Benutzungszwang müssen nicht zwingend in Kombination miteinander auftreten[30]: Bei Bestehen eines Anschlusszwangs ist der Betroffene verpflichtet, die Vorrichtungen (auf eigene Kosten[31]) zu erstellen, die für den Anschluss notwendig sind – dies sind in der Regel Leitungen, Kanäle oder sonstige Transportwege.[32] Außerdem ist die Pflicht des Grundstückseigentümers beinhaltet, die Grundstücksanschlussleitung in einem gebrauchsfähigen Zustand zu erhalten.[33] Ein Benutzungszwang beinhaltet die Verpflichtung (und das Recht[34]) zur Benutzung der gemeindlichen Einrichtung bei gleichzeitigem Verbot der Benutzung anderer Einrichtungen.[35]

Nach den Gemeindeordnungen verlangt die rechtmäßige Anordnung eines Anschluss- und Benutzungszwangs das Vorliegen zweier Voraussetzungen: (1) Es bedarf einer öffentlichen Einrichtung[36], die die im Einzelnen genannten materiellen Voraussetzungen erfüllt sowie (2) das Vorliegen eines öffentlichen Bedürfnisses oder Gründe des Gemeinwohls.[37] Die Vorschriften benennen beispielhaft öffentliche Einrichtungen – so zählt § 11 Abs. 1 S. 1 GO Baden-Württemberg ausdrücklich „*Wasserleitungen*" als einen möglichen Anknüpfungspunkt für einen Anschluss- und Benutzungszwang auf. Ein öffentliches Bedürfnis liegt vor, wenn in hinreichendem Maße Gründe des öffentlichen Wohls für den Anschluss- und Benutzungszwang sprechen.[38] Entscheidend ist, ob bei Anlegen eines objektiven Maßstabes die Lebensqualität der Mehrheit der Einwohner (mithin der Gemeinschaft und nicht des

---

[28] BVerwG NVwZ 2005, 963 f.; BVerwG, NVwZ 1986, 754; *Gern/Brünning*, Deutsches Kommunalrecht, 4. Aufl. 2019, Rn. 946.

[29] Vgl. OVG Bauzen, KommJur 2013, 343, 345; *Gern/Brünning*, Deutsches Kommunalrecht, 4. Aufl. 2019, Rn. 946.

[30] *Burgi*, Kommunalrecht, 6. Aufl. 2019, § 16, Rn. 61; *Geis*, Kommunalrecht, 5. Aufl. 2020, § 10, Rn. 80; *Gern/Brünning*, Deutsches Kommunalrecht, 4. Aufl. 2019, Rn. 950.

[31] Zur Kostentragung vgl.: OVG Münster, NVwZ-RR 1998, 198 – formell-gesetzliche Grundlage/ Satzungsermächtigung zur Kostenersatzregelung erforderlich; VG Cottbus, Urt. v. 13.12.2012 – VG 6 K 893/10.

[32] *Burgi*, Kommunalrecht, 6. Aufl. 2019, § 16, Rn. 61; *Geis*, Kommunalrecht, 5. Aufl. 2020, § 10, Rn. 79.

[33] *Gern/Brünning*, Deutsches Kommunalrecht, 4. Aufl. 2019, Rn. 948.

[34] Vgl. insb. BayVerfGH, NVwZ 2009, 298.

[35] BVerwGE 62, 224; *Burgi*, Kommunalrecht, 6. Aufl. 2019, § 16, Rn. 61; *Geis*, Kommunalrecht, 5. Aufl. 2020, § 10, Rn. 80.

[36] Vgl. B.I.1.a), S. 32.

[37] *Burgi*, Kommunalrecht, 6. Aufl. 2019, § 16, Rn. 62; *Gern/Brünning*, Deutsches Kommunalrecht, 4. Aufl. 2019, Rn. 946.

[38] *Geis*, Kommunalrecht, 5. Aufl. 2020, § 10, Rn. 84.

Einzelnen[39]) angehoben wird.[40] Ein öffentliches Bedürfnis liegt insbesondere dann vor, wenn der Anschluss- und Benutzungszwang die Volksgesundheit fördert[41], folglich Einrichtungen, die die Erhaltung der Gesundheit der Einwohner fördern[42]. Ein öffentliches Bedürfnis ist für den Anschluss- und Benutzungszwang hinsichtlich der öffentlichen Wasserversorgung mit Trink- und Brauchwasser regelmäßig gegeben.[43] Die öffentliche Wasserversorgung dient der Volksgesundheit, weil sie überhaupt erst eine ausreichende und zuverlässige Versorgung der Bevölkerung mit gesundheitlich einwandfreiem Trinkwasser sichert, beziehungsweise zu deren Verbesserung beiträgt.[44]

Durch den Anschluss- und Benutzungszwang wird in verschiedene Grundrechte des Einzelnen eingegriffen (beispielhaft zu nennen sind Art. 14 Abs. 1, Art. 12 Abs. 1, Art. 2 Abs. 1 GG). Jedoch stellt der Anschluss- und Benutzungszwang in der Regel eine zulässige Beschränkung dieser Rechte dar.[45] Der in den Gemeindeordnungen normierte und durch Satzungen ausgeformte Anschluss- und Benutzungszwang stellt in den meisten Fällen eine zulässige Inhalts- und Schrankenbestimmung im Sinne des Art. 14 Abs. 1 S. 2 GG dar, welche durch die Sozialbindung des Eigentums (vgl. Art. 14 Abs. 2 GG) gerechtfertigt wird.[46] Ebenso ist der Eingriff in die Berufsfreiheit des Art. 12 Abs. 1 GG durch den mit dem Anschluss- und Benutzungszwang einhergehenden Verlust des gewerblichen Betätigungsfeldes gerechtfertigt.[47] Solange sich die Einführung des Anschluss- und Benutzungszwangs in den Bahnen der gesetzlichen Ermächtigung bewegt, kann der Eingriff in Art. 2 Abs. 1 GG zudem erfolgreich durch die vorliegende (verfassungsmäßige) Rechts-

[39] Vgl. VGH München, NVwZ-RR 1995, 345.

[40] Vgl. VGH Baden-Württemberg, Urt. v. 23.7.1981 – 2 S 1569/80, VBlBW 1982, 54, 55 und VGH Baden-Württemberg, Urt. v. 11.11.1981 – 3 S 1742/81, 234, 236; *Geis*, Kommunalrecht, 5. Aufl. 2020, § 10, Rn. 84.

[41] *Geis*, Kommunalrecht, 5. Aufl. 2020, § 10, Rn. 84; *Gern/Brünning*, Deutsches Kommunalrecht, 4. Aufl. 2019, Rn. 958, 967.

[42] Vgl. VGH Mannheim ESVGH 8, 164; 11, 123 – Leichentransport; OVG Lüneburg NJW 1983, 411 – Abfallbeseitigung; *Gern/Brünning*, Deutsches Kommunalrecht, 4. Aufl. 2019, Rn. 958.

[43] VGH Mannheim NVwZ-RR 1990, 499; *Besche*, Wasser und Wettbewerb, Diss. (Univ. Bonn) 2004, S. 35; *Gern/Brünning*, Deutsches Kommunalrecht, 4. Aufl. 2019, Rn. 960, 969.

[44] VG Frankfurt (Oder), Beschl. v. 18.12.2008 – 5 L 147/08; BayVGH, Urt. v. 18.8.1987 – 23 B 85 A. 2655, DÖV 1988, 301, 301 und BayVGH, Urt. v. 10.7.2013, Az. 4 N 12.2790, BayVBl. 2013, 761, 761, Rn. 22; *Gern/Brünning*, Deutsches Kommunalrecht, 4. Aufl. 2019, Rn. 960; vgl. auch § 1 der Trinkwasserverordnung des Bundes und hierzu BVerwG LMRR 2009, 96, Rn. 11.

[45] *Gern/Brünning*, Deutsches Kommunalrecht, 4. Aufl. 2019, Rn. 951.

[46] VG Ansbach, Urt. v. 14.7.2015 – 1 K 13.00604, BeckRS 2015, 49412; OVG Bautzen KommJur 2013, 343, 345; Bay. VerfGH NVwZ 2009, 298, 300; OVG Lüneburg, Beschl. v. 11.07.2006 – 9 LA 249/04, NuR 2007, 43; *Gern/Brünning*, Deutsches Kommunalrecht, 4. Aufl. 2019, Rn. 952.

[47] BGHZ 40, 355, 365; *Gern/Brünning*, Deutsches Kommunalrecht, 4. Aufl. 2019, Rn. 953.

norm eingeschränkt werden.[48] Für Fälle, in denen die Opfer- und Zumutbarkeitsgrenze ausnahmsweise überschritten wird, müssen die Satzungen auf Grundlage der jeweiligen landesrechtlichen Vorschriften Ausnahmen[49] vom Anschluss- und Benutzungszwang vorsehen, andernfalls sind sie als nichtig anzusehen.[50]

Eine weitere Ausnahme ergibt sich aus dem Zusammenspiel mit der Verordnung über allgemeine Bedingungen für die Versorgung mit Wasser (AVBWasserV). Nach § 3 Abs. 1 S. 1 AVBWasserV ist das Wasserversorgungsunternehmen angehalten, dem Kunden im Rahmen des wirtschaftlich Zumutbaren die Möglichkeit einzuräumen, den Wasserverbrauch auf einen von ihm gewünschten Verbrauchszweck oder einen Teilbedarf zu beschränken. Sofern das Rechtsverhältnis öffentlich-rechtlich ausgestaltet ist, sind diese Rechtsvorschriften gem. § 35 Abs. 1 AVB-WasserV entsprechend zu gestalten. Insofern schließt § 3 Abs. 1 AVBWasserV einen auf die Gemeindeordnungen gestützten Zwang zur umfassenden Benutzung einer gemeindlichen Wasserversorgungsanlage zwar nicht generell aus; er gestattet eine solche Anordnung jedoch nicht allein schon, um einen möglichst kostengünstigen Wasserbezug zu ermöglichen, sondern nur dann, wenn ohne einen solchen Zwang für den Verbraucher untragbare Wasserpreise zu befürchten wären.[51]

Letztlich stehen auch Vorschriften des Unionsrechts einem Anschluss- und Benutzungszwang nicht entgegen. Zwar garantiert Art. 56 des Vertrages über die Arbeitsweise der Europäischen Union (AEUV) den freien Dienstleistungsverkehr in der EU, welcher grundsätzlich die Bildung von Monopolen ausschließt.[52] Durch den Anschluss- und Benutzungszwang werden zwar (im Falle der Wasserversorgung örtlich begrenzte) Monopole gebildet, jedoch gestattet Art. 62 AEUV in Verbindung mit Art. 51, 52 AEUV die Monopolbildung ausnahmsweise für Tätigkeiten, die mit der Ausübung öffentlicher Gewalt verbunden sind (vgl. Art. 51 S. 1 AEUV) sowie für Regelungen, die aus Gründen der öffentlichen Ordnung, Sicherheit oder Gesundheit gerechtfertigt sind (Art. 52 Abs. 1 AEUV).[53] In Anbetracht des Zwecks der Einführung und der öffentlich-rechtlichen Form der Anordnung sind die Regelungen

---

[48] *Geis*, Kommunalrecht, 5. Aufl. 2020, § 10, Rn. 83; *Gern/Brünning*, Deutsches Kommunalrecht, 4. Aufl. 2019, Rn. 954.

[49] Vgl. § 11 Abs. 2 GemO Baden-Württemberg; § 12 Abs. 3 Bbg KVerf; § 19 Abs. 2 S. 2 HGO; § 15 Abs. 2 KV M-V; § 13 S. 2 NKomVG; § 9 S. 2 und 3 GO NRW; § 26 Abs. 2 GemO RhPf; § 22 Abs. 2 KSVG Saarland; § 14 Abs. 2 Sächsische GO; § 11 Abs. 1 S. 2 KVG LSA; § 17 Abs. 2 S. 2 GO Schleswig-Holstein, § 20 Abs. 2 S. 2 und 3 ThürKO.

[50] Vgl. BGHZ 78, 41, 45; Bay. ObLG NVwZ 1986, 1055; BayVGH, Urt. v. 18. 8. 1987 – 23 B 85 A. 2655, DÖV 1988, 301, 302; VGH München, Urt. v. 28. 10. 1994–23 N 90.2272, NVwZ-RR 1995, 345, 345; *Burgi*, Kommunalrecht, 6. Aufl. 2019, § 16, Rn. 66; *Gern/Brünning*, Deutsches Kommunalrecht, 4. Aufl. 2019, Rn. 952.

[51] BVerwG, Urt. v. 11. 4. 1986 – 7 C 50/83, NVwZ 1986, 754 *(Leitsatz)*; VGH Mannheim, Urt. v. 23. 10. 1989 – 1 S 2484/88, NVwZ-RR 1990, 239, 240; *Gern/Brünning*, Deutsches Kommunalrecht, 4. Aufl. 2019, Rn. 975.

[52] *Gern/Brünning*, Deutsches Kommunalrecht, 4. Aufl. 2019, Rn. 981.

[53] *Gern/Brünning*, Deutsches Kommunalrecht, 4. Aufl. 2019, Rn. 981.

der Gemeindeordnungen über den Anschluss- und Benutzungszwang nach diesen Vorschriften im Hinblick auf das Unionsrecht nicht zu beanstanden.[54]

d) Kommunales Wirtschaftsrecht

Die Gemeindeordnungen der Länder enthalten Vorschriften über die wirtschaftliche Betätigung der Gemeinden.[55] Die Dogmatik der Vorschriften findet ihren Ursprung in §§ 67 ff. Deutsche Gemeindeordnung (DGO)[56], jedoch wurden die kommunalwirtschaftlichen Regelungen in den Bundesländern mittlerweile in unterschiedlichem Umfang modifiziert.[57]

Im verfassungsrechtlichen Ausgangspunkt ist zu beachten, dass das kommunale Wirtschaftsrecht kompetenziell im Grundsatz dem Kommunalrecht zufällt und nicht dem Kompetenztitel des Wirtschaftsrechts gem. Art. 74 Abs. 1 Nr. 11 GG zugeordnet werden kann.[58] Mithin knüpft die Legitimation kommunalen Wirtschaftsrechts an Art. 28 Abs. 2 GG (sowie die korrespondierenden Regelungen der Landesverfassungen) an.[59] Zwar verzichtet das Grundgesetz auf eine Regelung der Wirtschaftsverfassung, jedoch folgt daraus nach einhelliger Ansicht nicht, dass die wirtschaftliche Betätigung der öffentlichen Hand verboten sei.[60] Somit schützt die Selbstverwaltungsgarantie auch die wirtschaftliche Betätigung der Kommunen.[61] In einem Obiter Dictum des Bundesverfassungsgerichts wurde diesbezüglich jedoch klargestellt, dass den Gemeinden rein erwerbswirtschaftlich-fiskalische Tätigkeiten nicht offen stehen[62] – ein kommunales Unternehmen müsse unmittelbar durch seine Leistung, nicht nur mittelbar durch seine Erträge dem Wohl der Einwohner dienen. In historischer Sichtweise gehört das kommunale Wirtschaften zum Kernbereich der Selbstverwaltung, so dass den Gemeinden eine eigenverantwortliche Betätigung in

---

[54] Vgl. BVerwG, Urt. v. 25.1.2006 – 8 C 13/05, NVwZ 2006, 690, 693, Rn. 32 ff. – thematisiert und verneint werden Verstöße gegen die Vorschriften zum Waren- und Dienstleistungsverkehr und zum europäischen Wettbewerbsrecht; *Gern/Brünning*, Deutsches Kommunalrecht, 4. Aufl. 2019, Rn. 981; i. E. so auch: *Dierkes/Hamann*, Öffentliches Preisrecht in der Wasserwirtschaft, 2009, S. 57, welche den Rechtfertigungsgrund im Gesundheitsschutz sehen.

[55] Vgl. §§ 102 ff. GO Baden-Württemberg; Art. 86 ff. BayGO; §§ 91 ff. Bbg KVerf; §§ 121 ff. HGO; §§ 68 ff. KV M-V; §§ 136 ff. NKomVG; §§ 107 ff. GO NRW; §§ 85 ff. GemO RhPf; §§ 108 ff. KSVG Saarland; §§ 94a ff. Sächsische GO; §§ 128 ff. KVG LSA; § 101 GO Schleswig-Holstein, § 71 ThürKO.

[56] RGBl. I, S. 49.

[57] *Brehme*, Privatisierung und Regulierung der öffentlichen Wasserversorgung, Diss. (Univ. Gießen) 2010, S. 169.

[58] Sächs. VerfGH, Urt. v. 20.5.2005 – VF 34-VIII-04, LKV 2005, 499, 500; *Gern/Brünning*, Deutsches Kommunalrecht, 4. Aufl. 2019, Rn. 983.

[59] *Gern/Brünning*, Deutsches Kommunalrecht, 4. Aufl. 2019, Rn. 983.

[60] *Gern/Brünning*, Deutsches Kommunalrecht, 4. Aufl. 2019, Rn. 983: vgl. auch Art. 110 Abs. 1 GG, welcher die wirtschaftliche Betätigung als Form staatlichen Handelns akzeptiere.

[61] *Gern/Brünning*, Deutsches Kommunalrecht, 4. Aufl. 2019, Rn. 983.

[62] BVerfG, Beschluss vom 8.7.1982 – 2 BvR 1187/80, NJW 1982, 2173, 2175.

traditionellen Bereichen kommunaler Kompetenzen, wie beispielsweise der Wasserversorgung, eröffnet sein muss.[63]

In Anlehnung an § 67 Abs. 1, 2 DGO[64] unterscheidet das kommunale Wirtschaftsrecht der meisten Länder bis heute zwischen der Betätigung der Gemeinden in wirtschaftlichen und nichtwirtschaftlichen Unternehmen[65], wobei wirtschaftliche Unternehmen an strengere rechtliche Vorgaben geknüpft werden.[66] Die Regelung bezweckte eine beschränkte wirtschaftliche Tätigkeit der Gemeinden, „*denn die Gemeinden sind in erster Linie Träger der öffentlichen Verwaltung*".[67] Die Unterteilung der gemeindlichen Tätigkeit in wirtschaftliche und nichtwirtschaftliche Unternehmungen hat weitreichende Folgen.[68] Danach dürfen die Gemeinden nach den meisten Gemeindeordnungen – allerdings in von Bundesland zu Bundesland im Detail modifizierter Form – ungeachtet der Rechtsform wirtschaftliche Unternehmen nur errichten, übernehmen, unterhalten oder wesentlich verändern bzw. erweitern oder sich daran unmittelbar oder mittelbar beteiligen, wenn (1) der öffentliche Zweck das Unternehmen rechtfertigt oder erfordert, (2) das Unternehmen nach Art und Umfang in einem angemessenen Verhältnis zur Leistungsfähigkeit der Gemeinde und zum voraussichtlichen Bedarf steht (sog. Relations- oder Angemessenheitsklausel) und (3) der Zweck nicht ebenso gut und wirtschaftlich durch einen anderen erfüllt wird oder erfüllt werden kann (sog. qualifizierte Subsidiaritätsklausel) oder der Zweck nicht besser und wirtschaftlicher durch einen privaten Dritten erfüllt wird oder erfüllt werden kann (sog. einfache Subsidiaritätsklausel).[69] Im Unterschied zu bspw. Schleswig-Holstein, Baden-Württemberg oder Rheinland-Pfalz stellen die Bundesländer Brandenburg, Hessen, Mecklenburg-Vorpommern, Nordrhein-Westfalen und Sachsen-Anhalt nicht mehr auf die Errichtung, Übernahme

[63] *Gern/Brünning*, Deutsches Kommunalrecht, 4. Aufl. 2019, Rn. 983.

[64] Zur erstmaligen Statuierung inhaltlicher Vorgaben für die wirtschaftliche Betätigung der Gemeinden siehe auch: *Henneke*, in: Wurzel/Schraml/Gaß (Hrsg.), Rechtspraxis der kommunalen Unternehmen, 4. Aufl. 2021, Kap. A Rn. 11; *Lange*, NVwZ 2014, 616, 616 ff.

[65] Vgl. § 102 Abs. 4 GO Baden-Württemberg; § 91 Abs. 3 Bbg. KVerf; § 121 Abs. 2 HGO; § 68 Abs. 3 KV M-V; § 136 Abs. 3 NKomVG; § 107 Abs. 2 GO NRW; § 85 Abs. 4 GemO RhPf; § 108 Abs. 2 KSVG Saarland; § 94a Abs. 3 Sächsische GO; § 101 Abs. 4 GO Schleswig-Holstein.

[66] *Brehme*, Privatisierung und Regulierung der öffentlichen Wasserversorgung, Diss. (Univ. Gießen) 2010, S. 169.

[67] § 67 DGO, Anmerkung 1.b) der amtlichen Begründung, abgedruckt bei *Surén/Loschelder*, Die Deutsche Gemeindeordnung II, Kommentar, 1940, S. 88.

[68] *Cronauge*, Kommunale Unternehmen, 6. Aufl. 2016, Rn. 404.

[69] Vgl. § 102 Abs. 1 GO Baden-Württemberg; Art. 87 Abs. 1 S. 1 BayGO; § 91 Abs. 2 und 3 Bbg KVerf; § 121 Abs. 1 S. 1 HGO; § 68 Abs. 2 S. 1 KV M-V; § 136 Abs. 1 S. 2 NKomVG; § 107 Abs. 1 S. 1 GO NRW; § 85 Abs. 1 S. 1 GemO RhPf; § 108 Abs. 1 KSVG Saarland; § 94a Abs. 1 S. 1 Sächsische GO; § 128 Abs. 1 S. 1 KVG LSA; § 101 Abs. 1 GO Schleswig-Holstein, § 71 Abs. 2 ThürKO; vgl. auch *Gern/Brünning*, Deutsches Kommunalrecht, 4. Aufl. 2019, Rn. 985.

oder wesentliche Erweiterung eines wirtschaftlichen Unternehmens ab, sondern auf die wirtschaftliche Betätigung als solche.[70]

Ungeachtet dessen stellt nach den meisten Gemeindeordnungen das Vorliegen eines „*wirtschaftlichen Unternehmens*" die tatbestandliche Anwendungsvoraussetzung dar. Der Begriff wird durch die meisten Gemeindeordnungen nicht legaldefiniert, so dass auf volks- und betriebswirtschaftliche Begriffe zurückzugreifen ist.[71] Wirtschaftliche Unternehmen sind hiernach rechtlich selbstständige oder unselbstständige Zusammenfassungen (Organisationseinheiten) persönlicher und sächlicher Mittel in der Hand von Rechtsträgern zum Zwecke der Teilnahme am Wirtschaftsverkehr, d.h. insbesondere der Produktion, des Umsatzes von Gütern und Dienstleistungen und der regelmäßigen Absicht der Gewinnerzielung.[72] Wirtschaftliche Unternehmen, die die Begriffsmerkmale nicht erfüllen, sind nichtwirtschaftliche Unternehmen, die teilweise auch als Hoheitsbetriebe bezeichnet werden.[73] Wasserversorgungsunternehmen gehören tendenziell zu den rentablen kommunalen Unternehmen und zählten schon im Rahmen des § 67 DGO zu den wirtschaftlichen Unternehmen.[74] Um insbesondere im Bereich der kommunalen Daseinsvorsorge bestimmte Tätigkeiten zu privilegieren, also von den Zulässigkeitsvoraussetzungen zu befreien, fingieren die meisten Länder bestimmte, näher benannte Unternehmen als nichtwirtschaftlich.[75] Insbesondere sind die Unternehmen von der Subsidiaritätsklausel und dem Gebot, einen Ertrag bzw. die Haushaltswirtschaft abzuwerfen, entbunden; es wird lediglich erwartet, dass diese Unternehmen nach wirtschaftlichen Gesichtspunkten, d.h. unter Beachtung des Wirtschaftlichkeitsgrundsatzes zu führen sind.[76] Als nichtwirtschaftliche Unternehmen werden in der Regel (1) Unternehmen zur Wahrnehmung kommunaler Pflichtaufgaben, (2) Unternehmen in bestimmten, allerdings nicht abschließend aufgezählten Betätigungsfeldern (bspw. Bildungswesen, Kultur, Gesundheitspflege, etc.) sowie

---

[70] Vgl. § 91 Abs. 1 Bbg KVerf; § 121 Abs. 1 S. 1 HGO; § 68 Abs. 1 KV M-V; § 107 Abs. 1 S. 1 GO NRW; § 128 Abs. 1 S. 1 KVG LSA.

[71] *Gern/Brünning*, Deutsches Kommunalrecht, 4. Aufl. 2019, Rn. 994; *Püttner*, Die öffentlichen Unternehmen, 2. Aufl. 1985, S. 28 ff.; a. A. *Cronauge*, Kommunale Unternehmen, 6. Aufl. 2016, Rn. 406 – welcher schreibt, dass „*überwiegend [...] auf die bereits in der vorläufigen Ausführungsanweisung zu § 67 DGO enthaltene Umschreibung wirtschaftlicher Unternehmen zurückgegriffen [wird]; danach sind wirtschaftliche Unternehmen solche Einrichtungen und Anlagen der Gemeinde, die auch von einem Privatunternehmer mit der Absicht der Gewinnerzielung betrieben werden können.*"

[72] *Gern/Brünning*, Deutsches Kommunalrecht, 4. Aufl. 2019, Rn. 994.

[73] *Gern/Brünning*, Deutsches Kommunalrecht, 4. Aufl. 2019, Rn. 997.

[74] *Cronauge*, Komunale Unternehmen, 6. Aufl. 2016, Rn. 403; *Küchenhoff/Berger*, Deutsche Gemeindeordnung, 1935, § 67 Nr. 2, S. 251; vgl. *Hoppe*, DVBl. 1965, 581, 585; *Popitz*, Der künftige Finanzausgleich zwischen Reich, Ländern und Gemeinden, 1932, S. 49 f.

[75] Vgl. § 102 Abs. 4 GO Baden-Württemberg; § 91 Abs. 3 Bbg. KVerf; § 121 Abs. 2 HGO; § 68 Abs. 3 KV M-V; § 136 Abs. 3 NKomVG; § 107 Abs. 2 GO NRW; § 85 Abs. 4 GemO RhPf; § 108 Abs. 2 KSVG Saarland; § 94a Abs. 3 Sächsische GO; § 101 Abs. 4 GO Schleswig-Holstein.

[76] *Gern/Brünning*, Deutsches Kommunalrecht, 4. Aufl. 2019, Rn. 987.

(3) Unternehmen zur Deckung des Eigenbedarfs fingiert.[77] Die kommunale Wasserversorgung ist in allen Bundesländern als Einrichtung der Gesundheitspflege oder als Pflichtaufgabe ein nichtwirtschaftliches Unternehmen.[78]

2. Straßen- und Wegerecht

Weite Teile der Infrastruktur der Wasserversorgung – vor allem die Rohrleitungen – verlaufen unterhalb der öffentlichen Straßen und Wege, so dass die Wasserversorgungsunternehmen auf die Benutzung des öffentlichen Verkehrsraums angewiesen sind. Dabei stellen sowohl die Verlegung der Rohrleitungen als auch die Durchleitung des Wassers Nutzungen des öffentlichen Verkehrsraums dar, die rechtlich nach dem Straßen- und Wegerecht der Länder zu beurteilen sind.[79] Die öffentlichen Straßen und Wege sind grundsätzlich dem öffentlichen Verkehr bzw. dem Gemeingebrauch gewidmet.[80] Der Gemeingebrauch beschreibt den jedermann im Rahmen der Widmung und der Verkehrsvorschriften gestatteten Gebrauch der öffentlichen Straßen.[81] Der Umfang des Gemeingebrauchs bestimmt sich in erster Linie nach dem der Straße generell zuerkannten Widmungszweck. Danach ist der schlichte Gemeingebrauch der Straße durch Nichtanlieger vorwiegend auf Verkehrszwecke beschränkt, das heißt die Nutzung der Straße zum Aufenthalt oder zur Fortbewegung im Sinne der Ortsveränderung.[82] Weder die Verlegung der Rohre noch die Durchleitung des Wassers ist dabei vom Widmungszweck des öffentlichen Verkehrs umfasst, so dass sie straßenrechtliche Sondernutzungen darstellen. Jedoch bedürfen diese Sondernutzungen keiner Sondernutzungserlaubnis, da es sich um sog. privatrechtliche Sondernutzungen handelt, deren Gestattung sich nach dem Privat-

[77] § 102 Abs. 4 GO Baden-Württemberg; § 68 Abs. 6 KV M-V; § 110 GO NRW; § 85 Abs. 7 GO RhPf; § 108 Abs. 3 KSVG Saarland; § 109 GO Schleswig-Holstein; § 77 ThürKO; vgl. auch *Brehme*, Privatisierung und Regulierung der öffentlichen Wasserversorgung, Diss. (Univ. Gießen) 2010, S. 170.

[78] VG Freiburg VBlBW 1996, 437 m. w. N.; *Lange*, NVwZ 2014, 616, 620; vgl. für Sachsen: *Sollondz*, in: Binus/Sponer/Koolman, 3. Aufl. 2020, Rn. 7 zu § 94a Sächsische GO; a. A. bzgl. der Einordnung in die Gesundheitspflege: *Brehme*, Privatisierung und Regulierung der öffentlichen Wasserversorgung, Diss. (Univ. Gießen) 2010, S. 170 f.

[79] *Brehme*, Privatisierung und Regulierung der öffentlichen Wasserversorgung, Diss. (Univ. Gießen) 2010, S. 176.

[80] § 2 Abs. 1 StrG BW; Art. 1 S. 1 BayStrWG; § 2 Abs. 1 BerlStrG; § 2 Abs. 1 BbgStrG; § 2 Abs. 1 BremLStrG; § 2 Abs. 1 S. 1 HStrG; § 2 Abs. 1 StrWG MV; § 2 Abs. 1 S. 1 NStrG; § 2 Abs. 1 StrWG NW; § 1 Abs. 2 LStrG RhPf; § 2 Abs. 1 SldStrG; § 2 Abs. 1 StrG Sa, § 2 Abs. 1 StrG LSA; § 2 Abs. 1 StrWG SH; § 2 Abs. 1 ThürStrG.

[81] Vgl. auch die Legaldefinition in § 7 Abs. 1 S. 1 Bundesfernstraßengesetz (FStrG).

[82] Zum Ganzen: *Sauthoff*, in: Johlen/Oerder, MAH Verwaltungsrecht, 4. Aufl. 2017, Teil C, § 21, Rn. 54; Sondernutzungen sind daher z. B. das Aufstellen von Altkleidersammelcontainern, dazu OVG NRW Beschl. v. 14. 12. 2016 – 11 B 1346/16, BeckRS 2016, 55957, Rn. 5; Urt. v. 9. 6. 2016 – 11 A 2560/13, BeckRS 2016, 47661, Rn. 28; zur Außengastronomie – dazu OVG NRW Beschl. v. 20. 4. 2016 – 11 B 144/16, BeckRS 2016, 45157, Rn. 7.

recht richtet.[83] Privatrechtliche Sondernutzungen werden vom Straßen- und Wegerecht für solche Nutzungen vorgesehen, die den Gemeingebrauch an den öffentlichen Straßen nicht beeinträchtigen – dabei bleiben kurzzeitige Beeinträchtigungen (Verlegung der Rohre, Wartungsarbeiten, etc.) außer Betracht.[84] Somit sind die Verlegung der Rohre und die Durchleitung von Wasser als privatrechtliche Sondernutzung von der vertraglichen Gestattung des Wegeeigentümers abhängig – im Falle einer Gestattung zur Benutzung von Gemeindestraßen, deren Eigentümer in der Regel die Gemeinden sind, kommt es mithin auf die Gestattung durch die Gemeinde an.[85] Die privatrechtliche Gestattung erfolgt durch Abschluss eines sog. Konzessionsvertrages zwischen der Gemeinde als Straßeneigentümerin und dem Versorgungsunternehmen, welcher die Einräumung eines Wegenutzungsrechts beinhaltet.[86] In diesem Zusammenhang meint „Konzession" also keine öffentlich-rechtliche Erlaubnis, vielmehr wird ein privatrechtlicher Vertrag beschrieben.[87]

3. Kartellrecht

Die monopolistische Struktur der Wasserversorgung begründet die Anwendbarkeit des Kartellrechts in verschiedenartiger Hinsicht. Das Kartellrecht verfolgt das Ziel, Wettbewerbsbeschränkungen[88] zu verhindern und machtbedingten Strukturen – bspw. privat veranlassten Beschränkungen durch Unternehmen – entgegenzuwirken.[89] Der Wettbewerb kann beispielsweise durch Verträge, abgestimmte Verhaltensweisen oder einseitige Maßnahmen der Unternehmen beschränkt werden.[90]

[83] *Sauthoff*, in: Johlen/Oerder, MAH Verwaltungsrecht, 4. Aufl. 2017, Teil C, § 21, Rn. 59 f.

[84] § 21 Abs. 1 StrG BW; Art. 22 BayStrWG; § 23 Abs. 1 BbgStrG; § 19 BremLStrG; § 20 Abs. 1 HStrG; § 30 Abs. 1 Nr. 2 StrWG MV; § 23 Abs. 1 NStrG; § 23 Abs. 1 StrWG NW; § 45 Abs. 1 LStrG RhPf; § 22 StrG SL; § 23 Abs. 1 SächsStrG, § 23 Abs. 1 StrG LSA; § 28 Abs. 1 S. 1 Nr. 2 StrWG SH; § 23 Abs. 1 ThürStrG; in Berlin ist dagegen auch für Sondernutzungen zum Zwecke der öffentlichen Versorgung gem. § 12 BerlStrG eine Sondernutzungserlaubnis gem. § 11 BerlStrG erforderlich. Auch das Hamburgische Wegegesetz kennt keine privatrechtliche Sondernutzung, für Sondernutzungen zum Zweck der öffentlichen Wasserversorgung kommt nur eine Sondernutzungserlaubnis (§ 19 Abs. 1 S. 2 HmbWG) oder eine Gewährung durch öffentlich-rechtlichen Vertrag (§ 19 Abs. 5 HmbWG) in Betracht.

[85] *Brehme*, Privatisierung und Regulierung der öffentlichen Wasserversorgung, Diss. (Univ. Gießen) 2010, S. 177.

[86] *Brehme*, Privatisierung und Regulierung der öffentlichen Wasserversorgung, Diss. (Univ. Gießen) 2010, S. 177.

[87] *Wettling*, KommJur 2004, 58, 61 (S. 58–64); *ders.*, KommJur 2004, 35, 35 f.; *Brünning*, Der Private bei der Erledigung öffentlicher Aufgaben insbesondere der Abwasserbeseitigung und der Wasserversorgung, Diss. (Ruhr-Univ. Bochum) 1996, S. 209.

[88] Zum Begriff des Wettbewerbs vgl.: *Emmerich/Lange*, Kartellrecht, 15. Aufl. 2021, § 1, Rn. 1 ff.; *Mestmäcker/Schweitzer*, Europäisches Wettbewerbsrecht, 3. Aufl. 2014, § 3, Rn. 4.

[89] *Bechtold/Bosch*, GWB, 10. Auflage 2021, Einführung, Rn. 51; *Wiedemann*, KartellR-HdB, 4. Aufl. 2020, § 1, Rn. 1.

[90] *Wiedemann*, KartellR-HdB, 4. Aufl. 2020, § 1, Rn. 1.

Vorrangiges Schutzgut ist der Wettbewerb als Institution und Prozess.[91] Der freie Wettbewerb *„mit seinen ständigen Anreiz-, Auslese- und Entmachtungsfunktionen“*[92] wird geschützt, weil er ein leistungsfähiges und der Wohlstandsförderung dienendes Wirtschaftssystem herzustellen vermag.[93] Nach § 1 GWB sind Vereinbarungen zwischen Unternehmen, Beschlüsse von Unternehmensvereinigungen und aufeinander abgestimmte Verhaltensweisen, die eine Verhinderung, Einschränkung oder Verfälschung des Wettbewerbs bezwecken oder bewirken, verboten. Nach § 19 GWB wird zudem die missbräuchliche Ausnutzung einer marktbeherrschenden Stellung durch ein Unternehmen unter Verbot gestellt.

a) Der Begriff des Unternehmens im Kartellrecht

Anknüpfungspunkt für die Normen des GWB sind „*Unternehmen*“. Eine trennscharfe Abgrenzung des Unternehmensbegriffes ist daher für die Anwendung der Norm unerlässlich.[94] Der Begriff des Unternehmens ist spezifisch-kartellrechtlich zu bestimmen und kann dabei von den Definitionen des Unternehmens in anderen Rechtsgebieten abweichen.[95] Die Tätigkeit als Unternehmer ist durch den funktionalen Unternehmensbegriff – also die aktive Teilnahme am Wirtschaftsleben als Anbieter[96] oder Nachfrager[97] von Waren oder Dienstleistungen im geschäftlichen Verkehr – gekennzeichnet.[98] Dabei muss § 1 GWB stets im Zusammenhang mit Art. 101 Abs. 1 AEUV gesehen werden. Nach Art. 3 Abs. 2 S. 1 VO 1/2003 darf nationales Kartellrecht nicht mit anderen Ergebnissen als Art. 101 Abs. 1 AEUV angewendet werden, so dass § 1 GWB in Übereinstimmung mit Art. 101 Abs. 1 AEUV auszulegen ist.[99] Somit ist der Unternehmensbegriff des § 1 GWB identisch mit dem des Art. 101 Abs. 1 AEUV.[100] Der EuGH setzt für eine Einordnung als

---

[91] *Schulte/Just*, in: Schulte/Just, KartellR, 2. Aufl. 2016, Einleitung, Rn. 18.

[92] *Kartte/von Portatius*, BB 1975, 1169, 1169.

[93] *Bechtold/Bosch*, GWB, 10. Auflage 2021, Einführung, Rn. 53.

[94] *Zimmer*, in: Immenga/Mestmäcker, Wettbewerbsrecht, 6. Aufl. 2020, § 1 GWB, Rn. 18.

[95] *Bechtold/Bosch*, GWB, 10. Auflage 2021, § 1, Rn. 7; *Lober*, in: Schulte/Just, KartellR, 2. Aufl. 2016, § 1 GWB, Rn. 9.

[96] EuGH Rs. 118/85, Slg. 1987, 2599 – Kommission/Italien, Rn. 7; Rs. C-35/96 Slg. 1998, I-3851, Rn. 51 – Kommission/Italien.

[97] BGH DE-R 839, 841 – Privater Pflegedienst.

[98] BGHZ 36, 91, 103 – Gummistrümpfe; BGH WuW/E 2813, 2818 – Selbstzahler; *Lober*, in: Schulte/Just, KartellR, 2. Aufl. 2016, § 1 GWB, Rn. 10.

[99] *Bechtold/Bosch*, GWB, 10. Aufl. 2021, § 1 GWB, Rn. 4.

[100] *Bechtold/Bosch*, GWB, 10. Aufl. 2021, § 1 GWB, Rn. 8; differenzierter *Bardong/Mühle*, in: Münchener Kommentar zum Wettbewerbsrecht, 3. Aufl. 2020, VO (EG) 1/2003, Art. 3, Rn. 55; EuGH, Urt. v. 11.7.2006 – C-205/03 P – *FENIN/Kommission*, EuZW 2006, 600, 602: danach sei die Verbindlichkeit des europarechtlichen Unternehmensbegriffes nur gegeben, wenn es sich um Vereinbarungen zwischen „Unternehmen“ handele, sofern jedoch die beteiligten Institutionen nach EU-Recht gerade keine „Unternehmen“ sind, sei Art. 3 Abs. 2 S. 1 VO 1/2003 nicht anwendbar. Dagegen jedoch *Bechtold/Bosch*, GWB, 10. Aufl.

Unternehmen eine wirtschaftliche Tätigkeit ausübende Einheit voraus, wobei die wirtschaftliche Tätigkeit als jede Tätigkeit definiert wird, die darin besteht, Güter oder Dienstleistungen entgeltlich anzubieten.[101] Die Definition des BGH deckt sich damit insofern, als dass jede selbständige Tätigkeit im geschäftlichen Verkehr, die auf den Austausch von Waren oder gewerblichen Leistungen gerichtet ist und sich nicht auf die Deckung des privaten Bedarfs beschränkt, als Unternehmen charakterisiert wird.[102] Somit werden nach beiden Definitionsansätzen der private Verbrauch, abhängige Arbeit und hoheitliches Handeln aus der Unternehmenseigenschaft ausgeklammert.[103] Für den Bereich der Wasserversorgung sind insbesondere die Eigenschaften von juristischen Personen und des Staates bzw. öffentlich-rechtlicher Körperschaften als Unternehmen in diesem Sinne von Bedeutung: Den Unternehmensbegriff erfüllen in aller Regel alle juristischen Personen, die sich selbstständig am wirtschaftlichen Verkehr beteiligen, wobei die Ausübung eines Handelsgewerbes nicht notwendigerweise erforderlich ist.[104] Zumindest für bestimmte Tätigkeiten können auch öffentlich-rechtliche Körperschaften und der Staat Unternehmen sein.[105] Ein Tätigwerden der öffentlichen Hand (Bund, Länder, Kreise, Gemeinden, sonstige öffentlich-rechtliche Körperschaften, Anstalten des öffentlichen Rechts) kann als ein Unternehmen im Sinne des GWB klassifiziert werden, soweit sich die öffentliche Hand als Anbieter oder Nachfrager von Leistungen am Wirtschaftsleben beteiligt.[106] Dabei ist es erforderlich, aber auch ausreichend, dass der Hoheitsträger zu den von der Privatrechtsordnung bereitgestellten Mitteln greift und dadurch am Wirtschaftsleben teilnimmt.[107] Für die Eigenschaft als Unternehmen ist dabei die Organisationsform (öffentlich-rechtlich oder privatrechtlich) von keiner

2021, § 1 GWB, Rn. 9: Die Argumentation sei zu formal und widerspreche dem Zweck des Art. 3 Abs. 2 S. 1 VO 1/2003 und den Intentionen des Gesetzgebers der 7. GWB-Novelle.

[101] Vgl. EuGH, Urt. v. 1.7.2008, Rs. C-49/07, Slg. 2008, I-4683 Rn. 21 f. – MOTOE; EuGH, Urt. v. 26.3.2009, Rs. C-113/07 P, Slg. 2009, I-2207 Rn. 69 – SELEX; auch das OLG Düsseldorf hat kürzlich auf eine anbietende Tätigkeit eines Unternehmens abgestellt: OLG Düsseldorf, Beschl. v. 15.3.2017, VI-Kart 10/15 (V), NZKart 2017, 247, 250 – Rundholzvermarktung, vgl. auch: *Zimmer*, in: Immenga/Mestmäcker, 6. Aufl. 2020, GWB § 1, Rn. 19.

[102] BGH, 16.1.2008, Az. KVR 26/07, BGHZ 175, 333 Rn. 21 „Kreiskrankenhaus Bad Neustadt" m. w. N.; *Zimmer*, in: Immenga/Mestmäcker, 6. Aufl. 2020, GWB § 1, Rn. 19.

[103] *Zimmer*, in: Immenga/Mestmäcker, 6. Aufl. 2020, GWB § 1, Rn. 19.

[104] *Bechtold/Bosch*, GWB, 10. Aufl. 2021, § 1 GWB, Rn. 11; *Emmerich/Lange*, Kartellrecht, 14. Aufl. 2018, § 3, Rn. 28; *Lober*, in: Schulte/Just, Kartellrecht, 2. Aufl. 2018, § 1 GWB, Rn. 14.

[105] *Lober*, in: Schulte/Just, Kartellrecht, 2. Aufl. 2018, § 1 GWB, Rn. 16.

[106] Vgl. BGHZ 36, 91, 102; BGH WuW/E 1469, 1470; *Bechtold/Bosch*, GWB, 10. Aufl. 2021, § 185 GWB, Rn. 4; *Emmerich*, in: Immenga/Mestmäcker, 6. Aufl. 2020, § 185 GWB, Rn. 9.

[107] Vgl. OLG Düsseldorf, WuW/E DE-R 1397, 1402; *Bechtold/Bosch*, GWB, 10. Aufl. 2021, § 185 GWB, Rn. 4.

Bedeutung[108], maßgeblich ist allein, ob die öffentliche Hand eine Tätigkeit ausübt, die in gleicher Form auch von einem privaten Unternehmen ausgeübt wird oder werden könnte.[109]

b) Wettbewerbsbeschränkende Vereinbarungen

Im Bereich der Wasserversorgung sind nach § 31 Abs. 1 GWB Demarkationsverträge (§ 31 Abs. 1 Nr. 1 GWB), Konzessionsverträge (§ 31 Abs. 1 Nr. 2 GWB), Höchstpreisbindungen (§ 31 Abs. 1 Nr. 3 GWB) und Verbundverträge (§ 31 Abs. 1 Nr. 4 GWB) von Wasserversorgungsunternehmen vom Verbot wettbewerbsbeschränkender Vereinbarungen gem. § 1 GWB ausgenommen.[110] In der Gesetzesbegründung heißt es, dass „*die Bedingungen und Strukturen in der Wasserwirtschaft rechtfertigen, die […] Vertragstypen […] vom Kartellverbot des § 1 [GWB] freizustellen*“.[111] Die Freistellung erfolgt in der Annahme, dass sich durch die Gewährung geschlossener Versorgungsgebiete Größen-, Verbund- und Rationalisierungsvorteile generieren lassen, die zukünftig eine sichere und preisgünstige Wasserversorgung gewährleisten.[112] Maßgeblich ist dabei die Überlegung, dass die (Wasser-)Versorgung über feste Leitungen erfolgt, deren Errichtung hohe Kosten verursacht, so dass der Bau von parallelen Leitungsnetzen ineffizient ist und die Versorgung des Verbrauchers unnötig verteuern würde.[113]

aa) Entstehungsgeschichte

Die Norm geht zurück auf § 103 GWB a.F. – bis zur 6. GWB-Novelle 1998 enthielt diese Vorschrift eine umfassende Bereichsausnahme für leitungsgebundene Versorgungsunternehmen aus den Bereichen Elektrizität, Gas und Wasser.[114] Auch hier wurde der Annahme gefolgt, dass die Bereichsausnahme die Grundlage für eine geregelte und preisgünstige Versorgung bilden würde. Diese sei „*nur möglich, wenn dem Versorgungsunternehmen ein bestimmter, in seinem Bedarf übersehbarer Ab-*

---

[108] BGHZ 36, 91, 101 und 103; BGHZ 66, 229, 232; BGHZ 77, 81, 84 = WuW/E 1469; BGHZ 102, 280, 286; BGH WuW/E 2584; *Bechtold/Bosch*, GWB, 10. Aufl. 2021, § 185 GWB, Rn. 5.

[109] OLG Düsseldorf WuW/E 5213, 5218; OLG München WuW/E DE-R 1657; *Bechtold/Bosch*, GWB, 10. Aufl. 2021, § 185 GWB, Rn. 5.

[110] *Bechtold/Bosch*, GWB, 10. Aufl. 2021, § 31 GWB, Rn. 3; *Just/Steinbarth*, in: Schulte/Just, Kartellrecht, 2. Aufl. 2018, § 31 GWB, Rn. 11; *Scholl*, in: Immenga/Mestmäcker, 6. Aufl. 2020, GWB, § 31, Rn. 5.

[111] BT-Drucks. 17/9852, S. 25.

[112] Vgl. BT-Drucks. 17/9852, S. 25.

[113] *Reif*, in: Münchener Kommentar zum Wettbewerbsrecht, 4. Aufl. 2022, § 31 GWB, Rn. 3; vgl. auch die Ausführungen zu mehr Wettbewerb unter A. III. 2, S. 21.

[114] *Bechtold/Bosch*, GWB, 10. Aufl. 2021, § 31 GWB, Rn 1; *Just/Steinbarth*, in: Schulte/Just, Kartellrecht, 2. Aufl. 2018, § 31 GWB, Rn. 1; *Reif*, in: Münchener Kommentar zum Wettbewerbsrecht, 4. Aufl. 2022, § 31 GWB, Rn. 7.

nehmerkreis gegenübersteht“[115]. Mit der 6. GWB-Novelle 1998 sind die §§ 103 ff. GWB a. F. entfallen – die Freistellung für Elektrizität und Gas wurde mit dem Gesetz zur Neuregelung des Energiewirtschaftsrechts[116] aufgehoben. Nach Art. 2 dieses Gesetzes galt die Freistellung für Wasserversorgungsunternehmen jedoch fort. Die Regelung wurde in § 131 Abs. 8 GWB a. F. in der Fassung der 6. GWB-Novelle 1998 aufgenommen und auch im Rahmen der 7. GWB-Novelle 2005 in § 131 Abs. 6 GWB a. F. beibehalten. Über diese Verweise galt § 103 GWB a. F. in seiner Ursprungsform fort. Im Rahmen der 8. GWB-Novelle 2012/2013 wurde die Vorschrift des § 131 Abs. 6 GWB a. F. aufgehoben und ihr Inhalt in den §§ 31–31b GWB kodifiziert. Nach der Gesetzesbegründung soll der bisherige Rechtszustand materiell nicht geändert werden, mithin bleibt die bisherige Rechtsprechung weiterhin gültig.[117]

bb) Tatbestandliche Voraussetzungen

(1) Verträge von Wasserversorgungsunternehmen

§ 31 Abs. 1 GWB nimmt nur Verträge von Wasserversorgungsunternehmen vom Verbot wettbewerbsbeschränkender Vereinbarungen aus. Das Wasserversorgungsunternehmen wird in § 31 Abs. 1 GWB als „*Unternehmen der öffentlichen Versorgung mit Wasser*“ legaldefiniert. Eine öffentliche Versorgung mit Wasser liegt vor, wenn das Unternehmen Wasser an eine Vielzahl anderer Rechtsträger in einem bestimmten Gebiet über ein festes Leitungsnetz liefert, nicht dagegen, wenn nur an einen anderen oder wenige andere Rechtsträger geliefert wird, ohne für ein bestimmtes Gebiet allgemein mit der Wasserversorgung betraut zu sein.[118] Mithin fehlt es an einer öffentlichen Wasserversorgung insbesondere, wenn Wasser nur für die eigene Verwendung gefördert wird, oder wenn ein Wasserproduzent – ohne selbst eine gebietsbezogene Wasserversorgung zu betreiben – Unternehmen beliefert, die ihrerseits in einem Gebiet eine Vielzahl von Abnehmern beliefern.[119] Insofern deckt sich die Definition des Wasserversorgungsunternehmens mit dem Begriff der „*öffentlichen Wasserversorgung*“ in § 50 Abs. 1 Wasserhaushaltsgesetz, der ausdrücklich als eine „*der Allgemeinheit dienende Wasserversorgung*“ definiert ist.[120]

---

[115] BT-Drucks. 2/1158, S. 57.

[116] BGBl. I 1998, S. 730.

[117] BT-Drucks. 17/9852, S. 21, 25; *Kerber*, Der unterschätzte Rohstoff – Ein Beitrag zum Kartell- und Preisrecht der Wasserwirtschaft, 2010, S. 175 ff. (zum Regierungsentwurf); vgl. auch *Gussone*, EnWZ 2012, 13, 18.

[118] Vgl. *Bechtold/Bosch*, GWB, 10. Aufl. 2021, § 31 GWB, Rn. 4; *Becker*, in: Bunte, Kartellrecht, 14. Aufl. 2022, § 31, Rn. 25; *Just/Steinbarth*, in: Schulte/Just, Kartellrecht, 2. Aufl. 2018, § 31 GWB, Rn. 12; *Scholl*, in: Immenga/Mestmäcker, 6. Aufl. 2020, GWB, § 31, Rn. 15.

[119] *Just/Steinbarth*, in: Schulte/Just, Kartellrecht, 2. Aufl. 2018, § 31 GWB, Rn. 13.

[120] *Bechtold/Bosch*, GWB, 10. Aufl. 2021, § 31 GWB, Rn. 4.

Der Wortlaut des § 31 Abs. 1 GWB stellt explizit nur Verträge von dem Verbot wettbewerbsbeschränkender Vereinbarungen des § 1 GWB frei. Dieses Verbot nach § 1 GWB betrifft jedoch neben Vereinbarungen auch „*Beschlüsse*" und „*aufeinander abgestimmte Verhaltensweisen*". Aus dem Schriftformerfordernis des § 31 Abs. 2 GWB folgt jedoch, dass „*aufeinander abgestimmte Verhaltensweisen*" mangels Schriftformfähigkeit nicht von der Ausnahme des § 31 Abs. 1 GWB erfasst sein können. Beschlüsse hingegen könnten als „*Verträge*" gedeutet werden (vgl. ausdrückliche Erwähnung in § 31b Abs. 2 Nr. 2 GWB), so dass sie von der Ausnahme des § 31 Abs. 1 GWB erfasst sind.[121]

(2) Ausgenommene Verträge

Demarkationsverträge: Nach § 31 Abs. 1 Nr. 1 GWB sind Demarkationsverträge Verträge zwischen Wasserversorgungsunternehmen oder Verträge zwischen Wasserversorgungsunternehmen und Gebietskörperschaften, die einen Vertragspartner verpflichten, in einem bestimmten Gebiet die Versorgung mit Wasser über feste Leitungswege zu unterlassen. Ohne die Freistellung würde ein solcher Vertrag aufgrund der Verhinderung eines direkten Anbieterwettbewerbs gegen § 1 GWB verstoßen.[122] Die Freistellung erfasst insbesondere Verträge, die ein ausschließliches Versorgungsrecht eines Wasserversorgungsunternehmens in einem bestimmten Gebiet verbriefen.[123]

Bedeutung erlangen Demarkationsverträge vor allem in Form von „Horizontalverträgen"[124] zwischen Fern- bzw. Gruppenwasserversorgern einerseits und örtlichen Wasserversorgungsunternehmen andererseits, da die Versorgungssicherheit durch örtliche Wasserversorger zum Teil von Wasserzukäufen abhängt.[125] Insbesondere in einer solchen Konstellation erscheint aus Sicht des örtlichen Wasserversorgers eine vertragliche Absicherung gegen eine Belieferung des Gebietes durch den Vorlieferanten sinnvoll.[126] Ausreichend für den wirksamen Abschluss eines Demarkations-

---

[121] Vgl. dazu *Bechtold/Bosch*, GWB, 10. Aufl. 2021, § 31 GWB, Rn. 5.

[122] Vgl. BGHZ 37, 194, 199; BGHZ 143, 128, 134 = NJW, 2000, 577, 578; BKartA, Beschl. v. 18.4.1995, B8–822000-N-139/93, WuW/E BKartA 2778, 2792 – Ruhrgas-Thyssengas III; *Reif*, in: Münchener Kommentar zum Wettbewerbsrecht, 4. Aufl. 2022, § 31 GWB, Rn. 72.

[123] *Bechtold/Bosch*, GWB, 10. Aufl. 2021, § 31 GWB, Rn. 6; *Just/Steinbarth*, in: Schulte/Just, Kartellrecht, 2. Aufl. 2018, § 31 GWB, Rn. 14.

[124] Von der Freistellung des § 31 Abs. 1 Nr. 1 GWB sind neben Vertikal- auch Horizontalverträge erfasst, vgl. BGH, Urt. v. 27.5.1986 – KZR 32/84, WuW/E BGH 2285, 2287 = WM 1986, 1422, 1423 – Spielkarten; BGH, Beschl. v. 18.2.2003 – KVR 24/01, WuW/E DE-R 1119, 1123 f. – Verbundnetz II; KG Berlin, Beschl. v. 14.2.1996 – Kart 6/95, WuW/E OLG 5642, 5648 – Demarkation Gasversorgung; *Scholl*, in: Immenga/Mestmäcker, 6. Aufl. 2020, GWB § 31, Rn. 25.

[125] *Reif*, in: Münchener Kommentar zum Wettbewerbsrecht, 4. Aufl. 2022, § 31 GWB, Rn. 72.

[126] In einem solchen Fall erlangt ein Demarkationsvertrag besondere Bedeutung für den örtlichen Wasserversorger, wenn zudem eine sog. *Take-or-Pay*-Klausel vereinbart ist, nach

vertrages ist es, dass eine Demarkation als Nebenzweck in einem Vertrag vereinbart wird – beispielsweise als Klausel in einem Austauschvertrag.[127] Von der Freistellung werden jedoch nicht nur Verträge erfasst, die einen vollständigen Versorgungsausschluss vorsehen; vielmehr werden auch Abreden von § 31 Abs. 1 Nr. 1 GWB erfasst, die eine differenzierende Marktaufteilung vorsehen.[128] Darunter fallen zum Beispiel Abreden, die die Versorgung von bestimmten Großkunden bei gleichzeitiger Unterlassung der Belieferung der anderen Kunden in dem bestimmten Gebiet vorsehen[129], oder sog. Grenzmengenabkommen[130], die eine kundengruppenbezogene Unterlassung anhand definierter Verbrauchswerte der Kunden vorsehen. Zwingende Voraussetzung für die Wirksamkeit einer Demarkationsvereinbarung ist jedoch die räumliche Begrenzung der Unterlassungsverpflichtung auf ein bestimmtes Versorgungsgebiet.[131] Unwirksam ist danach insbesondere die sog. unbegrenzte Demarkation.[132] Lässt sich die Demarkationsvereinbarung durch Auslegung nicht auf ein bestimmtes Gebiet reduzieren, ist sie unwirksam.[133] Die Notwendigkeit der räumlichen Begrenzung ergibt sich vor dem teleologischen Hintergrund der Vorschrift, Rationalisierungsvorteile zu generieren.[134]

Die Formen verschiedenartiger Demarkationsabsprachen[135] sind breit gefächert: Neben mittelbaren Demarkationsklauseln, Vereinbarungen über Leitungsverlegungsrechte (Durchgangsleitungen und exklusive Stichleitungen) sind im Folgenden – als Auswahl – sog. Kapazitätsklauseln näher zu erläutern. Kapazitätsklauseln beschreiben Vereinbarungen, Anlagen zur Wassergewinnung, -förderung, -aufbe-

---

welcher bei Unterschreiten einer Mindestabnahme gleichwohl die nichtbezogene Kubikmeterzahl Wasser bezahlt werden muss, vgl. BGH WuW/E DE-R 1119, 1124; *Reif*, in: Münchener Kommentar zum Wettbewerbsrecht, 4. Aufl. 2022, § 31 GWB, Rn. 72.

[127] *Feuerborn*, Der kartellrechtliche Freistellungsbereich für Elektrizitätsversorgungsunternehmen und deren Kontrolle, Diss. (Univ. Münster) 1983, S. 18 f. – wobei dieser von selbständiger und unselbständiger Demarkation spricht.

[128] Vgl. *Bechtold/Bosch*, GWB, 10. Aufl. 2016, § 31, Rn. 6.

[129] BGH, Urt. v. 27.10.1969 – KZR 5/67, WuW/E BGH 1049, 1050 – Überlandwerk I; *Reif*, in: Münchener Kommentar zum Wettbewerbsrecht, 4. Aufl. 2022, § 31 GWB, Rn. 74.

[130] BGH, Urt. v. 19.6.1975 – KZR 10/74, WuW/E BGH 1405, 1407; *Bechtold/Bosch*, GWB, 10. Aufl. 2021, § 31 GWB, Rn. 6; *Just/Steinbarth*, in: Schulte/Just, Kartellrecht, 2. Aufl. 2018, § 31 GWB, Rn. 16; *Reif*, in: Münchener Kommentar zum Wettbewerbsrecht, 4. Aufl. 2022, § 31 GWB, Rn. 74.

[131] *Reif*, in: Münchener Kommentar zum Wettbewerbsrecht, 4. Aufl. 2022, § 31 GWB, Rn. 75.

[132] Vgl. BGH, Urt. v. 19.6.1975 – KZR 10/74, WuW/E BGH 1405, 1407; BT-Drs. 10/243, 86.

[133] Vgl. BGH, Urt. v. 27.10.1969 – KZR 5/67, WuW/E BGH 1049, 1050 – Überlandwerk I; *Reif*, in: Münchener Kommentar zum Wettbewerbsrecht, 4. Aufl. 2022, § 31 GWB, Rn. 75; vgl. auch *Becker*, in: Bunte, Kartellrecht, 14. Aufl. 2022, § 31 GWB, Rn. 27.

[134] *Scholl*, in: Immenga/Mestmäcker, 6. Aufl. 2020, § 31 GWB, Rn. 31 f.

[135] Vgl. für eine Übersicht: *Reif*, in: Münchener Kommentar zum Wettbewerbsrecht, 4. Aufl. 2022, § 31 GWB, Rn. 74, 76 ff.

reitung und -verteilung nicht zu erweitern bzw. ganz oder teilweise stillzulegen.[136] Solche Kapazitätsklauseln sind nach Ansicht der Kartellbehörden unzulässig und nicht freistellungsfähig im Sinne des § 31 Abs. 1 Nr. 1 GWB.[137] Nach anderer Ansicht in der Literatur gebe es keinen Grund, solche Klausen von vornherein aus dem Anwendungsbereich auszuschließen – dies folge aus der Vereinbarkeit dieser Klauseln mit dem Wortlaut des § 31 Abs. 1 Nr. 1 GWB und der Möglichkeit der Kartellbehörden eine derartige Vereinbarung gem. § 31 Abs. 4 Nr. 1 GWB als missbräuchlich beanstanden zu können.[138]

Konzessionsverträge: Nach § 31 Abs. 1 Nr. 2 GWB werden Konzessionsverträge vom Verbot wettbewerbsbeschränkender Vereinbarungen freigestellt. Konzessionsverträge werden zwischen Gebietskörperschaften und Wasserversorgungsunternehmen geschlossen und erlauben dem Wasserversorgungsunternehmen die ausschließliche Nutzung öffentlicher Wege zur Verlegung und dem Betrieb von Wasserleitungen.[139] Der Wortlaut der Vorschrift („*auf oder unter öffentlichen Wegen*") ist weit auszulegen[140], so dass sich die Einräumung des Wegerechts auf alle öffentlichen Straßen, Wege, Plätze, etc. bezieht, die im Einflussbereich der Gebietskörperschaft liegen.[141] Konzessionsverträgen kommt insofern eine praktische Bedeutung zu, als dass eine leitungsgebundene Versorgung ohne Wegenutzung nicht realisierbar ist.[142] In der Vereinbarung kann entweder ein einfaches oder ein ausschließliches Wegenutzungsrecht vereinbart werden – wird Ausschließlichkeit vereinbart, dann darf die Gebietskörperschaft Dritten die Nutzung ihrer Verkehrsflächen zur unmittelbaren öffentlichen Versorgung von Letztverbrauchern in ihrem Gebiet nicht gestatten.[143] Unabhängig von der Ausgestaltung als einfaches oder ausschließliches Wegenutzungsrecht fallen alle Konzessionsverträge als wettbewerbsbeschränkende Verein-

---

[136] *Reif*, in: Münchener Kommentar zum Wettbewerbsrecht, 4. Aufl. 2022, § 31 GWB, Rn. 77.

[137] Vgl. Kartellreferenten-Tagung, WuW 1981, 856; BKartA TB 1981/82, BT-Drs. 10/243, 86; TB 1987/88, BT-Drs. 11/4611, 109; *Klaue*, in: Immenga/Mestmäcker, 2. Aufl. 1992, § 103 GWB, Rn. 19.

[138] *Bechtold/Bosch*, GWB, 10. Aufl. 2021, § 31, Rn. 6; in Ansätzen auch: *Schulte/Just*, in: Schulte/Just, Kartellrecht, 2. Aufl. 2018, § 31 GWB, Rn. 16.

[139] *Bechtold/Bosch*, GWB, 10. Aufl. 2021, § 31 GWB, Rn. 8; *Just/Steinbarth*, in: Schulte/Just, Kartellrecht, 2. Aufl. 2018, § 31 GWB, Rn. 17; *Reif*, in: Münchener Kommentar zum Wettbewerbsrecht, 4. Aufl. 2022, § 31 GWB, Rn. 82; *Scholl*, in: Immenga/Mestmäcker, 6. Aufl. 2020, § 31 GWB, Rn. 33.

[140] BGH, Beschl. v. 15.4.1986, KVR 6/85, WuW 1986, 729, 734 – Wegenutzungsrecht; *Reif*, in: Münchener Kommentar zum Wettbewerbsrecht, 4. Aufl. 2022, § 31 GWB, Rn. 84.

[141] *Scholl*, in: Immenga/Mestmäcker, 6. Aufl. 2020, § 31 GWB, Rn. 35.

[142] *Reif*, in: Münchener Kommentar zum Wettbewerbsrecht, 4. Aufl. 2022, § 31 GWB, Rn. 82; *Scholl*, in: Immenga/Mestmäcker, 6. Aufl. 2020, § 31 GWB, Rn. 33.

[143] Vgl. *Niederleithinger*, Die Stellung der Versorgungswirtschaft im Gesetz gegen Wettbewerbsbeschränkungen, 1986, S. 186; *Reif*, in: Münchener Kommentar zum Wettbewerbsrecht, 4. Aufl. 2022, § 31 GWB, Rn. 82.

barungen grundsätzlich unter das Verbot des § 1 GWB.[144] Dies ergibt sich aus dem Umstand, dass bei einer leitungsgebundenen Versorgung die (auch einfache) Gestattung der Nutzung effektiv zu einer Verdrängung anderer Wettbewerber führt, weil die Kosten für den Aufbau einer parallelen Infrastruktur aus ökonomischen Gesichtspunkten eine Rentabilität faktisch ausschließen.[145] Als Konzessionsverträge im Sinne des § 31 Abs. 1 Nr. 1 GWB werden nur solche Gestattungen qualifiziert, die sich auf die unmittelbare öffentliche Wasserversorgung von Letztverbrauchern im (Teil-)Gebiet der Gebietskörperschaft beziehen.[146] Somit fallen beispielsweise Regelungen, die die Wegenutzung von Vorlieferanten (sog. mittelbare Versorgung) regeln[147], oder Vereinbarungen zur Versorgung von Abnehmern außerhalb des Versorgungsgebietes[148] nicht unter die Freistellung des § 31 Abs. 1 Nr. 2 GWB.

Die Konzessionsverträge im Bereich der Wasserversorgung unterliegen – anders als in der Strom- und Gasversorgung, vgl. § 103a GWB 1990 bzw. § 46 Abs. 2 EnWG – keiner festen Laufzeitbegrenzung.[149] Diese Auslegung ist jedoch nicht zwingend[150] – beispielhaft zu nennen ist das Vorgehen der Landeskartellbehörde NRW, die nur noch Konzessionsverträge mit einer Höchstlaufzeit von 40 Jahren akzeptiert, weil eine „*praktisch unbegrenzte Laufzeit*" mit den Regelungen der §§ 19, 20 GWB und den Regelungen des europäischen Primärrechts (vgl. Art. 102 AEUV)

[144] Nach Ansicht des BGH fallen auch Vereinbarungen eines „einfachen" Wegerechts unter § 1 GWB – vgl. BGH WuW/E BGH 2247, 2251 = NJW 1986, 880 – Wegenutzungsrecht. Nach a. A. seien nur ausschließliche Konzessionsverträge anmeldepflichtig, da nur diese „*tatsächlich alle anderen Versorgungsunternehmen von der unmittelbaren Wasserversorgung von Letztverbrauchern*" ausschließen würden, vgl. *Zuber*, in: LMRKM, 4. Aufl. 2020, § 31 GWB, Rn. 5; vgl. zur a. A. auch *Klaue*, in: Immenga/Mestmäcker, 1. Aufl. 1981, § 103 GWB, Rn. 23 – heute wird von *Scholl*, in: Immenga/Mestmäcker, 6. Aufl. 2020, § 31 GWB, Rn. 34 jedoch die Meinung der Rspr. vertreten.

[145] *Scholl*, in: Immenga/Mestmäcker, 6. Aufl. 2020, § 31 GWB, Rn. 34; *Reif*, in: Münchener Kommentar zum Wettbewerbsrecht, 4. Aufl. 2022, § 31 GWB, Rn. 85; vgl. dazu auch bereits oben unter A. III. 2. a) (1), S. 21.

[146] *Just/Steinbarth*, in: Schulte/Just, Kartellrecht, 2. Aufl. 2018, § 31 GWB, Rn. 17; *Scholl*, in: Immenga/Mestmäcker, 6. Aufl. 2020, § 31 GWB, Rn. 36; *Zuber*, in: LMRKM, 4. Aufl. 2020, § 31 GWB, Rn. 5.

[147] *Scholl*, in: Immenga/Mestmäcker, 6. Aufl. 2020, § 31 GWB, Rn. 36.

[148] Vgl. *Niederleithinger*, Die Stellung der Versorgungswirtschaft im Gesetz gegen Wettbewerbsbeschränkungen, 1968, S. 191; *Feuerborn*, Der kartellrechtliche Freistellungsbereich für Elektrizitätsversorgungsunternehmen und deren Kontrolle, Diss. (Univ. Münster) 1983, S. 56.

[149] *Reif*, in: Münchener Kommentar zum Wettbewerbsrecht, 4. Aufl. 2022, § 31 GWB, Rn. 89; vgl. auch BGH NVwZ-RR 2006, 808 – hier monierte der BGH im Streit um die Wertermittlung bei der Übernahme eines Wasserversorgungsnetzes eine 30-jährige Laufzeit mit 5-jähriger Verlängerungsoption nicht.

[150] Vgl. auch *Christ*, in: Kermel, Praxishandbuch der Konzessionsverträge und Konzessionsabgaben, 2012, Kap. 2, Rn. 216; *Heller*, EWeRK 2016, 210, 212; *Schröder*, NVwZ, 2017, 504, 508.

nicht kompatibel sei.[151] Die vertragliche Gegenleistung für die Einräumung des Wegenutzungsrechts stellt in der Regel die Zahlung einer Konzessionsabgabe[152] durch den Wasserversorger an die Kommune dar.[153] Die Höhe der Abgabe ist innerhalb des gesetzlichen Rahmens zu verhandeln.[154] Der Konzessionsvertrag erlangt seine Relevanz für die Gemeinde häufig dadurch, dass er als Rechtsgrundlage zur Durchsetzung der Konzessionsabgaben fungiert – die „Sicherung" des Versorgungsmonopols hingegen ist häufig schon durch die Anordnung eines Anschluss- und Benutzungszwangs (s. o.) vervollständigt.[155] Bei der Klassifizierung eines Konzessionsvertrages sind einschränkend die sog. konzerninternen Wettbewerbsbeschränkungen zu beachten: Danach liegt gerade kein Konzessionsvertrag i. S. d. § 31 Abs. 1 Nr. 2 GWB vor, wenn die Gemeinde eine solche Vereinbarung mit einem von ihr abhängigen Wasserversorger trifft – es liegt ein nicht gegen § 1 GWB verstoßender konzerninterner Vertrag vor.[156] Eine große Anzahl der deutschen Wasserversorger befinden sich in kommunaler Hand, so dass es sich in den meisten Fällen um Vertragsschlüsse zwischen der Eigentümerkommune und dem Wasserversorger und damit gerade nicht um Konzessionsverträge i. S. d. § 31 Abs. 1 Nr. 2 GWB handelt.[157]

Höchstpreisbindungen: Nach § 31 Abs. 1 Nr. 3 GWB werden Verträge von örtlichen Wasserversorgungsunternehmen mit Wasserunternehmen auf der Verteilungsstufe privilegiert, in denen sich das belieferte Unternehmen verpflichtet, seine Kunden nicht zu ungünstigeren Preisen oder Bedingungen zu versorgen, als sie das zuliefernde Unternehmen seinen Abnehmern gewährt.[158] Es handelt sich folglich um Absprachen auf vertikaler Ebene. Jedoch unterfallen nur diejenigen Fälle der Privilegierung, in denen das liefernde Wasserversorgungsunternehmen eine öffentliche

---

[151] Vgl. LKartB NRW, Häufig gestellte Fragen zu dem Verfahren, dem Abschluss und der Freistellung von Wasserkonzessionsverträgen, Januar 2019, AZ. VI A 3, S. 13, abrufbar unter: https://www.wirtschaft.nrw/sites/default/files/asset/document/haeufig_gestellte_fragen_zu_wasserkonzessionsvertraegen2019.pdf (abgerufen am 4. 6. 2021).

[152] Für Konzessionsabgaben in der Wasserversorgung gilt die Anordnung über die Zulässigkeit von Konzessionsabgaben der Unternehmen und Betriebe zur Versorgung mit Elektrizität, Gas und Wasser an Gemeinden und Gemeindeverbände (KAE), 4. 3. 1941, RAnz 1941, Nr. 57, 120.

[153] *Reif*, in: Münchener Kommentar zum Wettbewerbsrecht, 4. Aufl. 2022, § 31 GWB, Rn. 89a.

[154] Vgl. v. a. § 4 KAE zu den Höchstsätzen.

[155] *Reif*, in: Münchener Kommentar zum Wettbewerbsrecht, 4. Aufl. 2022, § 31 GWB, Rn. 89a.

[156] *Bechtold/Bosch*, GWB, 10. Aufl. 2021, § 31 GWB, Rn. 8; *Just/Steinbarth*, in: Schulte/Just, Kartellrecht, 2. Aufl. 2018, § 31 GWB, Rn. 17; *Reif*, in: Münchener Kommentar zum Wettbewerbsrecht, 4. Aufl. 2022, § 31 GWB, Rn. 83.

[157] *Reif*, in: Münchener Kommentar zum Wettbewerbsrecht, 4. Aufl. 2022, § 31 GWB, Rn. 83.

[158] *Reif*, in: Münchener Kommentar zum Wettbewerbsrecht, 4. Aufl. 2022, § 31 GWB, Rn. 91; *Scholl*, in: Immenga/Mestmäcker, 6. Aufl. 2020, § 31 GWB, Rn. 38.

Wasserversorgung betreibt, mithin eine Mehrzahl anderer Abnehmer beliefert.[159] Die Norm soll verhindern, dass die Kunden durch das Zwischenschalten eines „Mittelsmannes“ benachteiligt werden.[160] Es ist dabei nicht zu beanstanden, dass das belieferte Wasserversorgungsunternehmen seine Abnehmer zu günstigeren Konditionen beliefert als das beliefernde Wasserversorgungsunternehmen.[161] Eine Beanstandung wird aber angenommen, sofern eine Vereinbarung vorsieht, dass das belieferte Wasserversorgungsunternehmen das Wasser zu gleichen Preisen an seine Abnehmer zu liefern hat wie das beliefernde Unternehmen – dies würde die Möglichkeit günstigerer Preise für Letztverbraucher ausschließen.[162] Eine Besonderheit der Freistellung nach § 31 Abs. 1 Nr. 3 GWB ist, dass ihre Wirksamkeit als einzige nicht von einer Anmeldung bei der Kartellbehörde abhängt (vgl. § 31a Abs. 1 GWB).[163]

Verbundverträge: Nach § 31 Abs. 1 Nr. 4 GWB werden sog. Verbundverträge zwischen Wasserversorgungsunternehmen von dem Verbot wettbewerbsbeschränkender Vereinbarungen nach § 1 GWB freigestellt.[164] Der Vertragsinhalt ist nur insofern vorgegeben, als dass er die Versorgung mit Wasser über feste Leitungswege zur öffentlichen Versorgung beinhalten muss.[165] Der Vertragszweck kann in der Bereitstellung der Versorgungsleistung liegen – so dass nach § 31 Abs. 1 Nr. 4 GWB angebotsseitige Absprachen freigestellt werden.[166] Die Regelung spielt in der Wasserversorgungspraxis eine zu vernachlässigende Rolle.[167] Eine praktische Relevanz könnten Verbundverträge beim Aufbau, Ausbau, der Nutzung und der Unterhaltung von Leitungsnetzen erlangen.[168] Dies gilt jedoch nur, sofern man die Freistellung (auch) auf die Benutzung der Leitungen bezieht – was von einer Ansicht in der Literatur mit dem Argument bezweifelt wird, dass Leitungen selbst keine

---

[159] *Bechtold/Bosch*, GWB, 10. Auflage 2021, § 31 GWB, Rn. 9: Dies folgt aus dem Umstand, dass § 31 Abs. 1 GWB ein „*Unternehmen der öffentlichen Versorgung mit Wasser*“ als tatbestandliches Merkmal fordert, s. o.

[160] *Becker*, in: Bunte, Kartellrecht, 14. Aufl. 2022, § 31, Rn. 32; *Niederleithinger*, Die Stellung der Versorgungswirtschaft im Gesetz gegen Wettbewerbsbeschränkungen, 1968, S. 197.

[161] *Bechtold/Bosch*, GWB, 10. Aufl. 2021, § 31 GWB, Rn. 9.

[162] *Becker*, in: Bunte, Kartellrecht, 14. Aufl. 2022, § 31, Rn. 32; *Reif*, in: Münchener Kommentar zum Wettbewerbsrecht, 4. Aufl. 2022, § 31 GWB, Rn. 91.

[163] *Zuber*, in: LMRKM, 4. Aufl. 2020, § 31 GWB, Rn. 6.

[164] *Reif*, in: Münchener Kommentar zum Wettbewerbsrecht, 4. Aufl. 2022, § 31 GWB, Rn. 92.

[165] *Scholl*, in: Immenga/Mestmäcker, 6. Aufl. 2020, § 31 GWB, Rn. 42.

[166] *Reif*, in: Münchener Kommentar zum Wettbewerbsrecht, 4. Aufl. 2022, § 31 GWB, Rn. 92.

[167] *Scholl*, in: Immenga/Mestmäcker, 6. Aufl. 2020, § 31 GWB, Rn. 42.

[168] OLG Dresden, Urt. v. 8.4.1998, 7 U 2980/97, WuW/E DE-R 169, 173 – Elbauenwasser; *Brackemann u. a.*, Liberalisierung der deutschen Wasserversorgung, 2000, S. 14; *Reif*, in: Münchener Kommentar zum Wettbewerbsrecht, 4. Aufl. 2022, § 31 GWB, Rn. 93.

Versorgungsleistungen im Sinne der Vorschrift darstellen, die über feste Leitungswege zur Verfügung gestellt werden könnten.[169]

(3) Schriftformerfordernis gem. § 31 Abs. 2 GWB und Anmeldung bei der Kartellbehörde gem. § 31a GWB

§ 31 Abs. 2 GWB sieht vor, dass Verträge nach § 31 Abs. 1 GWB sowie ihre Änderungen und Ergänzungen der Schriftform bedürfen. Somit findet § 126 BGB (ganzheitlich) Anwendung.[170] Diese Feststellung ist insofern zu betonen, als dass nach der Gesetzesbegründung zu § 31 Abs. 2 GWB das Schriftformerfordernis des § 105 GWB 1990 gilt.[171] § 105 GWB 1990 verweist auf § 34 GWB 1990, der das Schriftformerfordernis insofern modifizierte, als dass § 126 BGB lediglich in seinem ersten Absatz Anwendung finden sollte – also die Eigenhändigkeit der Unterschriften erforderte, im Übrigen aber Erleichterungen gegenüber § 126 Abs. 2 bis 4 BGB zuließ.[172] Durch den Verzicht auf § 126 Abs. 2 BGB bedurfte es insbesondere keiner Unterschrift beider Parteien auf derselben Urkunde.[173] Auf der anderen Seite wurde das Schriftformerfordernis des § 34 GWB 1990 durch die Rechtsprechung mit strengeren Anforderungen versehen, als es die Schriftform nach § 126 BGB kennt, so dass nicht nur die wettbewerbsbeschränkenden Vereinbarungen, sondern der gesamte Vertrag einschließlich der Nebenabreden der Schriftform bedurfte.[174] Somit ist fraglich, welcher Maßstab anzuwenden ist. Der Wortlaut des § 31 Abs. 2 GWB ist dabei eindeutig: Dieser verzichtet auf einen Verweis auf § 34 GWB 1990 und verlangt schlicht Schriftform. § 126 BGB gilt dabei sowohl für Fälle des Privatrechts als auch Fälle öffentlicher-rechtlicher Verträge, die Schriftform vorschreiben. Somit gilt § 126 ganzheitlich für die Freistellungen des § 31 Abs. 1 GWB.[175]

---

[169] Vgl. *Feuerborn*, Der kartellrechtliche Freistellungsanspruch für Elektrizitätsversorgungsunternehmen und deren Kontrolle, Diss. (Univ. Münster) 1983, S. 71; *Niederleithinger*, Die Stellung der Versorgungswirtschaft im Gesetz gegen Wettbewerbsbeschränkungen, 1968, S. 201.

[170] *Bechtold/Bosch*, GWB, 10. Aufl. 2021, § 31 GWB, Rn. 12.

[171] Reg. Begr., BT-Drs. 17/9852, 25.

[172] Vgl. auch *Bechtold/Bosch*, GWB, 10. Aufl. 2021, § 31 GWB, Rn. 11 f.; *Reif*, in: Münchener Kommentar zum Wettbewerbsrecht, 4. Aufl. 2022, § 31 GWB, Rn. 95.

[173] *Reif*, in: Münchener Kommentar zum Wettbewerbsrecht, 4. Aufl. 2022, § 31 GWB, Rn. 95.

[174] Vgl. BGH WuW/E BGH 900, 903 – Getränkebezug; WuW/E- BGH 1107, 1108 – Gymnastiksandale; WuW/E BGH 1113, 1114 f. – Biesenkate II; WuW/E BGH 1975, 1976 f. – Laterne.

[175] So auch: *Just/Steinbarth*, in: Schulte/Just, Kartellrecht, 2. Aufl. 2018, § 31 GWB, Rn. 21; *Reif*, in: Münchener Kommentar zum Wettbewerbsrecht, 4. Aufl. 2022, § 31 GWB, Rn. 96; *Scholl*, in: Immenga/Mestmäcker, 6. Aufl. 2020, § 31 GWB, Rn. 44.

(4) Praktische Bedeutung

In der Theorie liegt der Schwerpunkt der Sonderregelungen in den oben skizzierten Freistellungen – in der Praxis haben die Regelungen jedoch kein vergleichbares Gewicht erlangen können.[176] Dies hat verschiedenartige Gründe:

(1) Zum einen ist das Missbrauchsverbot des § 31 Abs. 3 GWB – trotz der Bezugnahme auf den Missbrauch einer durch die Freistellung erlangten Position – über § 31b Abs. 5 GWB unabhängig vom Vorliegen einer Freistellung auch auf den Missbrauch einer marktbeherrschenden Position anwendbar.[177]

(2) Ferner liegt eine Freistellung von einem Verstoß gegen § 1 GWB nur vor, wenn das Wasserversorgungsunternehmen eine eigene Rechtspersönlichkeit vorweisen kann, also nicht als Regie- oder Eigenbetrieb auftritt oder ein kommunales Wasserversorgungsunternehmen ist, an dem die Gebietskörperschaft die Mehrheitsbeteiligung hält.[178] Der Freistellung bedürfen nur Verträge im kartellrechtlichen Sinne – danach bedarf es eines Vertragsschlusses zwischen zwei eigenständigen Rechtspersonen.[179] Die öffentliche Wasserversorgung wird jedoch ganz überwiegend durch kommunale Wasserversorgungsunternehmen erbracht. Somit fallen viele Vereinbarungen aufgrund ihrer konzerninternen Eigenschaft bereits aus dem Anwendungsbereich.

(3) Letztlich können die Gemeinden und Kreise ihre Monopolstellung auch durch die Anordnung eines Anschluss- und Benutzungszwangs sichern und einen Wettbewerb effektiv ausschließen.[180]

c) Marktmissbrauchsaufsicht

Das auf dem Wassermarkt bestehende natürliche Monopol – das „*monopolistische Bottleneck*“[181] – entzieht die Leistung dem Wettbewerb durch andere Wasserver-

[176] Vgl. *Bechtold/Bosch*, GWB, 10. Aufl. 2021, § 31 GWB, Rn. 3; *Ewers/Botzenhart/Jekel/Salzwedel/Kraemer*, Optionen, Chancen und Rahmenbedingungen einer Marktöffnung für eine nachhaltige Wasserversorgung, BMWi-Forschungsvorhaben (11/00), Endbericht 2001, S. 14 ff.

[177] *Bechtold/Bosch*, GWB, 10. Aufl. 2021, § 31 GWB, Rn. 3; *Scholl*, in: Immenga/Mestmäcker, 6. Aufl. 2020, § 31 GWB, Rn. 27.

[178] *Bechtold/Bosch*, GWB, 10. Aufl. 2021, § 31 GWB, Rn. 3, *Ewers/Botzenhart/Jekel/Salzwedel/Kraemer*, Optionen, Chancen und Rahmenbedingungen einer Marktöffnung für eine nachhaltige Wasserversorgung, BMWi-Forschungsvorhaben (11/00), Endbericht 2001, S. 15.

[179] *Zuber*, in: LMRKM, 4. Aufl. 2020, § 31 GWB, Rn. 8.

[180] *Brehme*, Privatisierung und Regulierung der öffentlichen Wasserversorgung, Diss. (Univ. Gießen) 2010, S. 183.

[181] *Knieps*, ZfWp 1999, 297, 297 ff.; *Knieps*, Wettbewerbsökonomie, 3. Aufl. 2008, 33; *Knieps*, Der Wettbewerb und seine Grenzen: Netzgebundene Leistungen aus ökonomischer Sicht, Diskussionsbeiträge, Institut für Verkehrswissenschaft und Regionalpolitik, Universität Freiburg, Nr. 93, S. 3 f.; *Winkler*, Wettbewerb für den deutschen Trinkwassermarkt: vom

sorgungsunternehmen. Darin liege die eigentliche Bedrohung für den Wettbewerb, welcher durch die Freistellung der in § 31 Abs. 1 Nr. 1–4 GWB genannten Verträge noch verstärkt wird.[182] Das verstärkt die Notwendigkeit einer besonders effektiven Missbrauchskontrolle.[183] Die Gesetzesbegründung führt dazu aus, dass „*das in den Absätzen 3 und 4 normierte besondere Missbrauchsverbot [...] ein notwendiges Korrektiv für den fehlenden Wettbewerb im Wassersektor [ist]. Aus der monopolistischen Marktstellung der Wasserversorger lässt sich eine besondere Missbrauchsgefahr ableiten. Die Wasserversorgung bedarf daher einer wirksamen Kontrolle durch die Kartellbehörden. Den Behörden wird deshalb mit der besonderen Missbrauchsaufsicht in § 31b Absatz 3 bis 5 ein wirksames Instrument zur Verfügung gestellt.*“[184] Auf die kartellrechtliche Missbrauchsaufsicht soll unter C. II. 2., S. 120 ff., näher eingegangen werden.

4. Wasserhaushaltsrecht

a) Grundsätzliches

Das Wasserhaushaltsrecht stellt eine weitere Komponente im Ordnungsrahmen der öffentlichen Wasserversorgung dar. Das Wasser für die Trinkwasserversorgung wird in der Regel aus oberirdischen Gewässern oder dem Grundwasser gewonnen.[185] Das Entnehmen von Wasser aus oberirdischen Gewässern oder Grundwasser stellt eine Benutzung i. S. d. § 9 WHG dar[186], welche grundsätzlich die Erlaubnis oder die Bewilligung gem. § 8 Abs. 1 WHG voraussetzt. Ausnahmen von diesem Grundsatz werden gem. § 8 Abs. 2 und 3 WHG nur zur Abwehr einer gegenwärtigen Gefahr für die öffentliche Sicherheit oder bei Übungen und Erprobungen für Zwecke der Verteidigung oder der Abwehr von Gefahren für die öffentliche Sicherheit gemacht. Die behördliche Zulassung ist als repressives Verbot mit Befreiungsvorbehalt aus-

---

freiwilligen Wettbewerb zur disaggregierten Regulierung, S. 99 ff.; *Heller*, EWeRK 2016, 210, 212.

[182] *Reif*, in: Münchener Kommentar zum Wettbewerbsrecht, 4. Aufl. 2022, § 31 GWB, Rn. 5; vgl. zu dieser Problematik bereits *Monopolkommission*, 1. Hauptgutachten 1973/1975, Rn. 766 (zur Energieversorgung).

[183] *Reif*, in: Münchener Kommentar zum Wettbewerbsrecht, 4. Aufl. 2022, § 31 GWB, Rn. 5.

[184] BT-Drs. 17/9852, S. 25.

[185] Vgl. Statistisches Bundesamt, Fachserie 19, Reihe 2.1.1, 2016, Abbildung 2, S. 18: Danach werden in Deutschland ca. 70 % des Trinkwassers aus Grundwasserbeständen oder angereichertem Grundwasser gewonnen, die restlichen 30 % verteilen sich zu mehr oder weniger gleichen Anteilen auf Bestände aus Quellwasser, Uferfiltrat See- und Talsperren und Flusswasser (diesem kommt nur ein Anteil von ca. 3 % zu). Mithin sind diese Quellen oberirdischen Gewässern und dem Grundwasser i. S. d. WHG zuzuordnen.

[186] Vgl. BVerwG, ZfW 1974, 296, 297: Danach fallen unter eine Benutzung jedenfalls solche Handlungen, die direkt auf ein Gewässer gerichtet sind und sich dieses Gewässers zur Erreichung eines bestimmten Zwecks bedienen.

gestaltet.[187] Daraus könne aber nicht geschlossen werden, dass es sich bei der Gewässerbenutzung um eine grundsätzlich unerwünschte, missbilligende Tätigkeit handele; vielmehr ist die Gewässerbenutzung im Rahmen der Trinkwasserversorgung gerade notwendig.[188] Die Erlaubnis oder Bewilligung stellen sicher, dass der Staat seiner in § 1 WHG verorteten Verantwortung einer nachhaltigen Bewirtschaftung der Gewässer gerecht wird.[189]

b) Erlaubnis oder Bewilligung

§ 8 Abs. 1 WHG sieht die Erlaubnis und die Bewilligung als Arten von Gestattungen zur Gewässerbenutzung vor. Inhaltlich zielen sowohl die Erlaubnis als auch die Bewilligung nach § 10 Abs. 1 WHG darauf, ein Gewässer zu einem bestimmten Zweck in einer nach Art und Maß bestimmten Weise zu benutzen.[190] Die Rechtsinstitute unterscheiden sich dabei nicht nach Gegenstand und Umfang der durch sie ermöglichten Gewässerbenutzung, sondern in der durch sie gewährten Rechtsstellung.[191]

Die Erlaubnis gem. § 10 Abs. 1 WHG stellt eine öffentlich-rechtliche Benutzungsbefugnis dar,[192] welche gem. § 18 Abs. 1 WHG frei widerruflich ist.[193] Die Erlaubnis ist im Vergleich zur Bewilligung die rechtlich weniger weitreichende Legitimation zur Gewässerbenutzung.[194]

Die Bewilligung gewährt das auf einen bestimmten Zeitraum festgelegte subjektiv-öffentliche Recht zur Gewässerbenutzung, welche gem. § 18 Abs. 2 WHG nur widerrufen werden kann, wenn dazu eine ausdrückliche Ermächtigung vorliegt.[195] Das subjektiv-öffentliche Recht verschafft zudem zivilrechtliche Abwehrrechte[196],

---

[187] BVerfGE 20, 150, 157; *Czychowski/Reinhardt*, in: Czychowski/Reinhardt, WHG, 12. Aufl. 2019, § 8 WHG, Rn. 3 ff.; *Knopp/Müller*, in: SZDK, Stand 57. EL Februar 2022, § 8 WHG, Rn. 14; kritisch *Papier/Shirvani*, in: Dürig/Herzog/Scholz, 98. EL März 2022, Art. 14 GG, Rn. 538; vgl. auch *Pape*, in: Landmann/Rohmer, UmweltR, 99. EL September 2022, § 8 WHG, Rn. 26.

[188] *Hasche*, in: BeckOK UmweltR, 64. Ed.1.10.2022, § 8 WHG, Rn. 1; vgl. auch *Czychowski/Reinhardt*, in: Czychowski/Reinhardt, WHG, 12. Aufl. 2019, § 8 WHG, Rn. 4; *Schmid*, in: Berendes/Frenz/Müggenborg, WHG, 2. Aufl. 2017, § 12, Rn. 57.

[189] *Knopp/Müller*, in: SZDK, Stand 57. EL Februar 2022, § 8 WHG, Rn. 14; vgl. auch *Pape*, in: Landmann/Rohmer, UmweltR, 99. EL September 2022, § 8 WHG, Rn. 6.

[190] *Knopp/Müller*, in: SZDK, Stand 57. EL Februar 2022, § 10 WHG, Rn. 43, 52.

[191] *Hasche*, in: BeckOK UmweltR, 64. Ed.1.10.2022, § 8 WHG, Rn. 3.

[192] *Hasche*, in: BeckOK UmweltR, 64. Ed.1.10.2022, § 10 WHG, Rn. 1.

[193] *Knopp/Müller*, in: SZDK, Stand 57. EL Februar 2022, § 10 WHG, Rn. 38.

[194] *Knopp/Müller*, in: SZDK, Stand 57. EL Februar 2022, § 10 WHG, Rn. 39; *Pape*, in: Landmann/Rohmer, UmweltR, 99. EL September 2022, § 10 WHG, Rn. 9.

[195] *Knopp/Müller*, in: SZDK, Stand 57. EL Februar 2022, § 10 WHG, Rn. 46; *Pape*, in: Landmann/Rohmer, UmweltR, 99. EL September 2022, § 10 WHG, Rn. 35.

[196] *Knopp/Müller*, in: SZDK, Stand 57. EL Februar 2022, § 10 WHG, Rn. 46.

so dass der Bewilligungsinhaber bei einer Rechtsbeeinträchtigung vor Zivilgerichten auf Unterlassung klagen kann[197] oder – da die Gewässerbenutzungsrechte als sonstiges Recht i. S. d. § 823 Abs. 1 BGB ausgestaltet sind – Rechtsansprüche wegen einer Eigentumsverletzung verfolgen kann.[198]

Das wesentliche Unterscheidungsmerkmal der Bewilligung zur Erlaubnis besteht darin, dass der Bewilligungserteilung ein Genehmigungsverfahren gem. § 11 WHG vorauszugehen hat.[199] In diesem können bereits Dritteinwendungen vorgebracht werden, wodurch eine abschließende Regelung der Interessen der Beteiligten ermöglicht wird.[200] Dies sei ein Grund für die weitreichendere Legitimation der Bewilligung gegenüber der Erlaubnis.[201]

Die in § 15 WHG normierte gehobene Erlaubnis entspringt der inhaltlichen Aufwertung der Erlaubnis, welche die Landesgesetzgeber während der Geltung des nur rahmenrechtlich geregelten Wasserhaushaltsgesetzes von 1957 vornahmen.[202] Die bundeseinheitliche Normierung war nur konsequent: Die gehobene Erlaubnis hatte erhebliche Bedeutung erlangt und sich bewährt.[203] In der Begründung zum Entwurf des § 15 WHG wird ausgeführt:

> „Die gehobene Erlaubnis ist eine besondere Form der Erlaubnis, die im wasserrechtlichen Vollzug erhebliche praktische Bedeutung erlangt hat. Sie dient dazu, die Rechtsstellung des Gewässerbenutzers gegenüber Abwehransprüchen Dritter im Vergleich zur ‚normalen' Erlaubnis stärker abzusichern (§ 16 Absatz 1). Es ist sinnvoll, hierzu in Anlehnung an bewährte landesrechtliche Regelungen bundeseinheitliche Vorschriften zu erlassen."[204]

c) Voraussetzung der Gestattung

Die Erteilung einer Erlaubnis oder Bewilligung setzt voraus, dass kein Versagungsgrund gem. § 12 Abs. 1 WHG vorliegt und das Bewirtschaftungsermessen gem. § 12 Abs. 2 WHG ausgeübt wurde.

Die Norm bildet den Grundstock der Erteilung und Versagung der Gestattung wasserrechtlicher Benutzungen.[205] § 12 WHG wird dabei durch eine Reihe weiterer

---

[197] *Czychowski/Reinhardt*, in: Czychowski/Reinhardt, WHG, 12. Aufl. 2019, § 10 WHG, Rn. 66.

[198] *Breuer/Gärditz*, Öffentliches und privates Wasserrecht, 4. Aufl. 2017, Rn. 1425.

[199] *Pape*, in: Landmann/Rohmer, UmweltR, 99. EL September 2022, § 10 WHG, Rn. 36.

[200] *Pape*, in: Landmann/Rohmer, UmweltR, 99. EL September 2022, § 10 WHG, Rn. 36.

[201] *Pape*, in: Landmann/Rohmer, UmweltR, 99. EL September 2022, § 10 WHG, Rn. 36.

[202] *Brehme*, Privatisierung und Regulierung der öffentlichen Wasserversorgung, Diss. (Univ. Gießen) 2010, S. 190.

[203] *Knopp/Müller*, in: SZDK, Stand 57. EL Februar 2022, § 15 WHG, Rn. 1.

[204] BT-Drs. 16/12275, S. 57.

[205] *Czychowski/Reinhardt*, in: Czychowski/Reinhardt, WHG, 12. Aufl. 2019, § 12 WHG, Rn. 3; *Schmid*, in: Berendes/Frenz/Müggenborg, WHG, 2. Aufl. 2017, § 12 WHG, Rn. 1.

Vorschriften (vgl. §§ 13a, 14, 27, 32, 44, 45, 47, 48, 57 WHG) ergänzt, die teilweise weitere Voraussetzungen für eine Benutzung aufstellen.[206]

Nach § 12 Abs. 1 Nr. 1 WHG ist die Gestattung zu versagen, wenn schädliche, auch durch Nebenbestimmungen nicht vermeidbare oder nicht ausgleichbare, Gewässerveränderungen zu erwarten sind. Der Begriff der schädlichen Gewässerveränderungen wird in § 3 Nr. 10 WHG legaldefiniert. Danach sind schädliche Gewässerveränderungen alle Veränderungen von Gewässereigenschaften, die das Wohl der Allgemeinheit, insbesondere die öffentliche Wasserversorgung, beeinträchtigen oder die nicht den Anforderungen entsprechen, die sich aus diesem Gesetz, aus auf Grund dieses Gesetzes erlassenen oder aus sonstigen wasserrechtlichen Vorschriften ergeben. Eine schädliche Gewässerveränderung ist „zu erwarten“, wenn sie wahrscheinlich ist; die bloße Möglichkeit genügt nicht.[207] Die Wahrscheinlichkeit ist dabei nach fachlichen Regeln oder nach allgemeiner Lebenserfahrung zu beurteilen.[208] Zum Grad der Wahrscheinlichkeit gilt, dass dieser umso geringer sein kann, je stärker das Wohl der Allgemeinheit beeinträchtigt sein kann.[209] Nach der Rechtsprechung des Bayerischen Verwaltungsgerichtshofes genügt angesichts der herausragenden Stellung des Trinkwassers im Wasserrecht selbst schon eine geringe Wahrscheinlichkeit dafür, dass auch UV-behandeltes Wasser noch pathologische Keime enthält, um eine Erlaubnis oder Bewilligung für eine Trinkwasserentnahme zu versagen.[210] Im Rahmen der behördlichen Beurteilung hat eine Abwägung zwischen den für und gegen die Benutzung sprechenden Gründen stattzufinden.[211] Dabei hat die Behörde stets zu prüfen, ob eine zu erwartende schädliche Gewässerveränderung nicht durch eine Nebenbestimmung vermieden oder ausgeglichen werden kann – dies ergibt sich jedoch (ungehindert des Wortlauts der Vorschrift) aus dem verwaltungsrechtlichen Übermaßverbot, welches eine ablehnende Bescheidung in den Fällen versagt, in denen der Versagungsgrund durch die Erteilung einer Nebenbestimmung ausgeräumt werden kann.[212]

---

[206] *Berendes*, WHG Kurzkommentar, 2. Aufl. 2018, § 12 WHG, Rn. 1.

[207] *Berendes*, WHG Kurzkommentar, 2. Aufl. 2018, § 12 WHG, Rn. 2.

[208] *Czychowski/Reinhardt*, in: Czychowski/Reinhardt, WHG, 12. Aufl. 2019, § 12 WHG, Rn. 25 m.w.N.; *Knopp/Müller*, in: SZDK, Stand 57. EL Februar 2022, § 12 WHG, Rn. 30.

[209] Vgl. BWVGH, Urt. v. 6.3.1991 – 5 S 2630/89, ZfW 1991, 236; *Czychowski/Reinhardt*, in: Czychowski/Reinhardt, WHG, 12. Aufl. 2019, § 12 WHG, Rn. 25 m.w.N; *Knopp/Müller*, in: SZDK, Stand 57. EL Februar 2022, § 12 WHG, Rn. 31.

[210] BayVGH Beschl. v. 22. 10. 1999 – 4 ZB. 99 711; so auch: *Czychowski/Reinhardt*, in: Czychowski/Reinhardt, WHG, 12. Aufl. 2019, § 12 WHG, Rn. 25; *Knopp/Müller*, in: SZDK, Stand 57. EL Februar 2022, § 12 WHG, Rn. 28.

[211] *Czychowski/Reinhardt*, in: Czychowski/Reinhardt, WHG, 12. Aufl. 2019, § 12 WHG, Rn. 15.

[212] *Pape*, in: Landmann/Rohmer, UmweltR, 99. EL September 2022, § 12 WHG, Rn. 41; *Hofmann/Kollmann*, in: von Lersner/Berendes (Hrsg.), Handbuch des Deutschen Wasserrechts C 10 E, § 6 Rn. 10.

Nach § 12 Abs. 1 Nr. 2 WHG ist die Gestattung zu versagen, wenn andere Anforderungen nach öffentlich-rechtlichen Vorschriften nicht erfüllt sind. Hintergrund der Normierung ist die Verdeutlichung, dass die Behörde die Beachtung aller für die Gewässerbenutzung einschlägigen Rechtsvorschriften zu gewährleisten hat.[213] Letztlich stellt der Versagungsgrund des § 12 Abs. 1 Nr. 2 WHG aber eine rechtsstaatliche Selbstverständlichkeit dar; nach dem Grundsatz der Gesetzmäßigkeit der Verwaltung ist der Behörde ein Handeln gegen das Gesetz stets versagt.[214] Von dem Versagungsgrund des § 12 Abs. 1 Nr. 2 WHG sind somit vor allem sonstige umweltrechtliche Vorschriften – zum Beispiel aus dem Naturschutzrecht, dem Bodenschutzrecht oder dem Abfallrecht – erfasst.[215]

§ 12 Abs. 2 WHG normiert das Bewirtschaftungsermessen der Behörde. Der Normierung kommt jedoch nur klarstellender Charakter zu[216] – das folgt zum einen aus der Normstruktur des § 12 Abs. 1 WHG („*ist zu versagen, wenn*“)[217] und zum anderen aus verfassungsrechtlichen Vorgaben.[218] Die Zulassungsentscheidung nach § 12 Abs. 2 WHG steht im pflichtgemäßen Ermessen der Behörde, sofern kein Versagungsgrund nach § 12 Abs. 1 WHG vorliegt.[219] Dabei hat der Antragsteller keinen Anspruch auf Erteilung der Gestattung, vielmehr ist der Anspruch auf eine fehlerfreie Ausübung des Bewirtschaftungsermessens beschränkt.[220] Das Ermessen wird dabei durch die in § 6 WHG niedergelegten Grundsätze samt der Spezifizierungen in §§ 27, 28, 44, 47 WHG gelenkt.[221] Nach § 6 Abs. 1 Nr. 4 WHG sind Gewässer nachhaltig zu bewirtschaften, insbesondere mit dem Ziel, bestehende oder künftige Nutzungsmöglichkeiten für die öffentliche Wasserversorgung zu erhalten oder zu schaffen. Die herausgehobene Stellung der Wasserversorgung erklärt sich aus ihrer exponierten, insbesondere standortbedingten Gefährdungslage.[222] Dabei

---

[213] *Berendes*, WHG Kurzkommentar, 2. Aufl. 2018, § 12 WHG, Rn. 4.

[214] *Czychowski/Reinhardt*, in: Czychowski/Reinhardt, WHG, 12. Aufl. 2019, § 12 WHG, Rn. 28; *Pape*, in: Landmann/Rohmer, UmweltR, 99. EL September 2022, § 12 WHG, Rn. 45.

[215] *Berendes*, WHG Kurzkommentar, 2. Aufl. 2018, § 12 WHG, Rn. 5; ausführlich: *Czychowski/Reinhardt*, in: Czychowski/Reinhardt, WHG, 12. Aufl. 2019, § 12 WHG, Rn. 29.

[216] So auch die Gesetzesbegründung BT-Drs. 16/12275, S. 56.

[217] *Pape*, in: Landmann/Rohmer, UmweltR, 99. EL September 2022, § 12 WHG, Rn. 47.

[218] BVerfGE 58, 300, 346 f.; s. a. *Czychowski/Reinhardt*, in: Czychowski/Reinhardt, WHG, 12. Aufl. 2019, § 12 WHG, Rn. 32; *Pape*, in: Landmann/Rohmer, UmweltR, 99. EL September 2022, § 12 WHG, Rn. 47.

[219] *Czychowski/Reinhardt*, in: Czychowski/Reinhardt, WHG, 12. Aufl. 2019, § 12 WHG, Rn. 33; *Schmid*, in: Berendes/Frenz/Müggenborg, WHG, 2. Aufl. 2017, § 12 WHG, Rn. 45.

[220] BVerfGE 58, 300, 346 f.; 93, 319, 339; BVerwGE 78, 40, 44 ff.; *Knopp*, in: SZDK, Stand 57. EL Februar 2022, § 12 WHG, Rn. 53; *Reinhardt*, NVwZ 2017, 1000, 1002.

[221] *Czychowski/Reinhardt*, in: Czychowski/Reinhardt, WHG, 12. Aufl. 2019, § 12 WHG, Rn. 33.

[222] *Pape*, in: Landmann/Rohmer, UmweltR, 99. EL September 2022, § 6 WHG, Rn. 27.

stehen Belange der öffentlichen Wasserversorgung den Allgemeinwohlbelangen grundsätzlich gleichwertig gegenüber.[223]

5. Trinkwasserverordnung

An die Trinkwasserqualität sind hohe qualitative Anforderungen zu stellen, um Krankheitsausbrüche oder sogar Seuchen zu verhindern. Diese qualitativen Anforderungen an die Beschaffenheit des Wassers für den menschlichen Gebrauch werden durch die Verordnung über die Qualität von Wasser für den menschlichen Gebrauch (Trinkwasserverordnung, TrnkwV)[224] normiert. Die Trinkwasserverordnung wurde aufgrund einer Verordnungsermächtigung im Infektionsschutzgesetz (vgl. § 38 Abs. 1 IfSG) und im damaligen Lebensmittel- und Bedarfsgegenständegesetz (heute Lebensmittel- und Futtermittelgesetzbuch, LFGB[225], vgl. § 14 Abs. 2 Nr. 1 LFBG) durch das Bundesministerium für Gesundheit sowie für Verbraucherschutz, Ernährung und Landwirtschaft erlassen.[226] In europarechtlicher Hinsicht hat die Trinkwasserverordnung die Trinkwasserrichtlinie 98/83/EG[227] in deutsches Recht umgesetzt.[228] Die Trinkwasserverordnung legt in Art. 5-7 TrnkwV die Anforderungen an die mikrobiologische und chemische Beschaffenheit des Wassers fest. § 4 Abs. 1 TrnkwV regelt als Schlüsselbestimmung die allgemeinen Anforderungen an die Beschaffenheit des Wassers für den menschlichen Gebrauch. Das Wasser darf danach keine Krankheitserreger enthalten und es muss rein sowie genusstauglich sein. Diese Anforderungen gelten als erfüllt, wenn bei der Wassergewinnung, der Wasseraufbereitung und der Wasserverteilung die allgemein anerkannten Regeln der Technik eingehalten werden und das Trinkwasser den Anforderungen der §§ 5-7a TrnkwV entspricht. Wasser, welches den Anforderungen nicht genügt, darf vom Unternehmer oder sonstigem Inhaber einer Wasserversorgungsanlage gem. § 4 Abs. 2, 3 TrnkwV nicht als Trinkwasser abgegeben und anderen

---

[223] *Czychowski/Reinhardt*, in: Czychowski/Reinhardt, WHG, 12. Aufl. 2019, § 6 WHG, Rn. 43; *Pape*, in: Landmann/Rohmer, UmweltR, 99. EL September 2022, § 6 WHG, Rn. 28; einengend OVG Münster, ZfW 1963, 380; wohl auch BVerwG, ZfW 1987, 275.

[224] Trinkwasserverordnung in der Fassung der Bekanntmachung vom 10. März 2016 (BGBl. I S. 459), die zuletzt durch Artikel 99 der Verordnung vom 19. Juni 2020 (BGBl. I S. 1328) geändert worden ist.

[225] Lebensmittel- und Futtermittelgesetzbuch in der Fassung der Bekanntmachung vom 3. Juni 2013 (BGBl. I S. 1426), das zuletzt durch Artikel 10 des Gesetzes vom 12. Mai 2021 (BGBl. I S. 1087) geändert worden ist.

[226] *Breuer/Gärditz*, Öffentliches und privates Wasserrecht, 4. Aufl. 2017, Rn. 98.

[227] Richtlinie 98/83/EG des Rates über die Qualität von Wasser für den menschlichen Gebrauch vom 3. 11. 1998 (ABl EG, Nr. L 330/32).

[228] Auf Bundesebene wurde damit die Trinkwasserverordnung von 1986/90 abgelöst, vgl. Verordnung über Trinkwasser und über Wasser für Lebensmittelbetriebe (Trinkwasserverordnung – TrinkwV) vom 22. 5. 1986 (BGBl. I S. 670); später in der Fassung der Bekanntmachung vom 5. 12. 1990 (BGBl. I S. 2612, ber. BGBl. I S. 227); zuletzt geändert durch Verordnung vom 14. 12. 2000 (BGBl. I S. 1728).

nicht zur Verfügung gestellt werden. Für den Fall des Zuwiderhandelns sieht § 9 TrnkwV eine Eingriffsmöglichkeit des Gesundheitsamtes vor. Ferner werden in der Trinkwasserverordnung Vorgaben über die Aufbereitung und Desinfektion (§§ 11 f. TrnkwV), Anzeige- (§ 13 TrnkwV) und Untersuchungspflichten (§ 14 TrnkwV) sowie Informations- und Berichtspflichten (§ 21 TrnkwV) des Unternehmers bzw. des Inhabers einer Wasserversorgungsanlage aufgestellt.

6. Zusammenfassung

Somit zeichnet sich im Ergebnis ein vielschichtiges Netz verschiedener Normen, die gemeinsam den Ordnungsrahmen der Wasserversorgung bilden.

II. Zusammensetzung der Wasserentgelte

Bei Betrachtung der Ausgestaltungsmodelle der Wasserentgelte ist zunächst zu beachten, wie sich die Wasserentgelte zusammensetzen und durch welche Strukturen ihre Zusammensetzung bedingt ist.

1. Grundgebühr und verbrauchsabhängiger Kubikmeterpreis

Das Entgelt für die Versorgung mit Trinkwasser setzt sich grundsätzlich aus einem verbrauchsabhängigen Kubikmeterpreis und einer monatlichen Grundgebühr zusammen.[229] Gleichwohl sind die Entgeltunterschiede zwischen den verschiedenen Anbietern immens. Daher erscheint es konsequent, die entgeltbedingenden Strukturen näher zu betrachten.

2. Entgeltbedingende Strukturen

Das Bundeskartellamt hat sich in seinem „Bericht über die großstädtische Trinkwasserversorgung in Deutschland“[230] ausführlich mit den wesentlichen Strukturbedingungen und Preisen auseinandergesetzt. Selbstredend sind die gefundenen Erkenntnisse auf öffentlich-rechtlich organisierte Wasserversorgungsunternehmen, die Entgelte in Form einer Gebühr erheben, übertragbar. Die gefundenen Erkenntnisse sollen im Folgenden verkürzt zusammengefasst werden. Danach seien vor allem die Größe des Versorgungsgebietes, die Dichte des Versorgungsgebietes,

---

[229] Bundesministerium für Umwelt, Naturschutz und nukleare Sicherheit, Statistik Trinkwasserversorgung, 23.03.2017, unter Stichpunkt „Trinkwasserpreise“, vgl. https://www.bmu.de/download/statistik-trinkwasserversorgung/ (abgerufen am 08.03.2021).

[230] Bundeskartellamt, Bericht über die großstädtische Trinkwasserversorgung in Deutschland, Juni 2016.

die geographischen Bedingungen im Versorgungsgebiet und die Wasserbeschaffung entscheidend für die Entgeltstrukturen.[231]

a) Größe des Versorgungsgebietes

Ein großes Versorgungsgebiet erlaube es dem jeweiligen Wasserversorgungsunternehmen, Skalenerträge zu nutzen und so die Kosten pro abgesetztem Kubikmeter Wasser zu senken. So lassen sich Versorger großer Gebiete durch effizientere Prozesse besser organisieren und größenunabhängige Fixkosten, wie beispielsweise Mindestkosten für die Verwaltung und Laborkosten, auf eine größere Basis verteilen. Die Größe des Versorgungsgebietes lässt sich an Indikatoren wie dem Absatz an Endkunden (und Weiterverteiler), der Anzahl der Hausanschlüsse und der Gesamtlänge des Netzes festmachen. Das Bundeskartellamt stellte in seiner Untersuchung fest, dass die fünf bis sechs größten Wasserversorger gemessen an den oben genannten Indikatoren über ein eher geringes Preisniveau verfügen, jedoch sei ebenfalls zu beachten, dass es daneben kleinere Versorger gebe, die sich auf einem ähnlich günstigen Preisniveau befinden. Mithin lässt sich daraus schlussfolgern, dass allein die Größe eines Versorgungsgebietes nicht notwendigerweise ein niedrige(re)s Preisniveau zur Folge haben muss.

b) Dichte des Versorgungsgebietes

Die Kosten pro abgesetztem Kubikmeter Wasser stehen zudem in Relation zur Dichte des Versorgungsgebietes. Dies ist im Rahmen der Trinkwasserversorgung besonders entscheidend; liegt doch ein wesentlicher Kostenfaktor im Ausbau eines Rohrnetzes. Je dichter das Versorgungsgebiet besiedelt ist, desto geringer ist die erforderliche Netzlänge. Die Anlagen vieler Versorger sind indes überdimensioniert – dies lässt sich vor allem durch eine Fehleinschätzung zur Nutzung wassersparender Technologien und eines nicht richtig vorhergesehenen demographischen Wandels (v. a. in Ostdeutschland) begründen.

Der Hauptindikator für die Dichte des Versorgungsgebietes ist der Metermengenwert. Der Metermengenwert setzt die nutzbare Wasserabgabe in Relation zur Netzlänge. Bezüglich des Metermengenwertes stellte das Bundeskartellamt fest, dass sich Unternehmen mit dichten Versorgungsgebieten auf einem günstigeren Preisniveau befinden als Unternehmen mit weniger dichten Versorgungsgebieten.

Weitere Indikatoren zur Bestimmung der Dichte eines Versorgungsgebietes sind die Einwohnerdichte, die Netzdichte, der Endkundenabsatz pro Hausanschluss und die Einwohneranschlussdichte.

---

[231] Bundeskartellamt, Bericht über die großstädtische Trinkwasserversorgung in Deutschland, Juni 2016, S. 52 ff.

Im Rahmen der Einwohnerdichte wird die Gesamtlänge des Netzes in Relation zur Fläche des Versorgungsgebietes gesetzt. Die Netzdichte setzt hingegen die Gesamtlänge des Netzes ins Verhältnis zur Fläche des Versorgungsgebietes. Bezüglich dieser Indikatoren konnte das Bundeskartellamt in Bezug auf möglicherweise korrelierende, niedrigere Preise kein aussagekräftiges Bild zeichnen. Dies könne daran liegen, dass bspw. die Absatzstärke der Kunden im Rahmen dieser Indikatoren keine Berücksichtigung findet.

Der Endkundenabsatz pro Hausanschluss fokussiert sich auf die Messung der Abnahmemenge pro Hausanschluss. Diesbezüglich konstatiert das Bundeskartellamt eine Verbindung zwischen einem hohen Endkundenabsatz pro Hausanschluss und vergleichsweise niedrigen Preisen.

Einen vergleichbaren Ansatz verfolgt die Einwohneranschlussdichte. Der Parameter setzt die Anzahl der Einwohner ins Verhältnis zur Anzahl der Hausanschlüsse. Dieser fällt umso höher aus, je mehr Menschen über einen Hausanschluss mit Wasser versorgt werden (bspw. mehrstöckige Wohnhäuser). Auch hier stellte das Bundeskartellamt fest, dass die dichtesten Versorgungsgebiete über ein relativ günstiges Preisniveau verfügen.

c) Geographische Bedingungen im Versorgungsgebiet

Im Rahmen der geographischen Bedingungen im Versorgungsgebiet spielen vor allem Höhenunterschiede und Bodenklassen eine wichtige Rolle.

Höhenunterschiede können insofern nachteilig sein, als dass zum einen Wartungs- und Baumaßnahmen kostspieliger ausfallen können und zum anderen eine größere Anzahl an Druckzonen erforderlich sein können, was die Infrastruktur- und Betriebskosten erhöhe. Bezüglich der Höhendifferenz stellte das Bundeskartellamt fest, dass grundsätzlich Gebiete mit großen Höhenunterschieden steilere Preisniveaus erklimmen.[232]

Ferner können Bodenklassen und die damit verbundenen Grabungsbedingungen (felsiger oder nasser, beweglicher Boden) sich als entgeltbedingenden Umstand auswirken. Diesbezüglich führte das Bundeskartellamt keine Einstufung in das Preisniveau durch, da erschwerte Grabungsbedingungen als Rechtfertigungsgrund im Preismissbrauchsverfahren geltend gemacht werden könnten.

---

[232] Eine Ausnahme stelle Freiburg im Breisgau dar – hier stünden Rohwasser-Ressourcen in hoher Qualität zur Verfügung und das natürliche Gefälle könne für den erforderlichen Wasserdruck genutzt werden (Wasserflussrichtung von „oben nach unten"), vgl. Bundeskartellamt, Bericht über die großstädtische Trinkwasserversorgung in Deutschland, Juni 2016, S. 62, Fußnote 185.

d) *Wasserbeschaffung*

Ferner können im Rahmen der Wasserbeschaffung entgeltbedingende Nachteile liegen. Exemplarisch zu nennen sind schwer zugängliches Grundwasser oder aufwendig zubereitetes Oberflächenwasser. Diese können insofern nachteilig sein, als dass sie höhere Wassergewinnungs- und Wasseraufbereitungskosten nach sich ziehen. Etwaige Nachteile im Rahmen der Wasserbeschaffung können in der Regel jedoch durch kostengünstigeren Fremdbezug von Wasser benachbarter Wasserversorger ausgeglichen werden, so dass aus der Wasserbeschaffung keine entgeltbedingende Struktur abgeleitet werden konnte.

III. Parallelität von privatrechtlicher und öffentlich-rechtlicher Ausgestaltung der Trinkwasserversorgung

1. Ausgestaltungsmodelle

Zunächst ist zu untersuchen, welche Ausgestaltungsmöglichkeiten das Recht zur Hand gibt, um die Trinkwasserversorgung rechtlich zu strukturieren. Aus der kommunalen Selbstverwaltungsgarantie folgt die Rechtswahlfreiheit der jeweiligen Kommune über die Wasserversorgung, so dass diese die Art und Weise der Wasserversorgung innerhalb der gegebenen Möglichkeiten ausgestalten kann.[233] Insofern können die Kommunen sowohl die Organisationsform als auch das Benutzungsverhältnis in privat- oder öffentlich-rechtlicher Form auskleiden.[234] Die Organisationsform beschreibt die Rechtsform, in der das Wasserversorgungsunternehmen in Erscheinung tritt. Das Benutzungsverhältnis beschreibt die Ausgestaltung der Rechtsbeziehungen zwischen dem Wasserversorgungsunternehmen und den jeweiligen Endabnehmern. Die Zugehörigkeit der öffentlichen Wasserversorgung zum Bereich der Daseinsvorsorge schließt die Option der privatrechtlichen Ausgestaltungsform nicht aus.[235] Die Spannweite der Organisationsformen ist wie folgt ausgestaltet: In öffentlich-rechtlicher Hinsicht kann die Wasserversorgung in Eigen- oder Regiebetrieben, Anstalten des öffentlichen Rechts oder Zweckverbänden erfolgen.[236] Das Privatrecht hält beispielsweise die Rechtsformen der GmbH,

---

[233] *Hünnekens*, in: Landmann/Rohmer UmweltR, 99. EL September 2022, § 50 WHG, Rn. 17.

[234] BayVGH, Urt. v. 9. 1. 1967, Nr. 169 VIII 65, BayVBl 1967, 241; *Breuer/Gärditz*, Öffentliches und privates Wasserrecht, 4. Aufl. 2017, Rn. 575; *Czychowski/Reinhardt*, in: Czychowski/Reinhardt, WHG, 12. Aufl. 2019; *Dierkes/Hamann*, Öffentliches Preisrecht in der Wasserwirtschaft, 2009, S. 56; *Bürger/Herbold*, NVwZ 2012, 1217, 1217; *Gesterkamp*, VergabeR, 2020, 705, 705; *Giebler*, DÖV 2020, 476, 479 ff.

[235] BT-Drs. 16/12275, 66.

[236] *Fischer/Zwetkow*, NVwZ 2003, 281, 281; *Hünnekens*, in: Landmann/Rohmer UmweltR, 99. EL September 2022, § 50 WHG, Rn. 18.

GmbH & Co. KG oder AG bereit[237], wobei diese als kommunale Eigengesellschaften, öffentliche Gesellschaften, gemischt öffentlich-privatwirtschaftliche oder rein privatwirtschaftliche Unternehmen geführt werden können.[238]

Die Ausgestaltung in privatrechtlicher oder öffentlich-rechtlicher Rechtsform hat vor allem folgende Konsequenzen:

(1) Es wird die Ausgestaltung des Benutzungsverhältnisses tangiert: So ist zu beachten, dass es der Kommune für den Fall der Aufgabenerbringung in einer öffentlich-rechtlichen Organisationsform freisteht, das Benutzungsverhältnis entweder privatrechtlich oder öffentlich-rechtlich auszugestalten.[239] Sofern die öffentliche Wasserversorgung hingegen in privatrechtlicher Form (durch eine juristische Person des Privatrechts) erbracht wird, besteht die Wahlfreiheit bzgl. des Benutzungsverhältnisses nicht; dieses ist zwingend privatrechtlicher Natur.[240]

(2) In struktureller Hinsicht muss bezüglich der (Wasser-)Entgelte zwischen öffentlich-rechtlichen Gebühren und privatrechtlichen Preisen unterschieden werden. Die öffentlich-rechtlichen Wassergebühren richten sich dabei nach dem Kommunalabgabenrecht.[241] Die Festlegung privatrechtlicher Wasserpreise unterliegt den Bindungen der Allgemeinen Bedingungen für die Versorgung mit Wasser (AVBWasserV[242]).[243]

(3) Die Kontrolle von Wasserpreisen misst sich vor allem am Maßstab der kartellrechtlichen Missbrauchskontrolle[244], während Wassergebühren vor allem an den Maßstäben des Kostendeckungsgebotes und der Verhältnismäßigkeit gemessen werden.[245]

---

[237] *Fischer/Zwetkow*, NVwZ 2003, 281, 281; *Hünnekens*, in: Landmann/Rohmer UmweltR, 99. EL September 2022, § 50 WHG, Rn. 18.

[238] *Czychowski/Reinhardt*, in: Czychowski/Reinhardt, WHG, 12. Aufl. 2019; *Dierkes/Harmann*, Öffentliches Preisrecht in der Wasserwirtschaft, 2009, S. 25, 56.

[239] *Brünning*, Der Private bei der Erledigung kommunaler Aufgaben, Diss. (Ruhr-Univ. Bochum) 1996, S. 203 f.; *Reinhardt*, ZfW 2008, 125, 133; *Fetzer*, in: Steiner/Brinktrine (Hrsg.), Besonderes Verwaltungsrecht, 9. Auflage 2018, § 6, Rn. 117; *Lutz/Gauggel*, GewArch 2000, 414, 415; die Begründung eines Anschluss- oder Benutzungszwangs steht dabei einer privatrechtlichen Zuordnung des Benutzungsverhältnisses nicht entgegen, vgl. BGH, NJW 1992, 171, 172; BGH NJW 1991, 1688 = WM 1991, 1394, 1396 m. w. N.

[240] *Brünning*, Der Private bei der Erledigung kommunaler Aufgaben, Diss. (Ruhr-Univ. Bochum) 1996, S. 203 f.; *Czychowski/Reinhardt*, in: Czychowski/Reinhardt, WHG, 12. Aufl. 2019; *Hünnekens*, in: Landmann/Rohmer UmweltR, 99. EL September 2022, § 50 WHG, Rn. 19.

[241] *Dierkes/Hamann*, Öffentliches Preisrecht in der Wasserwirtschaft, 2009, S. 62 ff.

[242] Verordnung v. 20.6.1980, BGBl. I S. 750, 1067; zuletzt geändert durch Art. 8, Verordnung v. 11.12.2014, BGBl. I S. 2010.

[243] *Bürger/Herbold*, NVwZ 2012, 1217, 1218.

[244] Vgl. dazu unten unter C. II., S. 120.

[245] Vgl. dazu unten unter C. II., S. 120.

(4) Schließlich obliegt die Aufsichtszuständigkeit im Falle einer öffentlich-rechtlichen Ausgestaltung des Benutzungsverhältnisses der Kommunalaufsicht und im Falle einer privatrechtlichen Ausgestaltung des Benutzungsverhältnisses den Landeskartellbehörden bzw. dem Bundeskartellamt.

(5) Aus der Wahl der Organisationsform folgt eine Entscheidung über die Gerichtszuständigkeit: Im Falle einer öffentlich-rechtlichen Ausgestaltung entscheidet im Streitfall die Verwaltungsgerichtsbarkeit, im Falle einer privatrechtlichen Ausgestaltung die ordentliche Gerichtsbarkeit.[246]

Statistisch betrachtet waren im Jahr 2018 in etwa zwei Drittel der Unternehmen öffentlich-rechtlich und ein Drittel privatrechtlich organisiert.[247] Beachtlich ist jedoch, dass in Bezug auf die Menge des durchgeleiteten Wassers die privatrechtlichen Organisationsformen einen Anteil von 57 % stellen, wohingegen die öffentlich-rechtliche Organisationsform nur einen Anteil von 43 % ausmachen.[248]

2. Organisationsformen

Die rechtlichen Organisationsformen der Wasserversorgung sind vielfältig. Grundsätzlich kann zwischen privatrechtlichen und öffentlich-rechtlichen Organisationsformen unterschieden werden. Die öffentlich-rechtlichen Organisationsformen können ausschließlich von öffentlichen Verwaltungsträgern gewählt werden, wohingegen die privatrechtlichen Organisationsformen auch Privaten zugänglich sind.[249]

Die Vielfältigkeit der Organisationsformen wird vornehmlich durch die Gemeindeordnungen der Bundesländer als Rechtsrahmen eingekleidet.[250] Zu berücksichtigen ist, dass einige Bundesländer einen Vorrang öffentlich-rechtlicher vor privatrechtlichen Organisationsformen normiert haben.[251]

---

[246] *Hünnekens*, in: Landmann/Rohmer UmweltR, 99. EL September 2022, § 50 WHG, Rn. 19, 20.

[247] Vgl. Branchenbild der deutschen Wasserwirtschaft 2020, S. 33 – danach liegt der Anteil der öffentlich-rechtlichen Organisationsform bei 67 % und der Anteil der privatrechtlichen Organisationsform bei 33 %.

[248] Branchenbild der deutschen Wasserwirtschaft 2020, S. 33.

[249] *Cronauge*, Kommunale Unternehmen, 6. Aufl. 2016, Rn. 144.

[250] Vgl. auch Ausführungen zu wirtschaftlichen/nichtwirtschaftlichen Unternehmen unter B. I. 1. d., S. 38.

[251] Einen solchen Vorrang kennen die Gemeindeordnungen Mecklenburg-Vorpommerns (vgl. § 69 Abs. 1 Nr. 2 KV MV), Niedersachsens (vgl. § §§ 136 Abs. 4, 148 Abs. 1 S. 1 Nr. 1 NKomVG), des Saarlands (vgl. § 110 Abs. 1 Nr. 1 KSVG), Sachsen-Anhalts (vgl. § 129 Abs. 1 Nr. 1 KVG LSA) und Schleswig-Holsteins (vgl. § 102 Abs. 1 S. 1 GO SH); anders hingegen die Gemeindeordnungen Bayerns (vgl. Art. 61 Abs. 2 S. 2 BayGO) und Hessens (§ 121 Abs. 7 HGO), die eine Überprüfung dahingehend vorsehen, ob die betreffende Aufgabe in gleichwertiger Weise auch von Privaten erfüllt werden kann.

Die öffentlich-rechtlichen Rechtsformen sind – mit weniger großen Unterscheidungen in den landesrechtlichen Normierungen – so ausgestaltet, dass in allen Bundesländern die Betriebsformen des Regiebetriebs und des Eigenbetriebs zur Auswahl stehen.[252] Die überwiegende Mehrzahl der Bundesländer sieht zudem die Organisationsform der Anstalt des öffentlichen Rechts bzw. des Kommunalunternehmens vor.[253] Außerdem gibt es öffentlich-rechtliche Organisationsformen der interkommunalen Zusammenarbeit, wie beispielsweise Zweckverbände, gemeinsame Kommunalunternehmen oder Wasser- und Bodenverbände.[254]

Im Rahmen der privatrechtlichen Organisationsformen ist einschränkend zu beachten, dass die Gemeindeordnungen der Bundesländer fordern, dass *„die Gemeinde angemessenen Einfluß im Aufsichtsrat oder in einem entsprechenden Gremium erhält“*[255] und *„die Haftung der Gemeinde auf einen bestimmten, ihrer Leistungsfähigkeit angemessenen Betrag begrenzt wird […]“*.[256] Die Haftungsbegrenzung bezweckt einen Schutz der Gemeinde vor unübersehbar hohen Haushaltsrisiken[257]; der angemessene Einfluss soll die Einwirkung und Kontrolle der Gemeinde garantieren.[258] Somit scheiden die Gesellschaftsformen der Gesellschaft bürgerlichen Rechts (GbR), die offene Handelsgesellschaft (OHG) und Kommanditgesellschaft (KG) in der Regel aus. Damit verbleiben als zulässige, privatrechtliche Gesellschaftsformen vor allem die Gesellschaft mit beschränkter Haftung (GmbH), Aktiengesellschaft (AG), Genossenschaft und unter bestimmten Voraussetzungen die GmbH und Co. KG.[259] Im Rahmen von kommunalen Pflichtaufgaben ist zudem zu beachten, dass nur die Durchführung, nicht jedoch die Aufgabe selbst auf ein

[252] *Gaß*, in: Wurzel/Schraml/Gaß (Hrsg.), Rechtspraxis der kommunalen Unternehmen, 4. Aufl. 2021, Kap. C, Rn. 192.

[253] Entsprechende Regelungen finden sich für die Bundesländer Baden-Württemberg (vgl. § 102a GemO BW), Bayern (vgl. Art. 89 BayGO), Brandenburg (vgl. § 94 BbgKVerf), Hessen (vgl. § 126a HGO), Mecklenburg-Vorpommern (vgl. § 70 KV MV), Niedersachsen (vgl. § 141 NKomVG), Nordrhein-Westfalen (vgl. § 114a GO NRW), Rheinland-Pfalz (vgl. § 86a GemO RhPf.), Sachsen-Anhalt (vgl. § 128 Abs. 1 KVG LSA), Schleswig-Holstein (vgl. § § 106a GO SH) und Thüringen (vgl. § 76a ThürKO).

[254] *Gaß*, in: Wurzel/Schraml/Gaß (Hrsg.), Rechtspraxis der kommunalen Unternehmen, 4. Aufl. 2021, Kap. C, Rn. 193a.

[255] Stellvertretend vgl. Art. 92 Abs. 1 Nr. 2 BayGO.

[256] Stellvertretend vgl. Art. 92 Abs. 1 Nr. 3 BayGO.

[257] *Gaß*, in: Wurzel/Schraml/Gaß (Hrsg.), Rechtspraxis der kommunalen Unternehmen, 4. Aufl. 2021, Kap. C, Rn. 196.

[258] Vgl. BVerfG, Urt. v. 7.11.2017, NVwZ 2018, 51, 55 f. (Rz. 220 ff.); dazu *Burgi*, NvWZ 2018, 601 ff.; *Gersdorf*, Öffentliche Unternehmen im Spannungsfeld zwischen Demokratie- und Wirtschaftlichkeitsprinzip, Habil. 2000, S. 171 ff., S. 225 ff.; *Katz*, NVwZ 2018, 1091, 1093.

[259] Vgl. *Gaß*, in: Wurzel/Schraml/Gaß (Hrsg.), Rechtspraxis der kommunalen Unternehmen, 4. Aufl. 2021, Kap. C, Rn. 195.

privatrechtliches Unternehmen übertragen werden darf, sodass der Kommune die (Letzt-)Verantwortung der ordnungsgemäßen Aufgabenerfüllung verbleibt.[260]

a) Abwägungsgesichtspunkte

Bei der Wahl einer Organisationsform spielen verschiedenartige Abwägungsgesichtspunkte eine Rolle, denen je nach Einzelfall eine unterschiedliche Gewichtung beigemessen wird.[261]

Relevant sind in diesem Zusammenhang vor allem Faktoren, die sich unter den Schlagwörtern „Wirtschaftlichkeit" und „Flexibilität" zusammenfassen lassen. Dahinter stehen Überlegungen, die die verschiedenartigen Ausgestaltungsmöglichkeiten der Organisationsformen untersuchen.[262] Ferner fallen unter den Begriff personalbedingte Faktoren, die auf der einen Seite vom öffentlichen Dienstrecht mitsamt seines Laufbahnsystems, Verbeamtungen auf Lebenszeit und hohem Kündigungsschutz dominiert werden und auf der anderen Seite das Leistungsprinzip der freien Wirtschaft und das (private) Arbeitsrecht hervorheben, das ein höheres Maß an Flexibilität versprechen soll.[263]

Einen weiteren Teil des Bündels an Faktoren stellen die Einwirkungs- und Steuerungsmöglichkeiten der Kommune dar. Eine (mittelbare) Einwirkungsmöglichkeit der Kommune fußt verfassungsrechtlich auf dem Demokratieprinzip des Art. 20 Abs. 2 S. 1 GG[264], wonach die Wahrnehmung staatlicher Aufgaben der Legitimation durch das Volk als Inhaber der Staatsgewalt bedarf.[265] Dieser Aspekt wird regelmäßig eine größere Bedeutung bei privatrechtlichen Organisationsformen spielen, bei denen schon rein äußerlich nicht sofort auf eine Staatsnähe geschlossen werden kann.[266] Das Kriterium der Einwirkungsmöglichkeit steht somit im Konnex

[260] Vgl. *Gaß*, Die Umwandlung gemeindlicher Unternehmen, Diss. (Univ. Würzburg) 2002, S. 185 ff.

[261] Ausführlich dazu *Ehlers*, Verwaltung in Privatrechtsform, Habil. 1984, S. 292 ff.

[262] Vgl. *Gaß*, Die Umwandlung gemeindlicher Unternehmen, Diss. (Univ. Würzburg) 2002, S. 59 ff.

[263] *Erbguth/Stollmann*, DÖV 1993, 798, 803; *Pitschas/Schoppa*, in: Mann/Püttner, Handbuch der kommunalen Wissenschaft und Praxis, 3. Aufl. 2011, Band 2, § 43, Rn. 48 f.; *Uechtritz/Reck*, in: Hoppe/Uechtritz/Reck, Handbuch kommunale Unternehmen, 3. Aufl. 2012, § 16, Rn. 57.

[264] *Gaß*, Die Umwandlung gemeindlicher Unternehmen, Diss. (Univ. Würzburg) 2002, S. 30; *Hecker*, VerwArch 92 (2001), 261, 273 ff.; *Thode/Peres*, BayVbl. 1999, 6, 9.

[265] Vgl. nur *Böckenförde*, Demokratie als Verfassungsprinzip, in: Isensee/Kirchhof (Hrsg.) Handbuch des Staatsrechts, Band I, 1987, § 22, S. 887, 894 ff. (Rn. 11 ff.) m.w.N., insb. S. 895 (Rn. 13).

[266] *Erbguth/Stollmann*, DÖV 1993, 798, 809; *Gaß*, Die Umwandlung gemeindlicher Unternehmen, Diss. (Univ. Würzburg) 2002, S. 30; *Schulz*, BayVbl. 1996, 97, 101.

mit dem Kriterium der Flexibilität – nicht selten stellen beide Faktoren entgegengesetzte Gewichte auf einer Wippe dar.[267]

Außerdem sind Haftungsgesichtspunkte zu beachten, die je nach Organisationsform variieren. Während bei öffentlich-rechtlichen Organisationsformen keine Haftungsbegrenzung besteht[268], ist die Haftung bei den privatrechtlichen Organisationsformen der GmbH[269] und AG[270] regelmäßig auf das Gesellschaftsvermögen begrenzt.[271] Eine Ausnahme von diesem Grundsatz wird für solche Fälle angenommen, in denen kommunale Pflichtaufgaben in einer privatrechtlichen, haftungsbegrenzten Organisationsform vorgenommen werden[272], zu denen die Wasserversorgung zählt. Eine weitere Ausnahme wird für die Fälle diskutiert, in denen ein Anschluss- und Benutzungszwang angeordnet ist.[273]

Ferner spielen Finanzierungsmöglichkeiten eine entscheidende Rolle bei der Wahl der Organisationsform. Die uneingeschränkte Haftung der Kommunen für ihre Regie- und Eigenbetriebe und die subsidiäre Haftung der Kommune als Anstaltsträger eines Kommunalunternehmens machen Kreditvergabe an öffentlich-rechtliche Unternehmen für Kreditgeber interessant.[274] Dieses Interesse der Kreditgeber wird durch vergleichsweise günstigere Kreditkonditionen widergespiegelt.[275] Erschwert wird die Kreditaufnahme öffentlich-rechtlicher organisierter Kommunal-

---

[267] *Cronauge*, Kommunale Unternehmen, 6. Aufl. 2016, Rn. 136; *Pitschas/Schoppa*, in: Mann/Püttner, Handbuch der kommunalen Wissenschaft und Praxis, 3. Aufl. 2011, Band 2, § 43, Rn. 30; *Uechtritz/Reck*, in: Hoppe/Uechtritz/Reck, Handbuch kommunale Unternehmen, 3. Aufl. 2012, § 16, Rn. 44.

[268] *Uechtritz/Reck*, in: Hoppe/Uechtritz/Reck, Handbuch kommunale Unternehmen, 3. Aufl. 2012, § 16, Rn. 66 f.

[269] Vgl. § 13 Abs. 2 GmbHG: „*Für die Verbindlichkeiten der Gesellschaft haftet den Gläubigern derselben nur das Gesellschaftsvermögen.*“

[270] Vgl. § 1 Abs. 1 S. 2 AktG: „*Für die Verbindlichkeiten der Gesellschaft haftet den Gläubigern nur das Gesellschaftsvermögen.*“

[271] *Uechtritz/Reck*, in: Hoppe/Uechtritz/Reck, Handbuch kommunale Unternehmen, 3. Aufl. 2012, § 16, Rn. 70; beachte auch, dass in der Literatur z. T. die Ansicht vertreten wird, dass die Haftungsbegrenzung privatrechtlicher Rechtsformen der öffentlichen Hand nicht zugutekomme. Dies wird aus einer Garantenstellung des Staates abgeleitet und mit dem Sozial- und Rechtsstaatsprinzip begründet, vgl. *Ehlers*, Verwaltung in Privatrechtsform, Habil. 1984, S. 321; *Erbguth/Stollmann*, DÖV 1993, 798, 807.

[272] *Gaß*, Die Umwandlung gemeindlicher Unternehmen, Diss. (Univ. Würzburg) 2002, S. 80, 83; *Gaß/Wurzel*, in:, in: Wurzel/Schraml/Gaß (Hrsg.), Rechtspraxis der kommunalen Unternehmen, 4. Aufl. 2021, Kap. K, Rn. 58.

[273] *Uechtritz/Reck*, in: Hoppe/Uechtritz/Reck, Handbuch kommunale Unternehmen, 3. Aufl. 2012, § 16, Rn. 74.

[274] *Gaß/Wurzel*, in:, in: Wurzel/Schraml/Gaß (Hrsg.), Rechtspraxis der kommunalen Unternehmen, 4. Aufl. 2021, Kap. K, Rn. 62 ff.; *Uechtritz/Reck*, in: Hoppe/Uechtritz/Reck, Handbuch kommunale Unternehmen, 3. Aufl. 2012, § 16, Rn. 75.

[275] *Engellandt*, Die Einflussnahme der Kommunen auf ihre Kapitalgesellschaften über das Anteilseignerorgan, Diss. (Univ. Kiel) 1994, S. 7; *Gaß*, Die Umwandlung gemeindlicher Unternehmen, Diss. (Univ. Würzburg) 2002, S. 85.

unternehmen jedoch durch die Bindungen kommunal- und haushaltsrechtlicher Bestimmungen.[276] Insbesondere in Zeiten steigender Zinsen kann der Aspekt der Finanzierungsmöglichkeit nach einer längeren Periode niedriger Zinsen wieder an Gewicht gewinnen.

Schließlich sind die Kooperationsmöglichkeiten der einzelnen Organisationsformen zu berücksichtigen.[277] Dabei kommen (theoretisch) sowohl Kooperationen zwischen verschiedenen Kommunen als interkommunale Zusammenarbeit als auch Kooperationen zwischen einer Kommune und Privaten (Schlagwort Public-Private-Partnership[278]) in Betracht.[279]

Letztlich sind auch stets steuerliche Aspekte zu beachten.[280] Dazu gewinnt – in jüngster Zeit vermehrt – die Frage der gesellschaftlichen Verantwortung, der sog. Corporate Social Responsibility, immer mehr Bedeutung.[281]

b) Öffentlich-rechtliche Organisationsformen

Zunächst sollen die öffentlich-rechtlichen Organisationsformen des Regiebetriebs, des Eigenbetriebs und der rechtsfähigen Anstalt des öffentlichen Rechts-/Kommunalunternehmen dargestellt werden.

---

[276] Vgl. z.B. Art. 71 Abs. 2–4 BayGO, wonach eine Kreditaufnahme grundsätzlich im Rahmen der Haushaltssatzung der Genehmigung bedarf; ggf. kann eine Einzelgenehmigung gem. Abs. 4 erwirkt werden.

[277] Vgl. ferner: *Ehlers*, Verwaltung in Privatrechtsform, Habil 1994, S. 334 ff.; *Gaß*, Die Umwandlung gemeindlicher Unternehmen, Diss. (Univ. Würzburg) 2002, S. 106 ff; *Gaß/Wurzel*, in:, in: Wurzel/Schraml/Gaß (Hrsg.), Rechtspraxis der kommunalen Unternehmen, 4. Aufl. 2021, Kap. K, Rn. 20 ff.; *Uechtritz/Reck*, in: Hoppe/Uechtritz/Reck, Handbuch kommunale Unternehmen, 3. Aufl. 2012, § 16, Rn. 77 ff.

[278] Vgl. B. III. 3. a) dd), S. 98.

[279] In diesem Zusammenhang interessant ist das Scheitern des Versuchs der EU-Kommission, „kommunale Spartenunternehmen“ durch konzessionsrechtliche Vorgaben zu einer öffentlichen Ausschreibung der Konzessionen im Wasser- und Abwasserbereich zu zwingen, vgl. dazu auch RL 2014/23/EU vom 15. 1. 2014 über die Konzessionsvergabe (Abl. 2014 L 94, S. 1). Nunmehr werden die Vergaberichtlinien unter besonderer Berücksichtigung der Entwicklungen im Bereich der Wasserversorgung erneut evaluiert, vgl. dazu *Gaß/Wurzel*, in: Wurzel/Schraml/Gaß (Hrsg.), Rechtspraxis der kommunalen Unternehmen, 4. Aufl. 2021, Kap. K, Fn. 36.

[280] Ausführlich: *Gaß*, Die Umwandlung gemeindlicher Unternehmen, Diss. (Univ. Würzburg) 2002, S. 88 ff.

[281] *Cronauge*, Kommunale Unternehmen, 6. Aufl. 2016, Rn. 142.

aa) Regiebetrieb

Der Regiebetrieb stellt einen Teil der Kommunalverwaltung dar und ist (folglich) rechtlich, leitungs- und haushaltsmäßig unselbstständig.[282] Die fehlende organisatorische Selbstständigkeit des Regiebetriebs führt dazu, dass Uneinigkeit darüber besteht, ob der Regiebetrieb als kommunales Unternehmen anzusehen ist[283] oder einen Fall bloßer Ämterverwaltung (unmittelbare Kommunalverwaltung)[284] darstellt.[285] Die Gemeindeordnungen der Länder sind insofern uneinheitlich.[286] Letztlich sollte die Bedeutung vorliegend nicht überbewertet werden, vielmehr ist entscheidend, dass Kommunen der Regiebetrieb im Rahmen der Wasserversorgung zur Verfügung steht.[287] Aus dem Blickwinkel der Flexibilität und Wirtschaftlichkeit ist festzuhalten, dass der Regiebetrieb untrennbar mit dem kommunalen Haushalts-, Rechnungs- und Prüfungswesen verknüpft ist.[288] Unter anderem findet das haushaltsrechtliche Gesamtdeckungsprinzip Anwendung, mit der Folge, dass die mit dem Regiebetrieb erzielten Erlöse nicht innerhalb des konkreten Betriebs verhaftet sind, sondern dem gesamten Haushalt frei zur Verfügung stehen.[289] Dieser Aspekt ist im Rahmen der Finanzierungsmöglichkeiten insofern interessant, als dass defizitäre Bereiche quersubventioniert werden können; gleichwohl besteht auch unter Beachtung angespannter kommunaler Haushalte die Gefahr, dass Erlöse anderweitig

---

282 *Brüning*, in: Mann/Püttner, Handbuch der kommunalen Wissenschaft und Praxis, 3. Aufl. 2011, Band 2, § 44, Rn. 1, 11; *Cronauge*, Kommunale Unternehmen, 6. Aufl. 2016, Rn. 32; *Gaß*, Die Umwandlung gemeindlicher Unternehmen, Diss. (Univ. Würzburg) 2002, S. 33; *Müller*, Rechtsformenwahl bei der Erfüllung öffentlicher Aufgaben, 1993, S. 436; *Pitschas/Schoppa*, in: Mann/Püttner, Handbuch der kommunalen Wissenschaft und Praxis, 3. Aufl. 2011, Band 2, § 43, Rn. 67.

283 BVerwG Urt. v. 22.2.1972 – I C 24.69, BVerwGE 39, 329, 333; *Püttner*, Die öffentlichen Unternehmen, 2. Aufl. 1985, S. 59, der Regiebetriebe als „wirtschaftliche Unternehmen" beschreibt; *Erichsen*, Kommunalrecht des Landes Nordrhein-Westfalen, 1988, S. 239.

284 *Cronauge*, Kommunale Unternehmen, 6. Aufl. 2016, Rn. 131.

285 Vgl. *Brüning*, in: Mann/Püttner, Handbuch der kommunalen Wissenschaft und Praxis, 3. Aufl. 2011, Band 2, § 44, Rn. 2 ff.

286 So wird teilweise zwischen der wirtschaftlichen Betätigung und einzelnen Organisationsformen differenziert (vgl. §§ 91, 92 BbgKVerf); während andere Gemeindeordnungen nur von wirtschaftlichen Unternehmen sprechen ohne auf die Organisationsformen einzugehen (vgl. § 102 Abs. 1 GemO BW; § 68 Abs. 1, 2 KV MV; § 85 Abs. 1 GemO RhPf; § 108 Abs. 1 KSVG Saarl; § 101 Abs. 1 GO SH); wieder andere statuieren die ausdrückliche Zulassung der Unternehmensführung als unmittelbare Kommunalverwaltung (vgl. § 95 Abs. 1 Nr. 1 SächsGemO; Art. 86, 88 Abs. 1, 6 BayGO; § 76 Abs. 1 S. 1 ThürKO).

287 *Brüning*, Der Private bei der Erledigung kommunaler Aufgaben, Diss. (Ruhr-Univ. Bochum) 1996, S. 203; vgl. auch *Hellermann*, in: Hoppe/Uechtritz/Reck, Handbuch kommunale Unternehmen, 3. Aufl. 2012, § 7, Rn. 27.

288 *Brüning*, in: Mann/Püttner, Handbuch der kommunalen Wissenschaft und Praxis, 3. Aufl. 2011, Band 2, § 44, Rn. 12.

289 *Bodanowitz*, Organisationsformen für die kommunale Abwasserbeseitigung, Diss. 1993 (Univ. Münster), S. 76 f. (eine Ausnahme bestehe nur, sofern eine Zweckbindung gesetzlich festgeschrieben ist); *Cronauge*, Kommunale Unternehmen, 6. Aufl. 2016, Rn. 33.

verbraucht werden und somit Investitionsstaus begründen oder sogar verstärken. Die Einbindung in die Kommunalverwaltung bringt in personalwirtschaftlicher Hinsicht die Einbindung in das Beamten- und Dienstrecht mit seinen begrenzten Anreizmöglichkeiten zum Ausschöpfen von Leistungspotentialen.[290] Mangels eigener Organe besitzt die Kommune jederzeit vollumfassende Einwirkungs- und Steuerungsmöglichkeiten.[291] Somit werden die Anforderungen des Demokratieprinzips (s. o.) zwar vollends erfüllt, jedoch wird zu Recht darauf hingewiesen, dass aufgrund des häufig notwendigen Fachwissens der Verantwortlichen eine Überforderung der Gemeindevertreter schnell eintreten kann.[292] Bedingt durch die fehlende Rechtsfähigkeit des Regiebetriebs stehen diesem keine Kooperationsmöglichkeiten zur Verfügung.[293]

bb) Eigenbetrieb

Den Eigenbetrieb zeichnet als öffentlich-rechtliche Organisationsform für kommunale Unternehmen aus, dass er ohne eigene Rechtsfähigkeit besteht, gleichwohl aber ein Sondervermögen der Trägerkommune darstellt, mithin außerhalb des Haushaltsplans der Gemeinde nach kaufmännischen Grundsätzen verwaltet wird.[294] Damit kommt dem Eigenbetrieb in gewisser Weise eine Zwitterstellung zu: Auf der einen Seite erlaubt die Organisationsform eine wirtschaftliche Unternehmensführung nach kaufmännischen Gesichtspunkten, auf der anderen Seite ist der Eigenbetrieb mangels Rechtsfähigkeit keine eigenständige juristische Person des öffentlichen Rechts, sondern weiterhin Teil der gemeindlichen Gliederung.[295] Aus der fehlenden Rechtsfähigkeit folgt auch, dass im Verhältnis zu Dritten – beispielsweise dem Bürger – immer die Kommune selbst handelt und mit ihrem Ver-

---

[290] *Brüning*, in: Mann/Püttner, Handbuch der kommunalen Wissenschaft und Praxis, 3. Aufl. 2011, Band 2, § 44, Rn. 18.

[291] *Brüning*, in: Mann/Püttner, Handbuch der kommunalen Wissenschaft und Praxis, 3. Aufl. 2011, Band 2, § 44, Rn. 11; *Gern/Brüning*, Deutsches Kommunalrecht, 4. Aufl., Rn. 1033; *Müller*, Rechtsformenwahl bei der Erfüllung öffentlicher Aufgaben, 1993, S. 436.

[292] Für den Bereich des Entsorgungsbereichs darauf hinweisend: *Cronauge*, Kommunale Unternehmen, 6. Aufl. 2016, Rn. 33.

[293] *Brüning*, in: Mann/Püttner, Handbuch der kommunalen Wissenschaft und Praxis, 3. Aufl. 2011, Band 2, § 44, Rn. 20.

[294] *Cronauge*, Kommunale Unternehmen, 6. Aufl. 2016, Rn. 147, 177; *Brüning*, in: Mann/Püttner, Handbuch der kommunalen Wissenschaft und Praxis, 3. Aufl. 2011, Band 2, § 44, Rn. 25; *Schneider*, in: Wurzel/Schraml/Gaß (Hrsg.), Rechtspraxis der kommunalen Unternehmen, 4. Aufl. 2021, Kap. D, Rn. 25.

[295] *Brüning*, in: Mann/Püttner, Handbuch der kommunalen Wissenschaft und Praxis, 3. Aufl. 2011, Band 2, § 44, Rn. 25; *Cronauge*, Kommunale Unternehmen, 6. Aufl. 2016, Rn. 147, 177; *Püttner*, Die öffentlichen Unternehmen, 2. Aufl. 1985, S. 60; *Schneider*, in: Wurzel/Schraml/Gaß (Hrsg.), Rechtspraxis der kommunalen Unternehmen, 4. Aufl. 2021, Kap. D, Rn. 32, 45.

mögen haftet.[296] In seinen Ursprüngen war der Eigenbetrieb auf die wirtschaftlichen Kommunalunternehmen zugeschnitten, jedoch lassen die Gemeindeordnungen eine Tendenz erkennen, wonach die (Nicht-)Wirtschaftlichkeit eines Unternehmens keinen bestimmenden Faktor mehr darstellt und die Organisationsform des Eigenbetriebes auch nicht-wirtschaftlichen Kommunalunternehmen offensteht.[297]

In Bezug auf die Wirtschaftlichkeit bzw. Flexibilität ist festzuhalten, dass – gerade im Vergleich zum Regiebetrieb – dem Eigenbetrieb ein höheres Maß an Flexibilität in der Ausgestaltung zukommt.[298] Das wird maßgeblich dadurch beeinflusst, dass der Eigenbetrieb als Sondervermögen durch (teilweise) selbstständige Organe geleitet wird. Dazu zählt insbesondere die Werkleitung, zu deren Aufgaben die laufende Betriebsführung zählt.[299] Gleichwohl ist in personeller Hinsicht zu beachten, dass die Regelungen des öffentlichen Dienstes Anwendung finden und das (finanzielle) Honorierungs- und Sanktionspotential somit begrenzt ist.[300]

Aus der Organstruktur ergibt sich zudem eine wirksame Einwirkungs- und Steuerungsmöglichkeit der Kommune: Durch den Rat bzw. die Gemeindevertretung, welche sich mit den grundsätzlichen Entscheidungsfragen des Eigenbetriebes befasst und gleichzeitig als oberstes Kontrollorgan agiert und den Werk- oder Betriebsausschuss, ein besonderer Ratsausschuss, welcher die Beschlüsse der Gemeindevertretung vorab zu beraten hat, sichert sich die Kommune eine vollumfängliche Einwirkungsmöglichkeit auf den Eigenbetrieb.[301]

Aus der fehlenden Rechtspersönlichkeit des Eigenbetriebes folgt die vollumfängliche Haftung durch die Kommune – jedoch gehen damit als Spiegelseite dieser Medaille häufig bessere Fremdfinanzierungsmöglichkeiten einher.[302]

---

[296] *Brüning*, in: Mann/Püttner, Handbuch der kommunalen Wissenschaft und Praxis, 3. Aufl. 2011, Band 2, § 44, Rn. 34 f.; *Cronauge*, Kommunale Unternehmen, 6. Aufl. 2016, Rn. 179.

[297] Vgl. nur § 107 Abs. 2 S. 2 GO NRW, der das Führen nicht-wirtschaftlicher Kommunalunternehmen in der Form des Eigenbetriebes ausdrücklich gestattet; s. a. *Cronauge*, Kommunale Unternehmen, 6. Aufl. 2016, Rn. 148; *Schneider*, in: Wurzel/Schraml/Gaß (Hrsg.), Rechtspraxis der kommunalen Unternehmen, 4. Aufl. 2021, Kap. D, Rn. 28 ff.

[298] *Brüning*, in: Mann/Püttner, Handbuch der kommunalen Wissenschaft und Praxis, 3. Aufl. 2011, Band 2, § 44, Rn. 76.

[299] Vgl. im Einzelnen: *Cronauge*, Kommunale Unternehmen, 6. Aufl. 2016, Rn. 181 ff; *Schneider*, in: Wurzel/Schraml/Gaß (Hrsg.), Rechtspraxis der kommunalen Unternehmen, 4. Aufl. 2021, Kap. D, Rn. 66 ff.

[300] *Brüning*, in: Mann/Püttner, Handbuch der kommunalen Wissenschaft und Praxis, 3. Aufl. 2011, Band 2, § 44, Rn. 77.

[301] Vgl. zum Rat/Gemeindevertretung: *Cronauge*, Kommunale Unternehmen, 6. Aufl. 2016, Rn. 197; *Schneider*, in: Wurzel/Schraml/Gaß (Hrsg.), Rechtspraxis der kommunalen Unternehmen, 4. Aufl. 2021, Kap. D, Rn. 94 ff.; vgl. zum Werk-/Betriebsausschuss: *Cronauge*, Kommunale Unternehmen, 6. Aufl. 2016, Rn. 193 ff.; *Schneider*, in: Wurzel/Schraml/Gaß (Hrsg.), Rechtspraxis der kommunalen Unternehmen, 4. Aufl. 2021, Kap. D, Rn. 81 ff.

[302] *Brüning*, in: Mann/Püttner, Handbuch der kommunalen Wissenschaft und Praxis, 3. Aufl. 2011, Band 2, § 44, Rn. 78.

Eine Kooperationsmöglichkeit des Eigenbetriebs mit Privaten besteht mangels Rechtspersönlichkeit nicht, jedoch besteht die Möglichkeit der interkommunalen Zusammenarbeit.[303]

cc) Rechtsfähige Anstalt/Kommunalunternehmen

Die Rechtsfähige Anstalt des öffentlichen Rechts oder das Kommunalunternehmen ist die – in zeitlicher Hinsicht – neueste öffentlich-rechtliche Organisationsform kommunaler Unternehmen.[304] Mit Ausnahme der Bundesländer Sachsen und Saarland geben alle Bundesländer den Gesetzesvorbehalt für diese Organisa-

[303] *Brüning*, in: Mann/Püttner, Handbuch der kommunalen Wissenschaft und Praxis, 3. Aufl. 2011, Band 2, § 44, Rn. 79; *Pitschas/Schoppa*, in: Mann/Püttner, Handbuch der kommunalen Wissenschaft und Praxis, 3. Aufl. 2011, Band 2, § 43, Rn. 35.

[304] Vgl. in chronologischer Reihenfolge der Einführung: *für Berlin:* durch Art. I des Berliner Eigenbetriebsreformgesetzes vom 9.7.1993 (GVBl. S. 319) wurde das Berliner Betriebsgesetz (BerlBG) für die Wahrnehmung öffentlicher Aufgaben in bestimmten Bereichen in der Form der rechtsfähigen Anstalten des öffentlichen Rechts verkündet; *für Hamburg:* die „Stadtreinigung Hamburg" wurde als Anstalt des öffentlichen Rechts durch das Gesetz zur Errichtung der Anstalt Stadtreinigung Hamburg (Stadtreinigungsgesetz, SRG) vom 9.3.1994 (HmbGVBl. S. 79) gegründet; *für Bayern:* Gesetz zur Änderung des kommunalen Wirtschaftens vom 26.7.1995, GVBl. Bay S. 376; *für Rheinland-Pfalz:* §§ 86a, 86b GemO RhPf, eingeführt durch Viertes Landesgesetz zur Änderung kommunalrechtlicher Vorschriften vom 2.4. 1998, GVBl. RhPf S. 108; *für Nordrhein-Westfalen:* § 114a GO NRW, eingeführt durch Erstes Gesetz zur Modernisierung von Regierung und Verwaltung in Nordrhein-Westfalen vom 15.6. 1999 (1. ModernG NRW), GV. NRW. S. 386; *für Sachsen-Anhalt:* eingeführt durch Gesetz über die kommunalen Anstalten des öffentlichen Rechts (Anstaltsgesetz, AnstG LSA) vom 3.4.2001, GVBl. LSA S. 136, zuletzt geändert durch Art. 6 des Gesetzes vom 22.5.2018, GVBl. LSA S. 166, 179; *für Schleswig-Holstein:* § 106a GO SH, eingeführt durch Gesetz zur Stärkung der kommunalen Selbstverwaltung vom 25.6.2002, GVOBl. SH S. 126; *für Niedersachsen:* §§ 141 ff. NKomVG vom 17.12.2010, GVBl. Nds. S. 576, erstmals wurde kommunale Anstalt durch das Gesetz zur Änderung des kommunalen Wirtschaftsrechts vom 27.1. 2003 eingeführt, GVBl. Nds. S. 36; *für Brandenburg:* §§ 94 f. BbgKVerf, eingeführt durch das Gesetz zur Reform der Kommunalverfassung und zur Einführung der Direktwahl der Landräte sowie zur Änderung sonstiger kommunalrechtlicher Vorschriften (Kommunalrechtsreformgesetz, KommRRefG) vom 18.12.2007, GVBl. I S. 286; *für Mecklenburg-Vorpommern:* §§ 70 ff., 167a ff. KV M-V, eingeführt durch das Gesetz über die Kommunalverfassung und zur Änderung weiterer kommunalrechtlicher Vorschriften vom 13.7.2011, GVOBl. M-V S. 777; *für Hessen:* § 126a HGO in der Fassung der Bek. v. 7.3.2005; eingeführt durch das Gesetz zur Änderung der Hessischen Gemeindeordnung und anderer Gesetze vom 16.12. 2011, GVBl. I S. 786; *für Thüringen:* §§ 76a ff. ThürKO und §§ 43 f. des Thüringer Gesetzes über die kommunale Gemeinschaftsarbeit (ThürKGG), eingeführt durch das Gesetz zur Änderung der Thüringer Kommunalordnung und anderer Gesetze vom 23.7.2013, GVBl. S. 194 ff.; *für Bremen:* eingeführt durch Bremisches Kommunalunternehmensgesetz (BremKuG) vom 24.3.2015, Brem. GBl. S. 114; *für Baden-Württemberg:* § 102a ff. GemO BW, eingeführt durch das Gesetz zur Änderung der Gemeindesordnung, des Gesetzes über kommunale Zusammenarbeit und anderer Gesetze vom 15.12.2015, GBl. S. 1147.

tionsform vor.[305] Die Bundesländer bezeichnen die Organisationsform in verschiedener Weise („Kommunalunternehmen", „Kommunale Anstalt" oder „Anstalt des öffentlichen Rechts") – dabei legt die Namensgebung eine grundsätzliche Orientierung der Länder insofern offen, als dass die Bezeichnung als Anstalt eine engere Verbundenheit zur Verwaltung erahnen lässt, wohingegen die Bezeichnung als Kommunalunternehmen eine größere Nähe zu privat-rechtlichen Organisationsformen wie der GmbH vermuten lässt.[306]

Das Kommunalunternehmen ist eine rechtsfähige Anstalt des öffentlichen Rechts, die mit eigenem Stammkapital und eigenen Personal- und Sachmitteln ausgestattet ist und durch die der Anstaltsträger ihm obliegende öffentliche Aufgaben erfüllt.[307] Daraus folgt auch, dass das Kommunalunternehmen Eigentum (und andere dingliche Rechte) erwerben kann und parteifähig ist.[308] Der Umfang der Aufgaben, die der Anstaltsträger (die Gemeinde) auf das Kommunalunternehmen übertragen kann, reicht von Pflichtaufgaben über freiwillige Aufgaben bis hin zu Aufgaben des eigenen und des übertragenen Wirkungskreises.[309]

Der Aspekt der Aufgabenübertragung bildet beispielhaft ab, welches Maß an Flexibilität die Organisationsform bereithält. So kann der Anstaltsträger die Aufgaben vollumfassend auf das Kommunalunternehmen übertragen (mitsamt der einhergehenden Befugnis, wie der Durchsetzung von Anschluss- und Benutzungszwängen und des Erlasses von Satzungen), oder nicht die Aufgabe selbst, sondern nur deren Erfüllung übertragen.[310] So können Verantwortungsbereiche – bis zu gewissen Grenzen – individuell zwischen der Kommune und den Organen des Kommunalunternehmens ausgerichtet werden.[311] Die Aufgabenerfüllung kann auch durch die Beschäftigung von Beamten erfolgen, so dass dem Kommunalunternehmen eine

---

[305] Zu den wesentlichen gesetzlichen Grundlagen vgl. vorstehende Fußnote; ein in Sachsen von der Fraktion DIE LINKE vorgelegter Gesetzesentwurf (Sächsischer Landtag, Drs. 5/11427 v. 5.3.2013) blieb ohne Erfolg.

[306] *Cronauge*, Kommunale Unternehmen, 6. Aufl. 2016, Rn. 218.

[307] *Cronauge*, Kommunale Unternehmen, 6. Aufl. 2016, Rn. 222; *Schraml*, in: Mann/Püttner, Handbuch der kommunalen Wissenschaft und Praxis, 3. Aufl. 2011, Band 2, § 45, Rn. 5; *Schraml*, in: Wurzel/Schraml/Gaß (Hrsg.), Rechtspraxis der kommunalen Unternehmen, 4. Aufl. 2021, Kap. D, Rn. 122.

[308] *Gaß*, Die Umwandlung gemeindlicher Unternehmen, Diss. (Univ. Würzburg) 2002, S. 37.

[309] *Schraml*, in: Mann/Püttner, Handbuch der kommunalen Wissenschaft und Praxis, 3. Aufl. 2011, Band 2, § 45, Rn. 52; *Schraml*, in: Wurzel/Schraml/Gaß (Hrsg.), Rechtspraxis der kommunalen Unternehmen, 4. Aufl. 2021, Kap. D, Rn. 170.

[310] *Cronauge*, Kommunale Unternehmen, 6. Aufl. 2016, Rn. 232; *Schraml*, in: Wurzel/Schraml/Gaß (Hrsg.), Rechtspraxis der kommunalen Unternehmen, 4. Aufl. 2021, Kap. D, Rn. 175.

[311] Vgl. beispielsweise § 114a Abs. 7 GO NRW; s. a. *Cronauge*, Kommunale Unternehmen, 6. Aufl. 2016, Rn. 224.

Dienstherrenfähigkeit zukommt.[312] Vorteilhaft gegenüber privatrechtlichen Organisationsformen und entscheidend im Rahmen der Flexibilität ist auch, dass das Kommunalunternehmen nach Übertragung der Aufgabe durch die Unternehmenssatzung das gleiche Wahlrecht bezüglich der Gestaltung der Rechtsverhältnisse zum Bürger zusteht, wie der Kommune, so dass Nutzungs- und Leistungsverhältnis entweder öffentlich-rechtlich oder privatrechtlich ausgestaltet werden kann.[313]

So lässt sich der Aspekt der Flexibilität wie folgt zusammenfassen: Aus der Rechtsfähigkeit des Kommunalunternehmens ergibt sich ein höheres Maß an Flexibilität als es die Eigen- bzw. Regiebetriebe kennen, jedoch erreicht das Kommunalunternehmen noch keine mit privatrechtlichen Organisationsformen vergleichbare Flexibilität, so dass es eine Mittelstellung zwischen den „klassischen" öffentlich-rechtlichen Organisationsformen und den privatrechtlichen Organisationsformen einnimmt.

Die Kommune hat verschiedene Möglichkeiten, auf das Kommunalunternehmen einzuwirken. Zum einen kann sich die Kommune schon bei Festlegung der Unternehmenssatzung entscheidende Einwirkungsrechte sichern und zum anderen übt die Kommune im Verwaltungsrat des Kommunalunternehmens die notwendige Kontrolle aus, die allerdings – je nach Bundesland – im Detail unterschiedlich ausgestaltet ist.[314]

In Bezug auf Haftungsgesichtspunkte ist festzuhalten, dass dem Anstaltsträger eine Gewährträgerhaftung zukommt, die Kommune also unbeschränkt für die Verbindlichkeiten, die nicht durch das Vermögen der Anstalt zu befriedigen sind, haftet.[315] Die Gewährträgerhaftung folgt aus der die Kommune treffende Anstaltslast, wonach die Kommune die nachhaltige Aufgabenerfüllung gewährleisten muss.

Die europarechtliche Frage, ob die Gewährträgerhaftung mit dem Recht staatlicher Beihilfen (vgl. Art. 106, 107 AEUV) vereinbar ist, erscheint für den Fall der

---

[312] *Schraml*, in: Wurzel/Schraml/Gaß (Hrsg.), Rechtspraxis der kommunalen Unternehmen, 4. Aufl. 2021, Kap. D, Rn. 177; aber beachte, dass dies in Bayern (Art. 90 Abs. 4 S. 1 BayGO), Bremen (§ 8 BremKuG), Mecklenburg-Vorpommern (§ 70a Abs. 5 KV M-V), Niedersachsen (§ 146 S. 1 NKomVG), Nordrhein-Westfalen (§ 114a Abs. 9 S. 1 GO NRW), Sachsen-Anhalt (§ 6 S. 1 AnstG LSA) und Thüringen (§ 76b Abs. 4 S. 1 ThürKO) nur gilt, sofern dem Kommunalunternehmen hoheitliche Aufgaben übertragen wurden.

[313] *Schraml*, in: Mann/Püttner, Handbuch der kommunalen Wissenschaft und Praxis, 3. Aufl. 2011, Band 2, § 45, Rn. 116 f.; *Schraml*, in: Wurzel/Schraml/Gaß (Hrsg.), Rechtspraxis der kommunalen Unternehmen, 4. Aufl. 2021, Kap. D, Rn. 223 f.

[314] *Cronauge*, Kommunale Unternehmen, 6. Aufl. 2016, Rn. 222 f.; *Gaß*, Die Umwandlung kommunaler Unternehmen, S. 42; *Schraml*, in: Wurzel/Schraml/Gaß (Hrsg.), Rechtspraxis der kommunalen Unternehmen, 4. Aufl. 2021, Kap. D, Rn. 220 ff.

[315] *Cronauge*, Kommunale Unternehmen, 6. Aufl. 2016, Rn. 223; *Schraml*, in: Wurzel/Schraml/Gaß (Hrsg.), Rechtspraxis der kommunalen Unternehmen, 4. Aufl. 2021, Kap. D, Rn. 128; dies gilt nicht für die Kommunalunternehmen unter dem Kommunalrecht Baden-Württembergs (vgl. § 102a Abs. 8 S. 4 GemO BW), Niedersachsens (vgl. § 144 Abs. 2 S. 2 NKomVG) und Schleswig-Holsteins (vgl. § 9 Abs. 2 Landesverordnung über Kommunalunternehmen als Anstalt des öffentlichen Rechts (KUVO) vom 3.4.2017, GVOBl. SH S. 244).

Wasserversorgung als Teil der Daseinsvorsorge nicht unmittelbar relevant, da Art. 106 Abs. 2 AEUV eine Ausnahmeregelung vorsieht, die eine Gewährträgerhaftung nicht per se ausschließt und es für eine Anwendung des Beihilfeverbotes des Art. 107 AEUV neben einer (drohenden) Wettbewerbsverfälschung vor allem einer Beeinträchtigung des Handels zwischen den Mitgliedstaaten bedarf, was bei regional begrenzten kommunalen Tätigkeiten auf Ausnahmen begrenzt sein sollte.[316]

Eine unmittelbare Beteiligung Privater an Kommunalunternehmen ist grundsätzlich nicht zulässig, wobei die „typische stille Beteiligung" Privater gem. §§ 230 ff. HGB insofern eine Ausnahme bildet, als dass der Private im Rahmen dessen lediglich eine Einlage leistet, ohne im Gegenzug Einfluss auf das Kommunalunternehmen zu gewinnen.[317] Die Zulässigkeit einer atypischen stillen Beteiligung ist hingegen problembehafteter, werden durch die zugestandenen Mitspracherechte doch die Entscheidungsrechte der Organe des Kommunalunternehmens beschränkt.[318] Jedenfalls der Fall der Berliner Wasserbetriebe – einer Anstalt des öffentlichen Rechts, an der eine Holding-AG eine atypische stille (Minderheits-) Beteiligung hält – zeigt, dass die private Beteiligung an Kommunalunternehmen wenigstens möglich zu sein scheint.[319]

Sofern die Unternehmenssatzung es zulässt und es dem Unternehmenszweck dient, kann sich das Kommunalunternehmen an anderen Unternehmen beteiligen und solche gründen, woraus sich in der Folge auch eine Kooperationsmöglichkeit mit Privaten ergibt.[320]

c) Privatrechtliche Organisationsformen

aa) Einführung

Im Rahmen der privatrechtlichen Organisationsformen ist einschränkend zu beachten, dass die Gemeindeordnungen der Bundesländer fordern, dass *„die Gemeinde angemessenen Einfluß im Aufsichtsrat oder in einem entsprechenden Gre-*

---

[316] Vgl. *Schraml*, in: Mann/Püttner, Handbuch der kommunalen Wissenschaft und Praxis, 3. Aufl. 2011, Band 2, § 45, Rn. 13; *Schraml*, in: Wurzel/Schraml/Gaß (Hrsg.), Rechtspraxis der kommunalen Unternehmen, 4. Aufl. 2021, Kap. D, Rn. 131.

[317] Vgl. dazu *Blessing*, Öffentlich-rechtliche Anstalten unter Beteiligung Privater, Diss. (Univ. Frankfurt a. M.) 2007, S. 97 ff., insb. S. 99; *Gaß*, Die Umwandlung kommunaler Unternehmen, S. 118 f. *Schraml*, in: Wurzel/Schraml/Gaß (Hrsg.), Rechtspraxis der kommunalen Unternehmen, 4. Aufl. 2021, Kap. D, Rn. 135 f.; a. A. *Waldmann*, NVwZ 2008, 284, 285.

[318] Die atypische stille Beteiligung für zulässig haltend: *Blessing*, Öffentlich-rechtliche Anstalten unter Beteiligung Privater, Diss. (Univ. Frankfurt a. M.) 2007, S. 113.

[319] Vgl. BerlVerfGH, NVwZ 2000, 794; s. ferner *Gaß*, Die Umwandlung kommunaler Unternehmen, S. 119 ff.

[320] *Cronauge*, Kommunale Unternehmen, 6. Aufl. 2016, Rn. 264; *Schraml*, in: Wurzel/Schraml/Gaß (Hrsg.), Rechtspraxis der kommunalen Unternehmen, 4. Aufl. 2021, Kap. D, Rn. 139 f.

mium erhält"[321] und *„die Haftung der Gemeinde auf einen bestimmten, ihrer Leistungsfähigkeit angemessenen Betrag begrenzt wird [...]*"[322]. Die Haftungsbegrenzung bezweckt einen Schutz der Gemeinde vor unübersehbar hohen Haushaltsrisiken[323]; der angemessene Einfluss soll die Einwirkung und Kontrolle der Gemeinde garantieren.[324] Somit scheiden die Gesellschaftsformen der Gesellschaft bürgerlichen Rechts (GbR), die offene Handelsgesellschaft (OHG) und Kommanditgesellschaft (KG) in der Regel aus. Damit verbleiben als zulässige, privatrechtliche Gesellschaftsformen vor allem die Gesellschaft mit beschränkter Haftung (GmbH), Aktiengesellschaft (AG), Genossenschaft und unter bestimmten Voraussetzungen die GmbH und Co. KG.[325] Insbesondere in Bezug auf die GmbH und Co. KG ist jedoch anzumerken, dass diese im kommunalen Bereich nur vereinzelt vertreten ist.[326]

bb) Gesellschaft mit beschränkter Haftung (GmbH)

Die Gesellschaft mit beschränkter Haftung (GmbH) ist – ausweislich statistischer Daten – die beliebteste Organisationsform kommunaler Unternehmen.[327]

Die GmbH ist eine juristische Person des Privatrechts, sodass ihr eine eigene Rechtspersönlichkeit zukommt.[328] Ihre Rechtsverhältnisse können grundsätzlich durch den Gesellschaftsvertrag geregelt werden; für ihre Verbindlichkeiten haftet sie mit ihrem Gesellschaftsvermögen.[329]

---

[321] Stellvertretend vgl. Art. 92 Abs. 1 Nr. 2 BayGO.

[322] Stellvertretend vgl. Art. 92 Abs. 1 Nr. 3 BayGO.

[323] *Gaß*, in: Wurzel/Schraml/Gaß (Hrsg.), Rechtspraxis der kommunalen Unternehmen, 4. Aufl. 2021, Kap. C, Rn. 196.

[324] Vgl. BVerfG, Urt. v. 7.11.2017, NVwZ 2018, 51, 55 f. (Rz. 220 ff.); dazu *Burgi*, NvWZ 2018, 601 ff.; *Gersdorf*, Öffentliche Unternehmen im Spannungsfeld zwischen Demokratie- und Wirtschaftlichkeitsprinzip, Habil. 2000, S. 171 ff., S. 225 ff.; *Katz*, NVwZ 2018, 1091, 1093.

[325] Vgl. auch *Gaß*, in: Wurzel/Schraml/Gaß (Hrsg.), Rechtspraxis der kommunalen Unternehmen, 4. Aufl. 2021, Kap. C, Rn. 195.

[326] *Cronauge*, Kommunale Unternehmen, 6. Aufl. 2016., Rn. 155.

[327] Vgl. Verband kommunaler Unternehmen, Zahlen Daten Fakten 2021, S. 6/7, abrufbar unter: (zuletzt aufgerufen am 1.12.2021): Danach waren von 1497 Mitgliedsunternehmen des VKU im Dezember 2020 696 Unternehmen in der Rechtsform der GmbH organisiert; dem mit Abstand größten Wert, gefolgt von 325 Eigenbetrieben, 132 Zweckverbänden und Wasser- und Bodenverbänden, 106 Kommunalunternehmen, 55 Aktiengesellschaften sowie 115 sonstigen öffentlichen Organisationsformen und 68 sonstigen Gesellschaften.

[328] *Berberich/Haaf*, in: Prinz/Winkeljohann, BeckHdB GmbH, 6. Aufl. 2021, § 1, Rn. 17; *Cronauge*, Kommunale Unternehmen, 6. Aufl. 2016, Rn. 308; *Weber*, in: Wurzel/Schraml/Gaß (Hrsg.), Rechtspraxis der kommunalen Unternehmen, 4. Aufl. 2021, Kap. D, Rn. 357.

[329] Vgl. *Fleischer*, in: Münchener Kommentar zum GmbHG, 3. Aufl. (2018), Band 1, Einleitung, Rn. 1 ff.

Als Rechtsgrundlagen dienen der („kommunalen“) GmbH das Gesetz betreffend die Gesellschaften mit beschränkter Haftung vom 20.4.1892[330] und – flankierend dazu – die Gemeindeordnungen der Länder betreffend der wirtschaftlichen Unternehmen in Privatrechtsform.[331] Hinzu treten grundgesetzliche Vorgaben, die sich letztlich aus den Staatsstrukturprinzipien und der Gewährleistung der kommunalen Selbstverwaltung herleiten, die es zu beachten gilt: Danach müssen öffentliche Unternehmen (1) der Erfüllung öffentlicher Aufgaben dienen, (2) der Einfluss der öffentlichen Hand muss im notwendigen Umfang gesichert sein (sog. Ingerenzrechte) und (3) alle wesentlichen Unternehmensentscheidungen müssen demokratisch legitimiert sein.[332] Die Gemeindeordnungen der Länder sind bemüht, diesen grundgesetzlichen Anforderungen gerecht zu werden, indem die kommunale Kontrolle und Steuerung der Gesellschaft festgeschrieben wird.[333] Für das Verhältnis der Rechtsquellen zueinander gilt, dass das GmbHG als Bundesrecht grundsätzlich das Landesrecht der Gemeindeordnungen bricht, vgl. Art. 31 GG, darüber stehen die grundgesetzlichen Vorgaben, die es in der Gemengelage umzusetzen gilt.[334]

Unter dem Aspekt der Flexibilität und Wirtschaftlichkeit ist im Rahmen der GmbH insbesondere hervorzuheben, dass die Ausgestaltung des Gesellschaftsvertrags und die damit einhergehende Zuständigkeit äußerst flexibel ausfallen. So sind die Geschäftsführer gem. § 37 Abs. 1 GmbHG den Beschränkungen des Gesellschaftsvertrages (oder den Beschlüssen der Gesellschafterversammlung) unterworfen. Diese Flexibilität macht die Organisationsform – insbesondere unter Beachtung der soeben geschilderten grundgesetzlichen Vorgaben – besonders attraktiv

[330] Gesetz betreffend die Gesellschaften mit beschränkter Haftung (GmbHG) vom 20.4. 1892, RGBl. I S. 477, zuletzt geändert durch Gesetz vom 7.8.2021, BGBl. I S. 3311.

[331] Vgl. §§ 102 ff. GemO BW; Art. 86 ff. GemO Bay; §§ 91 ff. Bbg KVerf; §§ 121 ff. HGO; §§ 68 ff. KV M-V; §§ 108 ff. NKomVG; §§ 107 ff. GO NRW; §§ 85 ff. GemO RhPf; §§ 106 ff. KSVG Saarland; §§ 94 ff. Sächsische GO; §§ 128 ff. KVG LSA; §§ 101 ff. GO Schleswig-Holstein; §§ 71 ff. ThürKO.

[332] Vgl. *Ehlers*, Verwaltung in Privatrechtsform, Habil. 1984, S. 124 ff; *Kraft*, Das Verwaltungsgesellschaftsrecht, 1982, S. 20 ff. (§§ 2, 3); *Mann*, in: Mann/Püttner, Handbuch der kommunalen Wissenschaft und Praxis, 3. Aufl. 2011, Band 2, § 46, Rn. 3; *Weber*, in: Wurzel/Schraml/Gaß (Hrsg.), Rechtspraxis der kommunalen Unternehmen, 4. Aufl. 2021, Kap. D, Rn. 492.

[333] Die Gemeindeordnungen verlangen in der Regel einen „angemessenen“ Einfluss der Kommune auf die GmbH, vgl. § 103 Abs. 1 Nr. 3 GO BW; Art. 92 Abs. 1 S. 1 Nr. 2 GemO Bay; § 96 Abs. 1 S. 1 Nr. 2 Bbg. KVerf; § 122 Abs. 1 S. 1 Nr. 3 HGO; § 69 Abs. 1 Nr. 4 KV M-V; § 137 Abs. 1 Nr. 6 NKomVG; § 108 Abs. 1 Nr. 6 GO NRW; § 87 Abs. 1 S. 1 Nr. 3 GemO RhPf; § 110 Abs. 1 Nr. 3 KSVG Saarland; § 96 Abs. 1 Nr. 2 Sächsische GO; § 129 Abs. 1 Nr. 3 KVG LSA; § 102 Abs. 2 S. 1 Nr. 3 GO SH; § 73 Abs. 1 Nr. 3 ThürKO.

[334] Vgl. zum Verhältnis von GemO zu GmbHG: *Schwintowski*, NJW 1990, 1009, 1013 f.; *ders.*, NJW 1995, 1316, 1317; *Schön*, ZGR 1996, 429, 432 f.; vgl. auch *Zeichner*, AG 1985, 61, 69; a. A., wonach es in Konfliktfällen zu einer Überlagerung des Gesellschaftsrechts durch die Gemeindeordnungen kommt (sog. Lehre vom Verwaltungsgesellschaftsrecht), *Kraft*, Das Verwaltungsgesellschaftsrecht, 1982, S. 231 ff.; *v. Danwitz*, AöR 120 (1995), 595, 622 ff.

für Kommunen.[335] Im Zusammenhang der Flexibilität sind jedoch auch die Vorgaben des Drittelbeteiligungsgesetzes und des Mitbestimmungsgesetzes zu beachten, wonach gem. § 1 Abs. 3 Nr. 3 Drittelbeteiligungsgesetz[336] bei einer GmbH ab einer Arbeitnehmerzahl von 500 Mitarbeitern ein Aufsichtsrat gebildet werden muss, der zu einem Drittel mit Arbeitnehmern zu besetzen ist; ferner ist gem. § 1 MitbestG ab einer Arbeitnehmeranzahl von 2.000 Mitarbeitern der Aufsichtsrat paritätisch mit Arbeitnehmervertretern und Anteilseignern zu besetzen.[337]

Der – sich schon aus den grundgesetzlichen Vorgaben ergebende – entscheidende Faktor im Rahmen kommunaler Unternehmen in der Rechtsform der GmbH besteht in den sicherzustellenden Einfluss- und Steuerungsmöglichkeiten. Dabei können die Steuerungsformen in zeitlicher Hinsicht grundsätzlich danach unterschieden, ob sie ex ante oder ex post eingreifen, mithin danach, ob es sich um eine (vorgelagerte) Einwirkung oder (nachgelagerte) Kontrolle handelt. Vorliegend soll insbesondere auf die Einwirkungsmöglichkeiten eingegangen werden. Die Einwirkungsmöglichkeiten bestehen insbesondere im Hinblick auf die (1) Festlegung des Unternehmenszwecks, die (2) Besetzung der Gesellschaftsorgane, das (3) Einräumen von Weisungsrechten und (4) das Ausschöpfen der Möglichkeiten des Konzernrechts.

Der Festlegung des Unternehmenszwecks kommt deshalb eine gesteigerte Bedeutung zu, weil (insbesondere in gemischt-wirtschaftlichen Unternehmen) die Beteiligung verschiedener Gesellschafter Raum für Diskrepanzen hinsichtlich der verfolgten Gesellschaftsziele eröffnet. So werden private Gesellschafter in der Regel nach einer Gewinnmaximierung streben, wohingegen Kommunen an der vorrangigen Erfüllung der öffentlichen Aufgabe Interesse finden.[338] Da die Wahrnehmung von Rechten und Funktionen in Kapitalgesellschaften sich stets mit dem in der Satzung verankerten Unternehmenszweck zu decken hat (andernfalls besteht Raum für Schadensersatzansprüche der Mitgesellschafter oder der Gesellschaft selbst), bietet die Festlegung des Unternehmenszwecks eine praktikable Möglichkeit, eine spätere Berufung auf eine gewinnorientierte Geschäftsführung im Keim zu ersticken. Mithin kann die Festschreibung des öffentlichen Zwecks des Unternehmens zu erhöhten kommunalen Einwirkungsrechten führen bzw. den Weg dorthin ebnen, so dass nicht nur der Betriebsgegenstand umschrieben werden sollte, sondern daneben auch die öffentliche Zwecksetzung zu manifestieren ist.[339]

---

[335] Vgl. auch *Cronauge*, Kommunale Unternehmen, 6. Aufl. 2016, Rn. 313.

[336] Gesetz über die Drittelbeteiligung der Arbeitnehmer im Aufsichtsrat (Drittelbeteiligungsgesetz – DrittelbG) vom 18. Mai 2004 (BGBl. I S. 974), zuletzt geändert durch Artikel 21 des Gesetzes vom 7. August 2021 (BGBl. I S. 3311).

[337] Vgl. *Weber*, in: Wurzel/Schraml/Gaß (Hrsg.), Rechtspraxis der kommunalen Unternehmen, 4. Aufl. 2021, Kap. D, Rn. 458 f.

[338] So auch: EuGH, Urt. v. 11.1.2005, Rs. C-26/03 Slg. I 2005, 1 ff., Tz. 50 („*Stadt Halle*") = NVwZ 2005, 187; vgl. ferner *Habersack*, ZGR 1996, 544, 553.

[339] Für „*[e]ine möglichst präzise Festlegung des öffentlichen Zwecks in der Satzung*" plädierend: *Mann*, in: Mann/Püttner, Handbuch der kommunalen Wissenschaft und Praxis, 3. Aufl. 2011, Band 2, § 46, Rn. 11; in eine ähnliche Richtung weisend: *Habersack*, ZGR

Eine weitere Möglichkeit zur Generierung kommunaler Einwirkungsrechte besteht in der Besetzung der Gesellschaftsorgane. Die GmbH verfügt grundsätzlich über die Gesellschafterversammlung und die Geschäftsführung als Organe der Gesellschaft. Die Bildung eines Aufsichtsrates ist in der Regel fakultativ und wird nur dann verpflichtend, sofern die Bestimmungen des Drittelbeteiligungs- bzw. Mitbestimmungsgesetzes eingreifen. In Bezug auf die Gesellschafterversammlung erlauben die grundsätzlich dispositiven §§ 46–51 GmbHG eine äußerst flexible Gestaltung der kommunalen Rechte und somit einen großen Strauß an Einwirkungsmöglichkeiten[340]: Unabhängig von den Durchsetzungsmöglichkeiten der Kommune gegenüber Privaten können dabei bspw. Mehrfachstimmrechte und stimmrechtslose Geschäftsanteile ausgegeben werden.[341] Realistischer erscheint jedoch der Weg, besonders wichtige Entscheidungen – wie beispielsweise Satzungsänderungen – unter die Prämisse der Zustimmung des (kommunalen) Gesellschafters zu stellen.[342] Die flexiblen Ausgestaltungsmöglichkeiten des GmbHG erlauben auch durch organisationsrechtliche Sonderrechte in Bezug auf Benennung, Präsentation oder Entsendung von Geschäftsführern auf das Leitungsorgan der GmbH maßgeblich einzuwirken.[343] Durch diese Instrumente sollte dem geforderten, im Einzelfall auszutarierenden „angemessenen Einfluss" in ausreichender Weise Genüge getan sein, so dass die vereinzelt aufkommende Diskussion um eine Pflicht zur Errichtung eines Aufsichtsrates in „kommunalen" GmbHs[344] abgelehnt werden kann. Gleichwohl lassen sich die vielseitigen Einsatzmöglichkeiten des Aufsichtsrates in einer GmbH in Bezug auf kommunale Einwirkungsmöglichkeiten nicht gänzlich ausblenden. Somit kann der Aufsichtsrat als Kontrollinstrument dienen, in diesem Zusammenhang sei auf die Überwachung der Geschäftsführung gem. § 52 Abs. 1 GmbHG i. V. m. § 111 Abs. 1 AktG hinzuweisen, aber auch auf die Möglichkeit, in beratender Funktion eine in die Zukunft gerichtete präventive Kontrolle vorzunehmen. Ferner kommt der Aufsichtsrat als Steuerungsinstrument in Betracht,

1996, 544, 553; *Harbarth*, Anlegerschutz in öffentlichen Unternehmen, Diss. (Univ. Heidelberg) 1998, S. 117 ff. (zur AG); *Ehlers*, DÖV 1986, 897, 904.

[340] Zur dispositiven Natur der §§ 46–51 GmbHG vgl. *Zöllner/Noack*, in: Baumbach/Hueck, 22. Aufl. 2019, § 45 GmbHG, Rn. 9.

[341] Vgl. zu Mehrfachstimmrechten: BayObLG Beschl. v. 21.11.1985 – 3 Z 146/85, BayObLGZ 1985, 391 = NJW-RR 1986, 713; OLG Frankfurt a. M. Urt. v. 18.1.1989 – 13 U 279/87, GmbHR 1990, 79; *Drescher*, in: Münchener Kommentar zum GmbHG, 3. Aufl. 2019, § 47 GmbHG, Rn. 124; *Zöllner/Noack*, in: Baumbach/Hueck, 22. Aufl. 2019, § 47 GmbHG, Rn. 68; vgl. zu stimmrechtslosen Anteilen: BGH Urt. v. 14.7.1954 – II ZR 342/53, BGHZ 14, 264 (270) = NJW 1954, 1563; *Drescher*, in: Münchener Kommentar zum GmbHG, 3. Aufl. 2019, § 47 GmbHG, Rn. 124; *Zöllner/Noack*, in: Baumbach/Hueck, 22. Aufl. 2019, § 47 GmbHG, Rn. 69 f.

[342] Vgl. dazu RGZ 169, 65, 80 f.; *Mann*, in: Mann/Püttner, Handbuch der kommunalen Wissenschaft und Praxis, 3. Aufl. 2011, Band 2, § 46, Rn. 16; *Schön*, ZGR 1996, 429, 446; *Windel*, ZögU 22 (1999), 52, 57.

[343] *Mann*, in: Mann/Püttner, Handbuch der kommunalen Wissenschaft und Praxis, 3. Aufl. 2011, Band 2, § 46, Rn. 20 m. w. N.

[344] Vgl. *Zieglmeier*, LKV 2005, 338 ff.

da die Aufsichtsratsmitglieder den kommunalen Gesellschaftern zustehenden Weisungsrechten unterliegen. Schließlich können die – notwendigerweise[345] – qualifizierten Aufsichtsratsmitglieder Tagesordnungspunkte der Gesellschafterversammlung vorberaten und parallel zur Geschäftsführung eine Art zweite Meinung abgeben.[346]

Außerdem kann die Kommune durch Weisungsrechte auf die GmbH einwirken. Auch hier wirken sich die flexiblen Ausgestaltungsoptionen des GmbH-Rechts positiv auf die Einwirkungsrechte aus. Weisungen an die in der Gesellschafterversammlung agierenden Vertreter sind durch das Teilhaberecht der Gesellschafter abgesichert und gesellschaftsrechtlich unbestritten zulässig.[347] Ferner erlaubt die fehlende gesetzliche Zuweisung eines festen Geschäftsbereichs an die Geschäftsführung einer GmbH, dass durch Festlegung in der Satzung oder durch Beschlüsse der Gesellschafterversammlung (wenn die Kommune wenigstens die Mehrheitsgesellschafterin ist) Weisungen an die Geschäftsführung möglich werden (vgl. §§ 37, 54 GmbHG).[348] Die Zulässigkeit der Erteilung von Weisungen an Aufsichtsratsmitglieder richtet sich zunächst danach, ob es sich um einen fakultativen oder obligatorischen Aufsichtsrat handelt. Für obligatorische Aufsichtsräte gelten die Vorschriften des Aktienrechts, so dass eine Weisung als unzulässig zu bewerten ist.[349] Im Rahmen von fakultativen Aufsichtsräten ist die Zulässigkeit eines Weisungsrechts umstritten. § 52 Abs. 1 GmbHG lässt viel Spielraum für gesellschaftsvertragliche Bestimmungen, so dass teilweise daraus gefolgert wird, dass auch Weisungsrechte zulässig seien.[350] Diese Ansicht wird jedoch von gewichtigen Stimmen in der gesellschaftsrechtlichen Literatur abgelehnt.[351]

---

[345] Vgl. zu den Anforderungen: BGH, Urt. v. 15. 11. 1982 – II ZR 27/82, BGHZ 85, 293, 295: „*Mit diesem Gebot persönlicher und eigenverantwortlicher Amtsausübung ist vorausgesetzt, daß ein Aufsichtsratsmitglied diejenigen Mindestkenntnisse und -fähigkeiten besitzen oder sich aneignen muß, die es braucht, um alle normalerweise anfallenden Geschäftsvorgänge auch ohne fremde Hilfe verstehen und sachgerecht beurteilen zu können.*"

[346] Vgl. insgesamt zu den Vorteilen eines fakultativen Aufsichtsrates in einer GmbH: *Cronauge*, Kommunale Unternehmen, 6. Aufl. 2016, Rn. 316 ff.; *Weber*, in: Wurzel/Schraml/Gaß (Hrsg.), Rechtspraxis der kommunalen Unternehmen, 4. Aufl. 2021, Kap. D, Rn. 495 f.

[347] *Harbarth*, Anlegerschutz in öffentlichen Unternehmen, Diss. (Univ. Heidelberg) 1998, S. 276 (zur AG); *Nesselmüller*, Rechtliche Einwirkungsmöglichkeiten der Gemeinden auf ihre Eigengesellschaften, 1977, S. 34 f.; *Schmidt-Aßmann/Ulmer*, BB 1988, Beilage 13, 15.

[348] BGH, Urt. v. 14. 12. 1959 – II ZR 187/57, BGHZ 31, 258, 278; BGH, Urt. v. 14. 11. 1983 – II ZR 33/83, BGHZ 89, 48, 57; Bay. Staatsregierung, bay. LT-Drs. 13/10828, S. 23 („*GmbH-Gesellschafter können dagegen den Geschäftsführer praktisch umfassend anweisen*"); *Cronauge*, Kommunale Unternehmen, 6. Aufl. 2016, Rn. 311; *Mann*, in: Mann/Püttner, Handbuch der kommunalen Wissenschaft und Praxis, 3. Aufl. 2011, Band 2, § 46, Rn. 42.

[349] Vgl. *Nesselmüller*, Rechtliche Einwirkungsmöglichkeiten der Gemeinden auf ihre Eigengesellschaften, 1977, S. 49; *Pauly/Schüler*, DÖV 2012, 339, 340.

[350] OVG Münster, Urt. v. 24. 4. 2009 – 15 A 2592/07, ZIP 2009, 1718, 1721; OVG NRW, Beschl. v. 12. 12. 2006 – 15 B 2625/06 – NWVBl. 2007, 231, 231; *Ehlers*, Verwaltung in Privatrechtsform, Habil. (Erlangen-Nürnberg) 1984, S. 134; *von Danwitz*, AöR 120 (1995),

Teilweise wird zudem auf die Möglichkeit verwiesen, mit den Mitteln des Konzernrechts – namentlich durch den Abschluss eines Beherrschungsvertrages gem. § 291 AktG[352] – den „angemessenen Einfluss“ der Kommune zu sichern.[353] Neben der zu stellenden Frage, ob ein Beherrschungsvertrag angesichts der Bandbreite an Einwirkungsmöglichkeiten überhaupt notwendig ist, um den Ingerenzanforderungen gerecht zu werden, ist in einem vorherigen Schritt zu klären, ob ein solcher überhaupt zulässig ist. Die Problematik der Zulässigkeit entstammt den Vorschriften der Gemeindeordnungen über die Begrenzung der kommunalen Haftung im Rahmen privatrechtlich organisierter wirtschaftlicher Tätigkeiten.[354] § 302 AktG sieht als Ausgleich für die gestatteten weitgehenden Einflussrechte eine Einstandspflicht für die Verluste aus der wirtschaftlichen Betätigung vor. Die Einstandspflicht trifft dabei in vollem Umfang die Kommune, die als herrschendes Unternehmen auftritt.[355] Daraus muss folgen, dass der Kommune der Abschluss eines solchen Beherrschungsvertrages versagt ist.[356]

Dennoch ist abschließend festzuhalten, dass die kommunalen Einwirkungsmöglichkeiten auf die GmbH immens sind und daher auch ihre statistisch belegte Beliebtheit nicht verwundert.

Aus Haftungsgesichtspunkten ist festzuhalten, dass gem. § 13 Abs. 2 GmbHG für die Gesellschaftsverbindlichkeiten einzig das Gesellschaftsvermögen haftet; somit ist die Haftung der Kommune im erforderlichen Umfang begrenzt.

595, 626; *Altmeppen*, NJW 2003, 2561, 2563 ff.; *Zieglmeier*, LKV 2005, 338, 339 f.; allgemein zu der Kontroverse: *Pauly/Schüler*, DÖV 2012, 339, 340 f.

[351] *Lutter*, ZIP 2007, 1991, 1992 (Anmerkung zu VG Arnsberg, Urt. v. 13.7.2007 – 12 K 3965/06); *Brenner*, AöR 127 (2002), 222, 241; *Möller*, Die rechtliche Stellung und Funktion des Aufsichtsrats in öffentlichen Unternehmen der Kommunen, Diss. (Humboldt-Univ. Berlin) 1998, S. 224 ff.; *Keßler*, GmbHR 2000, 71, 72 sowie 76 f. (mit Zitaten aus der Rspr.); *Banspach/Nowak*, Der Konzern 2008, 195, 198; *Leisner*, GewArch 2009, 337 (339); *Schön*, ZGR 1996, 429 449.

[352] Die §§ 291–310 AktG werden in der Praxis entsprechend auf die GmbH angewendet, vgl. BGH, Urt. v. 16.9.1985 – II ZR 275/84 – BGHZ 95, 330, 334 f.; BGH, Urt. v. 11.11. 1991 – II ZR 287/90 – BGHZ 116, 37,41; BGH, Urt. v. 29.3.1992 – II ZR 265/91 – 122, 123, 126 f.; BGH, Beschl. v. 31.1.1992 – II ZB 15/91, NJW 1992, 1452 f.; BayObLG, Beschl. v. 16.5.1988, WM 1988, 1229, 1232 f.

[353] Vgl. nur *Schneider*, ZGR 1980, 511, 518 ff.

[354] Vgl. B. Fn. 374 oben.

[355] Dass die Kommune ein „Unternehmen“ im Sinne des Rechts der verbundenen Unternehmen ist, wenn sie ein Unternehmen in privater Rechtsform beherrscht, ist mittlerweile wohl herrschende Ansicht, vgl. *Becker*, Die Erfüllung öffentlicher Aufgaben durch gemischtwirtschaftliche Unternehmen, Diss. (Univ. Heidelberg) 1997, S. 122 ff.; *Gaß*, Die Umwandlung gemeindlicher Unternehmen, Diss. (Univ. Würzburg) 2002, S. 402 ff.; *Raiser*, ZGR 1996, 458, 464.

[356] *Becker*, Die Erfüllung öffentlicher Aufgaben durch gemischtwirtschaftliche Unternehmen, Diss. (Univ. Heidelberg) 1997, S. 132 ff.; *Kropff*, ZHR 144 (1980), 74, 97 f.; *Paschke*, ZHR 152 (1988), 263, 277; *Weber*, in: Wurzel/Schraml/Gaß (Hrsg.), Rechtspraxis der kommunalen Unternehmen, 4. Aufl. 2021, Kap. D, Rn. 503.

cc) Aktiengesellschaft (AG)

Die Aktiengesellschaft ist eine rechtlich selbstständige juristische Person des Privatrechts.[357] Für die Gesellschaftsverbindlichkeiten haftet nur das Gesellschaftsvermögen, vgl. § 1 Abs. 1 S. 2 AktG.

Damit geht eine Verselbstständigung gegenüber der Kommune einher, so dass keine öffentlich-rechtlichen Bindungen – beispielsweise in Bezug auf das Haushalts- oder Dienstrecht – bestehen.[358] Dieser fehlende Konnex bringt ein gewisses Maß an Wirtschaftlichkeit und Flexibilität mit sich. Quasi spiegelbildlich zu der gewonnenen Wirtschaftlichkeit und Flexibilität stehen jedoch die schon zur GmbH dargelegten verfassungsrechtlichen Grundsätze, dass öffentliche Unternehmen in Privatrechtsform (1) der Erfüllung öffentlicher Aufgaben zu dienen haben, (2) der Einfluss der öffentlichen Hand im notwendigen Umfang gesichert sein muss (sog. Ingerenzrechte) und dass (3) alle wesentlichen Unternehmensentscheidungen demokratisch legitimiert sind.[359] Daraus folgt – in Parallelität zu den Ausführungen zur GmbH – dass auch der Unternehmenszweck der AG als öffentlicher in der Satzung festgeschrieben werden sollte, weil die Organe ihr Handeln auch stets am satzungsmäßigen Zweck auszurichten haben, und so ein Fundament für die Erfüllung eines öffentlichen Zwecks (im Gegensatz zum Zweck der Gewinnmaximierung) gelegt werden kann.[360] Somit ist zu untersuchen, in welchem Umfang die Gemeinde auf die Besetzung der Organe der AG Einfluss nehmen kann. Die Organe der AG setzen sich aus Vorstand[361], Aufsichtsrat[362] und Hauptversammlung[363] zusammen. Ein Weg der Einwirkung kann durch die Stimmrechtsmehrheit der Gemeinde in der Hauptversammlung beschritten werden. Mehrfachstimmrechte, die in einem GmbH-Gefüge zulässig sind, gibt es im Aktienrecht nicht, vgl. § 12 Abs. 2 AktG. Jedoch kann das Stimmrecht privater Gesellschafter durch die Ausgabe von stimmrechtslosen Vorzugsaktien gem. § 12 Abs. 1 S. 2 AktG gemindert werden, deren fehlendes Stimmrecht durch Ausgabe einer Vorzugsdividende ausgeglichen wird.[364] Auf den Vorstand kann die Gemeinde nicht unmittelbar einwirken, da dieser vom Aufsichtsrat bestellt wird, vgl. § 84 AktG; diese Vorgabe kann auch nicht durch andersartige

[357] *Grigoleit*, in: Grigoleit, 2. Aufl. 2020, § 1 AktG, Rn. 1; *Heider*, in: Münchener Kommentar zum AktG, 5. Aufl. 2019, § 1 AktG, Rn. 26.

[358] *Cronauge*, Kommunale Unternehmen, 6. Aufl. 2016, Rn. 269.

[359] Vgl. oben unter B. III. 2. c) bb), S. 78.

[360] Vgl. *Harbarth*, Anlegerschutz in öffentlichen Unternehmen, Diss. (Univ. Heidelberg) 1998, S. 117 ff.; *Mann*, in: Mann/Püttner, Handbuch der kommunalen Wissenschaft und Praxis, 3. Aufl. 2011, Band 2, § 46, Rn. 8 f., 11.

[361] §§ 76 ff. AktG.

[362] §§ 95 ff. AktG.

[363] §§ 118 ff. AktG.

[364] Vgl. *Weber*, in: Wurzel/Schraml/Gaß (Hrsg.), Rechtspraxis der kommunalen Unternehmen, 4. Aufl. 2021, Kap. D, Rn. 607 ff.

Satzungsbestimmungen abbedungen werden.[365] Ansonsten sind die Rechte der Hauptversammlung auf den Katalog des § 119 AktG beschränkt, also umfassen sie insbesondere die Bestellung der Mitglieder des Aufsichtsrates. Somit könnte ein mittelbarer Einfluss über die Bestellung der Mitglieder des Aufsichtsrates einen „angemessenen" gemeindlichen Einfluss sichern. Da der Aufsichtsrat die Ordnungsmäßigkeit der Geschäftsführung, also insbesondere auch die Vereinbarkeit mit dem in der Satzung festgehaltenen Gesellschaftszweck, überwacht (§ 111 Abs. 1 AktG), ihm ein laufendes Unterrichtungsrecht zukommt (§§ 90, 111 Abs. 2 AktG) und sogar bestimmte Geschäfte des Vorstands einem Genehmigungsvorbehalt des Aufsichtsrates unterworfen werden können (§ 111 Abs. 4 S. 2 AktG), kann in der Regel über das Instrumentarium der Aufsichtsratsbestellung von einem „angemessenen" Einfluss der Gemeinde ausgegangen werden.[366] Zudem kann in der Satzung ein (zahlenmäßig begrenztes) Entsendungsrecht der Gemeinde für Aufsichtsratsmitglieder festgeschrieben werden (§ 101 Abs. 2 AktG).[367] Dennoch wird aus der allgemeinen Stellung des Aufsichtsrates geschlussfolgert, dass deren Mitglieder keinen sonstigen Weisungen der Aktionäre (und damit auch der Gemeinde) unterliegen und sie ausschließlich den Gesellschaftsinteressen verpflichtet sind.[368] Eine Anweisung des Vorstandes durch einzelne Gesellschafter der Hauptversammlung ist ebenfalls ausgeschlossen.[369]

Eine Einwirkung der Gemeinde durch den Abschluss eines Beherrschungsvertrages gem. § 291 AktG kommt aufgrund der damit einhergehenden Rechtsfolge der kommunalen Einstandspflicht des § 302 AktG nicht in Betracht.[370]

---

[365] *Mann*, in: Mann/Püttner, Handbuch der kommunalen Wissenschaft und Praxis, 3. Aufl. 2011, Band 2, § 46, Rn. 23; vgl. auch *Nesselmüller*, Rechtliche Einwirkungsmöglichkeiten der Gemeinden auf ihre Eigengesellschaften, 1977, S. 32f.

[366] *Schlitt*, Finanz-Betrieb 1999, 440, 443; *Weber*, in: Wurzel/Schraml/Gaß (Hrsg.), Rechtspraxis der kommunalen Unternehmen, 4. Aufl. 2021, Kap. D, Rn. 688.

[367] Vgl. *Mann*, in: Mann/Püttner, Handbuch der kommunalen Wissenschaft und Praxis, 3. Aufl. 2011, Band 2, § 46, Rn. 22; *Weber*, in: Wurzel/Schraml/Gaß (Hrsg.), Rechtspraxis der kommunalen Unternehmen, 4. Aufl. 2021, Kap. D, Rn. 648.

[368] BVerfGE 50, 290, 374; RGZ 165, 68, 79; BGH, Urt. v. 29.1.1962 – II ZR 1/61 – BGHZ 36, 296, 306; BGH, Urt. v. 26.3.1984 – II ZR 171/83 – 90, 381, 398; *Lutter/Grunewald*, WM 1984, 385, 396; *Nesselmüller*, Rechtliche Einwirkungsmöglichkeiten der Gemeinden auf ihre Eigengesellschaften, 1977, S. 43f., 70ff.; *Schön*, ZGR 1996, 429, 449; *Müller*, NWVBl. 1997, 172, 174.

[369] Eine Ausnahme gilt gem. § 119 Abs. 2 AktG, sofern der Vorstand ausdrücklich eine Entscheidung der Hauptversammlung in Fragen der Geschäftsführung erbittet. Eine weitere Ausnahme gilt nach BGH, Urt. v. 25. 2.1985 – II ZR 174/80 – BGHZ 83, 122, 131 sofern es sich um „*grundlegende Entscheidungen*" handelt, die „*so tief in die Mitgliedsrechte der Aktionäre und deren im Anteileigentum verkörpertes Vermögensinteresse eingreifen, daß der Vorstand vernünftigerweise nicht annehmen kann, er dürfe sie in ausschließlich eigener Verantwortung treffen, ohne die Hauptversammlung zu beteiligen*".

[370] Vgl. Ausführungen zum Konzernrecht im Rahmen der GmbH oben unter B.III.2.c)bb), S. 78.

Somit unterscheiden sich die GmbH und die AG aus für Kommunen relevanten Gesichtspunkten wie folgt: Die kommunalen Einwirkungsmöglichkeiten sind aufgrund der dispositiv(er)en Natur des GmbHG im Vergleich zum AktG im Rahmen der GmbH breiter angelegt. Ferner kann die Gesellschaftsversammlung der GmbH (als Pendant zur Hauptversammlung der AG) Gesellschaftsangelegenheiten leichter für sich beanspruchen, wohingegen in der AG der Vorstand grundsätzlich mit der Leitung *„unter eigener Verantwortung"* (§ 76 Abs. 1 AktG) betraut ist. In fakultativen Aufsichtsräten der GmbH können die Mitglieder – im Unterschied zu den Aufsichtsratsmitgliedern einer AG – Weisungsrechten unterliegen. Daraus folgt eine grundsätzlich flexiblere Ausgestaltungsmöglichkeit der GmbH im Vergleich zur AG.[371] Dieser Befund korreliert mit den Vorgaben verschiedener Gemeindeordnungen – die zwecks Einflusssicherung – eine Nachrangigkeit der Organisationsform Aktiengesellschaft bestimmen.[372]

d) Organisationsformen interkommunaler Zusammenarbeit

Die interkommunale Zusammenarbeit ist geprägt von der partnerschaftlichen Kollaboration mindestens zweier Kommunen zur Erledigung kommunaler Aufgaben. Das Modell prägt seit Jahrhunderten die kommunale Aufgabenerledigung – in diesem Zusammenhang sei nur auf die Kooperation der Hansestädte ab dem 14. Jahrhundert oder den im Jahr 1912 gegründeten Zweckverband Groß-Berlin, der Verkehrs- und Bebauungsthematiken der damals noch selbstständigen Berliner Gemeinden regelte, hinzuweisen.[373] Die Beweggründe zur Zusammenarbeit und die daraus resultierenden Vorteile wurden schon im 1963 veröffentlichten Grundlagenwerk der Kommunalen Gemeinschaftsstelle für Verwaltungsmanagement (KGSt) mit dem Titel „Zwischengemeindliche Zusammenarbeit" als *„Zwangs- und Mangellagen, Gefahren, Funktionsstörungen, erwartete Funktionsverbesserungen, Erwägungen wirtschaftlicher oder technischer Zweckmäßigkeit"* bezeichnet.[374] Diese Erwägungen tragen auch heute noch aktuellen Wert, besticht die interkommunale Zusammenarbeit doch durch Erfahrungsaustausch, Rationalisierungs-, Einspar- und Synergieeffekte, Bündelung und Spezifizierung von Know-how sowie einer Stärkung kommunaler Kräfte auf der Ebene zum Bund.[375]

Grundsätzlich kann auch im Rahmen der kommunalen Zusammenarbeit zwischen öffentlich-rechtlichen und privatrechtlichen Organisationsformen unter-

---

[371] Eine aus diesem Befund geringere Eignung schlussfolgernd *Weber*, in: Wurzel/Schraml/Gaß (Hrsg.), Rechtspraxis der kommunalen Unternehmen, 4. Aufl. 2021, Kap. D, Rn. 535.

[372] § 103 Abs. 2 GemO BW; § 108 Abs. 4 GemO NRW; § 87 Abs. 2 GemO Rh-Pf; § 95 Abs. 2 Sächsische GemO (hier allerdings allgemein für Privatrechtsformen).

[373] *Cronauge*, Kommunale Unternehmen, 6. Aufl. 2016, Rn. 334.

[374] *Mäding*, Kommunale Gemeinschaftsstelle für Verwaltungsvereinfachung (KGSt), Zwischengemeindliche Zusammenarbeit, 1963, S. 19; s. a. *Frick/Hokkeler*, Interkommunale Zusammenarbeit – Handreichung für die Kommunalpolitik, 2008, S. 13.

[375] *Cronauge*, Kommunale Unternehmen, 6. Aufl. 2016, Rn. 336.

schieden werden. Auf öffentlich-rechtlicher Seite stehen den Kommunen vor allem Zweckverbände, kommunale Arbeitsgemeinschaften beziehungsweise öffentlich-rechtliche Vereinbarungen, Gemeinsame Kommunalunternehmen und – im Bereich der Wasserversorgung von Relevanz – Wasser- und Bodenverbände zur Verfügung.[376] Die kommunale Arbeitsgemeinschaft und die öffentlich-rechtliche Vereinbarung werden durch Abschluss eines öffentlich-rechtlichen Vertrags begründet, so dass keine dauerhafte, neue Organisationseinheit geschaffen wird.[377] Zeitgleich stehen den Kommunen die Formen des Privatrechts – maßgeblich die GmbH und AG – zur Kooperation zur Verfügung.[378] Die privatrechtliche Kooperation mehrerer Kommunen wird als ein gemischt-wirtschaftliches Unternehmen betitelt; sofern auch privates Kapital eingebunden wird, spricht man von einer gemischt-wirtschaftlichen Beteiligungsgesellschaft.[379]

Im Folgenden soll ein besonderer Fokus auf Zweckverbände, Gemeinsame Kommunalunternehmen und Wasser- und Bodenverbände gelegt werden.

aa) Zweckverband

Im Rahmen der interkommunalen Zusammenarbeit stellen Zweckverbände die typische öffentlich-rechtliche Organisationsform dar.[380] Das Aufgabenspektrum kann äußerst vielfältig sein[381], die Aufgaben können entweder einen örtlichen oder überörtlichen Bezug aufweisen, den Bereichen wirtschaftlicher oder nicht-wirtschaftlicher Art entstammen oder als Pflicht- oder freiwillige Aufgabe ausgestaltet sein.[382] Insbesondere im Bereich der Wasserversorgung und Abwasserentsorgung erfreut sich der Zweckverband großer Beliebtheit.[383] Die Rechtsgrundlage für

---

[376] Vgl. unten in diesem Abschnitt.

[377] *Cronauge*, Kommunale Unternehmen, 6. Aufl. 2016, Rn. 169 ff.; vgl. auch *Ehlers*, DÖV 1986, 897, 902; *Hellermann*, in: Hoppe/Uechtritz/Reck, Handbuch kommunale Unternehmen, 3. Aufl. 2012, § 7, Rn. 141, die bzgl. der kommunalen Arbeitsgemeinschaft darauf hinweisen, dass es sich häufig nur um eine „*unverbindliche Kooperation*“ handele.

[378] Die Gesetze über kommunale Gemeinschaftsarbeit der Länder sehen insofern teilweise eine explizite Öffnungsklausel zugunsten privatrechtlicher Organisationsformen vor, vgl. nur Art. 1 Abs. 3 S. 1 KommZG Bay; § 2 Abs. 2 GkGBbg; § 2 Abs. 2 KGG Hessen; § 1 Abs. 3 GkG NRW; § 1 Abs. 2 KomZG Rh-Pf; § 1 Abs. 2 KGG Saarl.; § 2 Abs. 2 SächsKomZG; § 2 Abs. 3 GkG-LSA; § 1 Abs. 3 S. 1 ThürKGG.

[379] *Cronauge*, Kommunale Unternehmen, 6. Aufl. 2016, Rn. 174.

[380] *Cronauge*, Kommunale Unternehmen, 6. Aufl. 2016, Rn. 168, 344, 354; *Rüsing*, in: Wurzel/Schraml/Gaß (Hrsg.), Rechtspraxis der kommunalen Unternehmen, 4. Aufl. 2021, Kap. D, Rn. 244.

[381] Vgl. nur die Aufstellung bei *Rüsing*, in: Wurzel/Schraml/Gaß (Hrsg.), Rechtspraxis der kommunalen Unternehmen, 4. Aufl. 2021, Kap. D, Rn. 244.

[382] *Cronauge*, Kommunale Unternehmen, 6. Aufl. 2016, Rn. 168; *Rüsing*, in: Wurzel/Schraml/Gaß (Hrsg.), Rechtspraxis der kommunalen Unternehmen, 4. Aufl. 2021, Kap. D, Rn. 245.

[383] Vgl. Aufstellung der Zweckverbände im Bereich der Wasser- und Abwasserversorgung unter http://www.wasser-wissen.de/linklisten/abwasserzweckverbaende.htm (abgerufen am

Zweckverbände findet sich in landeseigenen Gesetzen („Gesetz über kommunale Zusammenarbeit" oder „Gesetz über kommunale Gemeinschaftsarbeit").[384]

Ein Zweckverband ist als Körperschaft des öffentlichen Rechts und damit mitgliedschaftlich organisiert.[385] Daraus folgt auch eine organisatorische und rechtliche Verselbstständigung des Zweckverbandes.[386] Durch die Übertragung einer Aufgabe von den Mitgliedern des Zweckverbandes (i.d.R. Gemeinden) werden die Mitglieder von der Aufgabenerfüllung befreit – so dass die kommunale Aufgabe selbst

---

9.12.2021); *Cronauge*, Kommunale Unternehmen, 6. Aufl. 2016, Rn. 168, 344; *Hellermann*, in: Hoppe/Uechtritz/Reck, Handbuch kommunale Unternehmen, 3. Aufl. 2012, § 7, Rn. 143.

[384] Vgl. für Baden-Württemberg: Gesetz über kommunale Zusammenarbeit (GKZ) in der Fassung vom 16.9.1974 (Gbl. S. 408, zuletzt geändert durch Art. 2 Gesetz v. 17.6.2020 (GBl. S. 403)); für Bayern: Gesetz über die kommunale Zusammenarbeit (KommZG) in der Fassung der Bekanntmachung vom 20.6.1994 (GVBl. S. 555, zuletzt geändert durch § 1 Abs. 43 VO v. 26.3.2019 (GVBl. S. 98)); für Brandenburg: Gesetz über kommunale Gemeinschaftsarbeit im Land Brandenburg (GKGBbg) in der Fassung vom 10.7.2014 (GVBl. I Nr. 32, S. 2, zuletzt geändert durch Art. 2 Gesetz v. 19.6.2019 (GVBl. I Nr. 38)); für Hessen: Gesetz über kommunale Gemeinschaftsarbeit (KGG) in der Fassung vom 16.12.1969 (GVBl. I S. 307, zuletzt geändert durch Art. 1 des Gesetzes v. 11.12.2019 (GVBl. S. 416)); für Niedersachsen: Niedersächsisches Gesetz über die kommunale Zusammenarbeit (NKomZG) in der Fassung vom 21.12.2001 (Nds.GVBl. Nr. 31/2001, S. 493, zuletzt geändert durch Art. 5 des Gesetzes v. 18.7.2012 (Nds.GVBl. Nr. 16/2012, S. 279 und Art. 2 des Gesetzes v. 26.10.2016 (Nds.GVBl. 15/2016, S. 226); für Nordrhein-Westfalen: Gesetz über kommunale Gemeinschaftsarbeit (GkG NRW) in der Fassung vom 1.10.1979 (GV. NRW. S. 621, zuletzt geändert durch Art. 9 Gesetz v. 23.1.2018 (GV. NRW. S. 90)); für Rheinland-Pfalz: Landesgesetz über die kommunale Zusammenarbeit (KommZG) in der Fassung vom 22.12.1982 (zuletzt geändert durch Art. 14 des Gesetzes v. 2.3.2017 (GVBl. S. 21)); für Saarland: Kommunale Gemeinschaftsarbeitsgesetz (KGG) in der Fassung vom 27.6.1997 (Amtsbl. 97, S. 723, zuletzt geändert durch Gesetz v. 13.7.2016 (Amtsbl. I S. 711)); für Sachsen: Sächsisches Gesetz über kommunale Zusammenarbeit (SächsKomZG) in der Fassung vom 15.4.2019 (SächsGVBl. S. 270); für Sachsen-Anhalt: Gesetz über kommunale Gemeinschaftsarbeit (GKG-LSA) in der Fassung vom 26.2.1998 (zuletzt geändert durch Art. 3 des Gesetzes v. 22.6.2018 (GVBl. LSA S. 166, 174)); für Schleswig-Holstein: Gesetz über kommunale Zusammenarbeit (GkZ-SH) in der Fassung vom 28.2.2003 (GVOBl. S-H, S. 122, zuletzt geändert durch Art. 4 des Gesetzes v. 21.6.2016 (GVOBl. S-H, S. 528), Zuständigkeiten und Ressortbezeichnungen zuletzt geändert durch Art. 18 der Verordnung v. 16.1.2019 (GVOBl. S-H, S. 30)); für Thüringen: Thüringer Gesetz über die kommunale Gemeinschaftsarbeit (ThürKGG) in der Fassung vom 10.10.2001 (zuletzt geändert durch Art. 5 des Gesetzes v. 23.7.2013 (GVBl. S. 194, 201)); Bremen hat ein eigenes Zweckverbandsgesetz erlassen: Zweckverbandsgesetz vom 7.5.1939 (RGBl. I 1939, 979; SaBremR 2012-b-1) in der Fassung v. 10.10.2001, zuletzt geändert durch Art. 5 des Gesetzes v. 23.7.2013 (GVBl. S. 194, 201); Mecklenburg-Vorpommern regelt Angelegenheiten der Zweckverbände in seiner Kommunalverfassung (KV MV, s.o.); Berlin und Hamburg verfügen über keine entsprechenden Regelungen.

[385] *Rüsing*, in: Wurzel/Schraml/Gaß (Hrsg.), Rechtspraxis der kommunalen Unternehmen, 4. Aufl. 2021, Kap. D, Rn. 248.

[386] *Cronauge*, Kommunale Unternehmen, 6. Aufl. 2016, Rn. 356; *Hellermann*, in: Hoppe/Uechtritz/Reck, Handbuch kommunale Unternehmen, 3. Aufl. 2012, § 7, Rn. 144.

und nicht nur deren Erfüllung auf den Zweckverband übergeht.[387] Damit geht zugleich die Satzungs- und Verordnungsgewalt auf den Zweckverband über.[388] Der Zweckverband verfügt über (mindestens) zwei Organe: Die Verbandsversammlung und den Verbandsvorsteher.[389] Über die Verbandsversammlung – die aus den Vertretern der Mitglieder des Zweckverbandes besteht – können die Gemeinden über Weisungen einen gewissen Einfluss ausüben.[390] Die Mitgliederstruktur wird primär durch Gemeinden und Gemeindeverbände geprägt. Daneben können jedoch auch – sofern mindestens eine Gemeinde bzw. ein Gemeindeverband Mitglied des Zweckverbandes ist – andere Körperschaften, Anstalten und Stiftungen des öffentlichen Rechts eine Mitgliedschaft anstreben.[391] Daneben steht es grundsätzlich auch natürlichen und juristischen Personen des Privatrechts frei, Mitglied eines Zweckverbandes zu werden – dabei gelten jedoch regelmäßig einschränkende Auflagen, die vorsehen, dass die Mitgliedschaft die Aufgabenerfüllung fördert und „*Gründe des öffentlichen Wohls nicht entgegenstehen*".[392] Zweckverbände finanzieren sich maßgeblich aus zwei Quellen: Zum einen kommt den Zweckverbänden gegenüber den Bürgern die Finanzhoheit zu, so dass sie auf dieser Grundlage Ge-

[387] *Cronauge*, Kommunale Unternehmen, 6. Aufl. 2016, Rn. 356; *Hellermann*, in: Hoppe/Uechtritz/Reck, Handbuch kommunale Unternehmen, 3. Aufl. 2012, § 7, Rn. 156; *Rüsing*, in: Wurzel/Schraml/Gaß (Hrsg.), Rechtspraxis der kommunalen Unternehmen, 4. Aufl. 2021, Kap. D, Rn. 273.

[388] Vgl. nur Art. 22 Abs. 1 KommZG Bay; § 7 Abs. 1 S. 1 KomZG Rh-Pf; § 46 SächsKommZG; § 9 Abs. 1 GKG-LSA; § 3 Abs. 1 GkZ SH; § 20 Abs. 1, 2 ThürKGG; *Cronauge*, Kommunale Unternehmen, 6. Aufl. 2016, Rn. 368; *Hellermann*, in: Hoppe/Uechtritz/Reck, Handbuch kommunale Unternehmen, 3. Aufl. 2012, § 7, Rn. 158; *Rüsing*, in: Wurzel/Schraml/Gaß (Hrsg.), Rechtspraxis der kommunalen Unternehmen, 4. Aufl. 2021, Kap. D, Rn. 274.

[389] Die Begrifflichkeiten variieren. Der Verbandsvorsteher wird teilweise auch als Verbandsvorsitzender oder Verbandsgeschäftsführer bezeichnet.

[390] Vgl. § 13 Abs. 5 GKZ B-W; § 19 abs. 7 GKGBbg; § 15 Abs. 2a KGG Hessen; § 156 Abs. 7 KV M-V; § 12 Abs. 2 NKomZG i. V. m. § 138 Abs. 1 S. 2 NKomVG; § 15 Abs. 1 S. 4 GkG NRW; § 8 Abs. 2 S. 1 KomZG Rh-Pf; § 13 Abs. 3 KGG Saarland i. V. m. § 114 Abs. 4 KSVG; § 52 Abs. 4 SächsKommZG; § 11 Abs. 3 GKG-LSA; § 9 Abs. 6 GkZ SH; so auch *Cronauge*, Kommunale Unternehmen, 6. Aufl. 2016, Rn. 363, der die Ansicht vertritt, dass die Weisungsrechte auch dann bestünden, wenn sie nicht ausdrücklich gesetzlich normiert sind, und begründet dies mit der Interessenlage der (kommunalen) Mitglieder des Zweckverbandes.

[391] Vgl. § 2 Abs. 2 S. 1 GKZ B-W; § 5 Abs. 2 KGG Hessen; § 150 Abs. 2 S. 2 KV M-V; § 7 NKomZG; § 4 Abs. 2 GkG NRW; § 2 Abs. 2 KomZG Rh-Pf; § 2 Abs. 2 KGG Saarland; § 44 Abs. 2 SächsKommZG; § 6 Abs. 1 S. 2 GKG-LSA; § 2 Abs. 1 GkZ SH; s. a. *Cronauge*, Kommunale Unternehmen, 6. Aufl. 2016, Rn. 357; *Rüsing*, in: Wurzel/Schraml/Gaß (Hrsg.), Rechtspraxis der kommunalen Unternehmen, 4. Aufl. 2021, Kap. D, Rn. 249 f.

[392] § 2 Abs. 2 S. 2 GKZ B-W; § 5 Abs. 2 S. 2 KGG Hessen; § 150 Abs. 2 S. 3 KV M-V; § 7 Abs. 3 Nr. 2 und 3 NKomZG; § 4 Abs. 2 S. 2 GkG NRW; § 2 Abs. 2 S. 1 KomZG Rh-Pf; § 2 Abs. 3 KGG Saarland; § 44 Abs. 2 S. 2 SächsKommZG; § 6 Abs. 1 S. 3 GKG-LSA; § 2 Abs. 2 GkZ SH; § 16 Abs. 2 S. 2 ThürKGG.

bühren und Beiträge erheben können.[393] Zum anderen leisten die Mitglieder des Zweckverbandes eine sog. Verbandsumlage[394] – häufig beschränkt sich die Verbandsumlage jedoch auf den Betrag, der fehlt, um die Kosten nach Verrechnung der Gebühren und Beiträge zu decken.[395]

bb) Gemeinsames Kommunalunternehmen

Das gemeinsame Kommunalunternehmen[396] stellt ein Unternehmen in der Rechtsform der Anstalt des öffentlichen Rechts dar, welches von mehreren kommunalen Gebietskörperschaften zur gemeinsamen Aufgabenerfüllung gegründet wird.[397] Eine Beteiligung privater Dritter scheidet aus.[398] Maßgebliche Rechtsgrundlagen sind insofern die in den Kommunalverfassungen niedergelegten Bestimmungen zur Anstalt des öffentlichen Rechts.[399] Die Rechtsform des gemeinsamen Kommunalunternehmens steht den Kommunen in allen (Flächen-)Bundesländern mit Ausnahme von Baden-Württemberg, Saarland, Sachsen, Sachsen-Anhalt und Thüringen zur Verfügung.[400]

In Bezug auf die Wirtschaftlichkeit und Flexibilität der Organisationsform ist festzuhalten, dass – im Vergleich zum Zweckverband – ein höheres Maß an Unabhängigkeit und Flexibilität besteht; ein Umstand, der nicht zuletzt in der an das Aktienrecht erinnernden Unternehmensverfassung mit Vorstand und Verwaltungsrat begründet ist, die eine ausgewogene Balance zwischen Selbstständigkeit und gesi-

[393] *Cronauge*, Kommunale Unternehmen, 6. Aufl. 2016, Rn. 368; *Rüsing*, in: Wurzel/Schraml/Gaß (Hrsg.), Rechtspraxis der kommunalen Unternehmen, 4. Aufl. 2021, Kap. D, Rn. 315.

[394] *Hellermann*, in: Hoppe/Uechtritz/Reck, Handbuch kommunale Unternehmen, 3. Aufl. 2012, § 7, Rn. 160; *Rüsing*, in: Wurzel/Schraml/Gaß (Hrsg.), Rechtspraxis der kommunalen Unternehmen, 4. Aufl. 2021, Kap. D, Rn. 315.

[395] § 19 Abs. 1 S. 1 GKZ B-W; Art. 42 Abs. 1 KommZG Bay; § 29 Abs. 1 S. 1, 3 GKGBbg; § 19 Abs. 1 KGG Hessen; § 162 Abs. 1 KV M-V; § 8 Abs. 2, § 16 Abs. 1 S. 1 NKomZG; § 19 Abs. 1 GkG NRW; § 10 Abs. 1 KomZG Rh-Pf; § 16 Abs. 1 KGG Saarland (mit Sonderregelung in Abs. 1 S. 2 für Haushaltsjahre 2016–2024); § 60 Abs. 1 SächsKommZG; § 13 Abs. 1 GKG-LSA; § 15 Abs. 1 GkZ SH; § 37 Abs. 1 ThürKGG.

[396] Teilweise wird das „gemeinsame Kommunalunternehmen" auch als „gemeinsame kommunale Anstalt" bezeichnet, so in Hessen (vgl. § 29a HKGG), Rheinland-Pfalz (vgl. § 14a KomZG Rh-Pf), Niedersachsen (vgl. § 3 NKomZG) und Brandenburg (vgl. § 37 GKGBbg).

[397] *Cronauge*, Kommunale Unternehmen, 6. Aufl. 2016, Rn. 379.

[398] *Cronauge*, Kommunale Unternehmen, 6. Aufl. 2016, Rn. 381; der auch auf eine Besonderheit in Rheinland-Pfalz hinweist, die eine mittelbare Beteiligungsmöglichkeit privater Dritter über eine direkte Beteiligung an einer Anstalt des öffentlichen Rechts, die wiederum Trägerin einer gemeinsamen kommunalen Anstalt ist, ermöglicht.

[399] Vgl. Art. 49 KommZG Bay; § 37 GKGBbg; § 29a KGG Hessen; § 3 NKomZG; § 27a GkG NRW; § 14a KomZG Rh-Pf; § 19b GkZ-SH.

[400] *Cronauge*, Kommunale Unternehmen, 6. Aufl. 2016, Rn. 380.

chertem Einfluss der Trägerkommunen erlaubt.[401] Die Gestaltungsmöglichkeiten der Aufgabenübertragung sind sehr weitgehend – wobei die Aufgabe selbst oder lediglich deren Erfüllung übertragen werden kann.[402] Wird die Aufgabe selbst übertragen, gehen grundsätzlich alle sonstigen, im Konnex stehenden Befugnisse ebenso auf das gemeinsame Kommunalunternehmen über.[403] Im Rahmen dessen ist auch zu beachten, dass – anders als im Falle der bloßen Übertragung der Aufgabenerfüllung – der Umfang der Einwirkungsmöglichkeiten der Trägerkommunen maßgeblich durch die Organbesetzungen und die Festlegung von Weisungs- und Informationsrechten bestimmt wird.[404] Insofern kommt bzgl. der Einwirkungs- und Steuerungsmöglichkeiten, der Ausgestaltung der Unternehmenssatzung und der Besetzung des Verwaltungsrates eine besondere Bedeutung zu.[405] Die gemeinsamen Kommunalunternehmen finanzieren sich sofern die Aufgabe selbst übertragen wurde über die Erhebung von Gebühren[406] oder sofern nur die Erfüllung der Aufgabe übertragen wurde über eine sog. Umlagefinanzierung, die die Trägerkommunen als Ausgleich für die Aufgabenerfüllung zu entrichten haben.[407] Ferner trifft die Trägerkommunen eine Anstaltslast, die die Gemeinden zur Sicherstellung verpflichtet, dass die Aufgabe dauerhaft erfüllt werden kann.[408] Als Kehrseite der Anstaltslast trifft die Kommune in Haftungsgesichtspunkten die Gewährträgerhaftung[409], wonach die Trägergemeinden für die Verbindlichkeiten des gemeinsamen Kommunalunternehmens unbeschränkt haften.[410]

---

[401] *Cronauge*, Kommunale Unternehmen, 6. Aufl. 2016, Rn. 378.

[402] *Hellermann*, in: Hoppe/Uechtritz/Reck, Handbuch kommunale Unternehmen, 3. Aufl. 2012, § 7, Rn. 78 ff. (im Rahmen des Kommunalunternehmens als Anstalt des öffentlichen Rechts); *Teuber*, KommJur 2008, 444, 446.

[403] *Ehlers*, ZHR 167 (2003), 546, 559; *Neusinger/Lindt*, BayVBl 2002, 689, 693; für Bayern bspw. Bay. LT-Drs. 13/1182, S. 10.

[404] *Cronauge*, Kommunale Unternehmen, 6. Aufl. 2016, Rn. 384; auf den Aspekt der Einwirkungsmöglichkeiten hinweisend: *Neusinger/Lindt*, BayVBl 2002, 689, 693; Bay. LT-Drs. 13/1182, S. 10.

[405] *Cronauge*, Kommunale Unternehmen, 6. Aufl. 2016, Rn. 382, 387.

[406] Vgl. zur organisations- und kommunalabgabenrechtlichen Zulässigkeit der Gebührenerhebung *Ehlers*, ZHR 167 (2003), 546, 567.

[407] *Cronauge*, Kommunale Unternehmen, 6. Aufl. 2016, Rn. 391.

[408] *Cronauge*, Kommunale Unternehmen, 6. Aufl. 2016, Rn. 391.

[409] Eine Gewährträgerhaftung ist in den Bundesländern Baden-Württemberg (vgl. § 102a Abs. 8 S. 4 GemO BW), Niedersachsen (vgl. § 144 Abs. 2 S. 2 NKomVG) und Schleswig-Holstein (vgl. § 9 Abs. 2 KUVO) ausgeschlossen, s. a. B. Fn. 315).

[410] *Cronauge*, Kommunale Unternehmen, 6. Aufl. 2016, Rn. 390; bzgl. der potenziellen europarechtlichen Beihilfeproblematik vgl. Abschnitt zur Rechtsfähigen Anstalt des öffentlichen Rechts-/Kommunalunternehmen bzw. B. Fn. 316.

cc) Wasser- und Bodenverband

Wasser- und Bodenverbände sind als Körperschaften des öffentlichen Rechts organisiert.[411] Die maßgebliche Rechtsgrundlage bildet das Gesetz über Wasser- und Bodenverbände (Wasserverbandsgesetz – WVG).[412] Dadurch wird jedoch nicht das Recht der Länder berührt, eigene landesgesetzliche Grundlagen zu schaffen.[413] In Abgrenzung insbesondere zum Zweckverband ist festzuhalten, dass der Personenkreis, der einen Teil des Wasser- und Bodenverbandes formen kann, insofern weiter gefasst ist, als dass auch natürliche und juristische Personen Mitglieder werden können.[414] Der Aufgabengebiete des Wasser- und Bodenverbandes werden zunächst in § 2 WVG skizziert. Der Aufgabenkatalog sieht in § 2 Nr. 11 WVG die „*Beschaffung und Bereitstellung von Wasser*" vor – dies umfasst „*im Einzelfall auch Wasserversorgung bis zum Endabnehmer*".[415] Die Bundesländer sind jedoch kompetenzrechtlich ermächtigt, vom Bundesrecht derogierendes Landesrecht zu errichten und somit den Aufgabenkatalog zu beschneiden oder zu erweitern.[416] Die grundlegenden Rechtsverhältnisse des Verbandes und die Rechtsbeziehungen der Verbandsmitglieder zueinander werden in der Satzung festgelegt.[417] Der Wasser- und Bodenverband verfügt über die Organe des Vorstandes und der Versammlung der Verbandsmitglieder.[418] Die Versammlung der Verbandsmitglieder kann bei entsprechender Vereinbarung in der Satzung durch einen Verbandsausschuss als Vertreterversammlung ersetzt werden[419] – ein solches Vorgehen bietet sich vor allem bei großen Verbänden an, um die Funktion der Willensbildung des Organs zu erhalten.[420]

---

[411] § 1 Abs. 1 WVG, vgl. auch *Cronauge*, Kommunale Unternehmen, 6. Aufl. 2016, Rn. 173; *Hakenberg*, in: Weber, Rechtswörterbuch, 27. Ed.2021, „Wasser- und Bodenverbände"; *Reinhardt*, in: Reinhardt/Hasche, WVG Kommentar, 2011, Einleitung, Rn. 26, § 1, Rn. 4.

[412] Gesetz über Wasser- und Bodenverbände (Wasserverbandsgesetz – WVG) vom 12.2. 1991 (BGBl. I S. 405), zuletzt geändert durch Art. 1 WasserverbandsänderungsG vom 15.5. 2002 (BGBl. I S. 1578).

[413] *Brünning*, ZfW 2004, 129, 131.

[414] Vgl. § 4 WVG; vgl. für eine ausführliche Darstellung *Brandt*, in: Rapsch/Pencereci/Brandt, Wasserverbandsrecht, 2. Aufl. 2020, Rn. 186 ff.

[415] BT-Drs. 11/6764, S. 24; vgl. auch: *Brünning*, Der Private bei der Erledigung öffentlicher Aufgaben insbesondere der Abwasserbeseitigung und der Wasserversorgung, Diss. (Ruhr-Univ. Bochum) 1996, S. 203; *Pencereci*, in: Rapsch/Pencereci/Brandt, Wasserverbandsrecht, 2. Aufl. 2020, Rn. 529 (zu § 2 Nr. 11 WVG); *Reinhardt*, in: Reinhardt/Hasche, WVG Kommentar, 2011, § 2, Rn. 26; vgl. zur Trinkwasserbeschaffung auch *Witzel*, ZfW 1962, 26, 29.

[416] *Brünning*, ZfW 2004, 129, 131; *Cronauge*, Kommunale Unternehmen, 6. Aufl. 2016, Rn. 173; *Pencereci*, in: Rapsch/Pencereci/Brandt, Wasserverbandsrecht, 2. Aufl. 2020, Rn. 526; vgl. auch BT-Drs. 11/6764, S. 1.

[417] Vgl. § 6 Abs. 1 WVG.

[418] Vgl. § 41 Abs. 1 S. 1 WVG.

[419] Vgl. § 46 Abs. 1 S. 2 WVG und §§ 49–51 WVG zum Verbandsausschuss; s.a. *Cronauge*, Kommunale Unternehmen, 6. Aufl. 2016, Rn. 173.

[420] BT-Drs. 11/6764, S. 30 f.

Die Verbände finanzieren sich maßgeblich aus zwei Quellen: Vordergründig erfolgt die Finanzierung über die Leistung von Beiträgen durch die Mitglieder („Verbandsbeiträge") oder durch Geldzahlungen von Nicht-Mitgliedern, die Vorteile aus der Leistungserbringung ziehen („Nutznießer").[421] Parallel dazu erhalten die Verbände regelmäßig öffentliche Zuschüsse für Aufgaben, die den Haushalt andernfalls überfordern würden.[422]

e) Folgen der Organisationsformenwahl für die Ausgestaltung der Entgeltbeziehung zum Verbraucher

Die Entscheidung zwischen einer öffentlich-rechtlichen oder privatrechtlichen Organisationsform markiert eine Weichenstellung für die Ausgestaltung des Benutzungsverhältnisses. Die Rechtsbeziehung zu den Endverbrauchern kann bei Wahl einer privatrechtlichen Organisationsform ausschließlich privatrechtlich ausgestaltet werden.[423] Bei der Entscheidung für eine öffentlich-rechtliche Organisationform besteht eine Wahlmöglichkeit zwischen einer privatrechtlichen und öffentlich-rechtlichen Ausgestaltung des Benutzungsverhältnisses.[424] Daran anknüpfend bestimmt sich de lege lata die Anwendung des maßgeblichen Entgeltkontrollregimes.

3. Privatisierung der Wasserversorgung als Ausgestaltungsmodell

a) Begriffsbestimmungen und Abgrenzungen

Zunächst gilt es, gewisse Eckpfeiler der privatrechtlichen Ausgestaltungsvariante genauer zu beleuchten. Dabei sollen die Begriffe der Privatisierung, Liberalisierung, (De-)Regulierung und der Public-Private-Partnership definiert und näher erläutert werden.

aa) Privatisierung

Die Privatisierung ist durch die Umwandlung eines staatlichen oder kommunalen Betriebes in ein privates Unternehmen charakterisiert.[425] So werden Aufgaben, die

---

[421] Vgl. § 28 Abs. 1, 3 WVG; s. a. *Pencereci*, in: Rapsch/Pencereci/Brandt, Wasserverbandsrecht, 2. Aufl. 2020, Rn. 409 ff.; *Reinhardt*, in: Reinhardt/Hasche, WVG Kommentar, 2011, Einleitung, Rn. 75.

[422] *Pencereci*, in: Rapsch/Pencereci/Brandt, Wasserverbandsrecht, 2. Aufl. 2020, Rn. 465 ff.; *Reinhardt*, in: Reinhardt/Hasche, WVG Kommentar, 2011, Einleitung, Rn. 76; mit praktischen Beispielen *Witzel*, ZfW 1962, 26, 31.

[423] *Brünning*, Der Private bei der Erledigung kommunaler Aufgaben, Diss. (Ruhr-Univ. Bochum) 1996, S. 203 f.

[424] *Brünning*, Der Private bei der Erledigung kommunaler Aufgaben, Diss. (Ruhr-Univ. Bochum) 1996, S. 203 f.

[425] *Hakenberg*, in: Creifelds, Rechtswörterbuch, 26. Ed.2021, Privatisierung; *Kämmerer*, Privatisierung: Typologie – Determinanten – Rechtspraxis – Folgen, Habil. 2001, S. 11 f.;

vormals vom Staat wahrgenommen wurden, fortan von privaten Trägern übernommen.[426] Der Prozess der Privatisierung ist somit durch die Begriffe des „Staates“, der „Aufgabe“ und des „Privaten“ gekennzeichnet.

Der Staat symbolisiert in diesem Zusammenhang einen Hoheitsträger.[427]

Die Aufgabe wird als normativ gefasste Verhaltensbeschreibung definiert, deren Ziel es ist, Unterscheidungen und Zuordnungen zu ermöglichen.[428] Dieses Ziel vermag nur erreicht zu werden, sofern die Aufgabe sprachlich klar gefasst ist und – je nach Problemlage und vorhandenen Alternativen – entsprechend konkretisiert und konturiert ist.[429] Ferner ist die Benennung eines Aufgabenträgers, also desjenigen, der für die Aufgabenerfüllung einstehen soll, erforderlich.[430] Dabei ist begrifflich zwischen öffentlichen Aufgaben und Staatsaufgaben zu differenzieren.[431] Eine öffentliche Aufgabe ist dadurch gekennzeichnet, dass ihre Erfüllung im öffentlichen Interesse liegt[432], also gemeinwohlfördernd ist.[433] Dabei müssen öffentliche Aufgaben nicht stets Staatsaufgaben sein, jedoch können Staatsaufgaben nur öffentliche Aufgaben sein.[434] Insofern liegen Staatsaufgaben in allen Aufgaben, die der Staat sich selbst zulässigerweise zur Aufgabe macht.[435] Eine ähnliche Differenzierung wird durch die Rechtsprechung des Bundesverfassungsgerichts vorgenommen: Danach sind Staatsaufgaben solche Aufgaben, die der Staat durch Behörden selbst wahrnimmt, und öffentliche Aufgaben solche Aufgaben, die im Interesse der All-

---

Hellermann, in: M. Oldiges (Hrsg.), Daseinsvorsorge durch Privatisierung – Wettbewerb oder staatliche Gewährleistung, 2001, S. 19, 20.

[426] *Brehme*, Privatisierung und Regulierung der öffentlichen Wasserversorgung, Diss. (Univ. Gießen) 2010, S. 15; *Burgi*, in: Hendler/Marburger/Reinhardt/Schröder (Hrsg.), Umweltschutz, Wirtschaft und kommunale Selbstverwaltung, 2001, S. 101, 107; *Fischer/Zwetkow*, ZfW 42 (2003), 129, 131 f.; *Weiß*, Liberalisierung der Wasserversorgung, Diss. (Univ. Bayreuth) 2004, S. 28.

[427] *Weiß*, Privatisierung und Staatsaufgaben, Habil. 2002, S. 11.

[428] *Korioth*, in: Dürig/Herzog/Scholz, 98. EL März 2022, Art. 30, Rn. 7.

[429] *Bull*, Die Staatsaufgaben nach dem Grundgesetz, 2. Aufl. 1977, S. 44 ff.

[430] *Korioth*, in: Dürig/Herzog/Scholz, 98. EL März 2022, Art. 30, Rn. 7.

[431] *Brehme*, Privatisierung und Regulierung der öffentlichen Wasserversorgung, Diss. (Univ. Gießen) 2010, S. 16.

[432] *Koritoh*, in: Dürig/Herzog/Scholz, 98. EL März 2022, Art. 30, Rn. 14; *Martens*, Öffentlich als Rechtsbegriff, Habil. 1969, S. 117 ff.; *Peters*, in: Dietz/Hübner (Hrsg.), Festschrift für Hans Carl Nipperdey II, 1965, S. 877, 878; *Uerpmann*, Das öffentliche Interesse, Habil. 1999, S. 32; *Weiß*, Privatisierung und Staatsaufgaben, Habil. 2002, S. 22.

[433] *Korioth*, in: Dürig/Herzog/Scholz, 98. EL März 2022, Art. 30, Rn. 14; *Schmidt-Aßmann*, Das allgemeine Verwaltungsrecht als Ordnungsidee – Grundlagen und Aufgaben der verwaltungsrechtlichen Systembildung, 2. Aufl. 2004, S. 154.

[434] *Korioth*, in: Dürig/Herzog/Scholz, 98. EL März 2022, Art. 30, Rn. 14; *Peters*, in: Dietz/Hübner (Hrsg.), Festschrift für Hans Carl Nipperdey II, 1965, 877, 879; *Weiß*, Privatisierung und Staatsaufgaben, Habil. 2002, 25.

[435] *Burgi*, Funktionale Privatisierung und Verwaltungshilfe – Staatsaufgabendogmatik – Phänomenologie – Verfassungsrecht, Habil. 1999, S. 49 ff.

gemeinheit liegen, jedoch anderen Aufgabenträgern zugewiesen sind.[436] Bei diesen Aufgabenträgern kann es sich beispielsweise um Körperschaften oder Anstalten des öffentlichen Rechts oder juristische Personen des Privatrechts oder natürliche Personen handeln.[437]

Der Begriff des Privaten wird je nach zugrundeliegendem Begriffsverständnis unterschiedlich ausgelegt. Nach einem materiellen Verständnis ist der Private – in Anlehnung an eine seit dem 18. Jahrhundert verbreitete und auch noch heute vorherrschende Trennung von Staat und Gesellschaft[438] – ein nicht staatliches Subjekt.[439] Damit korrespondiert die Differenzierung zwischen staatlicher Kompetenz und grundrechtlicher Freiheit, so dass nach materiellem Verständnis zwischen Privaten und Staat danach unterschieden werden kann, ob eine Grundrechtsträgerschaft oder Grundrechtsverpflichtung vorliegt.[440] Privater im materiellen Sinne ist mithin jede natürliche oder juristische Person, die dem Staat gegenüber steht und grundrechtlichen Schutz genießt.[441] Dieser Ansatz stößt jedoch dort an seine (praktischen) Grenzen, wo eine trennlinienscharfe Unterscheidung zwischen Staat und Gesellschaft oder Grundrechtsverpflichtung und Grundrechtsberechtigung nicht eindeutig gezogen werden kann.[442] Ein solches Beispiel lässt sich in öffentlichen Unternehmen, die in privater Rechtsform agieren, finden. Aufgrund dieser Unhandlichkeit des vom materiellen Verständnis verfolgten Definitionsansatzes, legt ein Teil der Literatur ein rechtstechnisch-formales Begriffsverständnis zugrunde.[443] Nach diesem Verständnis handelt es sich auch dann um einen Privaten, wenn der Staat Staatsaufgaben in

[436] BVerfGE 107, 59, 90 f., 93; 41, 205, 218; 38, 281, 299; 32, 54, 65; 20, 56, 113; 17, 371, 376; 15, 235, 241; 10, 89, 102 f.; *Korioth*, in: Dürig/Herzog/Scholz, 98. EL März 2022, Art. 30, Rn. 14.

[437] *Korioth*, in: Dürig/Herzog/Scholz, 98. EL März 2022, Art. 30, Rn. 14.

[438] *Kahl*, Jura 2002, 721, 723 f.; insgesamt dazu auch *Horn*, DV 26 (1993), 545, 545 ff.; *Rupp*, in: Isensee/Kirchhof (Hrsg.), Handbuch des Staatsrechts, Band II, 3. Aufl. 2004, § 31 Rn. 17 ff.; *Hesse*, DÖV 1975, 437, 437 ff.

[439] *Brehme*, Privatisierung und Regulierung der öffentlichen Wasserversorgung, Diss. (Univ. Gießen) 2010, S. 19.

[440] *Brehme*, Privatisierung und Regulierung der öffentlichen Wasserversorgung, Diss. (Univ. Gießen) 2010, S. 19 f.

[441] *Ossenbühl*, VVDStRL 29 (1970), 137, 144; *Dagtoglou*, DÖV 1970, 532, 533 f.; vgl. auch *Hengstschläger*, VVDStRL 54 (1995), 165, 174; *Weiß*, DVBl. 2002, 1167, 1168.

[442] Vgl. *Kämmerer*, Privatisierung: Typologie – Determinanten – Rechtspraxis – Folgen, Habil. 2001, S. 14 ff.; *Isensee*, in: Böckenförde (Hrsg.), Staat und Gesellschaft, 1976, 317, 317 ff.

[443] Vgl. *Ossenbühl*, VVDStRL 29 (1971), 137, 144; Hengstschläger, VVDStRL 54 (1995), 165, 174; *Bree*, Die Privatisierung der Abfallentsorgung nach dem Kreislaufwirtschafts- und Abfallgesetz, 1998, S. 32; *Burgi*, Funktionale Privatisierung und Verwaltungshilfe – Staatsaufgabendogmatik – Phänomenologie – Verfassungsrecht, Habil. 1999, S. 15; *Weiß*, DVBl. 2002, 1167, 1168; dagegen: *Grabbe*, Verfassungsrechtliche Grenzen der Privatisierung kommunaler Aufgaben, Diss. (Univ. Köln) 1979, S. 42; *von Heimburg*, Verwaltungsaufgaben und Private, 1982, S. 19 f.; vgl. auch *Voßkuhle*, VVDStRL 62 (2003), 266, 276, Fußnote 30.

Privatrechtsform wahrnimmt.[444] Dies gilt jedoch unter der Einschränkung, dass bei einem (beherrschenden) staatlichen Einfluss gewisse öffentlich-rechtliche Bindungen gem. Art. 1 Abs. 3, Art. 20 Abs. 3 GG kraft Zugehörigkeit zur öffentlichen Hand bestehen, so dass öffentlichen Unternehmen in Privatrechtsform beispielsweise keine Privatautonomie zukommt und sie bezüglich staatlicher Kontrolle und Verantwortlichkeit und einer unter Umständen bestehenden Monopolsituation einer anderen Bewertung als Private im materiellen Sinne unterliegen.[445] Diese Einschränkung wird dadurch eingedämmt, als dass begrifflich zwischen echten und unechten[446] bzw. materiellen und formellen[447] Privaten differenziert wird. Mithin zeigt sich, dass beiden Definitionsansätzen Schwächen immanent sind. Der materielle Ansatz führt in der Praxis aufgrund der vielfältig vorkommenden Mischformen zu Abgrenzungsschwierigkeiten (insbesondere die Grundrechtsfähigkeit gemischtwirtschaftlicher Unternehmen ist im Einzelfall nicht unumstritten[448]), wohingegen der formale Ansatz (zu) umfassend ist, indem auch solche Konstellationen erfasst werden, in denen der Staat originäre Aufgaben in bloß privatrechtlicher Organisationsform erfüllt, ohne jedoch tatsächlich Private im materiellen Sinne zu beteiligen[449].

bb) Liberalisierung

Liberalisierung beschreibt das Aufheben von Beschränkungen des grenzüberschreitenden Waren-, Dienstleistungs-, Zahlungs- und Kapitalverkehrs, welche den zwischenstaatlichen Wettbewerb begleiten.[450] Ein zentraler Gedanke ist dabei die Stärkung des internationalen Handels und des Abbaus protektionistischer Hinder-

---

[444] *Brehme*, Privatisierung und Regulierung der öffentlichen Wasserversorgung, Diss. (Univ. Gießen) 2010, S. 20.

[445] Zur Privatautonomie: *Maurer/Waldhoff*, Allgemeines Verwaltungsrecht, 20. Aufl. 2020, § 3 Rn. 8 f.; *Weiß*, Privatisierung und Staatsaufgaben, Habil. 2002, S. 37; zur anderen Bewertung als Private im materiellen Sinne: *Brehme*, Privatisierung und Regulierung der öffentlichen Wasserversorgung, Diss. (Univ. Gießen) 2010, S. 21; *Hengstschläger*, VVDStRL 54 (1995), 165, 174.

[446] *Burgi*, in: Ehlers/Pünder (Hrsg.), Allgemeines Verwaltungsrecht, 15. Aufl. 2016, § 7 Rn. 8; *Kühling*, Sektorspezifische Regulierung in den Netzwirtschaften, 2004, S. 33.

[447] *Osterloh*, VVDStRL 54 (1995), 204, 223 Fn. 70; *Weiß*, Privatisierung und Staatsaufgaben, Habil. 2002, S. 37; *ders.*, DVBl. 2002, 1167, 1168.

[448] Vgl. *Barden*, Grundrechtsfähigkeit gemischt-wirtschaftlicher Unternehmen, 2002, 37 f., 69 ff.; *Storr*, Der Staat als Unternehmer, Habil. 2001, S. 187 ff.; *Poschmann*, Der Grundrechtsschutz gemischt-wirtschaftlicher Unternehmen, Diss. (Univ. Passau) 1999, S. 15 ff., 21 ff., 377 ff.; *Gersdorf*, Öffentliche Unternehmen im Spannungsfeld zwischen Demokratie- und Wirtschaftlichkeitsprinzip, Habil. 2000, S. 63 ff.

[449] *Brehme*, Privatisierung und Regulierung der öffentlichen Wasserversorgung, Diss. (Univ. Gießen) 2010, S. 22; *Heintzen*, VVDStRL 62 (2003), 220, 231.

[450] *Brehme*, Privatisierung und Regulierung der öffentlichen Wasserversorgung, Diss. (Univ. Gießen) 2010, S. 36; *Helm*, Rechtspflicht zur Privatisierung, 1999, S. 34; *Weiß*, Liberalisierung der Wasserversorgung, Diss. (Univ. Bayreuth) 2004, S. 27.

nisse.[451] Die Liberalisierung wird (und wurde) insbesondere durch die Europäische Union, aber auch durch internationale Organisationen wie die WTO oder OECD gefördert.[452] In Bezug auf den Wassermarkt bedeutet Liberalisierung eine Öffnung der Aufgabenerledigung, wodurch der Wassermarkt den freien wettbewerblichen Kräften des Marktes überlassen werden würde.[453] Die Liberalisierung und die Deregulierung beschreiben ähnliche Vorgänge,ebenso ergeben sich gewisse Überschneidungen mit der Privatisierung.[454] Aus der Liberalisierung folgt ein Tätigwerden von privaten Leistungserbringern (parallel zu bereits tätigen staatlichen Leistungserbringern[455]), so dass zeitgleich eine teilweise materielle Privatisierung des vormals geschützten Marktbereichs erfolgt.[456] Jedoch bestehen zwischen der Privatisierung und der Liberalisierung insofern erhebliche Unterschiede, als dass die Liberalisierung im Unterschied zur Privatisierung nicht auf die Auflösung der staatlichen Monopole zielt; sie besteht vielmehr darin, dass anstelle des vormals staatlichen Trägers ein privates Unternehmen tritt.[457]

cc) (De-)Regulierung

Unter Deregulierung wird eine Verringerung von staatlichem Einfluss auf den Markt beschrieben, um so durch Entfaltung der Marktfunktionen den Wettbewerb zu erhöhen.[458] Dies erfolgt durch den Abbau von Gesetzen und Verwaltungsverfahren.[459] Die Privatisierung und Deregulierung überschneiden sich insofern, als dass beide ein Weniger an staatlichem Handeln zur Folge haben und mehr Raum für Wettbewerb eröffnen.[460] Vereinzelt wird Deregulierung auch als Aufforderung zu einer Rechts- und Verwaltungsvereinfachung, Entbürokratisierung und Reduzierung

---

[451] *Helm*, Rechtspflicht zur Privatisierung, 1999, S. 34.

[452] *Brehme*, Privatisierung und Regulierung der öffentlichen Wasserversorgung, Diss. (Univ. Gießen) 2010, S. 36; *Helm*, Rechtspflicht zur Privatisierung, 1999, S. 34; vgl. auch zur Liberalisierungspolitik der WTO: Jahresbericht der Bundesregierung 1996, S. 319 und S. 361.

[453] *Fischer/Zwetkow*, ZfW 42 (2003), 129, 131.

[454] Vgl. *Helm*, Rechtspflicht zur Privatisierung, 1999, S. 35; *Kühling*, Sektorspezifische Regulierung in Netzwirtschaften, 2004, S. 31 f.; vgl. auch: *Krölls*, GewArch 1995, 129, 129, der die Privatisierung als „*Zwillingsschwester*" der Deregulierung bezeichnet.

[455] *Fischer/Zwetkow*, ZfW 42 (2003), 129, 131.

[456] *Böhmann*, Privatisierungsdruck des Europarechts, Diss. (Univ. Jena) 2000, S. 29; *Krölls*, GewArch 1995, 129, 131; *Schmidt*, LKV 2008, 193, 194; *Weiß*, Privatisierung und Staatsaufgaben, Habil. 2002, S. 373.

[457] *Schmidt*, Liberalisierung der Daseinsvorsorge, Der Staat 42 (2003), 225, 228.

[458] *Kühling*, Sektorspezifische Regulierung in den Netzwirtschaften, 2004, S. 31; *Peine*, DÖV 1997, 353, 355; *Brehme*, Privatisierung und Regulierung der öffentlichen Wasserversorgung, Diss. (Univ. Gießen) 2010, S. 35 f.

[459] *Helm*, Rechtspflicht zur Privatisierung, 1999, S. 33.

[460] *Brehme*, Privatisierung und Regulierung der öffentlichen Wasserversorgung, Diss. (Univ. Gießen) 2010, S. 35.

von Staatsaufgaben definiert[461]; diese weitere Begriffsausfüllung ist jedoch auf politische Debatten zurückzuführen.[462]

dd) Public-Private-Partnership (PPP)

Eine Public-Private-Partnership bezeichnet einen Vertrag zwischen der öffentlichen Hand und einem oder mehreren Auftragnehmern zur Errichtung eines bestimmten Projekts.[463] Mithin wird eine Zusammenarbeit von öffentlichen und privaten Akteuren bei der Erstellung, Finanzierung oder dem Management von öffentlichen Aufgaben beschrieben.[464] Jedoch sind die Möglichkeiten der Kooperation zwischen Staat und Privaten so vielseitig wie die Aufgaben selbst, so dass der Begriff der Public-Private-Partnership einen Sammelbegriff für oben genannte Kooperationen darstellt.[465] Typischerweise werden dabei von dem privaten Unternehmen Bau- oder Dienstleistungen unter Übernahme leistungstypischer Risiken durchgeführt[466], dementsprechend lang gestalten sich in der Regel die Vertragslaufzeiten[467]. Im Rahmen der Public-Private-Partnership lassen sich zwei Kategorien differenzieren: Zum einen die Organisations-Public-Private-Partnerships, welche die institutionalisierte Form der Partnerschaft in einem gemischt-wirtschaftlichen Unternehmen meinen, und zum anderen die Vertrags-Public-Private-Partnerships, welche die Zusammenarbeit mit Privaten infolge eines Beschaffungsvorgangs der öffentlichen Hand bezeichnen.[468] Die einzelnen Ausgestaltungsmodalitäten der Partnerschaften werden teilweise mit den Varianten der (formellen, funktionalen und materiellen[469]) Privatisierung in Verbindung gesetzt.[470] Diese Einordnung ist jedoch

---

[461] *König*, VerwArch 96 (2005), 44, 62.

[462] *Brehme*, Privatisierung und Regulierung der öffentlichen Wasserversorgung, Diss. (Univ. Gießen) 2010, S. 35.

[463] *Cassardt*, in: Creifelds, Rechtswörterbuch, 25. Edition (2020), Public Private Partnership

[464] *Battis/Kersten*, LKV 2006, 442, 443; *Brehme*, Privatisierung und Regulierung der öffentlichen Wasserversorgung, Diss. (Univ. Gießen) 2010, S. 37; *Geis*, Kommunalrecht, 5. Aufl. 2020, § 12, Rn. 107.

[465] *Battis/Kersten*, LKV 2006, 442, 443.

[466] So die Kommission der Europäischen Gemeinschaft, Grünbuch zu öffentlich-privaten Partnerschaften und den gemeinschaftlichen Rechtsvorschriften für öffentliche Aufträge und Konzessionen, KOM (2004) 327, S. 3; vgl. ferner: *Fleckenstein*, DVBl. 2006, 75, 76; *Uechtritz/Otting*, NVwZ 2005, 1105, 1105.

[467] *Brehme*, Privatisierung und Regulierung der öffentlichen Wasserversorgung, Diss. (Univ. Gießen) 2010, S. 37 f.

[468] *Gersdorf*, JZ 2008, 831, 833; *Tettinger*, NWVBl. 2005, 1, 2 ff.; Kommission der Europäischen Gemeinschaft, Grünbuch zu öffentlich-privaten Partnerschaften und den gemeinschaftlichen Rechtsvorschriften für öffentliche Aufträge und Konzessionen, KOM (2004) 327, S. 9 ff.

[469] Zu den Begriffen vgl. B. III. 3. c), S. 103.

[470] In diese Richtung *Tettinger*, in: Budäus/Eichhorn (Hrsg.), Public Private Partnership, 1997, S. 125, 125 f.; *Späth/Michels/Schily*, Der Bürger erlebt sein Bottom up, in: dies. (Hrsg.),

nicht zwingend und zeigt auf, wie unscharf der Begriff der Public-Private-Partnership letztlich ist.[471] Insbesondere die in der öffentlichen Trinkwasserversorgung praktizierten Privatisierungsmodelle kreisen um den Begriff der Public-Private-Partnership.[472]

b) Ausgangslage und Motive der Privatisierung

In einem weiteren Schritt sind die Ausgangslage und die Motive für eine Privatisierung der Wasserversorgung darzulegen.

aa) Ausgangslage

Zunächst ist als Ausgangslage festzuhalten, dass Wasser als Lebensmittel unersetzbar ist. So wurde schon in der Wasserrahmenrichtlinie festgehalten, dass „*Wasser […] keine übliche Handelsware [ist], sondern ein ererbtes Gut, das geschützt, verteidigt und entsprechend behandelt werden*“[473] muss. Ferner ist zu beachten, dass es – anders als beispielsweise im Rahmen der Elektrizitätsversorgung – keine flächendeckenden Verbundnetze gibt.[474] Außerdem ist die demografische Entwicklung, welche insbesondere durch einen Bevölkerungsrückgang in ländlichen Gegenden gekennzeichnet ist, einzubeziehen. Aus einem Bevölkerungsrückgang resultiert grundsätzlich ein geringerer Wasserverbrauch. Jedoch bleibt auch bei einer dünneren Besiedlung der Bedarf nach Infrastruktureinrichtungen bestehen, so dass die Wasserversorgungsunternehmen bei einer flächendeckenden Versorgungssicherung mit gleich bleibenden (Grund-)Kosten konfrontiert werden, die auf weniger Endabnehmer verteilt werden können.[475] Oftmals werden als Gründe für eine Privatisierung der Wasserwirtschaft der Finanzierungsbedarf und die Belastung der kommunalen Haushalte angeführt,[476] wobei eine Privatisierung insbesondere einer Überlastung der kommunalen Haushalte entgegenwirken könne.[477] Die Debatte um eine Privatisierung bzw. Modernisierung der Wasserversorgung wurde durch eine Weltbankstudie[478] ausgelöst, die die Übertragbarkeit des deutschen Systems der Wasserver-

---

Das PPP-Prinzip, 1998, S. 11 ff.; die Zuordnung an strengere Voraussetzungen knüpfend: *Budäus/Grüning*, in: Ellwein/Grimm/Hesse/Schuppert (Hrsg.), Jahrbuch zur Staats- und Verwaltungswissenschaft 9 (1996), S. 109, 129 ff.

[471] Vgl. auch *Kämmerer*, Privatisierung: Typologie – Determinanten – Rechtspraxis – Folgen, Habil. 2001, S. 58.

[472] Vgl. B. III. 3. a) dd), S. 98.

[473] Wasserrahmen-Richtlinie 2000/60/EG, ABlEG Nr. L 327 v. 22. 12. 2000, S. 1 ff.

[474] Vgl. unter A. II., S. 16; ferner: *Schmidt*, LKV 2008, 193, 194.

[475] Vgl. *Schmidt*, LKV 2008, 193, 194.

[476] Bauer, VVDStRL 54 (1995), 243, 257; *Lenk/Hesse/Rottmann*, IR 2010, 293, 294.

[477] *Bauer*, DÖV 1998, 89, 90; *Frenz*, ZHR 166 (2002), 307, 313.

[478] *Briscoe*; The German Water and Sewerage Sector, The World Bank, Washington DC, 1995; auf deutsch abrufbar unter: https://johnbriscoe.seas.harvard.edu/files/johnbriscoe/files/

sorgung auf Entwicklungsländer untersuchte. So wurden im Zuge dessen Stimmen laut, die eine Stärkung der deutschen Wasserwirtschaft forderten: Es wurden dabei insbesondere Aspekte der Gewinnsteigerung (auch im Rahmen sog. Multi-Utility-Systeme)[479], die Nutzung privaten Sachverstandes, die Beschleunigung von (Verwaltungs-)Vorgängen, eine verstärkte Flexibilität, Szenarien zur Haftungsbeschränkung, und allgemeine Effizienzsteigerungspotenziale im Rahmen von Privatisierungen beleuchtet.[480] Gleichwohl besteht in den neuen Bundesländern eine besondere Situation, die zur Hinterfragung der Notwendigkeit einer Privatisierung verleitet: Die in der ehemaligen DDR zentral geleiteten 16 volkseigenen Betriebe der Wasserversorgung und Abwasserbehandlung (VEB WAB)[481] wurden 1990 in Kapitalgesellschaften umgewandelt.[482] Im Rahmen der „WAB-Entflechtung"[483] wurden die Gesellschaftsstrukturen schließlich aufgelöst und – aus Gründen der Bürger- und Ortsnähe – die Anlagen samt Aufgabenwahrnehmung auf die Kommunen übertragen.[484] Somit könnte ein (erneut) einsetzendes Privatisierungsbestreben auf Unverständnis stoßen.[485]

bb) Privatisierungsmotive

Anschließend sollen die Motive für eine Privatisierung vorgestellt und näher beleuchtet werden. Die Motive für eine Privatisierung können dabei verschiedenartiger Natur sein. In Betracht kommen insbesondere rechtliche, politische, finanz- und haushaltspolitische sowie betriebswirtschaftliche Erwägungen.

Eine Privatisierung aufgrund rechtlicher Erwägungen kommt in Betracht, wenn eine Privatisierung durch Gesetz vorgegeben ist oder aus der Anwendung einer Rechtsform folgt, dass eine Privatisierung die alleinige Handlungsoption darstellt oder sonstige Vorteile aufweist.[486] Die Rechtsnormen können dabei in unterschiedlicher Weise Wirkung entfalten. Dabei kann grundsätzlich zwischen absoluten und relativen Privatisierungsverboten, Privatisierungspflichten und Privatisie-

---

65._briscoe-_der_sektor_wasser_und_abwasser-_gwf-_munich_1995_0.pdf (zuletzt aufgerufen am 4.1.2023).

[479] Vgl. *Bauer*, VVDStRL 54 (1995), 243, 256.

[480] *Ewers/Botzenhart/Jekel/Salzwedel/Kraemer*, Optionen, Chancen und Rahmenbedingungen einer Marktöffnung für eine nachhaltige Wasserversorgung, BMWi-Forschungsvorhaben 11/00, Endbericht, Juli 2001, S. 13; *Brackemann u.a.*, Liberalisierung der deutschen Wasserversorgung, 2000, S. 75 ff.

[481] *Schmidt*, LKV 2008, 193, 195.

[482] *Schmidt*, LKV 2008, 193, 195.

[483] *Cronauge/Westermann*, Kommunale Unternehmen, 5. Aufl. 2005, Rn. 337 ff.

[484] Vgl. § 4 Abs. 2 DDR-KVG vom 6. Juli 1990, vgl. Gbl. DDR I, 1990, 660; *Schmidt*, LKV 2008, 193, 195.

[485] *Schmidt*, LKV 2008, 193, 195.

[486] *Brehme*, Privatisierung und Regulierung der öffentlichen Wasserversorgung, Diss. (Univ. Gießen) 2010, S. 29 f.

rungsberechtigungen nuanciert werden.[487] In Teilen gehen die rechtlichen Privatisierungsbestreben auf die Umsetzung sekundärrechtlicher Liberalisierungsvorhaben der Europäischen Kommission oder die Wettbewerbsregeln des Vertrages über die Arbeitsweise der Europäischen Union zurück.[488] Rechtliche Privatisierungsbestreben ergeben sich aber auch aus nationalem Recht. In diesem Rahmen ist insbesondere auf das Haushaltsrecht zu verweisen, in dessen § 7 Abs. 1 BHO die Grundsätze der Wirtschaftlichkeit und Sparsamkeit normiert sind.[489] Die Grundsätze umfassen auch die Prüfung danach, ob eine staatliche Aufgabe durch Ausgliederung und Entstaatlichung oder Privatisierung wirtschaftlicher und sparsamer ausgeführt werden kann.[490] Außerdem kann eine zunehmend privatisierungsfreundliche Ausgestaltung des kommunalen Haushalts- und Wirtschaftsrechts beobachtet werden[491], wodurch ein gewisses Nudging der Kommunen in Richtung Privatisierung erfolgt.

Weitere (maßgebliche) Triebkraft für Privatisierungsbestrebungen sind politische Motive. Diese stehen dabei unter der Prämisse, dass eine privatwirtschaftliche, den Regeln des Wettbewerbs unterfallende unternehmerische Tätigkeit eine hohe Eignung besitzt, wirtschaftliche Freiheit und Anpassungsfähigkeit, ökonomische Effizienz und damit Wohlstand und Sicherheit zu gewährleisten.[492] Im Rahmen dessen nehmen öffentliche Unternehmen insofern eine Sonderrolle im Marktgeschehen ein, als dass sie vom Wettbewerb als Kontrollmechanismus unbeeindruckt bleiben, weil sie in der Regel über einen anderen finanziellen Hintergrund verfügen als Unternehmen privater Träger.[493] Die Privatisierung stellt somit den entscheidenden Weg dar, um eine Benachteiligung anderer (privater) Marktteilnehmer gegenüber dem Staat als Marktteilnehmer auszuschließen.[494] Allerdings gibt es auch anders lautende Stimmen, die hervorheben, dass öffentliche Unternehmen wichtige Gemeinwohl-

---

[487] Vgl. *Kämmerer*, Privatisierung: Typologie – Determinanten – Rechtspraxis – Folgen, Habil. 2001, S. 88 ff.: Danach ist unter einem Privatisierungsverbot eine Rechtsnorm mit privatisierungsbegrenzender Wirkung zu verstehen; dieses ist als absolutes Privatisierungsverbot ausgestaltet, sofern eine Privatisierung schlechthin unzulässig ist. Ein relatives Privatisierungsverbot liegt vor, wenn eine Norm eine Privatisierung indirekt hemmt. Privatisierungspflichten ordnen Privatisierungsmaßnahmen an. Privatisierungsberechtigungen hingegen normieren keine Pflicht zur Privatisierung, gebieten diese jedoch insofern, als dass diese die einzige rechtlich zulässige Form der Aufgabenwahrnehmung darstelle.

[488] Vgl. im Allgemeinen: *Böhmann*, Privatisierungsdruck des Europarechts, Diss. (Univ. Jena) 2000, v. a. S. 77 ff., 99 ff.; *Kämmerer*, Privatisierung: Typologie – Determinanten – Rechtspraxis – Folgen, Habil. 2001, S. 93 ff.

[489] Vgl. *Brehme*, Privatisierung und Regulierung der öffentlichen Wasserversorgung, Diss. (Univ. Gießen) 2010, S. 30.

[490] Vgl. § 7 Abs. 1 Satz 2 BHO.

[491] Vgl. z. B. Art. 61 Abs. 2 S. 2 BayGO; § 121 Abs. 7 HGO.

[492] *Ehlers*, Aushöhlung der Staatlichkeit durch die Privatisierung von Staatsaufgaben?, Diss. (Univ. Kiel) 2002, S. 31; *Böhmann*, Privatisierungsdruck des Europarechts, Diss. (Univ. Jena) 2000, S. 33; zu den Funktionen des Wettbewerbes.

[493] *Möschel*, in: Großfeld/Sack/Möllers/Drexl/Heinemann (Hrsg.), FS für Wolfgang Fikentscher, 1998, 574, 576; *ders.*, JZ 1988, 855, 887 f.

[494] *Schoch*, DVBl. 1994, 962, 967.

aufgaben wahrnehmen und dass die kommunale Betätigung eine wichtige Stütze der kommunalen Selbstverwaltung darstellt.[495] Befürworter einer Privatisierung betonen jedoch, dass der Staat sich auf seine originären Aufgaben wie beispielsweise die äußere und innere Sicherheit, Überwachung der Wirtschafts- und Währungsordnung, Gerichtsbarkeit und Abgabeneinziehung konzentrieren solle.[496] Dadurch erwarten sie eine Markt- und Wettbewerbsbelebung.[497] Mithin stellt die Privatisierung in politischer Hinsicht eine Grundsatzfrage dar.

Ein weiteres Motiv der Privatisierung stellen finanz- und haushaltspolitische Erwägungen dar, um über den Verkaufserlös die allgemeine Haushaltslage aufzubessern.[498] Diese ist insbesondere auf kommunaler Ebene häufig prekär, so dass eine ordnungsgemäße Aufgabenwahrnehmung gefährdet wird.[499] Die Verwendung des Verkaufserlöses zur Aufbesserung der allgemeinen Haushaltslage wird unterschiedlich bewertet: Auf der einen Seite wird kritisiert, dass durch den Verkaufserlös lediglich ein Einmaleffekt erzielt werde[500] und infolge einer Vermögensprivatisierung das Unternehmen dem staatlichen Einfluss einer wirtschaftlichen Betätigung und damit einer Gewinnerzielung dauerhaft entzogen[501] wäre. Auf der anderen Seite ist zu beachten, dass im Rahmen einer Privatisierung die staatliche Schuldenquote dauerhaft verringert werden kann.[502]

Ein zusätzliches Kriterium im Rahmen von Privatisierungsbestrebungen stellen betriebswirtschaftliche Erwägungen[503] dar. Dabei ist zunächst zu beachten, dass private Unternehmen infolge des marktbestimmenden Wettbewerbs einer grundsätzlich anderen Anreiz- und Sanktionsstruktur ausgesetzt sind als staatliche Un-

---

[495] *Ambrosius*, StWStP 5 (1994), 415, 418 ff., 423 ff. (welcher insbesondere auch historische Dimensionen einbezieht); *Püttner*, LKV 1994, 193, 194.

[496] Vgl. *Schuppert*, DÖV 1995, 761, 764 ff.; *Grünewald*, in: Ipsen (Hrsg.), Privatisierung öffentlicher Aufgaben, 1994, 5, 8.

[497] *Schoch*, DVBl. 1994, 962, 967.

[498] *Brehme*, Privatisierung und Regulierung der öffentlichen Wasserversorgung, Diss. (Univ. Gießen) 2010, S. 32; vgl. auch die Unterrichtung durch die Bundesregierung, Jahreswirtschaftsbericht 2003, Allianz für Erneuerung – Reformen gemeinsam voranbringen, BT-Drs. 15/372, S. 60, Rn. 80; Unterrichtung durch die Bundesregierung, Jahreswirtschaftsbericht 2001 der Bundesregierung, Reformkurs fortsetzen – Wachstumsdynamik stärken, BT-Drs. 14/5201, S. 57, Rn. 82; *Lenk/Hesse/Rottmann*, IR 2010, 293, 294.

[499] *Kahl*, in: Kloepfer (Hrsg.), Abfallwirtschaft in Bund und Ländern, 2003, 75, 111; *Libbe/Trapp/Tomerius*, Gemeinwohlsicherung als Herausforderung – umweltpolitisches Handeln in der Gewährleistungskommune, 2004, S. 64.

[500] Vgl. *Osterloh*, VVDStRL 54 (1995), 204, 213 f.; *Schuppert*, StWStP 5 (1994), 541, 546.

[501] *Jaag*, VVDStRL 54 (1995), 287, 300 mit Fn. 53; *Ambrosius*, StWStP 4 (1994), 415, 433; *Däubler*, Privatisierung als Rechtsproblem, 1980, 35 – der die zusätzliche Belastung öffentlicher Haushalte durch die Privatisierung gewinnbringender Teile des öffentlichen Dienstes hervorhebt; *Görgmaier*, DÖV 1977, 356, 358 f.

[502] *Möschel*, in: Großfeld u. a. (Hrsg.), FS für Wolfgang Fikentscher, 1998, 574, 576.

[503] Vgl. auch *Engel/Tauchmann*, in: Haug/Rosenfeld (Hrsg.), Die Rolle der Kommunen in der Wasserwirtschaft, 2007, S. 115 ff.

ternehmen und somit der Fokus im Regelfall auf einer Kostenoptimierung und Gewinnmaximierung liegen wird. Daraus wird teilweise geschlussfolgert, dass private Unternehmen im Gegensatz zu öffentlichen Unternehmen effizienter arbeiten würden.[504] Die Schlussfolgerung findet ihren Ursprung in der Theorie der Verfügungsrechte (*property-rights-theory*[505]), wonach im Falle weitgehender Verfügungsrechte der Eigentümer mit dem stärksten Interesse an Effizienz zu rechnen sei. Dagegen besteht in öffentlichen Unternehmen ein insofern geringeres Effizienzinteresse, als dass deren Leitungsverantwortliche durch ein effizienteres Handeln keinen direkten monetären Vorteil erlangen. Ferner ist zu beachten, dass spezialisierte private Unternehmen regelmäßig in einem größeren Umfang über Fachpersonal mit Fachwissen verfügen als öffentliche Unternehmen.[506] Dieses Leistungsvermögen kann der Staat optimierungsbedingt nutzen.[507] Zudem kann bereits die Umwandlung in eine privatrechtliche Organisationsform die Gelegenheit zu einer flexibleren Aufgabenerledigung insofern bieten, als dass die zu privatisierende Organisationseinheit gegenüber der Kommunalverwaltung verselbstständigt wird.[508] Zusätzlich sind die Entscheidungswege in privatrechtlichen Organisationsformen schneller und einfacher zu begehen und vermitteln den Führungskräften mehr Selbstständigkeit im Rahmen der Aufgabenerledigung.[509]

Im Ergebnis zeigt sich, dass die Motive für eine Privatisierung verschiedenartiger Natur sein können und in der Praxis vermutlich stets einzelfallbezogene Gewichtungen eines oder gegebenenfalls eine Kombination verschiedener Motive vorliegen wird.

c) Grundlegende Formen der Privatisierung

Die Privatisierung wird durch eine Verlagerung öffentlicher Leistungen und öffentlichen Vermögens auf privatrechtliche Träger charakterisiert.[510] Grundlegend lässt sich zwischen der Organisationsprivatisierung (formelle/formale Privatisierung), Erfüllungsprivatisierung (funktionale Privatisierung) und der Aufgabenpri-

---

[504] *Ehlers*, Aushöhlung der Staatlichkeit durch die Privatisierung von Staatsaufgaben, Diss. (Univ. Kiel) 2002, S. 32; *Möschel*, in: Großfeld u. a. (Hrsg.), FS für Wolfgang Fikentscher, 1998, 574, 575 f.

[505] *Demsetz*, in: The American Economic Review, Vol. 57, 1967, S. 347 ff.

[506] *Brehme*, Privatisierung und Regulierung der öffentlichen Wasserversorgung, Diss. (Univ. Gießen) 2010, 34.

[507] *Voßkuhle*, in: Schuppert (Hrsg.), Jenseits von Privatisierung und „schlankem" Staat, 1999, 47, 49 ff.; *ders.*, VVDStRL 63 (2003), 266, 307.

[508] *Brehme*, Privatisierung und Regulierung der öffentlichen Wasserversorgung, Diss. (Univ. Gießen) 2010, 34.

[509] *Libbe/Trapp/Tomerius*, Gemeinwohlsicherung als Herausforderung – umweltpolitisches Handeln in der Gewährleistungskommune, 2004, 65 f.

[510] *Gern/Brünning*, Deutsches Kommunalrecht, 4. Aufl. 2019, Rn. 1077; *Katz*, Kommunale Wirtschaft, 2. Aufl. 2017, Teil 1, Rn. 205; *Lenk/Hesse/Rottmann*, IR 2010, 293, 294.

vatisierung (materielle Privatisierung) differenzieren.[511] Die Privatisierung kommunaler Einrichtungen und Betriebe kann – als Ausdruck der Formenwahlfreiheit der Verwaltung[512] – in verschiedenen (Misch-)Formen und Intensitäten auftreten, die je nach Ausgangslage und Zielvorstellung der Kommunen und privaten Parteien gestaltet werden.[513]

aa) Organisationsprivatisierung/formelle Privatisierung

Die Organisationsprivatisierung – welche teilweise auch unter dem Begriff der formellen Privatisierung firmiert – ist dadurch gekennzeichnet, dass die kommunale Aufgabe durch ein (öffentliches) Unternehmen in privater Rechtsform (insbesondere Kapitalgesellschaften wie die GmbH oder AG) wahrgenommen wird.[514] Dabei kann zwischen Eigen- und Beteiligungsgesellschaften unterschieden werden. Die erstgenannte Form zeichnet aus, dass die Gemeinde alleiniger Gesellschafter ist, während die Gemeinde im Falle der Beteiligungsgesellschaft „nur" Mitgesellschafterin ist.[515] Sofern die Beteiligungsgesellschaft im Miteigentum von kommunalen Trägern und privaten Personen steht (sog. gemischt-wirtschaftliche Unternehmen[516]) können verschiedenartige Vorteile, wie der Erfahrungsschatz privater Tätigkeiten, die Befreiung von haushaltsrechtlichen und besoldungsrechtlichen Bindungen, der Einbeziehung weiterer Kapitalgeber und die Haftungsbegrenzungen fruchtbar gemacht werden.[517] Das maßgebende Kennzeichen der Organisationsprivatisierung liegt darin, dass die Verwaltung die Verwaltungsaufgaben weiterhin erledigt, lediglich im Gewande einer privaten anstelle einer öffentlich-rechtlichen Rechtsform.[518] Somit

---

[511] Vgl. *Burgi*, Kommunalrecht, 6. Aufl. 2019; § 17, Rn. 69; *Geis*, Kommunalrecht, 5. Aufl. 2020, § 12, Rn. 100 (mit zusätzlichem Verweis auf die – hier nicht zu vertiefende – Vermögensprivatisierung, welche teilweise als Unterfall der materiellen Privatisierung kategorisiert wird, vgl. *Brehme*, Privatisierung und Regulierung der öffentlichen Wasserversorgung, Diss. (Univ. Gießen) 2010, S. 27); ausführlich: *Weiß*, Privatisierung und Staatsaufgaben, Habil. 2002, S. 28 ff.

[512] *Schröder*, Verwaltungsrechtsdogmatik im Wandel, 2007, S. 148 ff.

[513] *Brehme*, Privatisierung und Regulierung der öffentlichen Wasserversorgung, Diss. (Univ. Gießen) 2010, S. 23; *Wißmann*, in: Voßkuhle/Eifert/Möllers (Hrsg.), Grundlagen des Verwaltungsrechts, Bd. I, 3. Aufl. 2022, § 14, Rn. 69.

[514] *Burgi*, Kommunalrecht, 6. Aufl. 2019, § 17, Rn. 69; *Fischer/Zwetkow*, NVwZ 2003, 281, 282; *Geis*, Kommunalrecht, 5. Aufl. 2020, § 12, Rn. 103; *Gern/Bünning*, Deutsches Kommunalrecht, 4. Aufl. 2019, Rn. 1084; *Lenk/Hesse/Rottmann*, IR 2010, 293, 295; *Weiß*, Privatisierung und Staatsaufgaben, Habil. 2002, S. 29 ff.

[515] *Burgi*, Kommunalrecht, 6. Aufl. 2019, § 17, Rn. 79; *Geis*, Kommunalrecht, 5. Aufl. 2020, § 12, Rn. 103.

[516] In Abgrenzung dazu werden Beteiligungsgesellschaften, die im Eigentum verschiedener Gemeinden stehen als gemischt-öffentliche Gesellschaften bezeichnet; vgl. *Geis*, Kommunalrecht, 5. Aufl. 2020, § 12, Rn. 103.

[517] *Maurer/Waldhoff*, Allgemeines Verwaltungsrecht, 20. Aufl. 2020, § 23, Rn. 63.

[518] *Geis*, Kommunalrecht, 5. Aufl. 2020, § 12, Rn. 104; *Maurer/Waldhoff*, Allgemeines Verwaltungsrecht, 20. Aufl. 2020, § 23, Rn. 63.

bleibt die Verantwortung der Aufgabenerfüllung beim Staat.[519] Um ein Entziehen öffentlich-rechtlicher Bindungen des Staates durch „Ausgliederung" oder „Restrukturierung" in privater Rechtsform („Flucht ins Privatrecht") zu verhindern, gilt, dass die Verwaltung auch im Rahmen privatrechtlichen Handelns an öffentlich-rechtliche Grundsätze, insbesondere die Grundrechte, gebunden ist.[520] Diese Bindungen des Staates an öffentlich-rechtliche Grundsätze ist dann besonders interessant, wenn diese im Rahmen gemischt-wirtschaftlicher Unternehmen mit Privaten zusammentreffen, die ansonsten nicht (in gleicher Weise) an die Grundrechte gebunden wären.[521] Das Bundesverfassungsgericht stellt in solchen Fällen auf die öffentlich-rechtliche Beherrschung des Unternehmens ab.[522]

bb) Aufgabenprivatisierung/materielle Privatisierung

Die Aufgabenprivatisierung, welche auch als materielle Privatisierung bekannt ist, zeichnet aus, dass sich die Gemeinde vollständig oder teilweise, endgültig oder zeitlich befristet von der Erfüllungsverantwortung einer kommunalen Aufgabe entbindet und diese Verantwortung in die Hand eines nicht-staatlichen Rechtssubjektes gibt.[523] Dieser Vorgang kann durch Auflösung, Übertragung, Rechtsumwandlung oder durch Einräumung von Entscheidungs- oder Ausschließlichkeitsrechten zugunsten Privater durch die Gemeinde vollzogen werden.[524] Im Rahmen der Aufgabenprivatisierung kann zwischen einer echten und einer unechten Aufgabenprivatisierung differenziert werden: Die unechte Aufgabenprivatisierung zeichnet sich dadurch aus, dass die kommunale Aufgabe nur in zeitlicher Befristung auf einen Privaten übergeben wird, während die echte Aufgabenprivatisierung durch eine vollständige Aufgabenübertragung ohne Rückholrecht der Kommune gekennzeichnet ist.[525] Während die Kommune im Rahmen der unechten Aufgabenprivatisierung durch die Ausgestaltung des Vertrages ihre Mitbestimmungsrechte maß-

[519] *Schoch*, DVBl. 1994, 962, 963; *Weiß*, Privatisierung und Staatsaufgaben, Habil. 2002, S. 33.

[520] Vgl. nur BGHZ 52, 325, 328 (Eine Straßenbahn-AG, deren sämtliche Anteile der Stadt gehören, ist unmittelbar an Art. 3 I GG gebunden und muss daher bei der Tarifgestaltung (Vergünstigung für Schülerkarten) den Gleichheitssatz beachten); BGHZ 29, 76, 80 und BGHZ 65, 2984, 287 (Bindung an den Gleichheitssatz bei der Vergabe von Siedlungsland bzw. im Bereich der Wasserversorgung); *Gersdorf*, ZWeR 2016, 113, 114.

[521] *Geis*, Kommunalrecht, 5. Aufl. 2020, § 12, Rn. 103.

[522] Vgl. BVerfG, NJW 2011, 1201, 1203, Rn. 53 f.; *Geis/Madeja*, JA 2013, 248, 253.

[523] *Fischer/Zwetkow*, NVwZ 2003, 281, 282; *Geis*, Kommunalrecht, 5. Aufl. 2020, § 12, Rn. 111; *Gern/Brünning*, Deutsches Kommunalrecht, 4. Aufl. 2019, Rn. 1078; *Gern*, DÖV 2009, 269, 270; *Lenk/Hesse/Rottmann*, IR 2010, 293, 294; *Schoch*, DVBl. 1994, 962, 962 f.; *Peine*, DÖV 1997, 353, 354.

[524] *Gern/Brünning*, Deutsches Kommunalrecht, 4. Aufl. 2019, Rn. 1078.

[525] *Fischer/Zwetkow*, ZfR 42 (2003), 129, 138; *dies.*, NVwZ 2003, 281, 282; kritisch zu der Unterteilung in eine echte und unechte Aufgabenprivatisierung: *Wollenschläger*, Effektive staatliche Rückholoptionen bei gesellschaftlicher Schlechterfüllung, Diss. (Univ. Freiburg) 2006, S. 56, Fn. 236.

geblich beeinflussen kann, gestaltet sich die Einflussnahme im Rahmen der echten Aufgabenprivatisierung über regulierende (satzungsrechtliche) Vorgaben schwieriger und weniger effektiv.[526]

Über die grundsätzliche (verfassungsrechtliche) Zulässigkeit der materiellen Privatisierung besteht Einigkeit.[527] Auf kommunaler Ebene werden Privatisierungsbestreben vor allem von der Selbstverwaltungsgarantie des Art. 28 Abs. 2 GG tangiert – dieser statuiert jedoch weder eine Wahrnehmungs- noch eine Regelungspflicht, vielmehr verkörpert der Artikel ein (bloßes) Regelungsrecht[528], so dass von einer grundsätzlichen Zulässigkeit der materiellen Privatisierung ausgegangen werden kann. Dabei ist nicht ausgeschlossen, dass sich das bis dato von öffentlicher Seite dargebotene Leistungsspektrum verändert, verringert oder sogar komplett entfällt.[529] Deshalb ist fraglich, ob die Zulässigkeit der materiellen Privatisierung uneingeschränkt angenommen werden kann. Schranken der grundsätzlichen Zulässigkeit können sich aus den als Pflichtaufgaben kategorisierten kommunalen Zuwendungsfeldern ergeben – im Rahmen der Pflichtaufgaben lässt sich ein mit der materiellen Privatisierung einhergehender Verlust kommunaler Gestaltungs- und Einflussmöglichkeiten nicht vereinbaren, so dass in diesem Bereich eine materielle Privatisierung ausnahmsweise unzulässig ist.[530] Die Pflichtaufgabe selbst kann also nicht privatisiert werden – sie verharrt *„als Sicherstellungsaufgabe“* bei der jeweiligen Kommune.[531] Somit scheidet eine materielle Privatisierung im Bereich der Wasserversorgung zumindest in den Fällen aus, in denen sie als Pflichtaufgabe ausgestaltet ist.[532]

---

[526] *Burgi*, NVwZ 2001, 601, 603; *Fischer/Zwetkow*, ZfR 42 (2003), 129, 138; *dies.*, NVwZ 2003, 281, 282.

[527] Vgl. zu Untersuchungen der Zulässigkeit von Privatisierungen: *Grabbe*, Verfassungsrechtliche Grenzen der Privatisierung kommunaler Aufgaben, Diss. (Univ. Köln) 1979, S. 50 ff.; *Däubler*, Privatisierung als Rechtsproblem, 1980, S. 70 ff.; *Krieger*, Schranken der Zulässigkeit der Privatisierung öffentlicher Einrichtungen der Daseinsvorsorge mit Anschluß- und Benutzungszwang, Diss. (Hochschule für Verwaltungswissenschaft Speyer) 1980, S. 41 ff.; *Gromoll*, Rechtliche Grenzen der Privatisierung öffentlicher Aufgaben – untersucht am Beispiel kommunaler Dienstleistungen, Diss. (Univ. Bremen) 1980, S. 151 ff.

[528] *Gern/Brünning*, Deutsches Kommunalrecht, 4. Aufl. 2019, Rn. 1079; *Schoch*, DVBl. 1994, 962, 970.

[529] *Schoch*, DVBl. 1994, 962, 963.

[530] Vgl. *Geis*, Kommunalrecht, 5. Aufl. 2020, § 12, Rn. 112; *Schink*, VerwArch. 85 (1994), 251, 258 f. (für die Abfallwirtschaft); *Schoch*, DVBl. 1994, 962, 971, vgl. für die Abwasserbeseitigung: *Burgi*, Die Dienstleistungskonzession ersten Grades, 2004, S. 18.

[531] *Himmelmann*, in: Eichhorn/Engelhardt (Hrsg.), Standortbestimmung öffentlicher Unternehmen in der Sozialen Marktwirtschaft, 1994, S. 133, 134.

[532] Vgl. unter B. I. 1. a), S. 32.

cc) Erfüllungsprivatisierung/funktionale Privatisierung

Die Erfüllungsprivatisierung oder funktionale Privatisierung ist definiert durch die Einschaltung privater Erfüllungsgehilfen – sogenannten Verwaltungshelfern – in die Aufgabenwahrnehmung.[533] Im Rahmen dessen werden einzelne kommunale (Pflicht-)Aufgaben auf Private übertragen.[534] Die Einschaltung erfolgt auf rechtsgeschäftlicher Grundlage, wobei es der Gemeinde freisteht, entweder einen privatrechtlichen Vertrag oder einen Verwaltungsvertrag mit dem Privaten zu schließen.[535] In jedem Fall hat die Gemeinde aber ihre Leistungsverantwortung – beispielsweise durch Eingriffs- und Kontrollrechte oder die Haftungsübernahme – zu gewährleisten. Daraus folgt, dass einzig die Übertragung der Aufgabenwahrnehmung auf den Privaten zulässig ist; die Gemeinde bleibt weiterhin für die öffentlich-rechtliche Aufgabenerfüllung zuständig.[536] In der vollständigen Beibehaltung der Aufgabenverantwortung durch die Gemeinden liegt für die Wasserversorgung insofern ein Vorteil, als dass diese auch bei einer Ausgestaltung als pflichtige Selbstverwaltungsaufgabe nach diesem Modell privatisiert werden kann.[537] Der im Rahmen der Erfüllungsprivatisierung eingeschaltete Verwaltungshelfer darf nicht mit dem Beliehenen verwechselt werden – der Verwaltungshelfer ist im Unterschied zum Beliehenen gerade nicht mit öffentlicher Gewalt ausgestattet[538] und es findet gerade keine Integration Privater in den staatlichen Bereich durch hoheitliche Aufgabenwahrnehmung statt, sondern eine (bloße) Verlagerung von Staatsaufgaben in den privaten Bereich.[539]

dd) Zusammenfassung

Somit lassen sich die Privatisierungsmodelle abschließend wie folgt zusammenfassen:

(1) Die Organisationsprivatisierung beschreibt die Wahrnehmung kommunaler Aufgaben durch ein kommunales Unternehmen in privater Rechtsform. Dabei handelt es sich entweder um eine zivilrechtliche Eigengesellschaft oder eine

[533] *Burgi*, Kommunalrecht, 6. Aufl. 2019, § 17, Rn. 87; *Geis*, Kommunalrecht, 5. Aufl. 2020, § 12, Rn. 105; *Gern/Brünning*, Deutsches Kommunalrecht, 4. Aufl. 2019, Rn. 1080.

[534] *Burgi*, Kommunalrecht, 6. Aufl. 2019, § 17, Rn. 87.

[535] *Geis*, Kommunalrecht, 5. Aufl. 2020, § 12, Rn. 105; a. A.: *Maurer/Waldhoff*, Allgemeines Verwaltungsrecht, 20. Aufl. 2020, § 23, Rn. 64 – danach sei die Beziehung zwischen dem Staat und dem Privaten privatrechtlicher Natur; i. d. R. werde ein Dienst- (§§ 611 ff. BGB) oder Werkvertrag (§§ 631 ff. BGB) abgeschlossen.

[536] Vgl. *Burgi*, Kommunalrecht, 6. Aufl. 2019, § 17, Rn. 90; *Geis*, Kommunalrecht, 5. Aufl. 2020, § 12, Rn. 105.

[537] *Fischer/Zwetkow*, NVwZ 2003, 281, 282 und 283.

[538] *Geis*, Kommunalrecht, 5. Aufl. 2020, § 12, Rn. 105.

[539] *Brehme*, Privatisierung und Regulierung der öffentlichen Wasserversorgung, Diss. (Univ. Gießen) 2010, S. 28; vgl. auch *Weiß*, Privatisierung und Staatsaufgaben, Habil. 2002, S. 39.

Beteiligungsgesellschaft. Kennzeichnend ist unabhängig davon, dass die Gemeinde den maßgeblichen Einfluss auf die Wahrnehmung der Verwaltungsaufgaben behält.

(2) Im Rahmen der Aufgabenprivatisierung überträgt die Gemeinde die Aufgabe vollständig auf einen Privaten. In der Konsequenz verliert die Gemeinde ihre Aufgabenverantwortung, weshalb sich eine materielle Privatisierung bei Pflichtaufgaben verbietet.

(3) Die Erfüllungsprivatisierung ist gekennzeichnet durch die Einschaltung von Privaten bei der Aufgabenwahrnehmung. Die Gemeinde bedient sich hierbei privater Erfüllungsgehilfen (Verwaltungshelfern). Entscheidend ist, dass die Gemeinde die Aufgabenverantwortung durch Sicherung von Eingriffs- und Kontrollrechten behält.

d) Privatisierungsmodelle in der öffentlichen Trinkwasserversorgung

Die in der öffentlichen Wasserversorgung praktizierten Modelle der Privatisierung stellen sich in der Regel nicht als Reinform der oben beschriebenen (theoretischen) Modelle dar. Vielmehr lassen sich Mischformen – insbesondere mit Elementen der Erfüllungs- und Organisationsprivatisierung – finden, so dass die Übergänge beinahe fließend sind.[540] Die zu erläuternden Privatisierungsmodelle in der öffentlichen Wasserversorgung können unter den Begriff der Public-Private-Partnership[541] gefasst werden.

aa) Betriebsführermodell

Das Betriebsführungsmodell ist gekennzeichnet durch die vertragliche Übertragung der kaufmännischen und technischen Leitung einer kommunalen Wasserversorgungseinheit gegen Zahlung eines Entgelts.[542] Der Private handelt in der Regel im Namen und für Rechnung der bestellten Kommune, so dass zwischen dem Privaten und dem Endverbraucher regelmäßig keine direkten Vertragsbeziehungen bestehen.[543] Somit verbleibt die Aufgabenverantwortung bei der Kommune und dem Privaten obliegen – je nach Vertragsgestaltung – beispielsweise der Betrieb von Anlagen, die Pflege des Leitungsnetzes oder die Rechnungsstellung und Kundenbetreuung.[544] Als vertragliche Gegenleistung erhält der Private ein Entgelt von der Gemeinde, so dass Letztere das Geschäftsrisiko in Bezug auf die Rentabilität der

---

540 *Fischer/Zwetkow*, ZfW 42 (2003), 129, 148; *dies.*, NVwZ 2003, 281, 288.

541 Vgl. B. III. 3. a) dd), S. 98.

542 *Geis*, Kommunalrecht, 5. Aufl. 2020, § 12, Rn. 107b; *Gern/Brünning*, Deutsches Kommunalrecht, 4. Aufl. 2019, Rn. 1083.

543 *Gern/Brünning*, Deutsches Kommunalrecht, 4. Aufl. 2019, Rn. 1083; *Fischer/Zwetkow*, ZfR 42 (2003), 129, 148; *dies.*, NVwZ 2003, 281, 288.

544 *Fischer/Zwetkow*, ZfR 42 (2003), 129, 148; *dies.*, NVwZ 2003, 281, 288.

Wasserversorgungsanlage trägt.[545] Zudem ist die Kommune zumeist für die Investitionen zuständig.[546] Das Eigentum der Bestandsanlagen (vor allem die Rohrnetze) verbleibt bei der Gemeinde; Neubauten gehen ebenfalls in das kommunale Eigentum über.[547] Das Einbringen von Erfahrungen aus anderen Sektoren kann sich durch die Möglichkeit, Synergieeffekte auszunutzen, positiv auswirken.[548] Da im Rahmen des Betriebsführungsmodells nur einzelne Aufgaben an einen Privaten auf vertraglicher Grundlage übertragen werden und die Aufgabenverantwortung bei der Gemeinde verbleibt, kann das Modell der Erfüllungsprivatisierung bzw. der funktionalen Privatisierung zugeordnet werden.[549]

bb) Betreibermodell

Das Betreibermodell wird durch die Delegierung der Gesamtverantwortung für die Erbringung der Dienstleistung sowie das Aufbringen der nötigen Investitionen durch die Kommune auf einen privaten Dritten charakterisiert.[550] Die Grundlage des Konstrukts bildet ein mit in der Regel langen Laufzeiten versehener privatrechtlicher Betreibervertrag.[551] Dieser regelt im Detail, inwiefern der Private die Wasserversorgung zu betreiben hat, welche Sanierungen zu erbringen und welche Investitionen zu tätigen sind.[552] Der Aspekt der zu tätigenden Investitionen erlangt vor allem Bedeutung, wenn die Gemeinde die Erschließung neuer Baugebiete plant.[553] Das private Unternehmen erhält als vertragliche Gegenleistung ein Entgelt von der Kommune, welches diese aus den Nutzungsentgelten der Endverbraucher finanziert.[554] Im Ergebnis geht mit dem Betreibervertrag die Leistungsverantwortung von der Kommune auf den Privaten über, nicht jedoch die Aufgabenverantwortung, diese

---

[545] *Forster*, Privatisierung und Regulierung der Wasserversorgung in Deutschland und den Vereinigten Staaten von Amerika, Diss. (Univ. Augsburg) 2007, S. 336.

[546] *Brehme*, Privatisierung und Regulierung der öffentlichen Wasserversorgung, Diss. (Univ. Gießen) 2010, S. 201; *Fischer/Zwetkow*, ZfR 42 (2003), 129, 148; *dies.*, NVwZ 2003, 281, 288.

[547] *Brehme*, Privatisierung und Regulierung der öffentlichen Wasserversorgung, Diss. (Univ. Gießen) 2010, S. 201; *Forster*, Privatisierung und Regulierung der Wasserversorgung in Deutschland und den Vereinigten Staaten von Amerika, Diss. (Univ. Augsburg) 2007, S. 336; *Gern/Brünning*, Deutsches Kommunalrecht, 4. Aufl. 2019, Rn. 1083.

[548] *Tettinger*, DÖV 1996, 764, 765.

[549] Vgl. *Forster*, Privatisierung und Regulierung der Wasserversorgung in Deutschland und den Vereinigten Staaten von Amerika, Diss. (Univ. Augsburg) 2007, S. 336.

[550] *Fischer/Zwetkow*, ZfR 42 (2003), 129, 148; *dies.*, NVwZ 2003, 281, 288.

[551] *Forster*, Privatisierung und Regulierung der Wasserversorgung in Deutschland und den Vereinigten Staaten von Amerika, Diss. (Univ. Augsburg) 2007, S. 335; *Gern/Brünning*, Deutsches Kommunalrecht, 4. Aufl. 2019, Rn. 1081.

[552] *Fischer/Zwetkow*, ZfR 42 (2003), 129, 148 f.; *dies.*, NVwZ 2003, 281, 288.

[553] *Forster*, Privatisierung und Regulierung der Wasserversorgung in Deutschland und den Vereinigten Staaten von Amerika, Diss. (Univ. Augsburg) 2007, S. 335.

[554] *Gern/Brünning*, Deutsches Kommunalrecht, 4. Aufl. 2019, Rn. 1081.

verbleibt nach wie vor bei der Kommune.[555] Um die Aufgabenverantwortung ausüben zu können, legt der Betreibervertrag in der Regel Weisungs-, Eingriffs- und Kontrollrechte der Kommune fest.[556] Die Entgelterhebung liegt im Rahmen des Betreibermodells bei der Kommune, so dass die Vertragsbeziehung zwischen der Kommune und den Endverbrauchern besteht und der Private im Namen und auf Rechnung der Kommune handelt.[557]

Auch das Betreibermodell kann dem Grundtypus der Erfüllungsprivatisierung beziehungsweise funktionalen Privatisierung zugeordnet werden. Eine Nutzung dieses Modells kommt insbesondere bei der Ausgestaltung der Wasserversorgung als Pflichtaufgabe in Betracht.[558]

cc) Beteiligungs-/Kooperationsmodell

Das Kooperationsmodell greift auf die Grundzüge der Organisationsprivatisierung und die dort beschriebenen gemischt-wirtschaftlichen Unternehmen zurück. Im Rahmen dessen gründen die Kommune und der private Partner eine Kooperationsgesellschaft privaten Rechts, deren Gesellschafter beide werden.[559] In Bezug auf die Mehrheitsverhältnisse zwischen den Gesellschaftern ist es üblich, dass die Kommune eine mehrheitliche Beteiligung hält, jedoch ist auch der umgekehrte Fall denkbar.[560] Eine Mehrheitsbeteiligung der Kommune ist jedoch zwingend, sofern die Wasserversorgung in dem betreffenden Bundesland als pflichtige Selbstverwaltungsaufgabe ausgestaltet ist, da ansonsten eine unzulässige materielle Privatisierung vorläge.[561]

Dem Kooperationsmodell liegen verschiedene Verträge zugrunde. Zum einen regelt (und sichert) der Kooperationsvertrag die kommunalen Mitspracherechte.[562] Zum anderen überträgt die Kommune die Wasserversorgungsanlagen auf die Ko-

[555] *Fischer/Zwetkow*, ZfR 42 (2003), 129, 148; *dies.*, NVwZ 2003, 281, 288; *Gern/Brünning*, Deutsches Kommunalrecht, 4. Aufl. 2019, Rn. 1081; *Tettinger*, DÖV 1996, 764, 765.

[556] Vgl. *Brehme*, Privatisierung und Regulierung der öffentlichen Wasserversorgung, Diss. (Univ. Gießen) 2010, S. 202; *Cronauge*, Kommunale Unternehmen, 6. Aufl. 2016, Rn. 499.

[557] *Forster*, Privatisierung und Regulierung der Wasserversorgung in Deutschland und den Vereinigten Staaten von Amerika, Diss. (Univ. Augsburg) 2007, S. 336; mit dem Zusatz, dass auch die Möglichkeit bestünde, dass das private Unternehmen (privatrechtliche) Vereinbarungen mit den Endverbrauchern abschließt vgl. *Fischer/Zwetkow*, ZfR 42 (2003), 129, 149; *dies.*, NVwZ 2003, 281, 289.

[558] *Fischer/Zwetkow*, ZfR 42 (2003), 129, 149; *dies.*, NVwZ 2003, 281, 289.

[559] *Brehme*, Privatisierung und Regulierung der öffentlichen Wasserversorgung, Diss. (Univ. Gießen) 2010, S. 198; *Fischer/Zwetkow*, ZfR 42 (2003), 129, 149; *dies.*, NVwZ 2003, 281, 289; *Geis*, Kommunalrecht, 5. Aufl. 2020, § 12, Rn. 103; *Tettinger*, DÖV 1996, 764 ff.

[560] *Fischer/Zwetkow*, ZfR 42 (2003), 129, 149; *dies.*, NVwZ 2003, 281, 289.

[561] *Brehme*, Privatisierung und Regulierung der öffentlichen Wasserversorgung, Diss. (Univ. Gießen) 2010, S. 199; *Fischer/Zwetkow*, ZfR 42 (2003), 129, 149; *dies.*, NVwZ 2003, 281, 289.

[562] *Fischer/Zwetkow*, ZfR 42 (2003), 129, 149; *dies.*, NVwZ 2003, 281, 289.

operationsgesellschaft; die Verpflichtung dazu erfolgt mittels eines Betreibervertrages.[563] Somit ist die Kooperationsgesellschaft für die Abschreibung und Finanzierung der Altanlagen zuständig; daraus folgt jedoch keine zwingende Zuständigkeit für die Investition in neue Anlagen, diese kann vertraglich entweder der Kooperationsgesellschaft oder dem privaten Partner auferlegt werden.[564] Die Leistungspflicht für die Wasserversorgung obliegt der Kooperationsgesellschaft.[565] Der tatsächliche Betrieb der Wasserversorgung im Sinne der Betriebsführung wird schließlich durch den Abschluss eines Betriebsführungsvertrages zwischen der Kooperationsgesellschaft und dem privaten Partner sichergestellt.[566]

Die Beziehung zum Endverbraucher kann im Rahmen des Kooperationsmodells entweder in privatrechtlichen Vereinbarungen mit der Kooperationsgesellschaft abgeschlossen werden, oder die Kooperationsgesellschaft handelt im Namen und auf Rechnung der Kommune.[567]

Das Kooperationsmodell erscheint aus kommunaler Sicht insofern vorteilhaft, als dass zum einen eine gewisse Flexibilität durch die Möglichkeit der Wahl einer privatrechtlichen Rechtsform und die Einholung eines privaten (im Idealfall erfahrenen, sachverständigen) Partners gewonnen werden kann und zum anderen je nach Ausgestaltung der Mehrheitsverhältnisse der beherrschende Einfluss der Kommune gesichert ist.[568] Das Kooperationsmodell kann dem Typus der Organisationsprivatisierung zugeordnet werden.

---

[563] *Forster*, Privatisierung und Regulierung der Wasserversorgung in Deutschland und den Vereinigten Staaten von Amerika, Diss. (Univ. Augsburg) 2007, S. 338; der hier verwendete Begriff des Betreibervertrages wird teilweise auch als Dienstleistungsvertrag bezeichnet, vgl. *Fischer/Zwetkow*, ZfR 42 (2003), 129, 149; *dies.*, NVwZ 2003, 281, 289.

[564] *Brehme*, Privatisierung und Regulierung der öffentlichen Wasserversorgung, Diss. (Univ. Gießen) 2010, S. 199; *Fischer/Zwetkow*, ZfR 42 (2003), 129, 149; *dies.*, NVwZ 2003, 281, 289.

[565] *Fischer/Zwetkow*, ZfR 42 (2003), 129, 149; *dies.*, NVwZ 2003, 281, 289.

[566] Vgl. *Forster*, Privatisierung und Regulierung der Wasserversorgung in Deutschland und den Vereinigten Staaten von Amerika, Diss. (Univ. Augsburg) 2007, S. 338 – der zudem auf den Ausnahmefall hinweist, dass es eines Betriebsführungsvertrages nicht bedarf, wenn für die Betriebsführung ein eigenständiges Unternehmen gegründet werden soll; vgl. ferner *Fischer/Zwetkow*, ZfR 42 (2003), 129, 149 f.; *dies.*, NVwZ 2003, 281, 289.

[567] *Fischer/Zwetkow*, ZfR 42 (2003), 129, 149; *dies.*, NVwZ 2003, 281, 289; a. A. *Forster*, Privatisierung und Regulierung der Wasserversorgung in Deutschland und den Vereinigten Staaten von Amerika, Diss. (Univ. Augsburg) 2007, S. 338 – welcher der Ansicht ist, dass ausschließlich die Gemeinde im Außenverhältnis zum Endverbraucher auftrete.

[568] *Brehme*, Privatisierung und Regulierung der öffentlichen Wasserversorgung, Diss. (Univ. Gießen) 2010, S. 200; *Forster*, Privatisierung und Regulierung der Wasserversorgung in Deutschland und den Vereinigten Staaten von Amerika, Diss. (Univ. Augsburg) 2007, S. 337.

dd) Konzessionsmodell

Das Konzessionsmodell wird durch den Vertragsschluss eines Privaten mit der Kommune charakterisiert, in welchem der Private über einen festgelegten Zeitraum die Wasserversorgung selbstständig und auf eigenes Risiko betreibt, die Investitionslast der Versorgungsanlage schultert und die Entgelte erhebt.[569] Der Konzessionär gewährleistet den Bau und den Betrieb der Anlagen und hat (je nach vertraglicher Ausgestaltung) direkten Einfluss auf die Wasserpreise, indem er als vertragliche Gegenleistung das Recht zur entgeltlichen Verwertung seiner Dienstleistung im Verhältnis zu den Endverbrauchern erhält.[570] Die Vertragslaufzeit orientiert sich – aus Gründen der Rentabilität – an den durch den Konzessionär zu tätigenden Investitionen. Regelmäßig werden dabei Laufzeiten von 10 bis zu 30 Jahren vereinbart.[571] Die Vertragsbeziehung zum Endkunden besteht ausschließlich zwischen diesem und dem Konzessionär – erst nach Ablauf der Vertragslaufzeit nimmt die Kommune die Wasserversorgung wieder an sich.[572]

Typischerweise enthält der Konzessionsvertrag eine „Ausschließlichkeitsklausel“, welche der Gemeinde untersagt, einem gleichartigen Unternehmen die Wasserversorgung zu gestatten (sog. ausschließliche Konzession).[573] Durch eine „Abgabeklausel“ wird der Konzessionär verpflichtet eine Konzessionsabgabe zu leisten, die die Überlassung der Wegenutzung und die „Ausschließlichkeitsklausel“ entlohnt.[574]

Im Rahmen des Konzessionsmodells ist ein besonderes Augenmerk auf die vertragliche Ausgestaltung und die Mitspracherechte der Kommune zu richten. Dies

---

[569] Vgl. *Brehme*, Privatisierung und Regulierung der öffentlichen Wasserversorgung, Diss. (Univ. Gießen) 2010, S. 203 – welche von einer „*vollumfänglichen Übertragung aller mit der Durchführung der Wasserversorgung verbundenen Aufgaben auf einen Privaten*“ spricht; vgl. ferner *Dierkes/Hamann*, Öffentliches Preisrecht in der Wasserwirtschaft, 2009, S. 144; *Fischer/Zwetkow*, ZfR 42 (2003), 129, 150; *dies.*, NVwZ 2003, 281, 289; *Geis*, Kommunalrecht, 5. Aufl. 2020, § 12, Rn. 107c.

[570] *Dierkes/Hamann*, Öffentliches Preisrecht in der Wasserwirtschaft, 2009, S. 144; *Emmerich-Fritsche*, BayVbl. 2007, 1, 7; *Kühne*, LKV 2006, 489, 489; *Burgi*, DVBl. 2003, 949, 950 f.; *Fischer/Zwetkow*, ZfR 42 (2003), 129, 150; *dies.*, NVwZ 2003, 281, 289.

[571] *Brehme*, Privatisierung und Regulierung der öffentlichen Wasserversorgung, Diss. (Univ. Gießen) 2010, S. 205; *Dierkes/Hamann*, Öffentliches Preisrecht in der Wasserwirtschaft, 2009, S. 144; *Fischer/Zwetkow*, ZfR 42 (2003), 129, 150; *dies.*, NVwZ 2003, 281, 289.

[572] *Fischer/Zwetkow*, ZfR 42 (2003), 129, 150; *dies.*, NVwZ 2003, 281, 289; *Forster*, Privatisierung und Regulierung der Wasserversorgung in Deutschland und den Vereinigten Staaten von Amerika, Diss. (Univ. Augsburg) 2007, S. 338.

[573] *Forster*, Privatisierung und Regulierung der Wasserversorgung in Deutschland und den Vereinigten Staaten von Amerika, Diss. (Univ. Augsburg) 2007, S. 338.

[574] Die Höhe der Konzessionsabgabe richtet sich dabei nach der Anordnung über die Zulässigkeit von Konzessionsabgaben der Unternehmen und Betriebe zur Versorgung mit Elektrizität, Gas und Wasser an Gemeinden und Gemeindeverbände (KAE) vom 4. 3. 1941, RAnz 1941, Nr. 57, 120; *Forster*, Privatisierung und Regulierung der Wasserversorgung in Deutschland und den Vereinigten Staaten von Amerika, Diss. (Univ. Augsburg) 2007, S. 338.

gilt umso mehr für die Bundesländer, in denen die Wasserversorgung als kommunale Pflichtaufgabe ausgewiesen ist, weil die Kommune im Konzessionsmodell während der Vertragslaufzeit keine unmittelbare Einflussmöglichkeit auf die Gewährleistung der Versorgung hat.[575]

Aus dem Blickwinkel der vertraglichen Ausgestaltung der (fortbestehenden) Aufgabenverantwortung der Kommune lassen sich zwei Arten von Konzessionen unterscheiden: *Burgi* schlägt vor, die Konzessionsarten in eine „*Dienstleistungskonzession ersten Grades*" und eine „*Dienstleistungskonzession zweiten Grades*" zu unterteilen.[576]

Die Dienstleistungskonzession ersten Grades stimme grundsätzlich mit dem oben beschriebenen Betreibermodell überein; der maßgebliche Unterschied sei durch die unmittelbare Vertragsbeziehung zu dem Endverbraucher gekennzeichnet.[577] Die Gewährleistungsverantwortung behält sich jedoch die Kommune ebenso vor, wie die im Rahmen der Verwaltungshilfe skizzierten Einwirkungsmöglichkeiten auf den Privaten.[578] Im Gegensatz dazu sei die Dienstleistungskonzession zweiten Grades dadurch gekennzeichnet, dass die Wasserversorgungspflicht befristet und widerruflich auf ein privates Unternehmen übertragen wird und somit nicht länger in kommunaler Hand verbleibt.[579] Der maßgebliche Unterschied zur Dienstleistungskonzession ersten Grades liegt darin, dass der Private – neben der unmittelbaren Vertragsbeziehung zum Endverbraucher – die Trinkwasserversorgung inhaltlich gestalten und bestimmen kann.[580] *Burgi* umreißt die Konzessionsarten bildlich wie folgt: Während die Kommune im Rahmen der Dienstleistungskonzession ersten Grades einen Helfer sucht, der den Laden am Laufen hält, schreibt die Kommune im Rahmen der Dienstleistungskonzession zweiten Grades den Laden als solches (also die Verwaltungsleistung) aus.[581] Dabei ist zu beachten, dass im Falle einer Ausgestaltung der öffentlichen Wasserversorgung als kommunale Pflichtaufgabe eine Übertragung der Aufgabe als solche auf einen Privaten mangels kommunaler Kontrollmechanismen nicht möglich ist, d. h. die Dienstleistungskonzession zweiten Grades kann in diesen Fällen praktisch nicht umgesetzt werden.[582]

---

[575] *Fischer/Zwetkow*, ZfR 42 (2003), 129, 150; *dies.*, NVwZ 2003, 281, 289.

[576] *Burgi*, Die Dienstleistungskonzession ersten Grades, 2004, S. 20f.; ihm folgend: *Brehme*, Privatisierung und Regulierung der öffentlichen Wasserversorgung, Diss. (Univ. Gießen) 2010, S. 206ff.

[577] *Burgi*, Die Dienstleistungskonzession ersten Grades, 2004, S. 20.

[578] SächsOVG, Beschl. v. 24.09.2004, 5 BS 119/04, juris, Rn. 14; *Brehme*, Privatisierung und Regulierung der öffentlichen Wasserversorgung, Diss. (Univ. Gießen) 2010, S. 206; *Kühne*, LKV 2006, 489, 489.

[579] *Burgi*, Die Dienstleistungskonzession ersten Grades, 2004, S. 21.

[580] *Burgi*, Die Dienstleistungskonzession ersten Grades, 2004, S. 23.

[581] *Burgi*, Die Dienstleistungskonzession ersten Grades, 2004, S. 23.

[582] *Brehme*, Privatisierung und Regulierung der öffentlichen Wasserversorgung, Diss. (Univ. Gießen) 2010, S. 207.

Abschließend ist die Zuordnung des Konzessionsmodells zu den Grundtypen der Privatisierung vorzunehmen. Dabei erscheint es sachgerecht, zwischen den Konzessionsarten ersten und zweiten Grades zu differenzieren.

Die Dienstleistungskonzession ersten Grades zeichnet aus, dass der Private in direkte Verbindung zum Endverbraucher tritt, so dass eine materielle Privatisierung in Betracht käme. Jedoch verbleibt die Gewährleistungsverantwortung während der gesamten Vertragslaufzeit bei der Kommune, so dass die Kommune weiterhin Einfluss auf die Wasserversorgung nehmen kann. Mithin scheidet eine materielle Privatisierung aus, es liegt vielmehr ein Fall der funktionalen Privatisierung vor.[583]

Die Dienstleistungskonzession zweiten Grades ist dadurch gekennzeichnet, dass sich die Kommune aus der Aufgabenwahrnehmung zurückzieht. Daraus ließe sich schließen, dass ein Fall einer (echten) materiellen Privatisierung vorliegt.[584] Dagegen spricht aber, dass die Konzession nur befristet und widerruflich erteilt wird, so dass eine echte materielle Privatisierung ausscheidet. Vielmehr scheint ein Fall einer unechten materiellen Privatisierung vorzuliegen.

e) Rekommunalisierung nach Privatisierungswelle der 1990-er Jahre?

Unter dem Schlagwort der „Rekommunalisierung" firmiert eine um den Jahrtausendwechsel einsetzende Debatte um die Rückführung privatisierter Aufgabenbereiche in die kommunale Verantwortung.[585] Inhaltlich kennzeichnend für die Rekommunalisierung ist die (Rück-)Übertragung von bisher privatisierten Teilen der kommunalen Wirtschaft in öffentliches Eigentum oder öffentlich-rechtliche Organisationsformen.[586] Dabei ist es nicht zwingend erforderlich, dass die betreffende Aufgabe vormals durch einen Hoheitsträger ausgeübt wurde, im Verlauf dessen auf einen Privaten übergegangen ist und nun – im Wege der Rekommunalisierung – an einen Hoheitsträger zurückfällt; vielmehr werden explizit auch erstmalige Aufgabenermächtigungen von Kommunen miterfasst.[587] Während die Rekommunalisierung von einigen als „*Gegenbewegung zur Privatisierung*"[588] charakterisiert – und damit in gewisser Weise als andere Seite der Medaille präsentiert wird – greifen

---

583 So auch *Forster*, Privatisierung und Regulierung der Wasserversorgung in Deutschland und den Vereinigten Staaten von Amerika, Diss. (Univ. Augsburg) 2007, S. 340; *Kühne*, LKV 2006, 489, 489; a.A. *Brehme*, Privatisierung und Regulierung der öffentlichen Wasserversorgung, Diss. (Univ. Gießen) 2010, S. 211.

584 So auch *Wollenschläger*, Effektive staatliche Rückholoptionen bei gesellschaftlicher Schlechterfüllung, Diss. (Univ. Freiburg) 2006, S. 55 f.; *Zacharias*, DÖV 2001, 454, 458 f.; differenzierend *Dierkes*, SächsVBl. 1996, 269, 269 ff.

585 Vgl. nur *Bauer*, DÖV 2012, 329 ff.; *Brünning*, VerwArch 100 (2009), 453 ff.

586 *Budäus/Hilgers*, DÖV 2013, 701, 702; *Menges/Müller-Kirchenbauer*, ZfE 2012, 51, 53; *Mohr*, Sicherung der Vertragsfreiheit durch Wettbewerbs- und Regulierungsrecht, Habil. 2015, S. 123.

587 *Brünning*, VerwArch 100 (2009), 453, 454.

588 *Bauer*, DÖV 2012, 329, 334.

andere[589] das Bild des erweiterten kommunalen Handlungsspielraumes auf, der neben den zahlreichen Privatisierungsmodellen vor allem durch rechtswissenschaftliche Beleuchtung, aber auch durch gesetzgeberisches Handeln (neu) entsteht.[590] Die Gründe für eine Rekommunalisierung sind dabei vielschichtig. Vielfach wird angeführt, dass die mit den (Teil-)Privatisierungen erhofften Effekte nicht (ganzheitlich) eingetreten sind, eine gesteigerte Kosteneffizienz nicht an die Bürger weitergereicht wird (mithin nicht in allokative Effizienz umgesetzt werden)[591] oder die vertraglich ausgehandelten kommunalen Kontrollrechte – deren Relevanz sich in oftmals divergierenden Interessen der Partner zeigt – in der Praxis weniger effektiv funktionierten als in der Theorie angenommen.[592]

Ein dabei vielfach aufgegriffenes – weil inhaltlich gut aufbereitetes – Beispiel für eine Rekommunalisierung ist dabei der Fall der Potsdamer Wasserwerke.[593] Die Stadt Potsdam ging im Jahr 1998 eine Public-Private-Partnership mit Eurowasser ein, welche auf 13 ineinander greifenden – und damit die Verständlichkeit erschwerende – Einzelverträgen beruhte.[594] Der Kaufpreis wurde nicht vom Käufer Eurowasser sondern mittels einer Forfaitierung durch eine Bank erbracht, die als Gegenleistung Ansprüche auf die Einnahmen aus den Wassergebühren erhielt. Als Hauptursachen für das Scheitern der Public-Private-Partnership werden die in der Folge steigenden Wasserpreise von anfangs 6,85 DM/m^3 auf geplante 10,18 DM/m^3 im Jahr 2000 sowie Uneinigkeiten zwischen Eurowasser und dem Betriebsrat in Bezug auf personelle Umstrukturierungen genannt.[595] Nach nur zwei Jahren setzte die Stadt Potsdam einen Rückkauf durch und rekommunalisierte die Wasserversorgung in Form der Stadtwerke Potsdam GmbH, deren Anteile zu 100% von der Stadt Potsdam gehalten werden.[596]

---

[589] Vgl. *Budäus/Hilgers*, DÖV 2013, 701, 703.

[590] Vgl. zur Begrifflichkeit auch *Leisner-Egensperger*, NVwZ 2013, 1110, 1111.

[591] Vgl. *Lenk/Rottmann*, Öffentliche Unternehmen vor dem Hintergrund der Interdependenz von Daseinsvorsorge und Wettbewerb am Beispiel einer Teilveräußerung der Stadtwerke Leipzig, Universität Leipzig, Arbeitspapier Nr. 36 des Instituts für Finanzen, 2007, S. 5; *Lenk/Hesse/Rottmann*, IR 2010, 293, 295.

[592] Vgl. allgemein zu den Beweggründen einer Rekommunalisierung: *Bauer*, DÖV 2012, 329, 334 f.; *Budäus/Hilgers*, DÖV 2013, 701, 702; *Friedländer/Röber*, Verwaltung und Management 2016, 59, 60; *Leisner-Egensperger*, NVwZ 2013, 1110, 1111 f.; *Lenk/Hesse/Rottmann*, IR 2010, 293, 295 und 297.

[593] *Bauer*, DÖV 2012, 329, 330 f.; *Budäus/Hilgers*, DÖV 2013, 701, 705, die das Beispiel im Rahmen des Aspekts eines Politikversagens, welches eine Rekommunalisierung begründe, verwenden; *Paffhausen*, in: Bauer/Büchner/Brosius-Gersdorf (Hrsg.), Verwaltungskooperation, 2008, S. 95 ff.

[594] *Paffhausen*, in: Bauer/Büchner/Brosius-Gersdorf (Hrsg.), Verwaltungskooperation, 2008, S. 95, S. 99.

[595] *Bauer*, DÖV 2012, 329, 331; *Paffhausen*, in: Bauer/Büchner/Brosius-Gersdorf (Hrsg.), Verwaltungskooperation, 2008, S. 95, 101 f.

[596] *Bauer*, DÖV 2012, 329, 331; vgl. auch *Paffhausen*, in: Bauer/Büchner/Brosius-Gersdorf (Hrsg.), Verwaltungskooperation, 2008, S. 95, 96 (Abb. 1).

Bezüglich des im Rahmen von Rekommunalisierungen zu beachtenden Rechtsregimes ist festzustellen, dass Aspekte aller Ebenen des Normgefüges zu beachten sind. Aufgrund der facettenreichen Ausgangsituationen – man beachte nur, um das Bild der „Gegenbewegung zur Privatisierung“ aufzugreifen, die mannigfaltigen Privatisierungsmöglichkeiten – ist der jeweilige Einzelfall zu untersuchen, so dass allgemeingültige Aussagen nur bedingt möglich sind.[597] Auf europarechtlicher Ebene können Aspekte des Beihilfe- und Vergaberechts zu beachten sein.[598] Mit Bezug auf das Grundgesetz spielen Aspekte des kommunalen Selbstverwaltungsrechts aus Art. 28 Abs. 2 GG[599], des Demokratieprinzips gem. Art. 20 Abs. 2 GG und die Grundsätze sparsamer und wirtschaftlicher Haushaltsführung gem. Art. 114 Abs. 2 GG eine Rolle.[600] Vereinzelt wird auch auf Art. 12 GG als Verfassungskriterium im Zusammenhang der Verdrängung Privater hingewiesen.[601] Auf einfachgesetzlicher Ebene sind insbesondere die landesrechtlichen Vorschriften zur subsidiären wirtschaftlichen Betätigung der Kommunen von Bedeutung[602] – so wurden diese zum Beispiel in Niedersachsen[603] und Brandenburg[604] zugunsten einer „leichteren“ kommunalen Betätigung gelockert. Speziell für den Bereich der Wasserversorgung ist allerdings zu konstatieren, dass sich die Fälle von Rekommunalisierungen auf prominente Einzelfälle beschränken,[605] und (massiv) sinkende Entgelte nicht festzustellen sind.[606]

---

[597] Vgl. *Bauer*, DÖV 2012, 329, 335.

[598] Mit Bezügen zum Vergaberecht in der Energiewirtschaft v. a. *Hütting/Hopp*, RdE 2011, 255 ff.

[599] a. A. *Burgi*, NdsVBl. 2012, 225, 227, der ausführt, dass aus Art. 28 Abs. 2 GG kein „*Rekommunalisierungsimpuls*“ folge.

[600] *Bauer*, DÖV 2012, 329, 336.

[601] *Leisner-Egensperger*, NVwZ 2013, 1110, 1113 ff. und 1116.

[602] *Bauer*, DÖV 2012, 329, 336.

[603] Gesetz zur Revitalisierung des Gemeindewirtschaftsrechts, GV.NRW, S. 685.

[604] Gesetz zur Stärkung der kommunalen Daseinsvorsorge, GVBl. 2012 I, S. 1.

[605] Vgl. *Friedländer/Röber*, Verwaltung und Management 2016, 59, 61, die sich auf die Rekommunalisierung der Wasserversorgung in Potsdam und Berlin beziehen.

[606] *Scholl*, in: Immenga/Mestmäcker/Scholl, 6. Aufl. 2020, GWB § 31 Rn. 9.

C. Entgeltkontrolle

I. Zweiteilung der Entgeltaufsicht: Kartellrechtliche Missbrauchsaufsicht und öffentlich-rechtliche Kommunalaufsicht

1. Einleitung

Die Aufsicht über die Wasserentgelte unterscheidet sich je nach Ausgestaltung des Benutzungsverhältnisses. Sofern ein Wasserversorgungsunternehmen privatrechtlich organisiert ist, ist das Benutzungsverhältnis ebenfalls zwingend privatrechtlich ausgestaltet. Im Falle einer öffentlich-rechtlichen Organisationstruktur steht dem Wasserversorgungsunternehmen in Bezug auf das Benutzungsverhältnis ein Wahlrecht zwischen einer öffentlich-rechtlichen Gebühren- oder einer privatrechtlichen Preiserhebung zu. Sofern das Benutzungsverhältnis in privatrechtlicher Form ausgestaltet wird – mithin Preise erhoben werden – unterliegen diese der kartellrechtlichen Missbrauchsaufsicht. Das belegt § 185 Abs. 1 Satz 1 GWB anschaulich, indem dort die Anwendbarkeit der kartellrechtlichen Missbrauchsaufsicht für „*Unternehmen [...], die ganz oder teilweise im Eigentum der öffentlichen Hand stehen oder die von ihr verwaltet oder betrieben werden*" festgeschrieben wird.[1] Sofern das Benutzungsverhältnis hingegen öffentlich-rechtlich in Form von erhobenen Gebühren ausgekleidet ist, liegt die Aufsichtszuständigkeit bei der Kommunalaufsicht der Länder.[2] § 185 Abs. 1 Satz 2 GWB stellt klar, dass die kartellrechtliche Missbrauchskontrolle auf öffentlich-rechtliche Gebühren nicht anwendbar ist. Diese erst durch die 8. Novellierung des GWB[3] eingeführte Bestimmung beendete die zuvor in der Literatur geführte Diskussion über eine mögliche Anwendbarkeit der kartellrechtlichen Missbrauchskontrolle auf öffentlich-rechtliche Gebühren.[4] Ausweislich der Gesetzesbegründung ergebe sich aus dem landesrechtlich normierten Kostendeckungsgebot und Kostenüberschreitungsverbot die

---

[1] *Bundeskartellamt*, Bericht über die großstädtische Trinkwasserversorgung in Deutschland, 2016, S. 102.

[2] *Bundeskartellamt*, Bericht über die großstädtische Trinkwasserversorgung in Deutschland, 2016, S. 102.

[3] Achtes Gesetz zur Änderung des Gesetzes gegen Wettbewerbsbeschränkungen vom 26. Juni 2013, vgl. BGBl. 2013, Teil I Nr. 32, S. 1738.

[4] Von einer Anwendbarkeit ausgehend bzw. dafür plädierend *Monopolkommission*, Hauptgutachten 2008/2009, Tz. 398 ff.; *Säcker*, NJW 2012, 1105, 1109.; *Wolf*, NZKart 2011, 17, 19 ff.; *Wolf*, WuW 2013, 246, 250; a. A. *Bechtold/Bosch*, GWB, 10. Aufl. 2021, § 31 GWB, Rn. 31; *Brünning*, ZfW 2012, 1, 11 ff.; *Wolfers/Wollenschläger*, WuW 2013, 237, 238 ff.

zulässige Grenze der Gebührenhöhe, deren Kontrolle der Verwaltungsgerichtsbarkeit unterliege, so dass einer ergänzenden kartellrechtlichen Prüfung kein Raum verbleibe.[5] Die oben angeführte Diskussion fußte maßgeblich auf einem Obiter Dictum des BGH, in welchem das Gericht die Frage offenließ, ob eine kartellrechtliche Überprüfbarkeit öffentlich-rechtlicher Gebühren bei weitgehender Austauschbarkeit der Leistungsbeziehungen (so im Fall der Wasserversorgung) möglich sei.[6] Dem Beschluss des BGH kann für den Fall der weitgehenden Austauschbarkeit der Leistungsbeziehungen eine gewisse Sympathie für eine einheitliche kartellrechtliche Überprüfung sowohl von Preisen als auch von Gebühren entnommen.[7]

2. Unterschiedliche Methoden

Der kartellrechtlichen Missbrauchsaufsicht und der öffentlich-rechtlichen Kommunalaufsicht liegen zudem unterschiedliche Methoden zugrunde.

Die Kalkulation von Preisen unterliegt grundsätzlich keinen Vorgaben; allein § 24 Abs. 3 der Verordnung über Allgemeine Bedingungen für die Versorgung mit Wasser (AVBWasserV)[8] sieht eine „*kostennah[e]*“ Ausgestaltung von Preisänderungsklauseln vor.[9] Aus den Maßstäben des GWB ergibt sich jedoch eine Orientierung am „Als-ob-Wettbewerbspreis“, der durch verschiedene Methoden (z. B. Vergleichsmarktkonzept, Kostenkontrolle) ermittelt werden kann.[10] Von besonderer Bedeutung ist dabei das Vergleichsmarktprinzip, in dessen praktischer Anwendung z. B. die Erlöse vergleichbarer Wasserversorger miteinander verglichen werden.[11] Sofern eine Preisüberhöhung zu Tage tritt, besteht die Möglichkeit der Rechtfertigung einzelner Kostenpositionen durch das betroffene Wasserversorgungsunternehmen auf einer zweiten Stufe.[12]

---

[5] Vgl. BT-Drs. 17/9852, S. 47.

[6] BGH, Beschl. v. 18.10.2011 – KVR 9/11, Rn. 11; vgl. auch *Breder*, NVwZ 2012, 940, 942; *Bürger/Herbold*, NVwZ 2012, 1217, 1219; *Säcker*, NJW 2012, 1105, 1105.

[7] Vgl. *Säcker/Mohr*, ZWeR 2012, 417, 422.

[8] Verordnung über Allgemeine Bedingungen für die Versorgung mit Wasser (AVBWasserV) vom 20. Juni 1980 (BGBl. I S. 750, 1067), zuletzt geändert durch Artikel 8 der Verordnung vom 11. Dezember 2014 (BGBl. I S. 2010).

[9] § 24 Abs. 3 AVBWasserV lautet: „*Preisänderungsklauseln sind kostennah auszugestalten. Sie dürfen die Änderung der Preise nur von solchen Berechnungsfaktoren abhängig machen, die der Beschaffung und Bereitstellung des Wassers zuzurechnen sind. Die Berechnungsfaktoren müssen vollständig und in allgemein verständlicher Form ausgewiesen werden.*“

[10] *Gersdorf*, ZWeR 2016, 113, 120; vgl. zu den verschiedenen Methoden Kapitel C. II. 2., S. 120.

[11] *Bundeskartellamt*, Bericht über die großstädtische Trinkwasserversorgung in Deutschland, 2016, S. 103.

[12] *Bundeskartellamt*, Bericht über die großstädtische Trinkwasserversorgung in Deutschland, 2016, S. 104.

Die Kostenermittlung im Rahmen der Gebührenerhebung erfolgt nach den Kommunalabgabengesetzen der Länder zum einen nach dem Kostendeckungsgebot und zum anderen nach dem Kostenüberschreitungsverbot.[13] Die Grundlagen der Kostenermittlung werden in den Kommunalabgabengesetzen allerdings nicht umfassend bestimmt.[14] Daneben treten verfassungsrechtliche Determinanten, die sich maßgeblich aus dem Verhältnismäßigkeitsgrundsatz ableiten.[15]

3. Unterschiedliche Zuständigkeiten

Die Zuständigkeit über die Aufsicht von Wasserpreisen bestimmt sich nach § 48 GWB. Ausweislich § 48 Abs. 2 GWB ist grundsätzlich das Bundeskartellamt zuständig, sofern die Wirkung des Missbrauchs über das Gebiet eines Bundeslandes hinaus Wirkung entfaltet; in allen anderen Fällen sind die jeweiligen Landeskartellbehörden zuständig.[16]

Die Aufsicht über die Gebühren durch die Kommunalaufsicht der Länder ist als reine Rechtsaufsicht ausgestaltet – sodass eine Kontrolle der Zweckmäßigkeit nicht erfolgt – und basiert auf den von den Wasserversorgern (selbst) angesetzten Kosten, ohne dass eine umfassende Kostenkontrolle einzelner Kostenpositionen erfolgt, so dass in der Folge überhöhte Kosten nur dann festgestellt werden können, wenn die selbst gesetzten Kostengrenzen überschritten werden.[17]

Diese Unterschiede zeichnen sich auf der Ebene der judikativen Zuständigkeiten fort: Im Falle einer öffentlich-rechtlichen Ausgestaltung des Benutzungsverhältnisses entscheidet im Streitfall die Verwaltungsgerichtsbarkeit; im Falle einer privatrechtlichen Ausgestaltung des Benutzungsverhältnisses die ordentliche Gerichtsbarkeit.[18]

---

[13] *Bundeskartellamt*, Bericht über die großstädtische Trinkwasserversorgung in Deutschland, 2016, S. 103; s. a. *Monopolkommission*, 20. Hauptgutachten, 2012/2013, Rz. 1219, die auf „*Kostenkonzepte*" verweisen.

[14] *Gersdorf*, ZWeR 2016, 113, 126; *Monopolkommission*, 20. Hauptgutachten, 2012/2013, Rz. 1219.

[15] Vgl. dazu unten Kapitel C. III. 2. c), S. 185.

[16] Vgl. auch *Gersdorf*, ZWeR 2016, 113, 120.

[17] *Bundeskartellamt*, Bericht über die großstädtische Trinkwasserversorgung in Deutschland, 2016, S. 104.

[18] *Hünnekens*, in: Landmann/Rohmer UmweltR, 99. EL September 2022, § 50 WHG, Rn. 19, 20.

II. Kriterien der Missbrauchsaufsicht über Wasserpreise

1. Einleitung

Im Folgenden soll die Missbrauchsaufsicht über Wasserpreise näher beleuchtet werden.

In einem ersten Schritt wird der Rechtsrahmen näher erläutert. Die möglichen rechtlichen Ansatzpunkte für eine Kontrolle von Wasserpreisen setzen sich aus dem nationalen Kartellrecht mit seinen Sonderregelungen für die Wasserwirtschaft nach §§ 31 ff. GWB und der allgemeinen kartellrechtlichen Missbrauchsaufsicht nach § 19 GWB, dem europäischen Kartellrecht und der zivilrechtlichen Billigkeitskontrolle nach § 315 Abs. 3 BGB zusammen.

2. Nationales Kartellrecht

Die Maßstäbe der Preishöhenkontrolle im nationalen (deutschen) Kartellrecht ergeben sich maßgeblich aus den Vorschriften des Gesetzes gegen Wettbewerbsbeschränkungen (GWB).[19] Die Missbrauchskontrolle im Bereich der Trinkwasserversorgung wird durch das Bestehen der Monopole in dem betreffenden Markt gezeichnet, die einen Wettbewerb ausbleiben lassen, der den Preis für die Leistung festlegen würde. Mangels dessen bedient sich das GWB des Konzeptes des Als-ob-Wettbewerbspreises. Durch die Simulation des ausbleibenden Wettbewerbs (Als-ob-Wettbewerb) kann ein wettbewerbsanaloge Preis ermittelt werden.[20] Der wettbewerbsanaloge Preis stellt somit den Preis dar, den das betreffende Unternehmen bei bestehendem Wettbewerb fordern könnte.[21] Im Rahmen dessen kann zwischen tatsächlichen Ist-Kosten und effizienten Soll-Kosten unterschieden werden, denn die auf der Monopolstruktur des Marktes beruhende Ineffizienzen könnten bei bestehendem Wettbewerb nicht auf den Verbraucher übertragen werden, andernfalls würde der Verbraucher zu einem (preisgünstigeren, effizienteren) Wettbewerber abwandern.[22] Nach den Maßstäben des GWB dürfen also nur solche Preise erhoben werden, die dem wettbewerbsanalogen Preis entsprechen.[23] Die Maßstäbe des GWB sollen im Folgenden eingehender untersucht werden.

---

[19] Gesetz gegen Wettbewerbsbeschränkungen (GWB) in der Fassung der Bekanntmachung vom 26. Juni 2013, BGBl. I S. 1750, zuletzt geändert durch Art. 4 G zur Änd. des EnergiesicherungsG 1975 und anderer energiewirtschaftlicher Vorschriften vom 20.5.2022, BGBl. I S. 730.

[20] *Gersdorf*, ZWeR 2016, 113, 119.

[21] *Gersdorf*, ZWeR 2016, 113, 119.

[22] *Gersdorf*, ZWeR 2016, 113, 119.

[23] Einschränkend ist zu beachten, dass sowohl eine angemessene Verzinsung des eingesetzten Kapitals als auch ein Sicherheits- und Erheblichkeitszuschlag zu dem ermittelten wettbewerbsanalogen Preis hinzuzurechnen sind, vgl. dafür unten unter C. II. 2. a) bb) (1), S. 127.

a) Missbrauchstatbestände des § 31 Abs. 3, Abs. 4 GWB

§ 31 Abs. 3 GWB enthält ein allgemeines Missbrauchsverbot, welches einen Missbrauch „*durch die Freistellung von den Vorschriften dieses Gesetzes erlangte Stellung im Markt*" nicht zulässt. Die Freistellung nimmt dabei Bezug auf die freigestellten Verträge des § 31 Abs. 1 Nr. 1 bis Nr. 4 GWB[24], ein solcher Vertrag ist jedoch – wie § 31b Abs. 5 GWB ausdrücklich klarstellt – bei Vorliegen einer marktbeherrschenden Stellung nicht zwingend erforderlich.[25] Die marktbeherrschende Stellung wird im Bereich der Wasserversorgung schon aufgrund der abgeschlossenen Leitungsnetze im jeweiligen Versorgungsgebiet vorliegen (vgl. auch § 18 Abs. 1 Nr. 1 GWB).[26] Der Normzweck ergibt sich aus der Zulassung von Monopolen zum Zwecke der Versorgungsgewährleistung und der daraus (notwendigerweise) resultierenden Kontrolle durch eine Missbrauchsaufsicht.[27]

In der Literatur besteht Uneinigkeit darüber, ob es sich bei der Ausgestaltung des § 31 Abs. 3 GWB um ein gesetzliches Missbrauchsverbot oder um eine Ermächtigungsnorm zum Erlass einer Verfügung gem. § 31b Abs. 3 GWB handelt. Die praktische Bedeutung dieser Uneinigkeit besteht darin, dass (1) im Falle eines gesetzlichen Missbrauchsverbotes schon der bloße Verstoß gegen § 31 Abs. 3, 4 GWB ein Bußgeld auslöse, wohingegen ein solches im Falle einer Ermächtigungsnorm erst ab dem Zeitpunkt des Verstoßes gegen die Verfügung des § 31b Abs. 3 GWB fällig würde[28] und (2) Verfügungen gem. § 31b Abs. 3 GWB nur ex nunc-Wirkung entfalten können und in der Vergangenheit liegendes Verhalten somit nicht abgegolten werden kann.[29] Ausgangspunkt der Debatte ist dabei die Neufassung des Wortlauts

---

[24] Vgl. oben unter B. I. 3. b), S. 45.

[25] Vor Kodifizierung des § 31b Abs. 5 GWB, welcher durch Art. 1 des Achten Gesetzes zur Änderung des Gesetzes gegen Wettbewerbsbeschränkungen vom 26. 6. 2013, BGBl. I S. 1738 erstmals eingeführt wurde, so bereits BGH, NJW 2010, 2573, Rn. 23: „*[...] In der Sache liegen die Dinge aber nicht anders, wenn das Versorgungsunternehmen der wirksamen Kontrolle durch den Wettbewerb nicht als Folge von Konzessions- oder Demarkationsverträgen entzogen ist, sondern deswegen, weil ihm die Besonderheiten der leitungsgebundenen Versorgung auch ohne Ausnutzung der Freistellung eine marktbeherrschende Stellung ermöglicht haben [...]. Das gilt in besonderem Maße für die Wasserwirtschaft, in der der Inhaber des Leitungsnetzes nach wie vor über ein natürliches Monopol verfügt. [...]*"; vgl. auch *Wolfers/Wollenschläger*, in: Kölner Kommentar zum Kartellrecht, Band 1 (2017), Vor §§ 31–31b GWB, Rn. 7.

[26] *Haellmigk*, in: BeckOK Kartellrecht, 2. Ed.Stand 15. 7. 2021, § 31 GWB, Rn. 13; vgl. in Bezug auf den Anwendungsbereich des § 31 Abs. 4 Nr. 2 GWB auch *Brand*, in: Jaeger/Kokott/Pohlmann/Schroeder, Frankfurter Kommentar zum Kartellrecht, 103. Lieferung 9/2022, § 31 GWB, Rn. 39.

[27] *Reif*, in: Münchener Kommentar zum Wettbewerbsrecht, 4. Aufl. 2022, § 31 GWB, Rn. 1.

[28] *Haellmigk*, in: BeckOK Kartellrecht, 2. Ed.Stand 15. 7. 2021, § 31 GWB, Rn. 11.

[29] *Bechtold/Bosch*, GWB, 10 Aufl. 2021, § 31b GWB, Rn. 4; *Becker*, in: Bunte, Kartellrecht, 14. Aufl. 2022, § 31 GWB, Rn. 37; *Wolfers/Wollenschläger*, in: Kölner Kommentar zum Kartellrecht, Band 1 (2017), § 31 GWB, Rn. 21; vgl. zur ex nunc-Wirkung der Verfügung gem. § 31b Abs. 3 GWB: BT-Drs. 17/9852, S. 26.

des § 103 Abs. 5 S. 1 Nr. 1 GWB 1990, welcher von der Formulierung „*[…] kann die Kartellbehörde […] den Unternehmen aufgeben, den Missbrauch abzustellen […]*" zu folgender Formulierung in § 31 Abs. 3 GWB geändert wurde: „*Durch Verträge nach Abs. 1 oder die Art ihrer Durchführung darf die […] Freistellung […] nicht missbraucht werden.*" Die in § 31 Abs. 3 GWB genutzte Formulierung „*nicht missbraucht werden*" könnte dabei auf ein (neu geschaffenes) gesetzliches Missbrauchsverbot hinweisen.[30] Gegen eine solche Einordnung spricht jedoch die Gesetzgebungsgeschichte: § 31 Abs. 3 GWB sollte die Bestimmung des § 103 Abs. 5 S. 1 Nr. 1 GWB 1990 – bei welcher es sich, wie oben dargelegt, um eine Ermächtigungsnorm handelte – übernehmen.[31] Auch aus systematischen Erwägungen erscheint die Einordnung als gesetzliches Missbrauchsverbot insofern fernliegend, als dass (1) der Bußgeldtatbestand des § 81 Abs. 2 Nr. 1 lit. a) GWB ein Zuwiderhandeln gegen § 31 Abs. 3 GWB – im Gegensatz zu § 31b Abs. 3 GWB – nicht kennt und eine Ordnungswidrigkeit folglich nur bei einem Verstoß gegen Art. 31b Abs. 3 GWB in Frage kommt und dass (2) gem. § 64 Abs. 1 Nr. 2 GWB einer Beschwerde (nur) gegen eine Missbrauchsverfügung gem. § 31b Abs. 3 GWB aufschiebende Wirkung zukommt, so dass der Verfügung konstitutive und damit das Verbot begründende Wirkung zukommen muss.[32] Somit sprechen die besseren Erwägungen für eine Einordnung des § 31 Abs. 3 GWB als Ermächtigungsnorm.

Inhaltlich ist die Vorschrift dergestalt aufgebaut, dass § 31 Abs. 3 GWB eine Generalklausel darstellt, die den Missbrauch der durch die Freistellung von den Vorschriften des GWB erlangte Stellung im Markt untersagt. Sofern ein Missbrauch vorliegt, stehen der Kartellbehörde die Befugnisse nach § 31b Abs. 3 GWB zu. Der Missbrauchsbegriff ist dabei nicht statisch, sondern einzelfallbezogen auszulegen.[33] Grundsätzlich ist der Begriff jedoch in die Überlegung eingebettet, dass ein alleiniges Versorgungsunternehmen in einem abgeschlossenen Versorgungsnetzwerk die be-

---

[30] Mit einer ähnlichen Argumentation: *Bechtold*, NZKart 2013, 263, 264; *Gussone*, EnWZ 2012, 13, 16; *Reif*, in: Münchener Kommentar zum Wettbewerbsrecht, 4. Aufl. 2022, § 31 GWB, Rn. 100; wobei sich nur *Reif* für eine Kategorisierung als „*gesetzliches Verbot*" entscheiden.

[31] Vgl. die Gesetzesbegründung in BT-Drs. 17/9852, S. 26: „*[…] Die Befugnisse der Kartellbehörden werden in Absatz 3 unverändert übernommen. Kartellbehörden können den Unternehmen aufgeben, einen beanstandeten Missbrauch abzustellen, die Verträge oder Beschlüsse zu ändern bzw. für unwirksam zu erklären. […]*"; vgl. ferner Gegenäußerung der Bundesregierung BT-Dr. 17/9852, S. 52: „*[…] § 31 Absatz 4 GWB-E, der § 103 Absatz 5 GWB 1990 entspricht, regelt ein solches gesetzliches Verbot jedoch nicht, sondern ermächtigt die Kartellbehörde lediglich, eine Abstellungsverfügung nach § 31b Absatz 3 oder 5 GWB-E zu erlassen. […]*"; vgl. auch *Becker*, in: Bunte, Kartellrecht, 14. Aufl. 2022, § 31 GWB, Rn. 37; *Zuber*, in: LMRKM, 4. Aufl. 2020, § 31 GWB, Rn. 12.

[32] *Bechtold/Bosch*, GWB, 10 Aufl. 2021, § 31 GWB, Rn. 14; zu (1) vgl. auch *Wolfers/Wollenschläger*, in: Kölner Kommentar zum Kartellrecht, Band 1 (2017), § 31 GWB, Rn. 21; zu (2) vgl. auch: *Just/Steinbarth*, in: Schulte/Just, Kartellrecht, 2. Aufl. 2016, § 31 GWB, Rn. 23.

[33] *Reif*, in: Münchener Kommentar zum Wettbewerbsrecht, 4. Aufl. 2022, § 31 GWB, Rn. 135.

stehenden Größen- und Verbundvorteile ausnutzen und die Versorgung somit günstig und sicher betreiben kann,[34] so dass im Umkehrschluss ein Missbrauch vorliegen kann, wenn die beanstandete Maßnahme dem Sinn und Zweck der Freistellung zuwiderläuft.[35] Die Generalklausel des § 31 Abs. 3 GWB wird daher mit einer nicht abschließenden[36] Aufzählung von Regelbeispielen in § 31 Abs. 4 GWB genährt. Nach § 31 Abs. 4 Nr. 1 GWB liegt ein Missbrauch vor, wenn das Marktverhalten eines Wasserversorgungsunternehmens den Grundsätzen zuwiderläuft, die für das Marktverhalten von Unternehmen bei wirksamem Wettbewerb bestimmend sind. Diese Form des Missbrauchs wird als Grundsätzeverstoß[37] bezeichnet. Gem. § 31 Abs. 4 Nr. 2 GWB liegt ein Missbrauch vor, wenn ein Wasserversorgungsunternehmen von seinen Abnehmern ungünstigere Preise oder Geschäftsbedingungen fordert als gleichartige Wasserversorgungsunternehmen, es sei denn, das Wasserversorgungsunternehmen weist nach, dass der Unterschied auf abweichenden Umständen beruht, die ihm nicht zurechenbar sind – dieses Regelbeispiel stellt auf einen Preis- und Konditionenmissbrauch ab.[38] Nach § 31 Abs. 4 Nr. 3 GWB liegt ein Missbrauch vor, wenn ein Wasserunternehmen Entgelte fordert, welche die Kosten in unangemessener Weise überschreiten; anzuerkennen sind lediglich Kosten, die bei einer rationellen Betriebsführung anfallen. Diese Alternative wird als Kostenkontrolle bezeichnet.[39]

aa) Grundsätzeverstoß gem. § 31 Abs. 4 Nr. 1 GWB

Ausweislich des Normtextes liegt ein Grundsätzeverstoß gem. § 31 Abs. 4 Nr. 1 GWB vor, wenn „*das Marktverhalten eines Wasserversorgungsunternehmens den Grundsätzen zuwiderläuft, die für das Marktverhalten von Unternehmen bei wirksamem Wettbewerb bestimmend sind […].*“ Damit wird grundlegend auf einen hypothetisch bestehenden Wettbewerb (sog. Als-ob-Wettbewerb) abgestellt.[40] Ausweislich der Gesetzesbegründung (zur beinahe identischen Vorgängernorm des § 103 Abs. 5 S. 2 Nr. 1 GWB) „*geht [die Regelung] im Ansatz davon aus, daß auch in monopolistisch strukturierten Bereichen der Versorgungswirtschaft Wettbewerbs-*

---

[34] *Reif*, in: Münchener Kommentar zum Wettbewerbsrecht, 4. Aufl. 2022, § 31 GWB, Rn. 137; KG WuW/E OLG 5642, 5650 – Demarkation Gasversorgung.

[35] *Reif*, in: Münchener Kommentar zum Wettbewerbsrecht, 4. Aufl. 2022, § 31 GWB, Rn 137.

[36] *Scholl*, in: Immenga/Mestmäcker, 6. Aufl. 2020, GWB § 31 Rn. 49; dies zeigt auch der Wortlaut der Norm („*insbesondere*“).

[37] Vgl. dazu unten unter C. II. 2. a) aa), S. 123.

[38] Vgl. dazu unten unter C. II. 2. a) bb), S. 126.

[39] Vgl. dazu unten unter C. II. 2. a) cc), S. 143.

[40] Vgl. *Bechtold/Bosch*, GWB, 10 Aufl. 2021, § 31 GWB, Rn. 17; *Becker*, in: Bunte, Kartellrecht, 14. Aufl. 2022, § 31 GWB, Rn. 41; *Reif*, in: Münchener Kommentar zum Wettbewerbsrecht, 4. Aufl. 2022, § 31 GWB, Rn. 144; *Wolfers/Wollenschläger*, in: Kölner Kommentar zum Kartellrecht, Band 1 (2017), § 31 GWB, Rn. 30.

gesichtspunkte nach Möglichkeit zum Tragen kommen sollen."[41] Der Rückgriff auf einen lediglich hypothetisch bestehenden Wettbewerb ist aufgrund seiner Unschärfe naturgemäß mit Unsicherheiten behaftet.[42] Der BGH stellte in diesem Zusammenhang allerdings fest, dass die Vorschrift nicht darauf abziele, Missbräuche durch die gedankliche Simulierung von Wettbewerb zu ermitteln, sondern vielmehr sei zu fragen, ob das betreffende Unternehmen bei wirksamen Wettbewerb ein gleichlautendes Marktverhalten zeigen könnte.[43] Im Markt*verhalten* liegt zugleich der Schlüsselbegriff zur inhaltlichen Konturierung des Regelbeispiels: Eine Zeichnung eines hypothetischen Wettbewerbes durch Bildung eines Vergleichsmarktes oder Heranziehung einer Kostenkontrolle ist bereits durch die Regelbeispiele in Nr. 2 und Nr. 3 abgedeckt, so dass der Grundsätzeverstoß vielmehr auf eine *Verhaltens*kontrolle abstellt.[44] Somit werden von § 31 Abs. 4 Nr. 1 GWB vor allem zwei Konstellationen erfasst. Zum einen sollen Fälle erfasst werden, in denen Geschäftsbedingungen willkürlich zum Nachteil des Abnehmers ausgestaltet werden[45] – dies gilt aufgrund der standardisierten Geschäftsbedingungen (vgl. § 1 Abs. 1 AVBWasserV) im Bereich der Endverbraucher wohl aber nur für die vorgelagerte Marktstufe zwischen Vorlieferant und Endverteiler.[46] Zum anderen sollen Quersubventionierungen und Mischkalkulationen erfasst werden, in denen „*Kosten, die jeweils in einem anderen Geschäftsbereich [z. B. Strom oder Gas] entstehen, Grundlage der Preisgestaltung des Versorgungsunternehmens sind.*"[47] In der Literatur und im Tätigkeitsbericht des Bundeskartellamtes aus den Jahren 1983/1984 finden sich ergänzend folgende Schlagworte, die ein wettbewerbstypisches Marktverhalten näher konturieren sollen: Ausschöpfen sich bietender Rationalisierungsoptionen, Abbau von Überkapazitäten, Optimierung von Investitionen, Produktion und Kalkulation, Preiskalkulation nach dem Kostenverursachungsprinzip, keine Subventionierung einzelner Unternehmenssparten zu Lasten bestimmter Tätigkeitsbereiche und deren Kunden.[48] Insbesondere die Preiskalkulation nach dem Kostenverursachungsprinzip

---

[41] BT-Drs. 8/2136, S. 33.

[42] *Wolfers/Wollenschläger*, in: Kölner Kommentar zum Kartellrecht, Band 1 (2017), § 31 GWB, Rn. 30.

[43] Vgl. BGHZ 129, 37, 38 (Leitsatz b)) und 45.

[44] So ausdrücklich: *Wolfers/Wollenschläger*, in: Kölner Kommentar zum Kartellrecht, Band 1 (2017), § 31 GWB, Rn. 33 mit Verweis auf BGHZ 129, 37, 45.

[45] BT-Drs. 8/2136, S. 33.

[46] Vgl. *Reif*, in: Münchener Kommentar zum Wettbewerbsrecht, 4. Aufl. 2022, § 31 GWB, Rn. 146, 199a.

[47] BT-Drs. 8/2136, S. 33; vgl. auch *Reif*, in: Münchener Kommentar zum Wettbewerbsrecht, 4. Aufl. 2022, § 31 GWB, Rn. 146.

[48] Vgl. BKartA – TB 1983/84, BT-Drs. 10/3550, 114; *Büdenbender*, Die Kartellaufsicht über die Energiewirtschaft, Habil. 1995, 355 f.; *Reif*, in: Münchener Kommentar zum Wettbewerbsrecht, 4. Aufl. 2022, § 31 GWB, Rn. 146; *Scholl*, in: Immenga/Mestmäcker, 6. Aufl. 2020, GWB, § 31, Rn. 56.

ist relevant für den sogenannten Preisstrukturmissbrauch.[49] Ein Preisstrukturmissbrauch liegt vor, wenn die Gesamtkosten nicht verursachungsgerecht (genug) auf die Kostenträger verteilt werden.[50] Eine missbräuchliche Quersubventionierung liegt auch dann vor, wenn zwischen verschiedenen Abnehmergruppen nicht ausreichend differenziert wird.[51] Beim Zuschnitt der Abnehmergruppen ist der Gestaltungsspielraum begrenzt.[52] Dem stehen teilweise hohe Grundpreise und Tarifsprünge in der Wasserversorgung entgegen, die die Frage eröffnen, inwiefern sich die Tarife am Kostenverursachungsprinzip orientieren.[53] Die Tarifsprünge sind oftmals Folge einer Preiskalkulation auf Grundlage des Zählertarifs, welcher jedoch aus betriebs- und volkswirtschaftlichen Erwägungen als nicht mehr zeitgemäß gelten kann[54] und unter kartellrechtlichen Gesichtspunkten dem Gebot des Kostenverursachungsprinzips zuwiderlaufen kann.[55]

Die einschlägige Literatur geht – auch in Bezug auf die Vorgängernorm – von einem in der Praxis eher beschränkten Anwendungsbereich des Grundsätzeverstoßes aus[56] – von einigen Stimmen wurde er deshalb gar als „Fremdkörper“[57] tituliert.

---

[49] Vgl. eingehend zur Preisstrukturkontrolle (im Bereich der Stromversorgung) *Jungtäubl*, Preishöhen- und Preisstrukturkontrolle bei der leitungsgebundenen Stromversorgung, Diss. 1993, 149 ff.

[50] *Jungtäubl*, Preishöhen- und Preisstrukturkontrolle bei der leitungsgebundenen Stromversorgung, Diss. 1993, 149.

[51] *Jungtäubl*, Preishöhen- und Preisstrukturkontrolle bei der leitungsgebundenen Stromversorgung, Diss. 1993, 152, der auch davon spricht, dass eine „*Solidargemeinschaft*“ zu verneinen sei; *Reif*, in: Münchener Kommentar zum Wettbewerbsrecht, 4. Aufl. 2022, § 31 GWB, Rn. 149.

[52] Vgl. BGH WuW/E BGH 3140, 3144 = RdE 1998, 24, 26 = NJW 1997, 3173, 3174 – Gaspreis; *Kramm*, WRP 1998, 341, 343.

[53] Vgl. dazu *Reif*, in: Münchener Kommentar zum Wettbewerbsrecht, 4. Aufl. 2022, § 31 GWB, Rn. 150 f.

[54] *Reif*, in: Münchener Kommentar zum Wettbewerbsrecht, 4. Aufl. 2022, § 31 GWB, Rn. 150.

[55] *Reif*, in: Münchener Kommentar zum Wettbewerbsrecht, 4. Aufl. 2022, § 31 GWB, Rn. 150a; zu beachten ist jedoch, dass eine Preiskalkulation nach dem Zählertarif von der abgabenrechtlichen Rechtsprechung bei der Prüfung von (Wasser-)Gebühren als zulässig erachtet wurde, vgl. BVerwG, Urt. v. 1. 8. 1986 – 8 C 112/84 (München), NVwZ 1987, 231, 231; BVerwG, Beschl. v. 25. 10. 2001 – 9 BN 4/01 (Bautzen), NVwZ-RR 2003, 300, 300; BVerwG, Beschl. v. 19. 12. 2007 – 7 BN 6/07, BeckRS 2008, 31209, Rn. 7, und auch die zivilrechtliche Rechtsprechung im Rahmen des § 315 BGB den dargelegten Maßstab der Verwaltungsgerichte in Form der Grundpreise nach Wohnungseinheit (Wohnungseinheitentarif) übernommen hat, vgl. BGH, Urt. v. 17. 5. 2017 – VIII ZR 245/15, NJW 2018, 46, Rn. 24 ff.; BGH, Urt. v. 8. 7. 2015 – VIII ZR 106/14, NJW 2015, 3564, Rn. 33 = NZM 2015, 951; BGH, Urt. v. 20. 5. 2015 – VIII ZR 164/14, BeckRS 2015, 10933, Rn. 33, BGH, Urt. v. 20. 5. 2015 – VIII ZR 136/14, NVwZ-RR 2015, 722, 724.

[56] *Haellmigk*, in: BeckOK Kartellrecht, 2. Ed.Stand 15. 7. 2021, § 31 GWB, Rn. 15; *Reif*, in: Münchener Kommentar zum Wettbewerbsrecht, 4. Aufl. 2022, § 31 GWB, Rn. 147; *Scholl*, in: Immenga/Mestmäcker, 6. Aufl. 2020, GWB, § 31, Rn. 57.

Insbesondere das aufgezeigte Kostenverursachungsprinzip könnte jedoch in Anbetracht geringerer Auslastung der Wassernetze durch wassersparende Technologien und Bevölkerungsrückgänge vor allem in ländlichen Versorgungsgebieten und daraus resultierender höherer Grundpreise dem Grundsätzeverstoß des § 31 Abs. 4 Nr. 1 GWB zukünftig zu einer steigenden Bedeutung verhelfen.

bb) Preis- und Konditionenmissbrauch – das Vergleichsmarktprinzip gem. § 31 Abs. 4 Nr. 2 GWB

Das Regelbeispiel des § 31 Abs. 4 Nr. 2 GWB kennzeichnet einen Missbrauch in Fällen, in denen ein Wasserversorgungsunternehmen von seinen Abnehmern ungünstigere Preise oder Geschäftsbedingungen fordert als gleichartige Wasserversorgungsunternehmen, es sei denn, das Wasserversorgungsunternehmen weist nach, dass der Unterschied auf abweichenden Umständen beruht, die ihm nicht zurechenbar sind. Diesem Regelbeispiel liegt der Vergleich von gleichartigen Wasserversorgungsunternehmen zugrunde, so dass die praktische Anwendung durch das sog. Vergleichsmarktkonzept umgesetzt wird.[58] Aus der Norm ergeben sich drei zu beachtende Prüfungsschritte: Zunächst ist die (A) Auswahl eines gleichartigen Wasserversorgungsunternehmens zu treffen, anschließend der (B) Vergleichspreis bzw. die Vergleichsmethode festzulegen und abschließend sind unter Umständen bestehende (C) Rechtfertigungsgründe für ungünstigere Preise zu prüfen.

Das Telos des Vergleichsmarktkonzeptes wurde vom BGH in der Entscheidung „*Wasserpreise Wetzlar*“[59], die noch zur (nahezu identischen) Vorgängernorm des § 103 Abs. 5 S. 2 Nr. 2 GWB 1990 erging, wie folgt beschrieben:

> „Ziel des § 103 Abs. 5 GWB 1990 war es, mit Blick auf die besondere Marktstellung von Unternehmen der leitungsgebundenen Versorgung (Elektrizität, Gas, Wasser) und die sich aus ihr ergebende erhöhte Missbrauchsgefahr den zuständigen Behörden ein besonders wirksames Instrument der Aufsicht an die Hand zu geben. Durch die weitgehende Verlagerung der Beweislast auf das betroffene Unternehmen sollte die Behörde die Feststellung von Preismissbräuchen auf diesem Gebiet deutlich erleichtert werden. Eine erhöhte Missbrauchsgefahr liegt nahe, wenn ein Versorgungsunternehmen in seinem Verhaltensspielraum vom Wettbewerb deshalb nicht wirksam kontrolliert wird, weil es von der Freistellung gemäß § 103 Abs. 1 GWB 1990 Gebrauch gemacht hat. Diesen Fall regelt § 103 Abs. 5 GWB 1990 unmittelbar, indem er seine Anwendung für die ‚Fälle des Absatz 1‘ vorschreibt. In der Sache liegen die Dinge aber nicht anders, wenn das Versorgungsunternehmen der wirksamen Kontrolle durch den Wettbewerb nicht als Folge von Konzessions- oder Demarkationsverträgen entzogen ist, sondern deswegen, weil ihm die

---

[57] *Möschel*, Recht der Wettbewerbsbeschränkungen, 1983, Rn. 1041; *Reif*, in: Münchener Kommentar zum Wettbewerbsrecht, 4. Aufl. 2022, § 31 GWB, Rn. 145; *Wolfers/Wollenschläger*, in: Kölner Kommentar zum Kartellrecht, Band 1 (2017), § 31 GWB, Rn. 31.

[58] Vgl. BT-Drs. V/2841, S. 14; *Reif*, in: Münchener Kommentar zum Wettbewerbsrecht, 4. Aufl. 2022, § 31 GWB, Rn. 151.

[59] BGH, Beschl. v. 2.2.2010 – KVR 66/08, BGHZ 184, 168 = NJW 2010, 2573 – Wasserpreise Wetzlar.

Besonderheiten der leitungsgebundenen Versorgung auch ohne Ausnutzung der Freistellung eine marktbeherrschende Stellung ermöglicht haben […]. Dies gilt in besonderem Maße für die Wasserwirtschaft, in der der Inhaber eines Leitungsnetzes nach wie vor über ein natürliches Monopol verfügt.“[60]

(1) Auswahl eines gleichartigen Wasserversorgungsunternehmens

In einem ersten Schritt sind Wasserversorgungsunternehmen auszuwählen, die eine Gleichartigkeit mit dem zu untersuchenden Wasserversorgungsunternehmen aufweisen.

Die Beweislast im Rahmen der Auswahl eines gleichartigen Wasserversorgungsunternehmens trifft die Kartellbehörden.[61]

Vor der Grundsatzentscheidung des BGH in der Sache „*Wasserpreise Wetzlar*“ herrschte Uneinigkeit über die Auslegung des Begriffs des gleichartigen Wasserversorgungsunternehmens. Vor allem Stimmen aus der Versorgungswirtschaft plädierten neben Teilen der Literatur für eine enge Auslegung. Danach sei für eine Gleichartigkeit zwar keine vollumfängliche Gleichheit, wohl aber ein höheres Maß an Vergleichbarkeit zu fordern, dass sich beispielsweise an einer ähnlichen Größe, Struktur (in Bezug auf das Gelände und die Abnehmerstruktur) und Marktfunktion orientiere.[62] In diesem Zusammenhang wird vor allem mit der Gesetzesbegründung, die von einer „*im Wesentlichen ähnlich gelagert[en Vertriebssituation]*“ spricht[63], und einer aufgrund der unterschiedlichen Vertriebs-, Erzeugungs- und Beschaffungssituationen fehlenden Übertragbarkeit des für die Strom- und Gasmärkte entwickelten Maßstabes auf den Wassermarkt[64] argumentiert. Im Gegensatz dazu wurde die Gleichartigkeit von den Kartellbehörden – in Bezug auf die Energiepreisprüfung – stets weit ausgelegt.[65] Dieser Praxis in der Energiepreisprüfung schloss sich schließlich auch der BGH an – danach komme dem „*Tatbestandsmerkmal der Gleichartigkeit nur die Funktion zu, eine grobe Sichtung unter den als Vergleichs-*

[60] BGH, Beschl. v. 2.2.2010 – KVR 66/08, BGHZ 184, 168, 173 (Rz. 23) = NJW 2010, 2573, 2575 (Rz. 23).

[61] Vgl. die (noch immer Gültigkeit beanspruchende) Gesetzesbegründung zu § 103 Abs. 5 S. 2 Nr. 2 GWB 1990, Reg. Begr., BT-Drs. 8/2136, S. 33: „*[…] Angesichts der Vielfalt der Verhältnisse in der Versorgungswirtschaft obliegt es vielmehr der Beurteilung der Kartellbehörde, im jeweiligen Einzelfall die gleichartigen, für eine Vergleichsbetrachtung sachlich geeigneten Unternehmen zu bestimmen. […]*“; vgl. auch *Decker*, WuW 1999, 967, 970; *Möschel*, WuW 1999, 5, 13; *Piltz*, RdE 1999, 60, 63.

[62] Vgl. *Decker*, WuW 1999, 967, 972; *Soyez/Berg*, WuW 2006, 726, 727; für die Energiewirtschaft *Bechtold*, WuW 1996, 14, 18; *Büdenbender*, Die Kartellaufsicht über die Energiewirtschaft, Habil. 1995, S. 151.

[63] Vgl. Reg. Begr., BT-Drs. 8/2136, S. 33.

[64] *Decker*, WuW 1999, 967, 972.

[65] *Reif*, in: Münchener Kommentar zum Wettbewerbsrecht, 4. Aufl. 2022, § 31 GWB, Rn. 158.

unternehmen in Betracht kommenden Versorgungsunternehmen zu ermöglichen“[66]. Diese weite Auslegung der Gleichartigkeit wurde vom BGH in der Entscheidung „*Wasserpreise Wetzlar*“ übernommen.[67] Im Ergebnis vermag die enge Auslegung aus den folgenden Erwägungen nicht zu überzeugen: Zum einen sind die Unterschiede zwischen Energie- und Wasserversorgung insofern marginal, als dass beide Handelsgüter des täglichen Bedarfs und jederzeit lieferbar sein müssen.[68] Sofern dieser pauschale Verweis nicht zu überzeugen vermag, so ist jedoch mit Blick auf die Systematik der Vorschrift eine enge Auslegung zum anderen klar fernliegend. Die erwähnten Kennzeichen der Größe, Struktur und Marktfunktion finden im Rahmen der Rechtfertigung Berücksichtigung, so dass im Umkehrschluss eine Berücksichtigung dieser Kennzeichen auf der Stufe der Gleichartigkeit den Aspekt der Rechtfertigung obsolet werden ließe und – erschwerend – entgegen dem Gesetzeswortlaut die Beweislast nicht dem Wasserversorgungsunternehmen, sondern der Kartellbehörde zuweisen würde.[69]

Somit kommt der Gleichartigkeit – in Übereinstimmung mit der höchstrichterlichen Rechtsprechung – die Funktion einer „groben Sichtung“ zu. Danach sind zwei Unternehmen jedenfalls dann gleichartig, wenn zwischen ihnen hinsichtlich der wirtschaftlichen Rahmenbedingungen keine wesentlichen Unterschiede bestehen, die aus der Sicht der Abnehmer gemäß der Zielsetzung einer möglichst sicheren und preiswürdigen Versorgung mit Trinkwasser von vornherein eine deutlich unterschiedliche Beurteilung der Preisgestaltung rechtfertigen.[70] Eine Gleichartigkeit entfällt, wenn die Unterschiede so groß sind, dass es dem betroffenen Wasserversorgungsunternehmen nicht zuzumuten ist, diese zu rechtfertigen; eine Gleichartigkeit entfällt jedoch nicht bereits bei Vorliegen (einzelner) besonderer Umstände.[71]

Die Kriterien der Gleichheit der Wasserversorgungsunternehmen wurde im Laufe der Zeit durch die Rechtsprechung konkretisiert. Von Bedeutung sind die Versorgungsdichte (ausgedrückt durch den Metermengenwert), die Abnehmerdichte (Netzlänge pro Hausanschluss), Anzahl der versorgten Einwohner, nutzbare Wasserabgabe, Abgabestruktur (Haushalts- und Kleingewerbekunden) und die Gesamterträge der Wassersparte.[72]

---

[66] BGH, Beschl. v. 21.2.1995 – KVR 4/94, BGHZ 129, 37, 46f. = NJW 1995, 1894, 1896 – Weiterverteiler.

[67] BGH, Beschl. v. 2.2.2010 – KVR 66/08, BGHZ 184, 168, 175f. (Rz. 29f.) = NJW 2010, 2573, 2575f. (Rz. 29f.).

[68] *Reif*, in: Münchener Kommentar zum Wettbewerbsrecht, 4. Aufl. 2022, § 31 GWB, Rn. 161.

[69] Vgl. *Daiber*, WuW 2000, 352, 355.

[70] So der Wortlaut von BGHZ 184, 168, 176 (Rz. 30).

[71] BGHZ 184, 168, 176 (Rz. 29); *Brand*, in: Jaeger/Kokott/Pohlmann/Schroeder, Frankfurter Kommentar zum Kartellrecht, 103. Lieferung 9/2022, § 31 GWB, Rn. 41.

[72] BGHZ 184, 168, 176 (Rz. 32); *Brand*, in: Jaeger/Kokott/Pohlmann/Schroeder, Frankfurter Kommentar zum Kartellrecht, 100. Lieferung 11.2021, § 31 GWB, Rn. 43; *Wolfers/Wollenschläger*, in: Kölner Kommentar zum Kartellrecht, Band 1 (2017), § 31 GWB, Rn. 43.

Ein gewisser Fokus liegt in der Regel auf der Versorgungs- und Abnehmerdichte als wesentliche Kennwerte der Kostenstruktur, weil diese Rückschlüsse auf die Vertriebskosten zulassen.[73] Die Vertriebskosten sind im Rahmen der Wasserversorgung von besonderer Relevanz, weil sie bis zu 87 % der Gesamtkosten ausmachen.[74] Die Versorgungsdichte wird dabei durch den sog. Metermengenwert beziffert, der sich aus der gelieferten Kubikmeterzahl Wasser pro Meter Leitungsnetz errechnet.[75] Ein hoher Metermengenwert indiziere günstigere Vertriebsbedingungen.[76] Der Metermengenwert als Kennwert entstammt ursprünglich der Stromwirtschaft.[77] Wegen einer Reihe von Besonderheiten der Wasserwirtschaft[78] wird teilweise von einer fehlenden Übertragbarkeit auf die Wasserwirtschaft ausgegangen.[79] Die Rechtsprechung nimmt eine Übertragbarkeit auf den Wassersektor hingegen an.[80]

Kennzeichen, die unter die mit der topografischen Ausgestaltung des Versorgungsgebietes verbundenen Mehrkosten fallen, eignen sich hingegen nicht als Kennzeichen im Rahmen der Gleichheit.[81] Zum einen sei die Aussagekraft der mit der Topografie verbundenen Kosten insofern begrenzt, als dass neben kostenintensiven Steigungsstrecken gleichzeitig auch kostengünstige Abwärtsstrecken Teil des topografischen Profils sein können[82] und – viel wichtiger – eine solche Untersuchung einer äußerst vielschichtigen Datenanalyse bedarf, die nach der systematischen Verteilung der Darlegungs- und Beweislast nicht die Kartellbehörde im Rahmen der Gleichartigkeit zu erbringen hat, sondern im Rahmen der Rechtfertigung von dem betroffenen Wasserversorgungsunternehmen zu erbringen ist.[83]

Eine Einbeziehung der Wasserbeschaffungs- und -aufbereitungskosten als Kennwert wurde vom BGH aufgrund des Gebots der ortsnahen Wasserversorgung

[73] BGHZ 184, 168, 176 (Rz. 32); *Reif*, in: Münchener Kommentar zum Wettbewerbsrecht, 4. Aufl. 2022, § 31 GWB, Rn. 174.

[74] *Reif*, in: Münchener Kommentar zum Wettbewerbsrecht, 4. Aufl. 2022, § 31 GWB, Rn. 174 m. w. N.

[75] BGHZ 184, 168, 176 (Rz. 32); *Reif*, in: Münchener Kommentar zum Wettbewerbsrecht, 4. Aufl. 2022, § 31 GWB, Rn. 174 und Rn. 248 ff.

[76] *Wolfers/Wollenschläger*, in: Kölner Kommentar zum Kartellrecht, Band 1 (2017), § 31 GWB, Rn. 44.

[77] *Wolfers/Wollenschläger*, EnWz 2013, 71, 74.

[78] Vgl. *Wolfers/Wollenschläger*, EnWz 2013, 71, 72.

[79] *Wolfers/Wollenschläger*, EnWz 2013, 71, 74 f.; *dies.*, in: Kölner Kommentar zum Kartellrecht, Band 1 (2017), § 31 GWB, Rn. 45 – die Autoren plädieren für eine Ergänzung des Metermengenwertes um die Netzauslastung (Rohrnetzvolumen).

[80] BGHZ 184, 168, 176 (Rz. 32).

[81] BGHZ 184, 168, 177 f. (Rz. 37).

[82] *Reif*, in: Münchener Kommentar zum Wettbewerbsrecht, 4. Aufl. 2022, § 31 GWB, Rn. 165.

[83] BGHZ 184, 168, 177 f. (Rz. 37).

nicht kategorisch ausgeschlossen[84], erscheint jedoch unter dem Aspekt der „groben Sichtung“ im Rahmen der Gleichartigkeit aufgrund seiner geringen Kostenrelevanz weniger bedeutsam.[85] Folglich ist der oben genannte Kriterienkatalog nicht abschließend[86], jedoch sind zusätzliche Kriterien aus Rechtsgründen aufgrund der bewusst niedrigen Anforderungen der Gleichheit nicht erforderlich.[87]

Entgegen des im Gesetzeswortlaut verwendeten Plurals („*gleichartige Wasserversorgungsunternehmen*“), darf sich der Preisvergleich auf nur ein Vergleichsunternehmen beziehen.[88] Rein praktisch erscheint es allerdings sinnvoll, die Gleichartigkeit auf mehrere Unternehmen zu verteilen, um eine breitere, belastbarere Vergleichbarkeit zu erreichen.

Unter Umständen verbleibende Unsicherheiten im Rahmen der Vergleichbarkeit sind durch sog. Sicherheitszuschläge auszugleichen[89], diese Praxis wurde höchstrichterlich für die § 19 und § 31 GWB bestätigt.[90] Die Höhe der Sicherheitszuschläge beläuft sich in Übereinstimmung von Theorie[91] und Praxis[92] auf 1–5 %.

(2) Vergleichspreis bzw. Vergleichsmethode

Der Wortlaut des § 31 Abs. 4 Nr. 2 GWB sieht vor, dass das Wasserversorgungsunternehmen von seinen Abnehmern keine ungünstigeren Preise oder Geschäftsbedingungen fordern darf als gleichartige Wasserversorgungsunternehmen.

[84] BGHZ 184, 168, 177 (Rz. 35).

[85] *Reif*, in: Münchener Kommentar zum Wettbewerbsrecht, 4. Aufl. 2022, § 31 GWB, Rn. 169.

[86] BGHZ 184, 168, 177 f. (Rz. 33 ff.) – dies zeigt sich durch die gerichtliche Auseinandersetzung mit den vorgebrachten ergänzenden Kennzeichen der Wasserbeschaffungs- und -aufbereitungskosten und der Topografie durch die Rechtsbeschwerde.

[87] *Bangard/Parulava*, EnWZ 2012, 23, 25; *Reif*, in: Münchener Kommentar zum Wettbewerbsrecht, 4. Aufl. 2022, § 31 GWB, Rn. 177.

[88] Vgl. BGH, Beschl. v. 21.2.1995 – KVR 4/94 – Weiterverteiler, BGHZ 129, 37, 48; *Lutz/Gauggel*, GewArch 2000, 414 416; *Monopolkommission*, Sondergutachten 21 (1991), Tz. 75; a. A.: *Büdenbender*, Die Kartellaufsicht über die Energiewirtschaft, Habil. 1995, S. 148; *Bechtold*, WuW 1996, 14, 18; *Bohnen*, BB 1996, 1023, 1025; *Soyez/Berg*, WuW 2006, 726, 729.

[89] Diesen Zweck ausdrücklich postulierend *BKartA*, Bericht über die großstädtische Trinkwasserversorgung in Deutschland, 2016, S. 89 f.

[90] Vgl. zu § 103 GWB 1990 (Fortgeltung für § 31 GWB): BGHZ 184, 168, 187 (Rz. 68); vgl. zu § 19 GWB: BGH WuW/E- DE-R 3632, 3637 (dort als Rn. 23) = NJW 2012, 3245, Rn. 25 – Wasserpreise Calw; BGHZ 206, 229 = WuW/E DE-R 4871, Rn. 63 – Wasserpreise Calw II.

[91] *Markert*, RdE 1996, 205, 209 (Fn. 37); *Wolf*, BB 1989, 993, 997; *Büdenbender*, Die Kartellaufsicht über die Energiewirtschaft, Habil. 1995, S. 154; *Jungtäubl*, Preishöhen- und Preisstrukturkontrolle bei der leitungsgebundenen Stromversorgung, Diss. 1993, S. 124.

[92] *Reif*, in: Münchener Kommentar zum Wettbewerbsrecht, 4. Aufl. 2022, § 31 GWB, Rn. 183 mit Verweis auf: LKartB Hessen, Verfügung v. 23.12.2010 – V I5 b – 78 k 20–01 – 556–07, Rn. 276 f. – Wasserversorgung Wetzlar II; LKartB Baden-Württemberg, Verfügung v. 24.3.2011 – 6-4452.88/96 – Wasserversorgung Calw.

Bezugspunkt des Vergleichs können somit sowohl Preise als auch Geschäftsbedingungen sein.

Von praktischer Relevanz sind vor allem Preisvergleiche. Der Preisvergleich in der Wasserwirtschaft begegnet dem Umstand, dass die Preise sich regelmäßig aus verbrauchsabhängigen (Preis pro verbrauchter Kubikmeter Wasser) und verbrauchsunabhängigen Bestandteilen (Grundpreis) zusammensetzen.[93] Aus diesem Umstand haben sich in der Praxis der Tarifvergleich und der Erlösvergleich als verschiedene Vergleichsmethoden herausgebildet.

Im Rahmen des Tarifvergleiches werden die Preise für bestimmte Abnehmergruppen miteinander verglichen.[94] Nach der Rechtsprechung gibt es keine feste Grenze, ab welcher ein Missbrauch in jedem Fall anzunehmen sei, so dass nicht nur Unterschiede in den einzelnen Tarifgruppen, sondern auch nicht gerechtfertigte Preisdiskrepanzen in wirtschaftlich bedeutungsvollen Tarifgruppen zu einem Missbrauch führen können.[95] Zur Förderung der Vergleichbarkeit definieren die Kartellbehörden verschiedene typisierte Abnahmefälle, die beispielsweise folgende Typisierungen umfassen: 80 m^3 pro Jahr – 2-Zimmer-Wohnung, 150 m^3 pro Jahr – Einfamilienhaus, 400 m^3 pro Jahr – 5-Wohneinheiten, 700 m^3 pro Jahr – 9-Wohneinheiten, 900 m^3 pro Jahr – 12-Wohneinheiten, 1300 m^3 pro Jahr – 15-Wohneinheiten sowie 7.500 m^3 pro Jahr – Kleingewerbekunde. Diese Bildung typisierter Abnahmefälle billigte der BGH für die Wasserversorgung ausdrücklich in seiner Entscheidung „*Wasserpreise Wetzlar*".[96] Der Tarifvergleich eignet sich gut, sofern die zu vergleichenden Wasserversorgungsunternehmen eine einfache und in bestimmten Merkmalen übereinstimmende Tarifstruktur aufweisen.[97]

Im Rahmen des Erlösvergleichs kann ein Missbrauch begründet sein, wenn die Erlöse des untersuchten Wasserversorgungsunternehmens höher ausfallen, als sie bei Anwendung der Vertragswerke der Vergleichsunternehmen ausfielen.[98] Der Erlösvergleich unterscheidet sich insofern vom Tarifvergleich, als dass nicht die typi-

---

[93] *Brand*, in: Jaeger/Kokott/Pohlmann/Schroeder, Frankfurter Kommentar zum Kartellrecht, 103. Lieferung 9/2022, § 31 GWB, Rn. 46; *Scholl*, in: Immenga/Mestmäcker, 6. Aufl. 2020, § 31 GWB, Rn. 67; vgl. allgemein zu den Tarifstrukturen: *BKartA*, Bericht über die großstädtische Trinkwasserversorgung in Deutschland, 2016, S. 23–31.

[94] BGH, Beschl. v. 2.2.2010 – KVR 66/08, BGHZ 184, 168, 178 (Rz. 39); *Brand*, in: Jaeger/Kokott/Pohlmann/Schroeder, Frankfurter Kommentar zum Kartellrecht, 103. Lieferung 9/2022, § 31 GWB, Rn. 46); *Reif*, in: Münchener Kommentar zum Wettbewerbsrecht, 4. Aufl. 2022, § 31 GWB, Rn. 188; *Scholl*, in: Immenga/Mestmäcker, 6. Aufl. 2020, GWB § 31 Rn. 68; *Zuber*, in: LMRKM, 4. Aufl. 2020, § 31 GWB, Rn. 22.

[95] BGH, Beschl. v. 31.5.1972 – KVR 2/71, BGHZ 59, 42, 50 – Stromtarif.

[96] BGH, Beschl. v. 2.2.2010 – KVR 66/08, BGHZ 184, 168, 178 (Rz. 39).

[97] *Reif*, in: Münchener Kommentar zum Wettbewerbsrecht, 4. Aufl. 2022, § 31 GWB, Rn. 197.

[98] *Zuber*, in: LMRKM, 4. Aufl. 2020, § 31 GWB, Rn. 23.

sierten Abnahmefälle, sondern der Erlös pro m^3 als Vergleichsgrundlage dient.[99] Der Erlösvergleich ist dabei ausweislich der Gesetzesbegründung ausdrücklich als Vergleichsmethode vorgesehen[100]; entgegenstehende Meinungen in der Literatur, die einer Zulässigkeit aufgrund des Wortlauts („Preise“) kritisch entgegentreten[101], sind daher abzulehnen. Zudem wird die Möglichkeit diskutiert, Erlösvergleiche in abgabenbereinigter Form durchzuführen, mithin um Steuern und Abgaben zu bereinigen.[102] Jedoch läuft diese Form des Erlösvergleichs Gefahr, dass dem betroffenen Wasserversorgungsunternehmen auf einer späteren Stufe vorzubringende Rechtfertigungsgründe abgeschnitten werden.[103] Das Konzept ist daher abzulehnen.

Der Erlösvergleich eignet sich aufgrund seines breiten Ansatzes besonders gut für Wasserversorgungsunternehmen mit „schiefen“ Tarifstrukturen oder sonstigen komplexen Besonderheiten. Nach Auffassung des Bundeskartellamtes führe der Erlösvergleich dabei zu einer effektiveren Kontrolle als der Tarifvergleich.[104]

Ausweislich des Wortlauts der Norm ist ein reiner Preisvergleich – unter Ausschluss der Geschäftsbedingungen – zulässig.[105] Im Umkehrschluss ist somit auch ein reiner Vergleich der Geschäftsbedingungen zulässig.[106] Der Vergleich auf der Endkundenstufe scheidet jedoch aufgrund der gem. § 1 Abs. 1 AVBWasserV standardisierten Bedingungen regelmäßig aus; kann jedoch auf der Vorstufe – auf der in der Regel individuelle Vereinbarungen getroffen werden – Bedeutung erlangen.[107]

Einer näheren Untersuchung bedarf zudem die Frage, ob es eines Erheblichkeitszuschlags bedarf. Die 4. GWB-Novelle 1980 enthielt dazu in § 103 Abs. 5 S. 2

---

[99] *Brand*, in: Jaeger/Kokott/Pohlmann/Schroeder, Frankfurter Kommentar zum Kartellrecht, 103. Lieferung 9/2022, § 31 GWB, Rn. 48.

[100] BT-Drs. 17/9852, S. 26.

[101] *Wolfers/Wollenschläger*, in: Kölner Kommentar zum Kartellrecht, Band 1 (2017), § 31 GWB, Rn. 51.

[102] Vgl. *Kleinlein/Schubert*, NJW 2014, 3191, 3196; *Wolfers/Wollenschläger*, in: Kölner Kommentar zum Kartellrecht, Band 1 (2017), § 31 GWB, Rn. 53.

[103] *Brand*, in: Jaeger/Kokott/Pohlmann/Schroeder, Frankfurter Kommentar zum Kartellrecht, 103. Lieferung 9/2022, § 31 GWB, Rn. 50; *Wolfers/Wollenschläger*, in: Kölner Kommentar zum Kartellrecht, Band 1 (2017), § 31 GWB, Rn. 53.

[104] *Becker*, in: Bunte, Kartellrecht, 14. Aufl. 2022, § 31 GWB, Rn. 45; *Reif*, in: Münchener Kommentar zum Wettbewerbsrecht, 4. Aufl. 2022, § 31 GWB, Rn. 198.

[105] § 31 Abs. 4 Nr. 2 GWB: „*ungünstigere Preise* oder *Geschäftsbedingungen*“ (Hervorhebung zwecks Verdeutlichung); vgl. ferner: BGH, Beschl. v. 21.2.1995 – KVR 4/94 – Weiterverteiler, BGHZ 129, 37, 48; BGH, Beschl. v. 2.2.2010 – KVR 66/08, BGHZ 184, 168, 178, Rn. 39 = NJW 2010, 2573 – Wasserpreise Wetzlar; a.A. *Bechtold/Bosch*, GWB, 10. Aufl. 2021, § 31 GWB, Rn. 22 mit dem Argument, dass Preise und Geschäftsbedingungen nicht losgelöst nebeneinanderstehen, sondern im Falle von Baukostenzuschüssen miteinander verwoben sein können.

[106] So auch *Reif*, in: Münchener Kommentar zum Wettbewerbsrecht, 4. Aufl. 2022, § 31 GWB, Rn. 199a.

[107] *Reif*, in: Münchener Kommentar zum Wettbewerbsrecht, 4. Aufl. 2022, § 31 GWB, Rn. 199a.

Nr. 2 GWB a.F. (dem heutigen § 31 Abs. 4 Nr. 2 GWB), noch die Passage, dass ein Missbrauch insbesondere dann vorliegt, wenn *„[…] ein Versorgungsunternehmen* spürbar *ungünstigere Preise oder Geschäftsbedingungen fordert […]“*.[108] Das Erfordernis der Spürbarkeit wurde im Rahmen der 5. GWB-Novelle 1989 gestrichen – in der Gesetzesbegründung heißt es dazu, dass eine unklare und je nach Interessenrichtung unterschiedlich auslegbare Toleranzschwelle eine wirksame Missbrauchsaufsicht konterkariere.[109] Im Gegensatz dazu sah der BGH in den Entscheidungen *„Wasserpreise Calw“* einen Erheblichkeitszuschlag als geboten an, weil *„der Missbrauch einer marktbeherrschenden Stellung ein Unwerturteil enthält und es dafür eines erheblichen Abstands zwischen dem von der Betroffenen geforderten Preis und dem niedrigeren wettbewerbsanalogen Preis bedarf“*.[110] Soweit sich nach dem Wortlaut der Norm und dem Gesetzeszweck (s.o.) keine Anhaltspunkte für die Erforderlichkeit des Erheblichkeitszuschlags finden lassen, ist der Rechtsprechung dennoch zu Gute zu halten, dass das scharfe Schwert der Missbrauchsaufsicht durch einen Erheblichkeitszuschlag auf ein stabileres Fundament gestellt wird. Die Bemessung des Erheblichkeitszuschlags richtet sich nach den konkreten Umständen des Einzelfalles und obliegt dem Tatrichter.[111]

(3) Rechtfertigungsgründe für ungünstigere Preise oder Geschäftsbedingungen

Festgestellte ungünstigere Preise oder Geschäftsbedingungen vermögen den Missbrauchsvorwurf erst dann zu begründen, wenn sie nicht gerechtfertigt sind. Eine Rechtfertigung liegt nach § 31 Abs. 4 Nr. 2 GWB vor, wenn der ungünstigere Preis bzw. die ungünstigeren Geschäftsbedingungen auf Umständen beruhen, die dem Unternehmen nicht zurechenbar sind. Nach der Rechtsprechung des BGH sind unter nicht zurechenbaren Umständen *„grundsätzlich solche Kostenfaktoren zu verstehen, die auch jedes andere Unternehmen in der Situation des betroffenen vorfinden würde und nicht beeinflussen könnte […] [; dagegen] haben individuelle, allein auf unternehmerische Entschließung oder auf die Struktur des betroffenen Versorgungsunternehmens zurückgehende Umstände außer Betracht zu bleiben.“*[112] Nicht zurechenbar ist mithin gleichzusetzen mit „nicht beeinflussbar“ oder „nicht änderbar“.[113] Zu den unbeeinflussbaren Umständen können bspw. die Topographie, hy-

[108] Vgl. Viertes Gesetz zur Änderung des Gesetzes gegen Wettbewerbsbeschränkungen, Gesetz vom 26.04.1980 – BGBl. I 1980, Nr. 19, 30.04.1980, S. 458, S. 464.

[109] BT-Drs. 11/4610, S. 37.

[110] BGH, Beschl. v. 15.5.2012 – KVR 51/11, BeckRS 2012, 16890, Rn. 25 ff. = NJW 2012, 3243 – Wasserpreise Calw; BGH, Beschl. v. 14.7.2015 – KVR 77/13, BeckRS 2015, 15821, Rn. 40 = NJW 2015, 3643 – Wasserpreise Calw II.

[111] BGH, Beschl. v. 15.5.2012 – KVR 51/11, BeckRS 2012, 16890, Rn. 27 = NJW 2012, 3243 – Wasserpreise Calw.

[112] BGH, Beschl. v. 2.2.2010 – KVR 66/08, BGHZ 184, 168, 179, Rn. 42 = NJW 2010, 2573, 2577 – Wasserpreise Wetzlar; vgl. zum Ausgangspunkt dieser Rechtsprechung BGHZ 59, 42, 47 f. – Strom-Tarif.

[113] *Büdenbender*, Die Kartellaufsicht über die Energiewirtschaft, Habil. 1995, S. 159.

drogeologische Bedingungen, Besiedlung, Bebauung und Versorgungsdichte zählen; beeinflussbar sind hingegen Umstände, die auf der Wahl der Rechtsform, Unterschiede im Rahmen von Eigenkapital und Fremdkapitalkosten sowie einem gegenwärtigen Investitionsbedarf beruhen.[114]

Ausweislich des Wortlauts der Norm („*es sei denn, das Wasserversorgungsunternehmen weist nach*") obliegt die Darlegungs- und Beweislast dem betroffenen Wasserversorgungsunternehmen, so dass es zu einer Beweislastumkehr kommt.[115] Insofern obliegt dem betroffenen Wasserversorgungsunternehmen die Nachweispflicht, dass und in welcher Höhe die ungünstigeren Preise bzw. Geschäftsbedingungen durch gegenüber dem Vergleichsunternehmen abweichende Umstände bedingt sind, die sich einer Zurechenbarkeit entziehen.[116]

Insbesondere von Seiten der Versorgungswirtschaft wird in diesem Zusammenhang häufig die zwischen den betroffenen Unternehmen und den Kartellbehörden bestehenden Informationsasymmetrien und damit einhergehende Schwierigkeiten bei der Umsetzung der Darlegungs- und Beweislastverteilung problematisiert.[117] Tatsächlich verfügen die betroffenen Unternehmen jedoch über eine ganze Bandbreite an Informationsquellen, die von der Akteneinsicht bei der zuständigen Kartellbehörde, über frei zugängliche Informationen und verschiedene Benchmarking Projekte oder sonstige wissenschaftliche Erhebungen bis zur Möglichkeit, die Kartellbehörde zu ergänzenden Ermittlungen bei den Vergleichsunternehmen aufzufordern, reichen.[118] Außerdem erstreckt sich die Darlegungslast – entsprechend den allgemeinen Regeln zur Beweislast – (nur) auf die eigenen Strukturbedingungen und Kosten.[119] Hingegen fällt der Kartellbehörde die Aufgabe zu, die geltend gemachten Rechtfertigungsgründe zu überprüfen und die erforderlichen Informationen bei den Vergleichsunternehmen einzuholen[120] – dem betroffenen Wasserversor-

---

[114] Vgl. im Einzelnen unten C. II. 2. a) bb) (4), S. 137.

[115] Vgl. dazu auch: *Bechtold/Bosch*, GWB, 10. Aufl. 2021, § 31 GWB, Rn. 23; *Becker*, in: Bunte, Kartellrecht, 14. Aufl. 2022, § 31 GWB, Rn. 50; *Bundeskartellamt*, Bericht über die großstädtische Trinkwasserversorgung in Deutschland (2016), S. 88 f.; *Wolfers/Wollenschläger*, in: Kölner Kommentar zum Kartellrecht, Band 1 (2017), § 31 GWB, Rn. 79 ff.

[116] *Daiber*, WuW 2000, 352, 353 f.; *Lutz/Gauggel*, GewArch 2000, 414, 416 f.; *Reinhardt*, ZfW 2008, 125, 142; *Wolfers/Wollenschläger*, in: Kölner Kommentar zum Kartellrecht, Band 1 (2017), § 31 GWB, Rn. 79; *Zuber*, in: LMRKM, 4. Aufl. 2020, § 31 GWB, Rn. 25.

[117] Vgl. *Soyez/Berg*, WuW 2006, 726, 732; *Wehage*, Missbrauchsaufsicht über Wasserpreise und Wassergebühren nach deutschem und europäischem Kartellrecht, Diss. (Berlin, Humboldt-Univ.) 2015, S. 269 ff.; *Wolfers/Wollenschläger*, EnWZ 2014, 261, 266 f.; *Zuber*, in: LMRKM, 4. Aufl. 2020, § 31 GWB, Rn. 25.

[118] Vgl. dazu *Reif*, in: Münchener Kommentar zum Wettbewerbsrecht, 4. Aufl. 2022, § 31 GWB, Rn. 231 f.

[119] OLG Düsseldorf, Beschl. v. 24.2.2014 – VI-2 Kart 4/12 (V), Rn 271 ff. – Berliner Wasser; *Bundeskartellamt*, Bericht über die großstädtische Trinkwasserversorgung in Deutschland (2016), S. 89.

[120] *Bundeskartellamt*, Bericht über die großstädtische Trinkwasserversorgung in Deutschland (2016), S. 89.

gungsunternehmen kann die Untersuchung der „*sphärenfremden Umstände*“ nicht zugemutet werden.[121]

Die Rechtfertigung kann dabei in verschiedene Stufen gegliedert werden: (1) Die Feststellung eines nicht zurechenbaren Umstandes (Strukturnachteil) gegenüber den Vergleichsunternehmen, (2) die Prüfung, welche zusätzlichen oder aufwändigeren Maßnahmen diese Strukturnachteile und damit Mehrkosten erzwingen (Kausalität dem Grunde nach), (3) die Unverzichtbarkeit der Maßnahmen bzw. die fehlende Zurechenbarkeit dem betroffenen Unternehmen gegenüber und (4) die Kostenprüfung (Kausalität der Höhe nach).[122]

Die (1) Feststellung eines nicht zurechenbaren Umstandes (Strukturnachteil) erfolgt nach der oben geschilderten Abgrenzung der (Un-)Beeinflussbarkeit des in Frage stehenden Umstandes. Die Rechtfertigungsgründe können dabei auf jeder Ebene der Wasserversorgung ansetzen.[123] Ausgewählte Rechtfertigungsgründe sollen im Anschluss an die Erläuterung des weiteren Prüfungsvorganges skizziert werden.[124]

In einem weiteren Schritt ist zu untersuchen, welche (2) zusätzlichen Einrichtungen und Maßnahmen des Wasserversorgungsunternehmens durch die Strukturnachteile verursacht werden – es handelt sich dabei um die Kausalität dem Grunde nach.[125] Die Beweislast liegt beim Unternehmen (s. o.). Bloße Behauptungen des betroffenen Wasserversorgungsunternehmens werden den Anforderungen nicht gerecht.[126] Für einen Nachweis haben sich in der Praxis der Anlagenspiegel, Karten der Versorgungsgebiete und Übersichtslagepläne herauskristallisiert.[127] Diese sollten im Interesse der Berücksichtigung möglichst detailliert und widerspruchsfrei sein[128], so dass die Anforderungen an die Nachweise nicht zu gering ausfallen dürfen.[129] Für den Vergleich des betroffenen Wasserversorgungsunternehmens mit den ausge-

[121] *Wolfers/Wollenschläger*, in: Kölner Kommentar zum Kartellrecht, Band 1 (2017), § 31 GWB, Rn. 80 f.

[122] Vgl. in diesem Zusammenhang auch *Reif*, in: Münchener Kommentar zum Wettbewerbsrecht, 4. Aufl. 2022, § 31 GWB, Rn. 205 ff., Rn. 212 ff., Rn. 215 ff., Rn. 223 ff.; *Wolfers/Wollenschläger*, in: Kölner Kommentar zum Kartellrecht, Band 1 (2017), § 31 GWB, Rn. 56 (und ff.).

[123] *Wolfers/Wollenschläger*, in: Kölner Kommentar zum Kartellrecht, Band 1 (2017), § 31 GWB, Rn. 58.

[124] Vgl. unten unter C. II. 2. a) bb) (4), S. 137.

[125] Vgl. dazu auch KG WuW/E OLG 5926, 5929 ff. (Rz. 8) – SpreeGas.

[126] *Scholl*, in: Immenga/Mestmäcker, 6. Aufl. 2020, § 31 GWB, Rn. 83.

[127] *Reif*, in: Münchener Kommentar zum Wettbewerbsrecht, 4. Aufl. 2022, § 31 GWB, Rn. 213.

[128] *Reif*, in: Münchener Kommentar zum Wettbewerbsrecht, 4. Aufl. 2022, § 31 GWB, Rn. 213.

[129] BGHZ 142, 239, 249 = NJW 2000, 76 – Flugpreisspaltung; BGHZ 184, 168, 185, Rn. 62 = NJW 2010, 2753 – Wasserpreise Wetzlar; *Scholl*, in: Immenga/Mestmäcker, 6. Aufl. 2020, § 31 GWB, Rn. 83.

wählten Vergleichsunternehmen sind die aus den abweichenden Umständen resultierenden höheren Preise in Korrelation zu den Preisen der Vergleichsunternehmen zu setzen – technisch kann dies entweder durch spezifische Kennzahlen erfolgen, oder, sofern eine Abbildung der Strukturbedingung als Kennzahl nicht möglich ist, durch eine Ist-Kosten-Aufstellung.[130]

In Schritt (3) ist die Unverzichtbarkeit der Einrichtungen und Maßnahmen bzw. die fehlende Zurechenbarkeit dem betroffenen Unternehmen gegenüber zu untersuchen. Zentrale Elemente dessen stellen die Sicherheit und Preiswürdigkeit der Versorgung dar.[131] Sofern das Element der Sicherheit gewährleistet ist, kommt dem Element der Preiswürdigkeit bestimmendes Gewicht zu.[132] Eine Zurechenbarkeit scheidet aus, sofern das betroffene Wasserversorgungsunternehmen alle Rationalisierungsreserven ausgeschöpft hat, die den Grundsätzen einer rationellen Betriebsführung entsprechen.[133] Entgegengesetztenfalls liegen Fehlinvestitionen vor, die auf unternehmensindividuellen Entscheidungen beruhen und somit schon nicht struktureller Natur sind (und damit nach (1) nicht berücksichtigungsfähig sind).[134] Ziel ist es, einem Bestandsschutz für monopolartige Ineffizienzen und Kostenüberhöhungstendenzen entgegenzutreten.[135] Im Rahmen einer rationellen Betriebsführung sind Maßnahmen zur Kostensenkung und Strukturoptimierungen zu durchdenken – beispielhaft können in diesem Zusammenhang Kapazitätsanpassungen durch den Rückbau von Versorgungsanlagen, der Einsatz preisgünstiger Techniken und die Kooperation mit anderen Versorgern genannt werden.[136]

---

[130] Vgl. *Reif*, in: Münchener Kommentar zum Wettbewerbsrecht, 4. Aufl. 2022, § 31 GWB, Rn. 214; *Wolfers/Wollenschläger*, in: Kölner Kommentar zum Kartellrecht, Band 1 (2017), § 31 GWB, Rn. 71; vgl. zur Veranschaulichung auch LKartB Hessen, Fragenbogen „Wasserversorgung" der hess. Landeskartellbehörde, abrufbar unter https://wirtschaft.hessen.de/sites/wirtschaft.hessen.de/files/2021-08/fragebogen_zur_wasserversorgung.pdf (zuletzt aufgerufen am 4.1.2023), zu spezifischen Kennzahlen hier insb. Zeilen 232 ff. (v.a. Metermengenwert, Netzeinspeisung, etc.) und zu Ist-Kosten Zeilen 368 ff. (v.a. Finanzkennzahlen).

[131] *Daiber*, WuW 2000, 352, 356; *Reif*, in: Münchener Kommentar zum Wettbewerbsrecht, 4. Aufl. 2022, § 31 GWB, Rn. 215.

[132] *Daiber*, WuW 2000, 352, 356; *Reif*, in: Münchener Kommentar zum Wettbewerbsrecht, 4. Aufl. 2022, § 31 GWB, Rn. 215, vgl. auch OLG Frankfurt a. M. WuW/E OLG 5416, 5428 – Konzessionsvertrag Niedernhausen.

[133] BGHZ 142, 239, 247 f. – Flugpreisspaltung; BGHZ 184, 168, 184, Rn. 59 = NJW 2010, 2573 – Wasserpreise Wetzlar; *Reif*, in: Münchener Kommentar zum Wettbewerbsrecht, 4. Aufl. 2022, § 31 GWB, Rn. 215; *Wolfers/Wollenschläger*, in: Kölner Kommentar zum Kartellrecht, Band 1 (2017), § 31 GWB, Rn. 73.

[134] *Reif*, in: Münchener Kommentar zum Wettbewerbsrecht, 4. Aufl. 2022, § 31 GWB, Rn. 215; *Wolfers/Wollenschläger*, in: Kölner Kommentar zum Kartellrecht, Band 1 (2017), § 31 GWB, Rn. 73.

[135] BGHZ 59, 42, 46 – Stromtarif; BGHZ 129, 37, 49 f. – Weiterverteiler; BGHZ 142, 239, 249 – Flugpreisspaltung; BGHZ 184, 168, 180, 185, Rn. 62 = NJW 2010, 2573 – Wasserpreise Wetzlar; s.a. *Scholl*, in: Immenga/Mestmäcker, 6. Aufl. 2020, § 31 GWB, Rn. 80, 83.

[136] *Reif*, in: Münchener Kommentar zum Wettbewerbsrecht, 4. Aufl. 2022, § 31 GWB, Rn. 216; vgl. für zahlreiche weitere Beispiele *Graetz*, Synergiepotenzial einer fragmentierten

Im Rahmen der (4) Kostenprüfung ist in einem letzten Schritt zu untersuchen, ob sich die durch die abweichenden Umstände ergebenden höheren Preise betragsmäßig eignen, die Preisunterschiede zu den Vergleichsunternehmen zu rechtfertigen (Kausalität der Höhe nach).[137] Dazu sind die vergleichsweise höheren Preise des betroffenen Unternehmens auf die der Vergleichsunternehmen im Wege von Zu- oder Abschlägen anzurechnen – sofern im Ergebnis eine Differenz verbleibt, sind die Preise missbräuchlich.[138]

(4) Darstellung ausgewählter Rechtfertigungsgründe

Im Folgenden werden einzelne Rechtfertigungsründe skizziert und Aspekte ihrer (fehlenden) Zurechenbarkeit analysiert.

Im Bereich der Topografie können vor allem Höhenunterschiede als nicht zurechenbare Umstände zur Rechtfertigung angebracht werden.[139] Daraus können höhere Kosten der Infrastruktur resultieren – angefangen bei aufwändigeren Bau- und Instandhaltungsprozessen und einem erhöhten Bedarf an Hochbehältern, Pumpen, Schiebern und Schachtbauten. Jedoch würde ein pauschaler Verweis auf die Höhe des Versorgungsgebietes zu kurz greifen, so dass im Einzelnen zu analysieren ist, welche Steigungsstrecken welche Maßnahmen erfordern.[140] Unter Umständen können Höhenunterschiede sich auch kostensparend auswirken, sofern die Verteilungsstellen höher liegen als ihre Verteilungsziele.[141] Als Nachweis für die Höhenunterschiede eignet sich ein Höhenlinienplan.[142] Die Unverzichtbarkeit der angesprochenen Hochbehälter kann durch Anlagenspiegel, die die Wassermengen, Wasserdurchflüsse, den Wasserdruck und Fließgeschwindigkeiten darlegen, nachgewiesen werden.[143] Auch Pumpwerke sind möglichst detailliert zu beschreiben

---

Wasserwirtschaft: Ein Beitrag zum Wert des Zusammenwirkens in fragmentierten Organisationsstrukturen der Wasserwirtschaft, Diss. (Weimar) 2008, S. 98 ff.

[137] Vgl. KG WuW/E OLG 5926, 5930 – SpreeGas; *Reif*, in: Münchener Kommentar zum Wettbewerbsrecht, 4. Aufl. 2022, § 31 GWB, Rn. 223.

[138] *Daiber*, WuW 2000, 352, 357; *Reif*, in: Münchener Kommentar zum Wettbewerbsrecht, 4. Aufl. 2022, § 31 GWB, Rn. 223.

[139] BGH, Beschl. v. 2.2.2010 – KVR 66/08, BGHZ 184, 168, 184, Rn. 59 = NJW 2010, 2573 – Wasserpreise Wetzlar; *Bundeskartellamt*, Bericht über großstädtische Trinkwasserversorgung in Deutschland, 2016, S. 60 ff., 98; *Reif*, in: Münchener Kommentar zum Wettbewerbsrecht, 4. Aufl. 2022, § 31 GWB, Rn. 262; *Wehage*, Missbrauchsaufsicht über Wasserpreise und Wassergebühren nach deutschem und europäischem Kartellrecht, Diss. 2015 (Berlin, Humboldt-Univ.), S. 224 f.; *Wolfers/Wollenschläger*, in: Kölner Kommentar zum Kartellrecht, Band 1 (2017), § 31 GWB, Rn. 63.

[140] Vgl. *Reif*, in: Münchener Kommentar zum Wettbewerbsrecht, 4. Aufl. 2022, § 31 GWB, Rn. 262.

[141] Vgl. BGHZ 184, 168, 177, 178, Rn. 37 = NJW 2010, 2573 – Wasserpreise Wetzlar.

[142] *Reif*, in: Münchener Kommentar zum Wettbewerbsrecht, 4. Aufl. 2022, § 31 GWB, Rn. 264.

[143] *Reif*, in: Münchener Kommentar zum Wettbewerbsrecht, 4. Aufl. 2022, § 31 GWB, Rn. 265.

(Baujahr, Buchwert, jährlicher Abschreibungsbetrag, Höhenlage, Energieverbrauch).[144] Insbesondere der Energieverbrauch ist als Kostenfaktor einem Vergleich besonders gut zugänglich.[145]

Im Rahmen der geologischen Gegebenheiten kann ein ungünstiger oberflächennaher Untergrund zu Mehrkosten im Rahmen der Verlegung und Instandhaltung des Versorgungsnetzes führen.[146] In der Praxis konnte aus diesen Umständen in den bekannt gewordenen Kartellverfahren kein Rechtfertigungsgrund abgeleitet werden[147], entweder, weil schon kein Unterschied zu den Vergleichsunternehmen besteht[148] oder weil der Strukturnachteil nach Vornahme der Kostenprüfung durch andere Strukturnachteile der Vergleichsunternehmen ausgeglichen wurde.[149]

Ein weiterer Aspekt, der im Rahmen der Rechtfertigungsgründe Beachtung finden kann, ist die Anlagenauslastung bzw. Versorgungsdichte.[150] Im Rahmen der Entscheidung Wasserpreise Wetzlar führte der BGH aus, *„dass die Versorgungsdichte wesentlichen Einfluss auf die Kostenstruktur hat. Bei einer höheren Abgabemenge pro Meter des Leitungsnetzes ist die Versorgung in der Tendenz kostengünstiger als bei einer niedrigeren Menge.“*[151] Die Versorgungsdichte wird durch den Metermengenwert ausgedrückt.[152] Im Zusammenhang der Versorgungsdichte ist allerdings zu beachten, dass der durchschnittliche Wasserverbrauch in Deutschland (v. a. durch den Einsatz umweltsparender Technologien und eines gestiegenen ökologischen Bewusstseins) gesunken ist, so dass es häufig schon an einem abweichenden Umstand fehlen wird, da die Vergleichsunternehmen ebenso von der

---

[144] Vgl. BGHZ 184, 168, 185, Rn. 63 = NJW 2010, 2573 – Wasserpreise Wetzlar; *Reif*, in: Münchener Kommentar zum Wettbewerbsrecht, 4. Aufl. 2022, § 31 GWB, Rn. 270.

[145] *Reif*, in: Münchener Kommentar zum Wettbewerbsrecht, 4. Aufl. 2022, § 31 GWB, Rn. 271.

[146] *Bundeskartellamt*, Bericht über großstädtische Trinkwasserversorgung in Deutschland, 2016, S. 97; *Reif*, in: Münchener Kommentar zum Wettbewerbsrecht, 4. Aufl. 2022, § 31 GWB, Rn. 274 f.

[147] *Reif*, in: Münchener Kommentar zum Wettbewerbsrecht, 4. Aufl. 2022, § 31 GWB, Rn. 274.

[148] So bspw. BKartA BeckRS 2013, 10697, Rn. 113, 155 – Berliner Wasserbetriebe, wo unter Bezugnahme auf „Trümmerschutt“ aus dem 2. Weltkrieg, der den Untergrund weniger verlegungs- und instandhaltungsfreundlich mache, ausgeführt wird, dass dieser Umstand auch auf andere deutsche Großstädte und deren Wasserversorgungsunternehmen als Vergleichsunternehmen zutreffe.

[149] *Bundeskartellamt*, Bericht über großstädtische Trinkwasserversorgung in Deutschland, 2016, S. 98.

[150] Vgl. dazu *Daiber*, WuW 2000, 352, 357; *Reif*, in: Münchener Kommentar zum Wettbewerbsrecht, 4. Aufl. 2022, § 31 GWB, Rn. 248 ff.; *Scholl*, in: Immenga/Mestmäcker, 6. Aufl. 2020, § 31 GWB, Rn. 79; *Wolfers/Wollenschläger*, in: Kölner Kommentar zum Kartellrecht, Band 1 (2017), § 31 GWB, Rn. 59.

[151] BGHZ 184, 168, 181, Rz. 46 = NJW 2010, 2573.

[152] Vgl. BGHZ 184, 168, 181, Rz. 46 = NJW 2010, 2573; *Reif*, in: Münchener Kommentar zum Wettbewerbsrecht, 4. Aufl. 2022, § 31 GWB, Rn. 249.

Entwicklung betroffen sind.[153] Daraus folgt im Umkehrschluss, dass eine Rechtfertigung möglich ist, wenn die Versorgungsdichte überdurchschnittlich stark sinkt.[154] Auch die Spitzenbelastung des Verteilungsnetzes ist im Zusammenhang der Versorgungsdichte und Anlagenauslastung zu beachten, da eine hohe Spitzenbelastung eine größere Dimensionierung des Verteilungsnetzes indiziert.[155] Im Rahmen der Rechtfertigungswirkung der Spitzenbelastung ist jedoch genau zu untersuchen, ob das Wasserversorgungsunternehmen die Rationalisierungsreserven tatsächlich ausgeschöpft hat[156], so dass die bloße Darlegung einer hohen Spitzenbelastung allein keine Rechtfertigungswirkung entfalten kann.

Daneben können auch Aspekte der Wassergewinnung zur Rechtfertigung höherer Preise geeignet sein. Dabei kann zum einen im Rahmen der Eigenförderung des Wasserversorgungsunternehmens nach der Art der Quelle zu unterscheiden sein; so bedürfen Grundwasserquellen in der Regel einer geringeren Wasseraufbereitung als beispielsweise Talsperren, so dass letztere einen Strukturnachteil darstellen können.[157] Auch der Aspekt der Eigengewinnung im Vergleich zum Fremdbezug ist zu erörtern. Dabei ist (auch) der Grundsatz der ortsnahen Wasserversorgung gem. § 50 Abs. 2 WHG zu beachten. Der Begriff der Ortsnähe schließt einen Fremdbezug dabei jedoch nicht grundsätzlich aus, so dass auch eine „ortsnahe Fremdversorgung" möglich ist.[158] Daraus folgt, dass im Einzelfall nach den Grundsätzen einer rationellen Betriebsführung zu untersuchen ist, ob die vergleichsweise höheren Was-

[153] *Reif*, in: Münchener Kommentar zum Wettbewerbsrecht, 4. Aufl. 2022, § 31 GWB, Rn. 252; *Scholl*, in: Immenga/Mestmäcker, 6. Aufl. 2020, § 31 GWB, Rn. 79; *Wolfers/Wollenschläger*, in: Kölner Kommentar zum Kartellrecht, Band 1 (2017), § 31 GWB, Rn. 59.

[154] *Reif*, in: Münchener Kommentar zum Wettbewerbsrecht, 4. Aufl. 2022, § 31 GWB, Rn. 254; *Wolfers/Wollenschläger*, in: Kölner Kommentar zum Kartellrecht, Band 1 (2017), § 31 GWB, Rn. 59; vgl. zum starken Rückgang des Wasserverbrauchs v. a. in Ostdeutschland *Bundeskartellamt*, Bericht über großstädtische Trinkwasserversorgung in Deutschland, 2016, S. 80 f.

[155] *Reif*, in: Münchener Kommentar zum Wettbewerbsrecht, 4. Aufl. 2022, § 31 GWB, Rn. 260.

[156] *Reif*, in: Münchener Kommentar zum Wettbewerbsrecht, 4. Aufl. 2022, § 31 GWB, Rn. 260.

[157] Vgl. *Engler/Siehlow/Marschke*, Empirische Analyse: Preise und Gebühren für Trinkwasser, wwt 9/2010, S. 50, 54: „*Grund- und Quellwasser bedarf weniger Aufbereitung als Oberflächenwasser und bietet somit einen Qualitätsvorteil, der sich in den Kosten und letztendlich im Preis abzeichnet.*"; *Reif*, in: Münchener Kommentar zum Wettbewerbsrecht, 4. Aufl. 2022, § 31 GWB, Rn. 238; *Wolfers/Wollenschläger*, in: Kölner Kommentar zum Kartellrecht, Band 1 (2017), § 31 GWB, Rn. 61.

[158] Vgl. zur Auslegung des Begriffs der „ortsnahen Wasserversorgung" z. B. *Hasche*, in: BeckOK UmweltR, 64. Ed.1.10.2022, § 50 WHG, Rn. 9; *Hünnekens*, in: Landmann/Rohmer UmweltR, 99. EL September 2022, § 50 WHG, Rn. 24; *Wehage*, Missbrauchsaufsicht über Wasserpreise und Wassergebühren nach deutschem und europäischem Kartellrecht, Diss. 2015 (Humboldt-Univ. Berlin), S. 50 ff.

serbeschaffungskosten unvermeidbar sind und das Wasserversorgungsunternehmen auf diese Art der Wassergewinnung angewiesen ist.[159]

Zur Rechtfertigung höherer Preise eignen sich auch Baukostenzuschüsse und Hausanschlusskosten. Gem. §§ 9 Abs. 1, 10 Abs. 4 AVBWasserV kann ein Wasserversorgungsunternehmen einen Zuschuss von bis zu 70 % der Kosten für die Erstellung oder Veränderung des Hausanschlusses von dem jeweiligen Anschlussnehmer verlangen.[160] Schon die Tarifgestaltungsfreiheit gestattet es Wasserversorgungsunternehmen, die Höhe der Baukostenzuschüsse (im Rahmen der §§ 9 Abs. 1, 10 Abs. 4 AVBWasserV) festzusetzen, so dass Unterschiede in Tarifpreisen, die auf unterschiedlich hohe Baukostenzuschüsse zurückzuführen sind, zur Rechtfertigung höherer Preise insgesamt geeignet sind.[161] Das Werben von Neukunden mit geringen Baukostenzuschüssen, die über die zu zahlenden Tarife aller Kunden ausgeglichen werden, sei – nach Ansicht des BGH – auch bei bestehendem Wettbewerb nicht missbräuchlich.[162]

Die das betroffene Unternehmen belastenden höheren Konzessionsabgaben im Vergleich zu den Vergleichsunternehmen stellen einen tragbaren Rechtfertigungsgrund dar. Während diese Frage von der Rechtsprechung bisher offen gelassen wurde[163], erkannten die Kartellbehörden Konzessionsabgaben nicht als rechtfertigenden Umstand an.[164] Die Nicht-Anerkennung der Konzessionsabgaben als Rechtfertigungsgrund wird mit ihrer Natur als Entgelt (im Unterschied zur Abgabe) und damit ihrer freien Verhandelbarkeit begründet.[165] Dieser Argumentation ist insofern entgegenzutreten, als dass ihre Prämisse häufig unzutreffend ist, denn eine freie Verhandelbarkeit der Konzessionsabgaben ist in der Praxis aufgrund der Stellung der Gemeinde in aller Regel nicht gegeben.[166] Insofern handelt es sich bei

[159] *Reif*, in: Münchener Kommentar zum Wettbewerbsrecht, 4. Aufl. 2022, § 31 GWB, Rn. 242 ff.

[160] Nach § 10 Abs. 1 AVBWasserV besteht der Hausanschluss aus der Verbindung des Verteilungsnetzes mit der Kundenanlage. Er beginnt an der Abzweigstelle des Verteilungsnetzes und endet mit der Hauptabsperrvorrichtung.

[161] Vgl. BGHZ 184, 168, 178, 179, 181, 182 = NJW 2010, 2573, Rn. 40, 48 ff.

[162] Vgl. BGHZ 184, 168, 181, 182 = NJW 2010, 2573, Rn. 49.

[163] Vgl. BGH, Beschl. v. 14.7.2015 – KVR 77/13 – NZKart 2015, 448, Rn. 59; BGHZ 184, 168, 181 = NJW 2010, 2573, Rn. 47.

[164] Vgl. LKartB Hessen, Verfügung v. 9.5.2007 – III 2 A – 78 k 20–01 – 556–06, Rn. 89, auszugsweise abgedruckt in WuW/E DE-V 1487, 1492 – Wasserversorgung Wetzlar; *Reif*, in: Münchener Kommentar zum Wettbewerbsrecht, 4. Aufl. 2022, § 31 GWB, Rn. 285.

[165] *Reif*, in: Münchener Kommentar zum Wettbewerbsrecht, 4. Aufl. 2022, § 31 GWB, Rn. 285; *Wolfers/Wollenschläger*, in: Kölner Kommentar zum Kartellrecht, Band 1 (2017), § 31 GWB, Rn. 66.

[166] *Reif*, in: Münchener Kommentar zum Wettbewerbsrecht, 4. Aufl. 2022, § 31 GWB, Rn. 286; *Ritzenhoff*, WRP 2010, 734, 740; *Lotze/Reinhardt*, NJW 2009, 3273, 3277; wohl auch für eine Anerkennung als Rechtfertigungsgrund *Soyez/Berg*, WuW 2006, 726, 733; a. A. *Daiber*, WuW 2000, 352, 359; *Säcker/Mohr/Wolf*, Konzessionsverträge im System des europäischen und deutschen Wettbewerbsrechts, 2011, S. 194 ff.

den Konzessionsabgaben um einen nicht zurechenbaren Umstand.[167] Ergänzend sei darauf verwiesen, dass die Kartellbehörde Konzessionsabgaben im Rahmen ihres Ermessens berücksichtigen kann, „*soweit das Vergleichsunternehmen Konzessionsabgaben mit einem anderen Prozentsatz vereinbart hat*".[168]

Im Gegensatz dazu kann eine erhöhte Erneuerungs- und Instandhaltungsbedürftigkeit der Versorgungsstruktur höhere Preise des betroffenen Wasserversorgungsunternehmens grundsätzlich nicht rechtfertigen.[169] Der entscheidende Erwägungspunkt liegt in der anzulegenden Zeitspanne: Es sei nicht nur auf den derzeitigen Zustand des Netzes abzustellen, sondern auch die Vergangenheit miteinzubeziehen, um so untersuchen zu können, ob das betroffene Wasserversorgungsunternehmen erforderliche Investitionen – begünstigt durch die Monopolstellung – unterlassen oder ineffektiv durchgeführt hat (sog. „Investitionsstau").[170] In einem solchen Fall liegt eine unternehmerische Fehlentscheidung vor, die dem Wasserversorgungsunternehmen zurechenbar im Sinne der Norm ist.[171] Etwas anderes kann nur gelten, sofern der Investitionsbedarf auf nicht zurechenbaren Umständen, wie beispielsweise der Struktur des Versorgungsgebietes, basiert.[172]

Grundsätzlich sind Unterschiede im Rahmen der Eigen- und Fremdkapitalkosten ebenso wenig zur Rechtfertigung abweichender Umstände geeignet. Begründet wird dies dadurch, dass die Art und Weise der Unternehmensfinanzierung einen „*unternehmensindividuelle[n] Umstand*"[173] darstellt und folglich nicht zur Rechtfertigung geeignet ist, so dass eine mögliche Differenzierung zwischen Eigen- und Fremdkapital-Finanzierung ohne Bedeutung bleibt.[174] Eine Ausnahme kann jedoch für

---

[167] Auch zu diesem Ergebnis kommend (allerdings nur unter Darstellung der Position des BGH und der Kartellbehörden): *Wehage*, Missbrauchsaufsicht über Wasserpreise und Wassergebühren nach deutschem und europäischem Kartellrecht, Diss. 2015 (Berlin, Humboldt-Univ.), S. 226.

[168] LKartB Hessen, Verfügung v. 9.5.2007 – III 2 A – 78 k 20–01 – 556–06, Rn. 89, auszugsweise abgedruckt in WuW/E DE-V 1487, 1492 – Wasserversorgung Wetzlar; vgl. auch *Reif*, in: Münchener Kommentar zum Wettbewerbsrecht, 4. Aufl. 2022, § 31 GWB, Rn. 287.

[169] Vgl. BGHZ 184, 168, 183 = NJW 2010, 2573, Rn. 55; *Scholl*, in: Immenga/Mestmäcker, 6. Aufl. 2020, § 31 GWB, Rn. 81.

[170] Vgl. BGHZ 184, 168, 183 f. = NJW 2010, 2573, Rn. 57; *Becker*, in: Bunte, Kartellrecht, Kartellrecht, 14. Aufl. 2022, § 31 GWB, Rn. 52; *Reif*, in: Münchener Kommentar zum Wettbewerbsrecht, 4. Aufl. 2022, § 31 GWB, Rn. 276.

[171] Vgl. BGHZ 184, 168, 183 f. = NJW 2010, 2573, Rn. 57; *Scholl*, in: Immenga/Mestmäcker, 6. Aufl. 2020, GWB § 31 GWB, Rn. 81.

[172] Vgl. BGHZ 184, 168, 183 f. = NJW 2010, 2573, Rn. 57; *Wehage*, Missbrauchsaufsicht über Wasserpreise und Wassergebühren nach deutschem und europäischem Kartellrecht, Diss. 2015 (Berlin, Humboldt-Univ.), S. 226; *Wolfers/Wollenschläger*, in: Kölner Kommentar zum Kartellrecht, Band 1 (2017), § 31 GWB, Rn. 69.

[173] BGHZ 184, 168, 182 = NJW 2010, 2573, Rn. 52.

[174] So auch: *Daiber*, gwf-Wasser|Abwasser 2010, 226, 229 f.; *Wehage*, Missbrauchsaufsicht über Wasserpreise und Wassergebühren nach deutschem und europäischem Kartellrecht, Diss. 2015 (Berlin, Humboldt-Univ.), S. 227.

Fälle gelten, in denen die Kapitalkosten des Vergleichsunternehmens außergewöhnlich niedrig sind, beispielsweise, weil die Eigentümer auf eine Rendite verzichten.[175]

(5) Das Kostendeckungsprinzip als Grenze des Vergleichsmarktkonzepts

Im Rahmen des Vergleichsmarktkonzepts ist ferner zu beachten, ob die Preise des betroffenen Wasserversorgungsunternehmens oder des Vergleichsunternehmens kostendeckend sind.[176] Dazu führt der BGH aus, dass „*[e]benso wenig, wie das betroffene Unternehmen verpflichtet werden kann, Preise zu verlangen, die auch bei wirtschaftlicher Betriebsführung seine Selbstkosten nicht decken […], können Preise von Vergleichsunternehmen zugrundegelegt werden, die unter deren Selbstkosten liegen.*“[177] Denn das durch die Missbrauchsaufsicht verfolgte „*Unwerturteil […] ist jedenfalls dann nicht gerechtfertigt, wenn das marktbeherrschende Unternehmen auch bei ordnungsgemäßer Zuordnung der bei ihm entstehenden Kosten und bei Ausschöpfung etwaiger Rationalisierungsreserven […] lediglich Einnahmen erzielt, die die Selbstkosten nicht decken. [… Selbst] ein marktbeherrschendes Unternehmen kann im Wege der Preismissbrauchsaufsicht nicht dazu gezwungen werden, entweder seine Leistung zu nicht einmal kostendeckenden Preisen anzubieten oder sich aus dem Wettbewerb gänzlich zurückzuziehen.*“[178] Diese Rechtsprechung zur Wasserversorgung (erstgenanntes Zitat) entspricht damit Art. 9 Abs. 1 der Europäischen Wasserrahmenrichtlinie[179], wonach der Grundsatz der Deckung der Kosten der Wasserdienstleistung (einschließlich umwelt- und ressourcenbezogener Kosten) zu berücksichtigen ist.[180] Auch hier genügt kein pauschaler Verweis des betroffenen Wasserversorgungsunternehmens auf eine Kostenunterdeckung – vielmehr sind sämtliche Rationalisierungsreserven auszuschöpfen[181], denn eine unternehmerische Ineffizienz darf nicht zulasten der Verbraucher gehen und entzieht sich somit einer

[175] BGHZ 184, 168, 182 = NJW 2010, 2573, Rn. 52.

[176] Vgl. auch *Reif*, in: Münchener Kommentar zum Wettbewerbsrecht, 4. Aufl. 2022, § 31 GWB, Rn. 290 ff.; *Scholl*, in: Immenga/Mestmäcker, 6. Aufl. 2020, § 31 GWB, Rn. 82; *Wolfers/Wollenschläger*, in: Kölner Kommentar zum Kartellrecht, Band 1 (2017), § 31 GWB, Rn. 88 f.; *Zuber*, in: LMRKM, 4. Aufl. 2020, § 31 GWB, Rn. 32; vgl. ferner: *Wehage*, Missbrauchsaufsicht über Wasserpreise und Wassergebühren nach deutschem und europäischem Kartellrecht, Diss. 2015 (Berlin, Humboldt-Univ.), S. 228 ff., der das Kostendeckungsprinzip im Rahmen der Rechtfertigungsgründe darstellt.

[177] BGHZ 184, 168, 186 = NJW 2010, 2573, Rn. 67, unter Verweis auf BGHZ 142, 239, 246 f. = NJW 2000, 76 – Flugpreisspaltung.

[178] BGHZ 142, 239, 248 = NJW 2000, 76, 78.

[179] Richtlinie 2000/60/EG des Europäischen Parlamentes und des Rates vom 23. Oktober 2000 zur Schaffung eines Ordnungsrahmens für Maßnahmen der Gemeinschaft im Bereich der Wasserpolitik.

[180] Vgl. auch *Wehage*, Missbrauchsaufsicht über Wasserpreise und Wassergebühren nach deutschem und europäischem Kartellrecht, Diss. 2015 (Berlin, Humboldt-Univ.), S. 228.

[181] BGHZ 184, 168, 188 = NJW 2010, 2573, Rn. 72.

Berücksichtigung.[182] Daraus folgt auch, dass beispielsweise ein hoher Personalstand, der im Wettbewerb nicht tragbar wäre, mangels ausgeschöpfter Rationalisierungsreserve der Begründung einer Kostenunterdeckung im Wege steht.[183] Auch hier greift das oben beschriebene Ziel, der Gefahr von Kostenüberhöhungstendenzen entgegenzutreten.[184]

cc) Kostenkontrolle gem. § 31 Abs. 4 Nr. 3 GWB

Nach der Kostenkontrolle gem. § 31 Abs. 4 Nr. 3 GWB liegt ein Missbrauch vor, wenn ein Wasserversorgungsunternehmen Entgelte fordert, die die Kosten in unangemessener Weise überschreiten. Einschränkend sind die Kosten, die bei einer rationellen Betriebsführung anfallen, anzuerkennen.

Die Regelung wurde im Rahmen der 8. GWB-Novelle eingeführt. Im ersten Entwurf der Bundesregierung war das Regelbeispiel noch nicht enthalten.[185] Vielmehr wurde es auf Anraten des Bundesrates eingeführt – argumentativ wurde es unter anderem mit dem (höheren) Aufwand des Vergleichsmarktkonzeptes und der Gefahr, dass das Vergleichsmarktkonzept Wasserversorgungsunternehmen in die Kostenunterdeckung zwingt und so Anreize nimmt, wasserqualitätssichernde Investitionen vorzunehmen, begründet.[186] Allerdings beschränkte sich der Wortlaut der vom Bundesrat vorgeschlagenen Regelung auf die Forderung von „*Entgelte[n] […], die die Kosten in unangemessener Weise überschreiten.*“[187] Die Forderung wurde von der Bundesregierung aufgegriffen, jedoch um den Zusatz ergänzt, dass „*Kosten, die sich ihrem Umfang nach im Wettbewerb nicht einstellen würden, […] bei der Feststellung eines Missbrauchs nicht berücksichtigt werden [dürfen].*“[188] Der endgültige Wortlaut des § 31 Abs. 4 Nr. 3 GWB, wonach ein Missbrauch insbesondere vorliegt, „*wenn ein Wasserversorgungsunternehmen Entgelte fordert, die die Kosten in unangemessener Weise überschreiten; anzuerkennen sind die Kosten, die bei einer rationellen Betriebsführung anfallen*“, geht auf die Beschlussempfehlung des Ausschusses für Wirtschaft und Technologie zurück.[189]

---

[182] Vgl. BGHZ 184, 168, 188 = NJW 2010, 2573, Rn. 72; *Dreyer/Bartl*, NJW 2010, 2553, 2554.

[183] *Dreyer/Bartl*, NJW 2010, 2553, 2554; *Wehage*, Missbrauchsaufsicht über Wasserpreise und Wassergebühren nach deutschem und europäischem Kartellrecht, Diss. 2015 (Berlin, Humboldt-Univ.), S. 229.

[184] Vgl. C. Fn. 135 oben.

[185] Vgl. BReg, BT-Drs. 17/9852, S. 9.

[186] Vgl. Stellungnahme BRat, BT-Drs. 17/9852, S. 42.

[187] Vgl. Stellungnahme BRat, BT-Drs. 17/9852, S. 42.

[188] Vgl. Gegenäußerung der BReg, BT-Drs. 17/9852, S. 51, mit einem auf § 29 S. 2 GWB basierenden Wortlaut.

[189] Vgl. Beschlussempfehlung und Bericht des Ausschusses für Wirtschaft und Technologie, BT-Drs. 17/11053, S. 5 (lit. e)), S. 18 f.

Mit der Normierung im Gefüge der §§ 31 ff. GWB wurde die Kostenkontrolle erstmals explizit für den Bereich der Wasserwirtschaft normiert.[190] Diese erlaubt – neben der auf horizontaler Ebene greifenden Kontrolle im Rahmen des Vergleichsmarktkonzeptes – eine vertikale Kontrolle der unternehmensspezifischen Preisbildungsfaktoren.[191]

In Gegenüberstellung mit dem Vergleichsmarktkonzept ist zudem festzuhalten, dass die dort normierte Beweislastumkehr im Rahmen der Kostenkontrolle keine Geltung beansprucht.[192] Somit verbleibt es bei dem Grundsatz, dass der Kartellbehörde die materielle Beweislast für den potenziellen Missbrauch obliegt. Einschränkend ist zu beachten, dass dem betroffenen Wasserversorgungsunternehmen gem. § 26 Abs. 2 VwVfG und gem. § 59 Abs. 1 GWB eine Mitwirkungspflicht zukommt.[193]

Im Rahmen der Kostenkontrolle ist ein Missbrauch begründet, sofern zwischen den erhobenen Preisen und den Kosten eines Wasserversorgungsunternehmens eine unangemessene Differenz besteht.

(1) Kosten

In einem ersten Schritt sind folglich die Kostenstrukturen des betroffenen Wasserversorgungsunternehmens zu beleuchten. Nach Aussage des BGH könne dabei auf den Erfahrungssatz zurückgegriffen werden, *„dass das marktbeherrschende Unternehmen, wäre es wirksamem Wettbewerb ausgesetzt, die Ausübung seines Preisgestaltungsspielraums maßgeblich davon abhängig machen würde, welchen Erlös es erzielen müsste, um die bei Ausschöpfung von Rationalisierungsreserven zu erwartenden Kosten zu decken und eine möglichst hohe Rendite zu erwirtschaften, andererseits aber zu verhindern, dass Kunden wegen zu hoher Preise zu einem Wettbewerber abwandern.*“[194] Dabei komme es primär nicht auf die Methode der

---

[190] Jedoch ist zu beachten, dass die Möglichkeit der Kostenkontrolle von Trinkwasserpreisen zuvor gerichtlich bereits am Maßstab des § 19 GWB eruiert wurde, vgl. OLG Düsseldorf, Beschl. v. 22.4.2002 – VI-Kart 2/02 (V), Rn. 20, juris; BGH, Beschl. v. 15.5.2012 – KVR 51/11 (OLG Stuttgart), NJW 2012, 3243, Rn. 15 = NZKart 2013, 34 – Wasserpreise Calw.

[191] *Wolfers/Wollenschläger*, in: Kölner Kommentar zum Kartellrecht, Band 1 (2017), § 31 GWB, Rn. 94.

[192] BGH Beschl. v. 14.7.2015 – KVR 77/13 = NZKart 2015, 448. Rn. 31; *Scholl*, in: Immenga/Mestmäcker, 6. Aufl. 2020, § 31 GWB, Rn. 92; *Wolfers/Wollenschläger*, in: Kölner Kommentar zum Kartellrecht, Band 1 (2017), § 31 GWB, Rn. 94; *Zuber*, in: LMRKM, 4. Aufl. 2020, § 31 GWB, Rn. 34.

[193] BGH Beschl. v. 15.5.2012 – KVR 51/11 = NJW 2012, 3243, 3244, Rn. 17 f. – Wasserpreise Calw; BGH Beschl. v. 14.7.2015 = NJW 2015, 3643, 3645, Rn. 30 f. – Wasserpreise Calw II; *Scholl*, in: Immenga/Mestmäcker, 6. Aufl. 2020, § 31 GWB, Rn. 92; *Wolfers/Wollenschläger*, in: Kölner Kommentar zum Kartellrecht, Band 1 (2017), § 31 GWB, Rn. 94.

[194] BGH, Beschl. v. 15.5.2012 – KVR 51/11 (OLG Stuttgart) = NJW 2012, 3243, 3244, Rz. 15; mit Verweis auf BGH, Beschl. v. 28.6.2005 – KVR 17/04 (OLG Düsseldorf), BGHZ 163, 282, 291, 294 = NVwZ 2006, 853 – Stadtwerke Mainz.

Preiskalkulation durch das Wasserversorgungsunternehmen an, sondern maßgeblich auf das Ergebnis.[195] Im Rahmen dessen sind die Kosten daraufhin zu untersuchen, ob sie sich auch bei einer fehlenden Monopolsituation und damit bei einem wirksamen Wettbewerb ergeben würden (wettbewerbsanaloger Preis).[196]

Die Berechnung der Kostenpunkte ergibt sich dabei zunächst aus dem Leistungsangebot des betroffenen Wasserversorgungsunternehmens[197], aber auch aus den unterschiedlichen Strukturmerkmalen der Wasserversorgungsgebiete (vgl. Siedlungs- und Abnehmerstruktur, Topografie, Geologie, Wasserbeschaffungs- und -aufbereitungsaufwand, Baukostenzuschüsse, Haushaltsanschlusskosten, Konzessionsabgaben).[198] Für die Praxis wurde der „Leitfaden zur Wasserpreiskalkulation"[199] des Bundesverbandes der Energie- und Wasserwirtschaft und des Verbandes der kommunalen Unternehmen geschaffen, der im Detail auf betriebswirtschaftliche Grundsätze für die Kostenkalkulation von Wasserversorgungsunternehmen eingeht.[200] Zwar sind diese Maßstäbe kartellrechtlich nicht als verbindlich anerkannt, jedoch vermag ihre vermehrte Anwendung zu einer Vereinheitlichung und Transparenz beitragen, die die Anwendbarkeit der kartellrechtlichen Missbrauchsaufsicht erleichtern.[201]

Gerade in durch Monopole geprägten Märkten besteht die Gefahr, dass die Monopolunternehmen ineffizient handeln und ihre Kosten in der Folge künstlich „aufgebläht" sind, so dass die Kostenstruktur des betroffenen Wasserversorgungs-

[195] BGH, Beschl. v. 15.5.2012 – KVR 51/11 (OLG Stuttgart) = NJW 2012, 3243, 3244, Rz. 15; BGH, Beschl. v. 14.7.2015 – KVR 77/13, NJW 2015, 3643, 3644, Rn. 22 – Wasserpreise Calw II; *Wolfers/Wollenschläger*, in: Kölner Kommentar zum Kartellrecht, Band 1 (2017), § 31 GWB, Rn. 101.

[196] BGH, Beschl. v. 15.5.2012 – KVR 51/11 (OLG Stuttgart) = NJW 2012, 3243, 3244, Rz. 14 – Wasserpreise Calw; vgl. auch *Wehage*, Missbrauchsaufsicht über Wasserpreise und Wassergebühren nach deutschem und europäischem Kartellrecht, Diss. 2015 (Berlin, Humboldt-Univ.), S. 299; dem wettbewerbsanalogen Preis lediglich eine *„Indizfunktion"* zusprechend: *Wolfers/Wollenschläger*, in: Kölner Kommentar zum Kartellrecht, Band 1 (2017), § 31 GWB, Rn. 105.

[197] Vgl. dazu die allgemein anerkannten Regeln der Technik, DVGV-Regelwerk, DIN 2000, etc. – darauf weisen *Lindt/Schielein*, IR 2013, 125, 127 hin; vgl. ferner zu den allgemein anerkannten Regeln der Technik *Gößl*, in: SZDK, Stand 57. EL Februar 2022, § 50 WHG, Rn. 39 ff.; *Hünnekens*, in: Landmann/Rohmer UmweltR, 99. EL September 2022, § 50 WHG, Rn. 35 ff.

[198] Vgl. dazu die unter C. II. 2. a) bb) (3), S. 133, und C. II. 2. a) bb) (4), S. 137, im Rahmen des Vergleichsmarktkonzepts dargestellten Rechtfertigungsgründe; vgl. ferner: *Lotze/Dierkes*, RdE 2013, 401, 404; *Wehage*, Missbrauchsaufsicht über Wasserpreise und Wassergebühren nach deutschem und europäischem Kartellrecht, Diss. 2015 (Berlin, Humboldt-Univ.), S. 300.

[199] „Leitfaden zur Wasserpreiskalkulation", Gutachten „Kalkulation von Trinkwasserpreisen", Stand April 2012, abrufbar unter: (zuletzt aufgerufen am 4. 1. 2023).

[200] Vgl. „Leitfaden zur Wasserpreiskalkulation", Gutachten „Kalkulation von Trinkwasserpreisen", Stand April 2012, S. 14 ff.

[201] In diese Richtung auch *Lotze/Dierkes*, RdE 2013, 401, 404.

unternehmens nicht ungefragt der Kostenkontrolle zugrunde gelegt werden kann.[202] Aus diesem Grund führt § 31 Abs. 4 Nr. 3 GWB an, dass nur solche Kosten anzuerkennen sind, die bei einer rationellen Betriebsführung anfallen. Bei dem Begriff der „rationellen Betriebsführung" handelt es sich um einen insofern unbestimmten Rechtsbegriff, als dass weder das Gesetz noch die Gesetzesbegründung eine nähere inhaltliche Auskleidung vorsieht.[203] Das überrascht insofern, als dass die Schnittstelle der rationellen Betriebsführung die Grenze für gerechtfertigte Eingriffe der Kartellbehörden markiert.

Daran anschließend ist zu untersuchen, ob es Ansatzpunkte gibt, die die Unbestimmtheit (in Teilen) zu entkräften vermögen.

Unabhängig von der inhaltlichen Ausgestaltung kann für den Zeitpunkt der Beurteilung nur der Zeitpunkt der Investitionsvornahme (in Abgrenzung zum Zeitpunkt der Missbrauchsuntersuchung) als maßgeblich gelten.[204] Entscheidend ist somit, ob eine Investitionsmaßnahme im Entscheidungszeitpunkt *„nach bestem Wissen und unter Einbeziehung der erforderlichen Expertise als sinnvoll erachtet werden durfte"*.[205] Bei genauerer Betrachtung erscheint die Auswahl des Zeitpunkts der Entscheidung insofern fast zwingend, als dass andernfalls stets eine Unsicherheit für das betroffene Wasserversorgungsunternehmen verbleibt, die investitionshemmend wirkt.[206] Hinzukommend ist die Zielsetzung des Kartellrechts zu beachten, der eine Bewertung von in der Vergangenheit „richtiger" Entscheidungen auf gegenwärtigen, neuen Erkenntnissen nicht gerecht würde.[207]

Die Rechtsprechung des BGH zeigt sich im Rahmen der Kostenkontrolle offen für verschiedene Methoden – unter gleichzeitiger Betonung, dass es bei der Kostenkontrolle gegenständlich nur um den Preis als solchen und nicht um die Preisberechnung gehen kann.[208] Die Bestimmung des hypothetischen Marktpreises könne sich dabei auf anerkannte ökonomische Theorien stützen – dazu könnten unter anderem die Grundsätze der Strom- und GasNEV zählen.[209]

---

[202] *Wehage*, Missbrauchsaufsicht über Wasserpreise und Wassergebühren nach deutschem und europäischem Kartellrecht, Diss. 2015 (Berlin, Humboldt-Univ.), S. 299.

[203] Vgl. insofern BT-Drs. 17/11053, S. 19: Ausweislich der Gesetzgebungsmaterialien sei bei der Überprüfung der Kosten auf die *„einschlägigen ökonomischen Theorien"* zurückzugreifen, ohne diese näher zu bestimmen.

[204] Vgl. *Lindt/Schielein*, IR 2013, 125, 127; *Lotze/Dierkes*, RdE 2013, 401, 405; *Wehage*, Missbrauchsaufsicht über Wasserpreise und Wassergebühren nach deutschem und europäischem Kartellrecht, Diss. 2015 (Berlin, Humboldt-Univ.), S. 301; *Wolfers/Wollenschläger*, in: Kölner Kommentar zum Kartellrecht, Band 1 (2017), § 31 GWB, Rn. 110.

[205] *Lindt/Schielein*, IR 2013, 125, 127; dem folgend: *Wehage*, Missbrauchsaufsicht über Wasserpreise und Wassergebühren nach deutschem und europäischem Kartellrecht, Diss. 2015 (Berlin, Humboldt-Univ.), S. 301; vgl. auch *Lotze/Dierkes*, RdE 2013, 401, 405.

[206] *Lindt/Schielein*, IR 2013, 125, 127; *Lotze/Dierkes*, RdE 2013, 401, 405.

[207] *Lotze/Dierkes*, RdE 2013, 401, 405; *Wolfers/Wollenschläger*, EnWZ 2013, 71, 74.

[208] Vgl. BGH Beschl. v. 15.5.2012 – KVR 51/11, NJW 2012, 3243, Rn. 15.

[209] Vgl. BGH Beschl. v. 14.7.2015 – KVR 77/13, NZKart 2015, 448, Rn. 22, 25.

In der Literatur gibt es verschiedenartige Ansätze, die zu einer Ausfüllung des unbestimmten Rechtsbegriffs der rationellen Betriebsführung beitragen.

So wird – in Übereinstimmung mit der oben dargestellten Rechtsprechung – vorgeschlagen, die Kostenkontrolle über verschiedene regulierungsrechtliche Determinanten näher auszufüllen. Dabei wird zum Teil auf die detaillierten Regelungen zu verschiedenen Kostenpositionen in den §§ 5 ff. StromNEV/GasNEV und dem in § 4 Abs. 1 StromNEV/GasNEV verankerten Grundsatz abgestellt, dass Kosten nur insoweit angesetzt werden dürfen, wie sie den Kosten eines effizienten und strukturell vergleichbaren Netzbetreibers entsprechen.[210] Andere stellen auf § 12 Abs. 2 S. 1 der Bundestarifordnung Elektrizität (BTOElt) ab[211], welche 2007 außer Kraft trat. Die Vorschrift sah vor, dass eine Preisgenehmigung nur erteilt wird, soweit das Elektrizitätsversorgungsunternehmen nachweist, dass entsprechende Preise in Anbetracht der gesamten Kosten- und Erlöslage bei elektrizitätswirtschaftlich rationeller Betriebsführung erforderlich sind. Daraus wurde geschlussfolgert, dass eine rationelle Betriebsführung vorliegt, wenn das Elektrizitätsversorgungsunternehmen die technischen, organisatorischen und personellen Möglichkeiten genutzt hat, die nach dem jeweiligen Erkenntnisstand der Erzielung eines optimalen Betriebsergebnisses dienen.[212]

Eine Übertragung der Regelungen könnten folgende Erwägungen entgegenstehen: Durch eine inhaltliche Übernahme von regulierungsrechtlichen Vorschriften, denen eine präventive Wirkung immanent ist, droht die grundsätzlich repressive kartellrechtliche Missbrauchskontrolle, sich ins Gegenteil zu verkehren.[213] Zudem handelt es sich um branchenspezifische Regelungsinhalte, die der Gesetzgeber nicht auf die Wasserversorgung übertragen hat[214] – gegebenenfalls aufgrund der bestehenden Strukturunterschiede.[215] Letztlich erscheint auch der Bezug in § 4 Abs. 1 StromNEV/GasNEV auf „*vergleichbare Netzbetreiber*" aus systematischer Sicht im Rahmen des § 31 Abs. 4 GWB unpassend, nimmt doch bereits das Regelbeispiel des Vergleichsmarktprinzips einen solchen Bezug auf.[216]

---

210 Vgl. *Kleinlein/Schubert*, NJW 2014, 3191, 3193; *Wolfers/Wollenschläger*, in: Kölner Kommentar zum Kartellrecht, Band 1 (2017), § 31 GWB, Rn. 103.

211 Vgl. *Lindt/Schielein*, IR 2013, 125, 126 f.; *Wolfers/Wollenschläger*, in: Kölner Kommentar zum Kartellrecht, Band 1 (2017), § 31 GWB, Rn. 103.

212 *Weigt*, in: Theobald/Kühling, Energierecht, 112. Ergänzungslieferung, Juni 2021, § 12 BTOElt, Rn. 21.

213 Vgl. *Gussone*, EnWZ 2012, 13, 18; *Daiber*, NJW 2013, 1990, 1993.

214 *Brüning*, ZfW 2016, 1, 9; *Daiber*, NJW 2013, 1990, 1993; *Seuser*, Die Rechtskontrolle von Wassergebühren und Wasserpreisen, Diss. (Trier) 2016, S. 848 f.

215 *Wolfers/Wollenschläger*, in: Kölner Kommentar zum Kartellrecht, Band 1 (2017), § 31 GWB, Rn. 104.

216 *Wolfers/Wollenschläger*, in: Kölner Kommentar zum Kartellrecht, Band 1 (2017), § 31 GWB, Rn. 104.

Ein weiterer Vorschlag, nachdem § 29 Abs. 2 GWB als Orientierungspunkt zur Bestimmung des Rechtsbegriffs herangezogen werden kann, muss nach hier vertretener Auffassung ausscheiden. Obgleich eine solche Orientierung der Systematik folgend zunächst denkbar wäre, muss diese im Hinblick auf die Historie der Norm ausscheiden. Der Wortlaut des § 31 Abs. 4 Nr. 3 GWB wurde nach vorheriger Übereinstimmung mit dem Wortlaut des § 29 Satz 2 GWB im Rahmen des Gesetzgebungsprozesses abgeändert, so dass nicht mehr von einem Gleichlauf und damit einer Orientierung an der Norm ausgegangen werden kann.[217]

Wie auch im Rahmen des Vergleichsmarktkonzeptes sind unter Umständen verbleibende Unsicherheiten im Rahmen der Vergleichbarkeit durch Sicherheitszuschläge auszugleichen[218], diese Praxis wurde höchstrichterlich für die § 19 und § 31 GWB bestätigt.[219] Für das Anbringen eines diskutierten Erheblichkeitszuschlags gilt das unter C. II. 2. a) aa) (2) (S. 130) Gesagte.

(2) Unangemessene Differenz zwischen Kosten und erhobenen Preisen

Ausweislich des Wortlauts der Norm ist ein Missbrauch erst begründet, sofern die *„Entgelte […] die Kosten in unangemessener Weise überschreiten“*. Der Wortlaut deckt sich (insofern) mit dem des § 29 S. 1 Nr. 2 GWB. Weder die Norm noch die Gesetzgebungsmaterialien enthalten eine Definition dessen, was als unangemessen anzusehen ist, so dass die Norm einen weiteren unbestimmten Rechtsbegriff enthält. Aus dem Wortlaut lässt sich jedoch schließen, dass nicht jedwede Überschreitung der Höhe der Kosten einen Missbrauch begründet, vielmehr muss die Überschreitung unangemessen sein.

In der Praxis haben die Kartellbehörden den Fokus jedoch nicht auf die Differenz zwischen den Kosten und erhobenen Preisen, sondern auf die Differenz zwischen den ermittelten Kosten einer rationellen Betriebsführung und die (höheren) vom betroffenen Wasserversorgungsunternehmen angegebenen Kosten gelegt.[220] Daraus folgt, dass es in der Praxis regelmäßig keiner Klärung des Maßstabs der Unangemessenheit bedarf, weil nur die *„zusätzliche Gewinnspanne“* zwischen Kosten einer rationellen Betriebsführung und angegebenen Kosten des betroffenen Wasserversorgungsunternehmens beanstandet wird.[221]

---

[217] So auch: *Lotze/Dierkes*, RdE 2013, 401, 404.

[218] Diesen Zweck ausdrücklich postulierend *Bundeskartellamt*, Bericht über die großstädtische Trinkwasserversorgung in Deutschland, 2016, S. 89 f.

[219] Vgl. zu § 103 GWB 1990 (Fortgeltung für § 31 GWB): BGHZ 184, 168, 187 (Rz. 68); vgl. zu § 19 GWB: BGH WuW/E- DE-R 3632, 3637 (dort als Rn. 23) = NJW 2012, 3245, Rn. 25 – Wasserpreise Calw; BGHZ 206, 229 = WuW/E DE-R 4871, Rn. 63 – Wasserpreise Calw II; s. a. *Wolfers/Wollenschläger*, in: Kölner Kommentar zum Kartellrecht, Band 1 (2017), § 31 GWB, Rn. 112.

[220] *Becker*, in: Bunte, Kartellrecht, 14. Aufl. 2022, § 31 GWB, Rn. 54; *Scholl*, in: Immenga/Mestmäcker, 6. Aufl. 2020, § 31 GWB, Rn. 88.

[221] *Becker*, in: Bunte, Kartellrecht, 14. Aufl. 2022, § 31 GWB, Rn. 58.

Ergänzend und als Teilausfüllung des unbestimmten Rechtsbegriffs der unangemessenen Überschreitung sei darauf hinzuweisen, dass für die Beurteilung, ob in der Differenz ein Missbrauch begründet ist, auch zu beachten ist, ob die Differenz „puren“ Gewinn des betroffenen Wasserversorgungsunternehmens darstellt, oder ob es aus der Differenz beispielsweise betriebswirtschaftlich erforderliche Investitionen tätigt oder angemessene Rücklagen bildet.[222]

dd) Zwischenergebnis

Abschließend ist wie folgt zu resümieren: Im Rahmen des Grundsätzeverstoßes ist festzuhalten, dass die einschlägige Literatur – auch in Bezug auf die Vorgängernorm – von einem in der Praxis eher beschränkten Anwendungsbereich des Grundsätzeverstoßes ausgeht[223] – von einigen Stimmen wurde er deshalb gar als „Fremdkörper“[224] tituliert.

Die Schwäche des Vergleichsmarktprinzips liegt in Monopolmärkten auf der Hand: Durch die Gefahr aus Ineffizienzen resultierender höherer Kosten aller Marktteilnehmer basiert der Vergleich zwischen betroffenem Wasserversorgungsunternehmen und den Vergleichsunternehmen nicht notwendigerweise auf Preisen, die sich unter Wettbewerbsbedingungen tatsächlich einstellten – es werden ausschließlich Preise von Monopolisten verglichen, so dass von einem erhöhten Ausgangsniveau des Vergleichs ausgegangen werden muss.[225]

Diese Schwäche des Vergleichsmarktprinzips umgeht die Kostenkontrolle, indem auf vertikaler Ebene ausschließlich die Kosten des betroffenen Wasserversorgungsunternehmens auf ihre Wettbewerbsanalogie kontrolliert werden. Jedoch erweist sich die Feststellung des wettbewerbsanalogen Preises zugleich als größte Schwäche der Kostenkontrolle. Die Feststellung des wettbewerbsanalogen Preises erfordert die Überprüfung der Kosten auf ihren Ursprung in einer rationellen Betriebsführung.[226] Das erfordert notwendigerweise das Ausfüllen des unbestimmten Rechtsbegriffs der rationellen Betriebsführung. Ein solches Ausfüllen ist bis dato

[222] Vgl. *Bechtold/Bosch*, GWB, 10 Aufl. 2021, § 31 GWB, Rn. 26; *Becker*, in: Bunte, Kartellrecht, 14. Aufl. 2022, § 31 GWB, Rn. 58.

[223] *Haellmigk*, in: BeckOK Kartellrecht, 2. Ed.Stand 15.7.2021, § 31 GWB, Rn. 15; *Reif*, in: Münchener Kommentar zum Wettbewerbsrecht, 4. Aufl. 2022, § 31 GWB, Rn. 147; *Scholl*, in: Immenga/Mestmäcker, 6. Aufl. 2020, § 31 GWB, Rn. 57.

[224] *Möschel*, Recht der Wettbewerbsbeschränkungen, 1983, Rn. 1041; *Reif*, in: Münchener Kommentar zum Wettbewerbsrecht, 4. Aufl. 2022, § 31 GWB, Rn. 145; *Wolfers/Wollenschläger*, in: Kölner Kommentar zum Kartellrecht, Band 1 (2017), § 31 GWB, Rn. 31.

[225] Vgl. BGH, Beschl. v. 15.5.2012 – KVR 51/11 (OLG Stuttgart) = NJW 2012, 3243, 3243 f., Rz. 14 – Wasserpreise Calw; *Wehage*, Missbrauchsaufsicht über Wasserpreise und Wassergebühren nach deutschem und europäischem Kartellrecht, Diss. 2015 (Berlin, Humboldt-Univ.), S. 309.

[226] Vgl. zur Kritik am offenen Wesen des Kostenbegriffs *Reif*, in: Münchener Kommentar zum Wettbewerbsrecht, 4. Aufl. 2022, § 31 GWB, Rn. 306.

weder der Rechtsprechung, dem Gesetzgeber noch der Literatur gelungen, obwohl es die Grundvoraussetzung für eine rechtssichere Anwendung der Kostenkontrolle bildet.[227]

Das Problem der Bestimmung des wettbewerbsanalogen Preises wird im Rahmen des Vergleichsmarktprinzips aufgrund der horizontalen (Vergleichs-)Prüfung weitgehend vermieden.[228] Der Kritik des Vergleichs auf dem Niveau von Monopolpreisen kann durch eine strukturierte Auswahl der Vergleichsunternehmen begegnet werden.[229] Vorteilhaft wirkt sich im Rahmen des Vergleichsmarktkonzeptes zudem aus, dass es verwaltungserprobt und in weiten Teilen höchstrichterlich bestätigt bzw. ausgestaltet ist.[230] Das trifft auf die Kostenkontrolle nicht zu. Die Monopolkommission teilt die Auffassung, dass die Kostenkontrolle in der Praxis nicht ohne Probleme zu bewältigen ist, dazu „*zählen insbesondere die Verrechnung von Gemeinkosten (vor allem bei Kuppelprodukten), die Effizienzprüfung und die zwingend notwendige Ermittlung der Kapitalkosten.*“[231]

b) Preismissbrauchskontrolle gem. § 19 GWB

aa) Einleitung

In Ergänzung zu der besonderen Missbrauchskontrolle nach §§ 31 ff. GWB stellt sich die Frage, ob zusätzlich die allgemeine Missbrauchskontrolle nach § 19 GWB als Kontrollmaßstab in Betracht zu ziehen ist.

Die Anwendbarkeit der allgemeinen Missbrauchskontrolle des § 19 GWB wird in § 31b Abs. 6 GWB – neben der besonderen Missbrauchskontrolle nach §§ 31 ff. GWB – ausdrücklich festgestellt.[232] Danach bleibt § 19 GWB unberührt. Die Gesetzesbegründung führt dazu aus, dass so „*entsprechend der Rechtsprechung des Bundesgerichtshofs klar[gestellt wird], dass die allgemeine Missbrauchskontrolle des § 19 […] nicht ausgeschlossen wird.*“[233] Argumentativ wird die Anwendbarkeit

---

[227] Vgl. *Daiber*, NJW 2013, 1990, 1993; *Kahlenberg/Haellmigk*, BB 2008, 174, 179 (zu § 29 S. 1 Nr. 2 GWB); zur Kritik, dass eine „*ganz überwiegende Zahl der Verfahren durch Zusagenlösungen*“ beendet wurde *Monopolkommission*, 21. Hauptgutachten 2016, Rz. 969.

[228] *Kleinlein/Schubert*, NJW 2014, 3191, 3194.

[229] *Daiber*, NJW 2013, 1990, 1994 – der insbesondere darauf hinweist, dass auch eine Auswahl aus dem Kreis der „Gebühren“-Unternehmen möglich ist und somit der potenzielle Vergleichskreis enorm an Größe und folglich Vergleichsfestigkeit gewinnt.

[230] *Daiber*, NJW 2013, 1990, 1994.

[231] *Monopolkommission*, 19. Hauptgutachten 2010/2011, Rz. 623.

[232] Für die Vorgängernorm (§ 103 GWB a.F.) war dies noch umstritten, vgl. *Scholl*, in: Immenga/Mestmäcker, 6. Aufl. 2020, § 31b GWB, Rn. 20.

[233] BT-Drs. 17/9852, S. 26; die zitierte Rechtsprechung des Bundesgerichtshofs findet ihren Niederschlag u. a. in BGH, Beschl. vom 2. 2. 2010 – KVR 66/08, BGHZ 184, 168, 174 f., Rn. 26 = NJW 2010, 2573 – Wasserpreise Wetzlar, in welchem der BGH ausführt: „*Etwas anderes ergibt sich auch nicht daraus, dass mit der 6. GWB-Novelle 1998 das System der konstitutiv wirkenden Abstellungsverfügung durch ein ex tunc wirkendes Missbrauchsverbot*

durch die verschiedenen Ansatzpunkte der Kontrollregime untermauert; ausdrücklich wird darauf hingewiesen, dass die allgemeine Missbrauchskontrolle nach § 19 GWB im Gegensatz zur besonderen Missbrauchskontrolle nach §§ 31 ff. GWB *„Feststellungen auch bezüglich der Vergangenheit und Rückerstattungsanordnungen möglich*" macht.[234]

§ 19 Abs. 1 GWB verbietet den Missbrauch einer marktbeherrschenden Stellung durch ein oder mehrere Unternehmen.

bb) Darstellung ausgewählter Regelbeispiele – Ausbeutungsmissbrauch und Strukturmissbrauch

Eine herausragende Bedeutung kommt dem Regelbeispiel des § 19 Abs. 2 Nr. 2 GWB zu (sog. Ausbeutungsmissbrauch).[235] Die Ratio des Regelbeispiels des § 19 Abs. 2 Nr. 2 GWB liegt im Schutz der Verbraucher begründet.[236] Danach liegt ein Missbrauch insbesondere vor, wenn ein marktbeherrschendes Unternehmen Entgelte oder sonstige Geschäftsbedingungen fordert, die von denjenigen abweichen, die sich bei wirksamem Wettbewerb mit hoher Wahrscheinlichkeit ergeben würden. Dabei sind insbesondere die Verhaltensweisen von Unternehmen auf vergleichbaren Märkten mit wirksamem Wettbewerb zu berücksichtigen. Folglich ist eine hypothetische Überlegung in Form des „Als-ob-Wettbewerbs" anzustellen. Der Vergleichsmarkt muss *„geeignetes und ausreichend sicheres Vergleichsmaterial*" bieten, um eine rechtssichere Anwendung des Vergleichsmarktkonzeptes zu garantieren.[237] Für den Fall, dass ein entsprechender Vergleichsmarkt identifiziert ist, genügt auch der Vergleich mit einem Monopolunternehmen.[238] Dies erleichtert die Anwendung im Markt der Trinkwasserversorgung, der durch Monopolunternehmen geprägt ist. Die ermittelten Entgelte oder Geschäftsbedingungen sind sodann mit denen auf vergleichbaren Märkten mit wirksamem Wettbewerb zu vergleichen (Vergleichs-

---

in § 19 GWB ersetzt worden ist. Dieses Missbrauchsverbot gilt zwar auch für Wasserversorgungsunternehmen *[…]. Denn es besteht kein Anlass, diese Unternehmen etwa von einer Kontrolle anhand des Als-ob-Wettbewerbspreises freizustellen und sie nur an dem Vergleichspreis im Feld mehrerer Monopolunternehmen nach § 103 V 2 Nr. 2 GWB 1990 zu messen. Daraus ergibt sich aber kein Grund, das Regelungssystem der §§ 22 V, 103 V, 7 GWB 1990 auf Wasserversorgungsunternehmen nicht mehr anzuwenden. Gerade weil sich die Vorschriften in den Tatbestandsmerkmalen und in der Beweislastverteilung unterscheiden, kommt ihnen jeweils eine eigenständige Bedeutung zu.*"

[234] BT-Drs. 17/9852, S. 26; vgl. ergänzend aus der Rechtsprechung: BGHZ 184, 168, 174 f., Rn. 26 = NJW 2010, 2573 – Wasserpreise Wetzlar.

[235] Vgl. *Fuchs*, in: Immenga/Mestmäcker, Wettbewerbsrecht, 6. Aufl. 2020, § 19 GWB, Rn. 207, der auf eine Reihe erfolgreicher Verfahren des Bundeskartellamtes im Bereich der Wasserversorgung verweist; s. a. *Schweitzer*, ZHR 181 (2017), 119, 128 ff.

[236] *Schweitzer*, ZHR 181 (2017), 119, 128.

[237] BGH Beschl. v. 21. 10. 1986 – KVR 7/85, GRUR 1987, 310, 311 – Glockenheide.

[238] BGH Beschl. v. 21. 10. 1986 – KVR 7/85, GRUR 1987, 310, 311 – Glockenheide; BGH, Beschl. v. 28. 6. 2005 – KVR 17/04, NVwZ 2006, 853, 855 – Stadtwerke Mainz.

marktprinzip); sofern sich Unterschiede zeigen, begründet dies die Vermutung für das Vorliegen eines Missbrauchs.[239] Unsicherheiten werden durch Zu- und Abschläge und Sicherheitszuschläge ausgeglichen. Nach der Rechtsprechung bedarf es für die Begründung eines Missbrauchs einer erheblichen Abweichung zwischen den verglichenen Entgelten.[240] Obwohl der Wortlaut des § 19 Abs. 2 Nr. 2 GWB keine Rechtfertigungsmöglichkeit für eine festgestellte Abweichung vorsieht, ist dem betroffenen Unternehmen eine solche Rechtfertigungsmöglichkeit nach der Rechtsprechung des BGH eröffnet.[241]

Das Vergleichsmarktkonzept ist ausweichlich des Wortlauts („insbesondere") nicht zwingend anzuwenden. Auch das Konzept der Kostenkontrolle kann über die Generalklausel des § 19 Abs. 1 GWB zur Anwendung gebracht werden.[242]

Neben dem Vergleichsmarktprinzip könnte zukünftig auch dem (Preis-)Strukturmissbrauch gem. § 19 Abs. 2 Nr. 3 GWB eine gesteigerte Bedeutung zukommen.[243] Danach liegt ein Missbrauch vor, wenn ein marktbeherrschendes Unternehmen ungünstigere Entgelte oder sonstige Geschäftsbedingungen fordert, als sie das marktbeherrschende Unternehmen selbst auf vergleichbaren Märkten von gleichartigen Abnehmern fordert, es sei denn, dass der Unterschied sachlich gerechtfertigt ist. Der Wortlaut der Norm setzt zwar voraus, dass es sich um unterschiedliche Preise auf unterschiedlichen Märkten handeln muss (sog. Preisspaltung), jedoch hat die Rechtsprechung den Anwendungsbereich auch auf Preisdifferenzierungen auf demselben Markt erweitert.[244] Der Preisstrukturmissbrauch kann in Bezug auf die Preis- und Tarifstrukturen eines Wasserversorgungsunternehmens Anwendung finden. Insbesondere aus einer zu beobachtenden Umstrukturierung der Wassertarife in mehr mengenunabhängige Bestandteile und weniger verbrauchs-

[239] *Loewenheim*, in: LMRKM, 4. Aufl. 2020, § 19 GWB, Rn. 70.

[240] Vgl. *Fuchs*, in: Immenga/Mestmäcker, 6. Aufl. 2020, § 19 GWB, Rn. 232 ff.; *Wolf*, in: Münchener Kommentar zum Wettbewerbsrecht, 4. Aufl. 2022, § 19 GWB, Rn. 118 f., auch mit dem Hinweis, dass das Konzept des Erheblichkeitszuschlags in der Literatur stark kritisiert wird, weil so vom ermittelten „Als-ob-Wettbewerbspreis" abgewichen werde.

[241] BGH, Beschl. v. 16. 12. 1976 – KVR 2/76, GRUR 1977, 269, 276 – Valium; *Fuchs*, in: Immenga/Mestmäcker, 6. Aufl. 2020, § 19 GWB, Rn. 235 ff.; *Wolf*, in: Münchener Kommentar zum Wettbewerbsrecht, 4. Aufl. 2022, § 19, Rn. 125 ff., der darauf hinweist, dass das den Missbrauch begründende Unwerturteil zwingend voraussetze, dass dem betroffenen Unternehmen die Möglichkeit zur sachlichen Rechtfertigung gegeben werden müsse.

[242] *Loewenheim*, in: LMRKM, 4. Aufl. 2020, § 19 GWB, Rn. 69; *Wehage*, Missbrauchsaufsicht über Wasserpreise und Wassergebühren nach deutschem und europäischem Kartellrecht, Diss. 2015 (Berlin, Humboldt-Univ.), S. 286; vgl. auch *Wolf*, in: Münchener Kommentar zum Wettbewerbsrecht, 4. Aufl. 2022, § 19 GWB, Rn. 27.

[243] Vgl. Ausführungen in *Reif*, in: Münchener Kommentar zum Wettbewerbsrecht, 4. Aufl. 2022, § 31b GWB, Rn. 19.

[244] BGH, WuW/E DE-R 2739, 2742 – Entega; BGH, WuW/E DE-R 3145, 3155 – Entega II; *Bechtold/Bosch*, GWB, 10. Aufl. 2021, 19 GWB, Rn. 63.

abhängige Bestandteile der Entgelte[245] kann ein Ansatzpunkt für den Preisstrukturmissbrauch gewonnen werden. Infolgedessen wird die Tarifgestaltungsfreiheit der Wasserversorgungsunternehmen beschränkt.[246] Für den Maßstab der Tarifgestaltungsfreiheit gilt, dass es keiner Einzelfallgerechtigkeit bedarf und Tarifgruppen gebildet werden dürfen.[247] Auf der anderen Seite wird die Tarifgestaltungsfreiheit durch das Kostenverursachungsprinzip begrenzt, das voraussetzt, dass gleiche Tarifgruppen gleich und ungleiche Tarifgruppen ungleich behandelt werden müssen.[248] In der Literatur und Praxis wurden kostenverursachungsabhängige Abweichungen von 10–19 % als missbräuchlich angesehen.[249]

c) Unterschiede zwischen der allgemeinen und der besonderen Missbrauchskontrolle

Im Folgenden sollen insbesondere die Unterschiede zwischen der allgemeinen und der besonderen Missbrauchskontrolle dargestellt werden.

Auf Tatbestandsebene ist dabei vor allem zu beachten, dass die Beweislastverteilung in den Missbrauchsregimen verschiedenartig geregelt ist. Während die Beweislast im Rahmen des § 31 Abs. 4 Nr. 2 GWB umgekehrt ist und dem betroffenen Wasserversorgungsunternehmen der Nachweis rechtfertigender Umstände obliegt[250], folgt die Darlegungs- und Beweislast im Rahmen des § 19 GWB den allgemeinen Regeln für zivilrechtliche Streitigkeiten, so dass es grundsätzlich derjenigen Partei, die sich auf einen Missbrauch beruft, obliegt den Nachweis dafür zu erbringen.[251] Aus der kartellrechtlichen Praxis ist zu vernehmen, dass der Unterschied in der Beweislast eher theoretischer Natur ist und in der praktischen Anwendung seine Bedeutung nicht zu entfalten vermag. Die Begründung ist zum einen in den zahlreichen Auskunftsmöglichkeiten und den damit korrespondierenden Mitwirkungspflichten der betroffenen Wasserversorgungsunternehmen zu finden, zum anderen liegt die Begründung aber auch im praktischen Vorgehen der Kar-

[245] Vgl. *Bundeskartellamt*, Bericht über die großstädtische Trinkwasserversorgung in Deutschland, 2016, S. 23 ff.

[246] *Reif*, in: Münchener Kommentar zum Wettbewerbsrecht, 4. Aufl. 2022, § 31b GWB, Rn. 19.

[247] Vgl. BGH, Beschl. v. 6.5.1997 – KVR 9/96, RdE 1998, 24, 26; *Wolf*, in: Münchener Kommentar zum Wettbewerbsrecht, 4. Aufl. 2022, § 19 GWB, Rn. 134.

[248] *Reif*, in: Münchener Kommentar zum Wettbewerbsrecht, 4. Aufl. 2022, § 31b GWB, Rn. 19.

[249] Vgl. BGH, Beschl. v. 6.5.1997 – KVR 9/96, RdE 1998, 24, 26; *Reif*, in: Münchener Kommentar zum Wettbewerbsrecht, 4. Aufl. 2022, § 31b GWB, Rn. 19.

[250] Vgl. oben unter C. II. 2. a) bb), S. 126.

[251] Vgl. *Wehage*, Missbrauchsaufsicht über Wasserpreise und Wassergebühren nach deutschem und europäischem Kartellrecht, Diss. 2015 (Berlin, Humboldt-Univ.), S. 188 f.; *Wolf*, in: Münchener Kommentar zum Wettbewerbsrecht, 3. Aufl. (2020), § 19 GWB, Rn. 36; *Wolfers/Wollenschläger*, in: Kölner Kommentar zum Kartellrecht, Band 1 (2017), § 31b GWB, Rn. 27.

tellbehörden, dass durch eine möglichst allumfassende Aufarbeitung des Sachverhaltes und dem vollumfänglichen Nachgehen möglicher Rechtfertigungsgründe gekennzeichnet ist.[252]

Auf Rechtsfolgenseite ist zu beachten, dass es sich – nach hier vertretener Auffassung[253] – bei § 19 GWB im Gegensatz zu § 31 GWB um ein Verbotsgesetz handelt.[254] Daraus folgt insbesondere, dass die Kartellbehörden bei Verfahren nach § 19 GWB auch vergangene Missbräuche feststellen und durch Rückerstattungsanordnungen sanktionieren können.[255] Im Rahmen der §§ 31 ff. GWB ist der Erlass einer Missbrauchsverfügung lediglich mit Wirkung für die Zukunft möglich, so dass vergangene Missbräuche nicht sanktioniert werden können.[256] Eine Sanktionierung im Rahmen der §§ 31 ff. GWB ist erst möglich, wenn (zukünftig) gegen die ergangene Missbrauchsverfügung verstoßen wird.[257] Die Monopolkommission wies im Gesetzgebungsprozess auf dieses Problem hin und forderte, dass auch im Rahmen des § 31 RefE die Befugnis zu erteilen sei, Feststellungen für die Vergangenheit zu treffen und gegebenenfalls Rückzahlungen an die Verbraucher anzuordnen.[258]

Ein weiterer Unterschied zwischen der allgemeinen und der besonderen Missbrauchskontrolle ergibt sich auf der Ebene der Rechtsbehelfe. Gem. § 66 Abs. 1 Nr. 1 GWB kommen Rechtsbehelfen gegen Verfügungen, die nach § 31b Abs. 3 GWB – also der besonderen Missbrauchskontrolle – ergangen sind, aufschiebende Wirkung

---

[252] So ausdrücklich: *Reif*, in: Münchener Kommentar zum Wettbewerbsrecht, 4. Aufl. 2022, § 31 GWB, Rn. 234 mit Verweis auf BKartA BeckRS 2013, 10697, Rn. 108–110, Rn. 149–152, Rn. 276–304 und Rn. 407–413 zur Wasserbeschaffung in Berlin und bei den Vergleichsunternehmen in Hamburg, Köln und München.

[253] Teile der Literatur plädieren für eine Einordnung des § 31 Abs. 3 GWB als Verbotsgesetz. Begründet wird dies mit einem von der Vorgängernorm abweichenden Wortlaut. Während § 103 Abs. 5 S. 1 Nr. 1 GWB 1990 vorsah, dass die Behörden eine Anordnung treffen „kann", sieht § 31 Abs. 3 GWB vor, dass eine Marktstellung nicht missbraucht werden „darf". Der geänderte Wortlaut indiziere das Vorliegen eines Verbotsgesetzes, vgl. auch *Bechtold*, NZKart 2013, 263, 264; *Gussone*, EnWZ 2012, 13, 16; *Reif*, in: Münchener Kommentar zum Wettbewerbsrecht, 4. Aufl. 2022, § 31b GWB, Rn. 10.

[254] *Wehage*, Missbrauchsaufsicht über Wasserpreise und Wassergebühren nach deutschem und europäischem Kartellrecht, Diss. 2015 (Berlin, Humboldt-Univ.), S. 185 f.; *Wolfers/Wollenschläger*, in: Kölner Kommentar zum Kartellrecht, Band 1 (2017), § 31b GWB, Rn. 27; zu § 19 GWB als Verbotsgesetz: *Mohr*, ZWeR 2011, 383, 384.

[255] Vgl. BT-Drs. 17/9852, S. 26; *Bechtold/Bosch*, GWB, 10. Aufl. 2021, § 31b GWB, Rn. 9; *Becker*, in: Bunte, Kartellrecht, 14. Aufl. 2022, § 31b GWB, Rn. 18; *Reif*, in: Münchener Kommentar zum Wettbewerbsrecht, 4. Aufl. 2022, § 31b GWB, Rn. 18.

[256] *Wehage*, Missbrauchsaufsicht über Wasserpreise und Wassergebühren nach deutschem und europäischem Kartellrecht, Diss. 2015 (Berlin, Humboldt-Univ.), S. 186 f.

[257] Empfehlungen der Ausschüsse des Bundesrates zum Entwurf eines Achten Gesetzes zur Änderung des Gesetzes gegen Wettbewerbsbeschränkungen, BR-Drs. 176/1/12, S. 18; *Wehage*, Missbrauchsaufsicht über Wasserpreise und Wassergebühren nach deutschem und europäischem Kartellrecht, Diss. 2015 (Berlin, Humboldt-Univ.), S. 187.

[258] *Monopolkommission*, Sondergutachten 63, Die 8. GWB-Novelle aus wettbewerbspolitischer Sicht, BT-Drs. 17/8541, Rn. 120.

zu.[259, 260] Daraus folgt, dass sich der Zeitpunkt für ein bestehendes Missbrauchsverbot nach der besonderen Missbrauchskontrolle unter Umständen noch weiter in die Zukunft verschiebt. Im Gegensatz dazu folgt aus dem Charakter des § 19 GWB als Verbotsgesetz, dass ein nach § 19 GWB vorliegender Missbrauch unmittelbar gesetzlich verboten ist. Das Bestehen einer aufschiebenden Wirkung der Verfügung im Rahmen der besonderen Missbrauchskontrolle wurde von der Monopolkommission scharf kritisiert, denn „*[d]ie Frage der sofortigen Vollziehbarkeit kann nicht davon abhängig sein, ob die Maßnahme auf § 19 GWB gestützt wird und damit sofort vollziehbar ist oder gemäß § 31 Absatz 6 RefE ergeht. Für eine abweichende Behandlung der Missbrauchsverfügung nach § 31 RefE ist kein sachlicher Grund ersichtlich.*“[261] Dabei darf die Möglichkeit der Anordnung der sofortigen Vollziehung gem. § 67 Abs. 1 GWB nicht vernachlässigt werden. Die Anordnung der sofortigen Vollziehung ist gestattet, sofern dies im öffentlichen Interesse oder im überwiegenden Interesse der Beteiligten geboten erscheint. Eine missbräuchliche Preis- oder Geschäftsbedingungsgestaltung durch das betroffene Wasserversorgungsunternehmen wird dabei regelmäßig sowohl das individuelle Interesse des jeweiligen Verbrauchers tangieren, als auch das der Allgemeinheit innewohnende Interesse an einer möglichst preisgünstigen Wasserversorgung.[262] Insofern wird in der Literatur zum Teil darauf verwiesen, dass die Kartellbehörden von der Möglichkeit der Anordnung der sofortigen Vollziehung durchaus Gebrauch machen[263], wodurch die Unterschiede im Rahmen der Rechtsbehelfe nivelliert werden.

In der parallelen Anwendung ist zu beachten, dass die Systeme der besonderen und allgemeinen Missbrauchskontrolle zwar nebeneinander im selben Missbrauchsfall angewendet werden können, dabei jedoch die verfahrensrechtlichen Sanktionen der Systeme nicht miteinander vermischt werden dürfen.[264]

---

[259] Vgl. *Reif*, in: Münchener Kommentar zum Wettbewerbsrecht, 4. Aufl. 2022, § 31b GWB, Rn. 13; *Wehage*, Missbrauchsaufsicht über Wasserpreise und Wassergebühren nach deutschem und europäischem Kartellrecht, Diss. 2015 (Berlin, Humboldt-Univ.), S. 188; *Wolfers/Wollenschläger*, in: Kölner Kommentar zum Kartellrecht, Band 1 (2017), § 31b GWB, Rn. 28 – jeweils bezugnehmend auf § 64 Abs. 1 Nr. 2 GWB a. F., der dem heutigen § 66 Abs. 1 Nr. 1 GWB entspricht.

[260] Ausnahmsweise kann die Kartellbehörde gem. § 67 Abs. 1 GWB die sofortige Vollziehung der Verfügung anordnen, wenn dies im öffentlichen Interesse oder im überwiegenden Interesse der Beteiligten geboten ist.

[261] *Monopolkommission*, Sondergutachten, Die 8. GWB-Novelle aus wettbewerbspolitischer Sicht, BT-Drs. 17/8541, Rn. 120.

[262] *Reif*, in: Münchener Kommentar zum Wettbewerbsrecht, 4. Aufl. 2022, § 31b GWB, Rn. 13.

[263] *Reif*, in: Münchener Kommentar zum Wettbewerbsrecht, 4. Aufl. 2022, § 31b GWB, Rn. 13.

[264] *Wehage*, Missbrauchsaufsicht über Wasserpreise und Wassergebühren nach deutschem und europäischem Kartellrecht, Diss. 2015 (Berlin, Humboldt-Univ.), S. 184 m. w. N.

3. Europäisches Kartellrecht

Daneben ist eine Kontrolle nach europäischem Kartellrecht in Betracht zu ziehen.

Art. 102 AEUV bildet die zentrale Norm der europäischen Missbrauchsaufsicht.[265] Nach deren Absatz 1 ist das missbräuchliche Ausnutzen einer beherrschenden Stellung auf dem Binnenmarkt oder auf einem wesentlichen Teil desselben durch ein oder mehrere Unternehmen mit dem Binnenmarkt unvereinbar und verboten, soweit dies dazu führen kann, den Handel zwischen den Mitgliedsstaaten zu beeinträchtigen.

Daraus ergibt sich ein Dreischritt in der Prüfungsreihenfolge, wonach a) ein Wasserversorgungsunternehmen ein „Unternehmen" i.S.d. Art. 102 AEUV darstellen muss, b) das Unternehmen eine beherrschende Stellung auf dem Binnenmarkt oder auf einem wesentlichen Teil desselben missbräuchlich ausnutzen muss und c) ein Bezug zum zwischenstaatlichen Handel bestehen muss.

a) Wasserversorgungsunternehmen als „Unternehmen" im Sinne des europäischen Kartellrechts

Um in den Anwendungsbereich des europäischen Kartellrechts zu gelangen, müssten Wasserversorgungsunternehmen als „Unternehmen" im Sinne des Art. 102 AEUV zu charakterisieren sein.

Art. 102 AEUV adressiert „Unternehmen", ohne diese jedoch näher zu definieren. Auch an anderer Stelle im AEUV lässt sich eine Definition nicht finden. Die h.M. geht von einem funktionalen Unternehmensbegriff aus, wonach die inhaltliche Ausgestaltung des Begriffes nach der Systematik und dem Zweck der Wettbewerbsnormen zu erschließen ist.[266] Dieses Verständnis beinhaltet auch, dass ein Unternehmen im Sinne der Norm nicht notwendigerweise eine juristische Person im

---

[265] *Huttenlauch*, in: LMRKM, 4. Aufl. 2020, Art. 102 AEUV, Rn. 1.

[266] Vgl. zum funktionalen Unternehmensbegriff: EuGH Urt. v. 23.4.1991 – C41/90, Slg. 1991, I-1979, Rn. 21 – *Höfner und Else*; Urt. v. 17.2.1993 – verb. Rs. C-195/91 und C-160/91, Slg. 1993, I-637, Rn. 17 – *Poucet und Pistre*, Urt. v. 16.11.1995 – C-244/94, Slg. 1995, I-4013; Rn. 14 – *FFSA u. a./Ministère de l'Agriculture et de la Pêche*; EuGH, Urt. v. 21.9.1999 – C-67/96, Slg. 1999, I-5751, Rn. 77 – *Albany International*; EuGH, Urt. v. 22.1.2002 – C-218/00, Slg. 2002, I-691, Rn. 22 – *Cisal*; EuGH, Urt. v. 16.3.2004, verb. Rs. C-264/01, C-306/01 und C-355/01, Slg. 2004, I-2493, Rn. 46 – *AOK Bundesverband*; EuGH, Urt. v. 19.1.1994, Rs. C-364/92, Slg. 1994, I-43, Rn. 18 – *Eurocontrol*; *Bruhn*, in: Theobald/Kühling, 113. EL August 2021, AEUV Art. 101, Art. 102, Rn. 17; *Wehage*, Missbrauchsaufsicht über Wasserpreise und Wassergebühren nach deutschem und europäischem Kartellrecht, Diss. 2015 (Berlin, Humboldt-Univ.), S. 79f.; *Weiß*, in: Calliess/Ruffert, EUV/AEUV, 6. Aufl. 2022, Art. 101 AEUV, Rn. 25; *Zimmer*, in: Immenga/Mestmäcker, 6. Aufl. 2019, Art. 101 Abs. 1 AEUV, Rn. 9; nach der a.A. gelte ein „institutioneller Unternehmensbegriff", der maßgeblich auf die Dauer und Organisation des in Frage stehenden Unternehmens abstellt, vgl. dazu EuG 12.1.1995, Rs. T-102/92, Slg. 1995, II-17, Rn. 50; *Zimmer*, in: Immenga/Mestmäcker, 6. Aufl. 2019, Art. 101 Abs. 1 AEUV, Rn. 9.

Sinne einer nationalen Rechtsordnung sein muss.[267] Diesem Verständnis folgend definiert die europäische Rechtsprechung ein Unternehmen als *„jede eine wirtschaftliche Tätigkeit ausübende Einheit unabhängig von ihrer Rechtsform und der Art ihrer Finanzierung.“*[268] Eine wirtschaftliche Tätigkeit im oben genannten Sinne wird als jede Tätigkeit beschrieben, die darin besteht, Güter oder Dienstleistungen anzubieten.[269] Eine Gewinnerzielungsabsicht ist nicht erforderlich.[270] Ausfluss des funktionalen Unternehmensbegriffs ist auch, dass dasselbe Rechtssubjekt in Abhängigkeit der jeweils zu beurteilenden wirtschaftlichen Tätigkeit zeitgleich als wirtschaftlich und nicht-wirtschaftlich eingeordnet werden kann, entscheidend ist der jeweilige (wirtschaftliche) Charakter der Tätigkeit.[271] Aus der Fokussierung auf den Charakter der Tätigkeit folgt auch, dass eine Betätigung der öffentlichen Hand als wirtschaftliche Tätigkeit eingeordnet werden kann.[272] Insofern können auch öffentlich-rechtliche Organisationsformen wie Körperschaften, Anstalten, Regiebetriebe oder sonstige unmittelbare Teile der Staatsverwaltung als Unternehmen im

---

[267] *Weiß*, in: Calliess/Ruffert, EUV/AEUV, 6. Aufl. 2022, Art. 101 AEUV, Rn. 25.

[268] EuGH Urt. v. 23.4.1991 – C41/90, Slg. 1991, I-1979, Rn. 21 – *Höfner und Else*; Urt. v. 17.2.1993 – verb. Rs. C-195/91 und C-160/91, Slg. 1993, I-637, Rn. 17 – *Poucet und Pistre*, Urt. v. 16.11.1995 – C-244/94, Slg. 1995, I-4013; Rn. 14 – *FFSA u. a./Ministère de l'Agriculture et de la Pêche*; EuGH, Urt. v. 22.1.2002, Rs. C-218/00, Slg. 2002, I-691, Rn. 22 – *Cisal*; EuGH, Urt. v. 24.10.2002, Rs. C-82/01 P, Slg. 2002, I-9297, Rn. 75 – *Aeroports de Paris/Kommission*; EuGH, Urt. v. 16.3.2004, verb. Rs. C-264/01, C-306/01 und C-355/01, Slg. 2004, I-2493, Rn. 46 – *AOK Bundesverband*; vgl. ferner *Bruhn*, in: Theobald/Kühling, 113. EL August 2021, Art. 101 AEUV, Art. 102, Rn. 17, *Huttenlauch*, in: LMRKM, Kartellrecht, 4. Auflage 2020, Art. 102 AEUV, Rn. 17; *Weiß*, in: Calliess/Ruffert, EUV/AEUV, 6. Aufl. 2022, Art. 101 AEUV, Rn. 25.

[269] Vgl. EuGH, Urt. v. 16.5.1987, 118/85, Slg. 1987, 2599, Rn. 7 – *Kommission/Italien*; Urt. v. 12.11.2000, C-180/98 bis C-184/98, Slg. 2000, I-6451, Rn. 75 – *Pavlov u. a.*; Urt. v. 1.7.2008 – C-49/07, Slg. 2008, I-4863, Rn. 22 – *MOTOE/Griechenland;* Urt. v. 26.3.2009, C-113/07 P, Slg. 2009, I-2207, Rn. 69 – *SELEX*; vgl. auch *Weiß*, in: Calliess/Ruffert, EUV/AEUV, 6. Aufl. 2022, Art. 101 AEUV, Rn. 29; vgl. ferner *Wehage*, Missbrauchsaufsicht über Wasserpreise und Wassergebühren nach deutschem und europäischem Kartellrecht, Diss. 2015 (Berlin, Humboldt-Univ.), S. 81 und *Zimmer*, in: Immenga/Mestmäcker, 6. Aufl. 2019, Art. 101 Abs. 1 AEUV, Rn. 14, die mit Verweis auf weitere Literatur als weitere Voraussetzung der wirtschaftlichen Tätigkeit eine Entgeltlichkeit dieser postulieren, wobei *Wehage* darauf verweist, dass die theoretische Möglichkeit des Erhebens von Entgelten ausreiche. Für die vorliegende Frage der Trinkwasserversorgung erscheint die Beantwortung der Frage insofern obsolet, als dass die Trinkwasserversorgung entgeltlich erbracht wird.

[270] EuGH, Urt. v. 16.11.1995 – C 244/94, Slg. 1995, I-4022, Rn. 21 – *FFSA u. a./Ministère de l'Agriculture et de la Pêche.*

[271] *Wehage*, Missbrauchsaufsicht über Wasserpreise und Wassergebühren nach deutschem und europäischem Kartellrecht, Diss. 2015 (Berlin, Humboldt-Univ.), S. 82.

[272] *Bruhn*, in: Theobald/Kühling, 113. EL August 2021, Art. 101, Art. 102 AEUV, Rn. 18; *Fuchs*, in: Immenga/Mestmäcker, 6. Aufl. 2019, Art. 102 AEUV, Rn. 19; *Huttenlauch*, in: LMRKM, Kartellrecht, 4. Aufl. 2020, Art. 102 AEUV, Rn. 20; *Schwarze*, EuZW 2000, 613, 614; *Weiß*, in: Calliess/Ruffert, EUV/AEUV, 6. Aufl. 2022, Art. 101 AEUV, Rn. 25.

Sinne des europäischen Kartellrechts eingeordnet werden.[273] Die wirtschaftliche Tätigkeit der öffentlichen Hand ist jedoch von der hoheitlichen Betätigung des Staates abzugrenzen, die dem europäischen Kartellrecht nicht unterfällt.[274] Auch für die Abgrenzung zum hoheitlichen Handeln ist – als Ausfluss des funktionalen Unternehmensbegriffs – auf die Systematik und den Zweck der Wettbewerbsvorschriften abzustellen.[275] Im Grundsatz kann die Abgrenzung danach erfolgen, ob die in Frage stehende Tätigkeit auch durch Private erbracht werden kann; sofern diese Kontrollfrage bejahend zu beantworten ist, liegt eine wirtschaftliche Betätigung vor.[276]

Insofern ist subsumierend festzustellen, dass Wasserversorgungsunternehmen als Unternehmen im Sinne des Art. 102 AEUV einzuordnen sind. Durch die Versorgung von Verbrauchern mit Wasser gegen die Erhebung eines Entgelts bieten Wasserversorgungsunternehmen ein Gut an, dass unter den Begriff der wirtschaftlichen Tätigkeit fällt. Infolgedessen ist die konkrete Ausgestaltung des Versorgungsverhältnisses (privatrechtlich erhobene Preise oder öffentlich-rechtlich erhobene Gebühren) dabei ohne Belang, so dass unabhängig von der Organisationsform und der Form der erhobenen Entgelte eine wirtschaftliche Tätigkeit des Wasserversorgungsunternehmens vorliegt.[277] In Abgrenzung der wirtschaftlichen zu einer hoheitlichen Tätigkeit ist im Rahmen der Wasserversorgung das Bestehen von Anschluss- und Benutzungszwängen näher zu untersuchen. Ein Anschluss- und Benutzungszwang zwingt den erfassten Verbraucher *hoheitlich* das Angebot zur Wasserversorgung durch das jeweilige Wasserversorgungsunternehmen anzunehmen. Jedoch ist nach dem funktionalen Unternehmensbegriff entscheidend auf die jeweilige Tätigkeit abzustellen, so dass sich für die Wasserversorgung (isoliert betrachtet) auch bei Bestehen eines Anschluss- und Benutzungszwangs keine Diver-

---

[273] Zur Unternehmenseigenschaft einer öffentlichen Einrichtung ohne Gewinnerzielungsabsicht, vgl. EuGH Urt. v. 16.11.1995 – C-244/94, Slg. 1995, I-4013; Rn. 14 ff. – *FFSA u. a./ Ministère de l'Agriculture et de la Pêche*; EuGH Urt. v. 16.3.2004, C-264/01, Slg. 2004, I-2493, Rn. 45 ff. – *AOK-Bundesverband u. a./Ichthyol u. a.*; *Fuchs*, in: Immenga/Mestmäcker, Art. 102 AEUV, Rn. 19; *Wehage*, Missbrauchsaufsicht über Wasserpreise und Wassergebühren nach deutschem und europäischem Kartellrecht, Diss. 2015 (Berlin, Humboldt-Univ.), S. 82 f.

[274] *Fuchs*, in: Immenga/Mestmäcker, 6. Aufl. 2019, AEUV Art. 102, Rn. 20; *Huttenlauch*, in: LMRKM, Kartellrecht, 4. Auflage 2020, Art. 102 AEUV, Rn. 27; *Schwarze*, EuZW 2000, 613, 614; *Wehage*, Missbrauchsaufsicht über Wasserpreise und Wassergebühren nach deutschem und europäischem Kartellrecht, Diss. 2015 (Berlin, Humboldt-Univ.), S. 83.

[275] *Fuchs*, in: Immenga/Mestmäcker, 6. Aufl. 2019, Art. 102 AEUV, Rn. 20.

[276] Vgl. EuGH, Urt. v. 16.5.1987, 118/85, Slg. 1987, 2599, Rn. 7 – *Kommission/Italien; Schwarze*, EuZW 2000, 613, 615; Mitteilung der EU KOM, Abl. EU C 8 vom 11.1.2012, S. 4–14, Rn. 13; *Wehage*, Missbrauchsaufsicht über Wasserpreise und Wassergebühren nach deutschem und europäischem Kartellrecht, Diss. 2015 (Berlin, Humboldt-Univ.), S. 83 f.; *Weiß*, in: Calliess/Ruffert, EUV/AEUV, 6. Aufl. 2022, Art. 101 AEUV, Rn. 29.

[277] So auch: *Wehage*, Missbrauchsaufsicht über Wasserpreise und Wassergebühren nach deutschem und europäischem Kartellrecht, Diss. 2015 (Berlin, Humboldt-Univ.), S. 84.

genz zur Einordnung der Wasserversorgung als wirtschaftliche Tätigkeit ergeben kann.[278]

Im Ergebnis sind sowohl privatrechtlich als auch öffentlich-rechtlich organisierte Wasserversorgungsunternehmen als Unternehmen im Sinne des Art. 102 AEUV einzuordnen und somit als Adressaten der Norm vom Anwendungsbereich des europäischen Kartellrechts erfasst. Im Zuge dessen ist auf die im Vergleich zum nationalen Recht im GWB divergierende Regelungssystematik hinzuweisen. Während § 185 Abs. 1 S. 2 GWB die kartellrechtliche Missbrauchsaufsicht nach § 19 und § 31b Abs. 5 GWB in Bezug auf öffentliche-rechtliche Gebühren ausschließt und damit öffentlich-rechtlich organisierte Wasserversorgungsunternehmen, die Gebühren erheben, praktisch von der kartellrechtlichen Missbrauchsaufsicht ausnimmt, verfolgt das europäische Kartellrecht mit seinem auf die wirtschaftliche Tätigkeit zugeschnitten Beurteilungswinkel einen anderen, auf den Schutz des Binnenmarkt ausgerichteten Zweck. Insofern würde die – bis hierhin lediglich theoretische – Kontrollmöglichkeit auch von Gebühren anhand kartellrechtlicher (wenngleich nicht nationaler, sondern europäischer) Maßstäbe Verbrauchern ein zusätzliches Vehikel zur Hand geben, welches zu einem Mehr an Effizienz beitragen kann.

b) Missbräuchliches Ausnutzen einer beherrschenden Stellung auf dem Binnenmarkt oder auf einem wesentlichen Teil desselben

Ferner müsste eine beherrschende Stellung eines oder mehrerer Wasserversorgungsunternehmen auf dem Binnenmarkt oder einem wesentlichen Teil desselben vorliegen.

Dafür ist zunächst der relevante Markt abzugrenzen; eine solche Abgrenzung erfolgt in sachlicher, räumlicher und zeitlicher Hinsicht.[279]

In sachlicher Hinsicht unterscheidet die Europäische Kommission in der Wasserwirtschaft grundsätzlich zwischen dem Markt der Wasserversorgung und dem Markt der Wasserentsorgung.[280] Der Markt der Wasserversorgung ist gekennzeichnet durch die Gewinnung, Aufbereitung und Verteilung des Wassers an den Endabnehmer.[281] Eine marktbeherrschende Stellung definiert sich nach der Rechtsprechung des EuGH durch eine *„wirtschaftliche Machtstellung eines Unterneh-*

---

[278] So auch: *Huttenlauch*, in: LMRKM, Kartellrecht, 4. Aufl. 2020, Art. 102 AEUV, Rn. 20, aber abstellend auf den Umstand, dass *„der Unternehmensbegriff des Unionskartellrechts nicht davon abhängig ist, ob eine bestimmte wirtschaftliche Tätigkeit privatrechtlich oder öffentlich-rechtlich organisiert ist […]*"; vgl. ferner *Wehage*, Missbrauchsaufsicht über Wasserpreise und Wassergebühren nach deutschem und europäischem Kartellrecht, Diss. 2015 (Berlin, Humboldt-Univ.), S. 85.

[279] *Weiß*, in: Calliess/Ruffert, EUV/AEUV, 6. Aufl. 2022, Art. 102 AEUV, Rn. 6.

[280] *Füller*, in: Münchener Kommentar zum Wettbewerbsrecht, 3. Aufl. 2020, Art. 102 AEUV, Rn. 178; vgl. auch *Grave*, RdE 2004, 92 ff. (zur dt. Praxis).

[281] *Füller*, in: Münchener Kommentar zum Wettbewerbsrecht, 3. Aufl. (2020), Art. 102 AEUV, Rn. 178.]

mens […], die dieses in die Lage versetzt, die Aufrechterhaltung eines wirksamen Wettbewerbs auf dem relevanten Markt zu verhindern, indem sie ihm die Möglichkeit verschafft, sich seinen Wettbewerbern, seinen Abnehmern und schließlich den Verbrauchern gegenüber in einem nennenswerten Umfang unabhängig zu verhalten."[282] Im Fall eines Monopols ist von einer beherrschenden Stellung auszugehen[283]; eine gesetzliche Begründung des Monopols steht einer solchen Schlussfolgerung nicht im Weg.[284] Die Wasserversorgungsunternehmen in Deutschland operieren in baulich abgeschlossenen Leitungsnetzwerken, die jeweils nur von einem Wasserversorgungsunternehmen genutzt werden, so dass in dem relevanten Markt der Wasserversorgung ein Monopol besteht.[285] Aus der Monopolstellung der Wasserversorgungsunternehmen lässt sich eine marktbeherrschende Stellung der Wasserversorgungsunternehmen ableiten.

Art. 102 AEUV verbietet das Ausnutzen der marktbeherrschenden Stellung auf dem Binnenmarkt oder eines wesentlichen Teils desselben. Der Binnenmarkt wird durch die in Art. 52 EUV genannten Mitgliedstaaten (unter Berücksichtigung des Art. 355 AUEV) charakterisiert. Danach umfasst der Binnenmarkt die Staatsgebiete der Mitgliedstaaten der Europäischen Union. Eine Beherrschung des gesamten Binnenmarktes scheidet vorliegend schon aufgrund der räumlichen Beschränkung der unternehmerischen Tätigkeit der Wasserversorgungsunternehmen im deutschen Staatsgebiet aus. Folglich ist zu untersuchen, was unter einem „wesentlichen Teil" des Binnenmarktes zu verstehen ist. Für die Bestimmung dessen muss das betreffende Gebiet von hinreichender Bedeutung[286] bzw. Relevanz[287] für den Binnenmarkt sein. Neben der flächenmäßigen Ausbreitung ist die Bedeutung bzw. Relevanz für den Binnenmarkt maßgeblich abhängig vom Umfang der Produktion, des Absatzes oder der Nachfrage.[288] Daraus lässt sich ableiten, dass dem Begriff des „wesentlichen Teils" des Binnenmarktes kein starr umgrenztes Verständnis zugrunde liegt, viel-

---

[282] EuGH, Urt. v. 14.2.1978, Rs. 27/76, Slg. 1978, 207, Rn. 63/66 – *United Brands/Kommission*; Urt. v. 13.2.1979, Rs. 85/76, Slg. 1979, 464, Rn. 38 – *Hoffmann-La Roche/Kommission*; Urt. v. 4.5.1988, Rs. 30/87, Slg 1988, 2479, Rn. 26 – *Bodson/Pompes funèbres des régions libérées*; vgl. auch *Eilmansberger/Kruis*, in: Streinz, EUV/AEUV, 3. Aufl. 2018, Art. 102 AEUV, Rn. 12; *Weiß*, in: Calliess/Ruffert, EUV/AEUV, 6. Aufl. 2022, Art. 102 AEUV, Rn. 7.

[283] EuGH, Urt. v. 31.5.1979, Rs. 22/78, Slg. 1979, 1869, Rn. 9f. – *Hugin/Kommission*; *Weiß*, in: Calliess/Ruffert, EUV/AEUV, 6. Aufl. 2022, Art. 102 AEUV, Rn. 12.

[284] *Weiß*, in: Calliess/Ruffert, EUV/AEUV, 6. Aufl. 2022, Art. 102 AEUV, Rn. 12.

[285] Vgl. dazu bereits A.II., S. 16.

[286] *Weiß*, in: Calliess/Ruffert, EUV/AEUV, 6. Aufl. 2022, Art. 102 AEUV, Rn. 22.

[287] *Eilmansberger/Bien*, in: Münchener Kommentar zum Wettbewerbsrecht, 3. Aufl. 2020, Art. 102 AEUV, Rn. 260; *Wehage*, Missbrauchsaufsicht über Wasserpreise und Wassergebühren nach deutschem und europäischem Kartellrecht, Diss. 2015 (Berlin, Humboldt-Univ.), S. 122.

[288] *Eilmansberger/Bien*, in: Münchener Kommentar zum Wettbewerbsrecht, 3. Aufl. 2020, Art. 102 AEUV, Rn. 260.

mehr handelt es sich um eine *„Spürbarkeitsschranke“*[289], die einzelfallbezogen auszulegen ist. Insofern ist durch die Rechtsprechung in Bezug auf die flächenmäßige Ausbreitung der marktbeherrschenden Stellung bestätigt, dass neben den Staatsgebieten mehrerer Mitgliedstaaten[290] auch das Staatsgebiet eines einzelnen Mitgliedstaates[291] – unabhängig von seiner Größe[292] – für die Erfüllung des Begriffs des „wesentlichen Teils“ des Binnenmarktes ausreicht. Auch Teilgebiete eines Mitgliedstaates können einen „wesentlichen Teil“ des Binnenmarktes ausmachen.[293] Der Entscheidungspraxis der Kommission zufolge stellt zudem ein Gebiet einen wesentlichen Teil des Binnenmarktes dar, sofern *„ein Mitgliedstaat in einem bestimmten Teil seines Hoheitsgebiets einem Unternehmen ein gesetzliches Monopol gewährt“* hat.[294] Die Ansicht scheint durch die Rechtsprechung des Europäischen Gerichtshof bestätigt zu werden.[295] Daraus würde für Wasserversorgungsunternehmen in Deutschland folgen, dass sie – sofern ihre Monopolstellung nicht nur durch die tatsächlichen Gegebenheiten der abgeschlossenen Leitungsnetze, sondern auch rechtlich durch Konzessionsverträge begründet ist[296] – eine beherrschende Stellung auf einem wesentlichen Teil des Binnenmarktes innehaben. Jedoch ist dieser Schlussfolgerung der Einwand der Kleinteiligkeit des deutschen Wassermarktes[297] entgegenzusetzen. Durch die oben zitierte Entscheidungspraxis der Kommission scheint das Tatbestandsmerkmal des „wesentlichen Teils“ des Binnenmarktes für Fälle rechtlicher Monopole faktisch aufgegeben zu werden[298], indem die oben ge-

---

[289] *Eilmansberger/Bien*, in: Münchener Kommentar zum Wettbewerbsrecht, 3. Aufl. 2020, Art. 102 AEUV, Rn. 260, mit Verweis auf Generalanwalt *Warner*, Schlussanträge v. 23.5. 1978, Rs. 77/77, Slg. 1978, 1513, 1537 – *BP/Kommission*, der anschaulich darstellt, dass niedrige (nicht-wesentliche) Prozentsätze in absoluten Zahlen höher und damit wesentlich ausfallen können.

[290] EuGH, Urt. v. 16.12.1975, verb. Rs. 40–48, 50, 54–56, 111, 113, 114–73, Slg. 1975, 1663, Rn. 375 – *Suiker Unie*; Urt. v. 14.2.1978, Rs. 27/76, Slg. 1978, 207, Rn. 36/38 – *United Brands.*

[291] EuGH, Urt. v. 9.11.1983, Slg. 1983, 3466, 3502, Rn. 28 – *Michelin*; *Eilmansberger/Bien*, in: Münchener Kommentar zum Wettbewerbsrecht, 3. Aufl. (2020), Art. 102 AEUV, Rn. 260; *Wehage*, Missbrauchsaufsicht über Wasserpreise und Wassergebühren nach deutschem und europäischem Kartellrecht, Diss. 2015 (Berlin, Humboldt-Univ.), S. 122.

[292] Vgl. bspw. Niederlande: EuGH, Urt. v. 9.11.1983, Slg. 1983, 3466, 3502, Rn. 28 – *Michelin*; Österreich: EuGH, Urt. v. 22.5.2003, Rs. C-462/99, Slg. 2003, I-5197, Rn. 79 – *Connect*; Irland: Kom. Abl. 1997 L 258, 1, Rn. 99, 113 – *Irish Sugar.*

[293] Vgl. Kom. ABl. 1973 L 140, 17, Rn. 16 – *Europäische Zuckerindustrie:* „süddeutsches Absatzgebiet“.

[294] Kom. ABl. 2004, L 11, 17, Rn. 115 – *GVG/FS.*

[295] EuGH, Urt. v. 5.10.1994, Rs. C-323/93, Slg. 1994 S. I-5097, Rn. 17 – *La Crespelle*; EuGH, Urt. v. 23.4.1991, Rs. C-41/90, Slg. 1991, S. I-1979, Rn. 28 – *Höfner und Elser.*

[296] Vgl. zur doppelten „Absicherung“ der Monopolstellung der Wasserversorgungsunternehmen in tatsächlicher und rechtlicher Hinsicht A.II., S. 16.

[297] Vgl. dazu A.I., S. 15.

[298] Vgl. auch *Eilmansberger/Bien*, in: Münchener Kommentar zum Wettbewerbsrecht, 3. Aufl. (2020), Art. 102 AEUV, Rn. 263.

nannte maßgebliche Abhängigkeit vom Umfang der Produktion, des Absatzes und der Nachfrage außer Betracht bleibt. Insofern erlangt die Auslegung der notwendigen Reichweite der „Binnenmarktdimension“[299] entscheidende Bedeutung und die damit einhergehende Frage, ob regional begrenzte Märkte (auch) nach Maßstäben des europäischen Kartellrechts oder nur nationalen Kartellrechtsvorschriften[300] unterfallen sollen.

Sofern ein Sachverhalt die Tatbestandsvoraussetzungen des Art. 102 AEUV erfüllt, ist eine parallele Anwendung von europäischem und nationalem Kartellrecht ausdrücklich normiert (vgl. Art. 3 Abs. 1 VO (EG) 1/2003), so dass sich die Frage nach der Nichtanwendung europäischen Wettbewerbsrechts nicht stellt. So ist in Bezug auf den aufgeworfenen Einwand der Kleinteiligkeit des deutschen Wassermarktes zu urteilen, dass zu dem Binnenmarkt auch das erklärte Ziel angehört, den Wettbewerb vor Verfälschungen zu schützen[301] und/oder in Abwesenheit eines Wettbewerbs eine Ausnutzung der daraus resultierenden Machtstellung zu unterbinden[302], so dass der Größe (oder Kleinteiligkeit) des „wesentlichen Teils“ des Binnenmarktes keine entscheidende Rolle zukommen darf.

Parallel zur Anwendbarkeit über die Entscheidungspraxis der Kommission zu gesetzlichen Monopolen ist über eine weitere Idee zur Bejahung des „wesentlichen Teils“ des Binnenmarktes in Form der flächenmäßigen Ausbreitung der marktbeherrschenden Stellung auf das Staatsgebiet Deutschlands als Mitgliedstaat der Europäischen Union nachzudenken. Art. 102 AEUV eröffnet nicht nur die Möglichkeit, dass der Missbrauch durch ein Unternehmen begangen wird, vielmehr kann ein solcher auch durch mehrere Unternehmen erfolgen (gemeinsame Marktbeherrschung). Zunächst ist zu untersuchen, welche Anforderungen an eine gemeinsame Marktbeherrschung zu stellen sind. Während das nationale Kartellrecht in § 18 Abs. 5 GWB[303] eine Definition einer gemeinsamen Marktbeherrschung enthält, fehlt eine solche im europäischen Kontext. Nach der Rechtsprechung des Gerichtshofs und den Entscheidungen der Kommission erfordert eine gemeinsame Marktbe-

---

[299] *Wehage*, Missbrauchsaufsicht über Wasserpreise und Wassergebühren nach deutschem und europäischem Kartellrecht, Diss. 2015 (Berlin, Humboldt-Univ.), S. 121.

[300] Vgl. *Wehage*, Missbrauchsaufsicht über Wasserpreise und Wassergebühren nach deutschem und europäischem Kartellrecht, Diss. 2015 (Berlin, Humboldt-Univ.), S. 121, der abstellend auf das Ziel die Wirtschaftsordnung des Binnenmarktes zu schützen dafür plädiert, dass *„die europäischen Wettbewerbsregelungen […] nicht der Verhinderung von Missbräuchen auf regionalen oder lokalen Märkten entgegenwirken [sollen] […].*“

[301] Vgl. Art. 3 Abs. 3 EUV i. V. m. Protokoll (Nr. 27) zum EUV und AEUV über den Binnenmarkt und den Wettbewerb, Abl. 2010 C 83, 309.

[302] *Eilmansberger/Bien*, in: Münchener Kommentar zum Wettbewerbsrecht, 3. Aufl. (2020), Art. 102 AEUV, Rn. 5.

[303] § 18 Abs. 5 GWB lautet: *„(5) Zwei oder mehr Unternehmen sind marktbeherrschend, soweit 1. zwischen ihnen für eine bestimmte Art von Waren oder gewerblichen Leistungen ein wesentlicher Wettbewerb nicht besteht und 2. sie in ihrer Gesamtheit die Voraussetzungen des Absatzes 1 erfüllen.*“, Test in der Fassung des Art. 1 GWB-Digitalisierungsgesetz, Gesetz vom 18. 1. 2021, BGBl. I S. 2, m. W. v. 19. 1. 2021.

herrschung, dass mehrere Unternehmen durch wirtschaftliche Bande „*so eng miteinander verbunden sind, daß sie auf dem Markt in gleicher Weise vorgehen können.*"[304] Daraus werden die beiden Voraussetzungen des fehlenden Innen- und Außenwettbewerbes innerhalb der „*Unternehmensgruppe*"[305] abgeleitet.[306] An einem wirksamen Außenwettbewerb fehlt es, wenn die Unternehmensgruppe sich gegenüber Konkurrenten, Handelspartnern und Verbrauchern in nennenswertem Umfang unabhängig verhalten kann oder durch gemeinsame Maßnahmen außenstehende Wettbewerber wirksam behindern kann.[307] Ein fehlender Innenwettbewerb erfordert, dass die Unternehmensgruppe auf dem Markt einheitlich auftreten kann[308] – das erfordert starke Verbindungen zwischen den Unternehmen der Unternehmensgruppe, die eine Gruppendisziplin[309] begründen. Die erforderlichen Verbindungen können vertraglicher oder struktureller Natur sein (bspw. auf Führungsebene oder durch Dachverbände), sie können aber auch durch die Marktstruktur[310] begründet werden.[311]

---

[304] EuGH, Urt. v. 27.4.1994, C-393/92, Slg. 1994, I-1477, Rn. 42 – *Almelo*; EuGH, Urt. v. 17.6.1997, C-70/95, Slg. 1997, I-3395, Rn. 46 – *Sodemare*; vgl. auch EuGH, Urt. v. 5.10. 1995, C-96/94, Slg. 1995, I-2883, Rn. 33 – *Centro Servizi Spediporto*; EuGH, Urt. v. 17.10. 1995, verb. Rs. C-140/94, C-141/94, C142/94, Slg. 1995, I-3257, Rn. 26 – *DIP*; EuGH, Urt. v. 1.101998, C-38/97, Slg. 1998, I-5955, Rn. 32 – *Librandi*; EuG, Urt. v. 10.3.1992, verb. Rs. T-68/89, T-77/89, T-78/89, Slg. 1992, II-1403, Rn. 358 – *Societa Italiana Vetro Spa*; EuG, Urt. v. 8.10.1996, verb. Rs. T-24/93, T-25/93, T-26/93, T-28/93, Slg. 1996, II-1201, Rn. 62 – *Compagnie maritime belge transports*; EuG, Urt. v. 25.3.1999, T-102/96, Slg. 1999, II-753, Rn. 274 – *Gencor*; KomE 89/93/EWG, ABl. 1989 L 33, 44, Rn. 79 – *Flachglas.*

[305] EuGH, Urt. v. 27.4.1994, C-393/92, Slg. 1994, I-1477, Rn. 41 – *Almelo.*

[306] Vgl. EuGH, Urt. v. 5.10.1995, C-96/94, Slg. 1995, I-2883, Rn. 34 – *Centro Servizi Spediporto*; *Eilmansberger/Bien*, in: Münchener Kommentar zum Wettbewerbsrecht, 3. Aufl. (2020), Art. 102 AEUV, Rn. 205 ff.; *Jung*, in: Grabitz/Hilf/Nettesheim, Das Recht der Europäischen Union, Band II, 77. EL Stand September 2022, Art. 102 AEUV, Rn. 71.

[307] EuG, Urt. v. 7.10.1999, T-228/97, Slg. 1999, II-2969, Rn. 46 – *Irish Sugar*; EuG, Urt. v. 25.3.1999, T-102/96, Slg. 1999, II-753, Rn. 274 – *Gencor*; *Eilmansberger/Bien*, in: Münchener Kommentar zum Wettbewerbsrecht, 3. Aufl. 2020, Art. 102 AEUV, Rn. 205; *Weiß*, in: Calliess/Ruffert, EUV/AEUV, 6. Aufl. 2022, Art. 102 AEUV, Rn. 17.

[308] *Eilmansberger/Bien*, in: Münchener Kommentar zum Wettbewerbsrecht, 3. Aufl. 2020, Art. 102 AEUV, Rn. 205; *Eilmansberger/Kruis*, in: Streinz, EUV/AEUV, 3. Aufl. 2018, Art. 102 AEUV, Rn. 15.

[309] Vgl. EuGH, Urt. v. 27.4.1994, C-393/92, Slg. 1994, I-1477, 41, 43 – *Almelo*; EuGH, Urt. v. 16.3.2000, verb. Rs. C-395/96 P u. C-396/96 P, Slg. 2000, I-1365, Rn. 45 – *Compagnie maritime belge*; EuG, Urt. v. 7.10.1999, T-228/97, Slg. 1999, II-2969, Rn. 46 – *Irish Sugar*; EuG, Urt. v. 25.3.1999, T-102/96, Slg. 1999, II-753, Rn. 274 – *Gencor.*

[310] EuGH, Urt. v. 27.4.1994, verb. Rs. C-395/96 P u. C-396/96 P, Slg. 2000, I-1365, Rn. 45 – *Compagnie maritime belge*; EuGH, Beschl. v. 10.7.2001, C-497/99 P, Slg. 2001, I-5333, Rn. 46 – *Irish Sugar;* EuGH, Urt. v. 19.2.2002, C-309/99, Slg. 2002, I-1577, Rn. 114 – *Wouters.*

[311] Vgl. *Eilmansberger/Kruis*, in: Streinz, EUV/AEUV, 3. Aufl. 2018, Art. 102 AEUV, Rn. 15 m.w.N.

Wehage stellt die Überlegung an, ob alle Wasserversorgungsunternehmen in Deutschland als Unternehmensgruppe im o. g. Sinne angesehen werden können.[312] Der fehlende Außenwettbewerb werde durch die Monopolstellung in dem jeweiligen Versorgungsgebiet begründet, durch die festen Zugehörigkeiten der Verbraucher zu einem bestimmten Wasserversorgungsunternehmen (bestimmt durch den Wohn- bzw. Anschlussort) entstehe ein kollektives Auftreten der Wasserversorgungsunternehmen.[313] Der Innenwettbewerb fehle schon aufgrund der monopolistischen Struktur der Versorgungsgebiete, die häufig zudem auch baulich getrennt sind, so dass ein (Innen-)Wettbewerb schon aus technischen Gründen außer Frage steht.[314] In Summe erstrecken sich die örtlich begrenzten Monopole flächenmäßig auf das gesamte Staatsgebiet der Bundesrepublik Deutschland, so dass fraglos ein wesentlicher Teil des Binnenmarktes betroffen sei.[315]

Insofern eröffnet sich neben dem skizzierten Weg über die Entscheidungspraxis der Kommission zu gesetzlichen Monopolen ein weiterer Weg zur Bejahung des Tatbestandsmerkmals der „beherrschenden Stellung auf dem Binnenmarkt oder eines wesentlichen Teils desselben“.

c) Bezug zum zwischenstaatlichen Handel

Bevor das missbräuchliche Ausnutzen im Detail beleuchtet wird, ist sicherzustellen, dass ein Bezug zum zwischenstaatlichen Handel besteht. Art. 102 AEUV fordert, dass die verbotenen Vereinbarungen, Beschlüsse oder Verhaltensweisen geeignet sein müssen, „*den Handel zwischen Mitgliedstaaten zu beeinträchtigen*“. Funktionaler Hintergrund dieser Zwischenstaatlichkeitsklausel ist die Abgrenzung der Anwendungsbereiche zwischen nationalem und europäischem Kartellrecht: Nur solche Missbräuche, denen die Eignung zur Beeinträchtigung des zwischenstaatlichen Handels zukommt, sollen nach europäischem Kartellrecht beurteilt werden, sofern eine solche Eignung nicht vorliegt, soll eine Beurteilung ausschließlich nach nationalem Kartellrecht erfolgen.[316] Art. 3 Abs. 1 Satz 2 VO 1/2003[317] bestimmt in

---

[312] Vgl. *Wehage*, Missbrauchsaufsicht über Wasserpreise und Wassergebühren nach deutschem und europäischem Kartellrecht, Diss. 2015 (Berlin, Humboldt-Univ.), S. 132 ff.

[313] *Wehage*, Missbrauchsaufsicht über Wasserpreise und Wassergebühren nach deutschem und europäischem Kartellrecht, Diss. 2015 (Berlin, Humboldt-Univ.), S. 133 f.

[314] *Wehage*, Missbrauchsaufsicht über Wasserpreise und Wassergebühren nach deutschem und europäischem Kartellrecht, Diss. 2015 (Berlin, Humboldt-Univ.), S. 134.

[315] *Wehage*, Missbrauchsaufsicht über Wasserpreise und Wassergebühren nach deutschem und europäischem Kartellrecht, Diss. 2015 (Berlin, Humboldt-Univ.), S. 135.

[316] *Bruhn*, in: Theobald/Kühling, 114. EL Januar 2022, Art. 101, Art. 102 AEUV, Rn. 34; *Grave/Nyberg*, in: LMRKM, 4. Aufl. 2020, Art. 101 Abs. 1 AEUV, Rn. 39; *Mestmäcker/Schweitzer*, in: Europäisches Wettbewerbsrecht, 3. Aufl. 2014, § 5, Rn. 1; *Zimmer*, in: Immenga/Mestmäcker, 6. Aufl. 2019, Art. 101 Abs. 1 AEUV, Rn. 171. Der Begriff der Beeinträchtigung des zwischenstaatlichen Handels wird sowohl in Art. 101 AEUV als auch in Art. 102 AEUV verwendet und wird einheitlich ausgelegt, vgl. EuGH, Urt. v. 11. 12. 1980,

diesem Zusammenhang, dass, sofern die Wettbewerbsbehörden eines Mitgliedstaates oder einzelstaatliche Gerichte das einzelstaatliche Wettbewerbsrecht auf nach Art. 102 AEUV verbotene Missbräuche anwenden, auch Art. 102 AEUV anzuwenden haben. Daraus folgt, dass die Wettbewerbsbehörden und Gerichte der Mitgliedstaaten bei Vorliegen einer Eignung zur Beeinträchtigung des Handels zwischen den Mitgliedstaaten Art. 102 AEUV zwingend anzuwenden haben; eine parallele Anwendung nationaler Vorschriften steht ihnen ebenfalls frei.[318]

Nach der ständigen Rechtsprechung des Gerichtshofs liegt eine Eignung zur Beeinträchtigung des zwischenstaatlichen Handels vor, sofern sich *„anhand einer Gesamtheit objektiver rechtlicher oder tatsächlicher Umstände mit hinreichender Wahrscheinlichkeit voraussehen läßt, daß sie* [die Vereinbarung, der Beschluss oder die Verhaltensweise] *den Warenverkehr zwischen Mitgliedstaaten unmittelbar oder mittelbar, tatsächlich oder potentiell in einem der Erreichung der Ziele eines einheitlichen zwischenstaatlichen Marktes nachteiligen Sinn beeinflussen kann* […].“[319] Im Rahmen der näheren Bestimmung des Bezugs zum zwischenstaatlichen Handel können die Leitlinien der Europäischen Kommission über den Begriff der Beeinträchtigung des zwischenstaatlichen Handels[320] unterstützend herangezogen werden, wobei diese nicht bindend sind.[321] Gewöhnlich werden danach die folgenden Merkmale im Rahmen des Erfordernisses der Zwischenstaatlichkeit untersucht: (a) Handel zwischen den Mitgliedstaaten, (b) Geeignetheit zur Beeinträchtigung des Handels zwischen den Mitgliedstaaten und (c) Spürbarkeit der Beeinträchtigung.[322, 323]

Rs. 31/80, Slg. 1980, 3775, Rn. 28 – *L'Oréal/De Nieuwe AMCK*, so dass auch Literatur in Bezug auf Art. 101 AEUV zitiert wird.

[317] Verordnung (EG) Nr. 1/2003 des Rates vom 16. Dezember 2002 zur Durchführung der in den Artikeln 81 und 82 des Vertrags niedergelegten Wettbewerbsregeln, ABl. 2003 L 1 vom 4.1.2003, S. 1.

[318] Bek. der Kommission, Leitlinien über den Begriff der Beeinträchtigung des zwischenstaatlichen Handelns in den Artikeln 81 und 82 des Vertrags (2004/C 101/07), ABl. C 101 v. 27.4.2004, S. 81, 81, Rn. 9.

[319] Vgl. EuGH, Urt. v. 11.7.1985, Rs. 42/84, Slg. 1985, 2545, Rn. 22 – *Remia*; EuGH, Urt. v. 21.1.1999, verb. Rs. C-215/96 und C-216/96, Slg. 1999, I-135, Rn. 47 – *Bagnasco*.

[320] Bek. der Kommission, Leitlinien über den Begriff der Beeinträchtigung des zwischenstaatlichen Handelns in den Artikeln 81 und 82 des Vertrags (2004/C 101/07), ABl. C 101 v. 27.4.2004, S. 81.

[321] *Bruhn*, in: Theobald/Kühling, 114. EL Januar 2022, Art. 101, Art. 102 AEUV, Rn. 37 f.

[322] Bek. der Kommission, Leitlinien über den Begriff der Beeinträchtigung des zwischenstaatlichen Handelns in den Artikeln 81 und 82 des Vertrags (2004/C 101/07), ABl. C 101 v. 27.4.2004, S. 81, 82, Rn. 18.

[323] Die Spürbarkeit ergibt sich dabei nicht notwendigerweise aus dem Wortlaut, soll jedoch als eine Art Bagatellschwelle nur solche Fälle erfassen, die ein gewisses Ausmaß erreichen, vgl. zur näheren Bestimmung des Begriffs der Spürbarkeit: Bek. der Kommission, Leitlinien über den Begriff der Beeinträchtigung des zwischenstaatlichen Handelns in den Artikeln 81 und 82 des Vertrags (2004/C 101/07), ABl. C 101 v. 27.4.2004, S. 81, 85, Rn. 44 ff.; zur

(a) Der Begriff des Handels wird dabei weit ausgelegt und umfasst nicht nur den grenzüberschreitenden Austausch von Waren und Dienstleistungen, sondern alle grenzüberschreitenden wirtschaftlichen Tätigkeiten.[324] Die Beeinträchtigung des Handels zwischen den Mitgliedstaaten muss sich dabei nicht zwischen den Gebieten zweier (oder mehr) Mitgliedstaaten auswirken, vielmehr begründet schon eine Beeinträchtigung eines Teils eines Mitgliedstaates die Anwendbarkeit[325], denn auch nicht wettbewerbskonformes Verhalten in einem Teil eines Mitgliedstaates kann „*Auswirkungen auf die Handelsströme und den Wettbewerb innerhalb des Gemeinsamen Markt haben […].*"[326]

(b) Ferner muss eine Geeignetheit zur Beeinträchtigung des Handels zwischen den Mitgliedstaaten bestehen. Die Rechtsprechung und Praxis der Kommission stellen in diesem Zusammenhang darauf ab, ob „*sich anhand objektiver rechtlicher oder tatsächlicher Umstände mit hinreichender Wahrscheinlichkeit voraussehen lässt, dass die Vereinbarung oder Verhaltensweise den Warenverkehr zwischen den Mitgliedstaaten unmittelbar oder mittelbar, tatsächlich oder potenziell beeinflussen kann.*"[327] Zunächst folgt aus dem Wortlaut des Art. 102 AEUV („*zu beeinträchtigen geeignet*") und der oben zitierten Rechtsprechung und Praxis der Kommission („*hinreichender Wahrscheinlichkeit*"), dass eine tatsächliche Beeinträchtigung des Handels für eine Anwendbarkeit des Art. 102 AEUV nicht notwendig ist, vielmehr genügt bereits die bloße Eignung.[328] Die Beurteilung ist anhand objektiver Umstände vorzunehmen, ein subjektiver Wille ist nicht erforderlich, kann jedoch ergänzend herangezogen werden.[329] Es muss

---

Bedeutung des Merkmals vgl. auch *Weiß*, in: Calliess/Ruffert, 6. Aufl. 2022, Art. 102 AEUV, Rn. 75.

[324] Bek. der Kommission, Leitlinien über den Begriff der Beeinträchtigung des zwischenstaatlichen Handelns in den Artikeln 81 und 82 des Vertrags (2004/C 101/07), ABl. C 101 v. 27.4.2004, S. 81, 83, Rn. 19.

[325] Vgl. Bek. der Kommission, Leitlinien über den Begriff der Beeinträchtigung des zwischenstaatlichen Handelns in den Artikeln 81 und 82 des Vertrags (2004/C 101/07), ABl. C 101 v. 27.4.2004, S. 81, 83, Rn. 21 f.

[326] EuGH, Urt. v. 9.11.1983, Rs. 322/81, Slg. 1983, 3461, Rn. 103 – *Michelin*; vgl. ferner EuGH, Urt. v. 11.7.1989, Rs. 246/86, Slg. 1989, 2117, Rn. 33 – *Belasco*; Stellungnahme der Europäischen Kommission gem. Art. 15 Abs. 3 der Verordnung (EG) Nr. 1/2003, in der Kartellbußgeldsache KRB 47/13, Rn. 19.

[327] Bek. der Kommission, Leitlinien über den Begriff der Beeinträchtigung des zwischenstaatlichen Handelns in den Artikeln 81 und 82 des Vertrags (2004/C 101/07), ABl. C 101 v. 27.4.2004, S. 81, 83, Rn. 23; vgl. aus der Rspr. EuGH, Urt. v. 30.6.1966, Rs. 56/65, Slg. 1966, 281, 303 – *Société technique minière*; EuGH, Urt. v. 10.12.1985, verb. Rs. 240 bis 242, 261, 262 und 269/82, Slg. 1985, 3831, Rn. 48 – *Stichting Sigarettenindustrie.*

[328] Bek. der Kommission, Leitlinien über den Begriff der Beeinträchtigung des zwischenstaatlichen Handelns in den Artikeln 81 und 82 des Vertrags (2004/C 101/07), ABl. C 101 v. 27.4.2004, S. 81, 83, Rn. 26.

[329] Bek. der Kommission, Leitlinien über den Begriff der Beeinträchtigung des zwischenstaatlichen Handelns in den Artikeln 81 und 82 des Vertrags (2004/C 101/07), ABl. C 101 v. 27.4.2004, S. 81, 83, Rn. 25.

der „*Warenverkehr zwischen den Mitgliedstaaten*“ beeinflusst werden. Der Begriff des Warenverkehrs ist insofern als „neutral“ anzusehen, als dass eine Beschränkung oder Verringerung des Handelsvolumens nicht erforderlich ist, vielmehr genügt für eine Anwendbarkeit von Art. 102 AEUV bereits eine auf die Vereinbarung oder Verhaltensweise zurückzuführende andere Entwicklung des Handels zwischen den Mitgliedstaaten als dies ohne die betreffende Vereinbarung oder Verhaltensweise anzunehmen wäre.[330] Die Vereinbarung oder Verhaltensweise muss den Warenverkehr „*unmittelbar oder mittelbar, tatsächlich oder potenziell beeinflussen*“. Eine unmittelbare Auswirkung auf den Handel zwischen den Mitgliedstaaten liegt in der Regel bei solchen Waren vor, die von der Vereinbarung oder Verhaltensweise erfasst sind, während eine mittelbare Auswirkung in der Regel in Bezug auf Waren entsteht, die mit den von der Vereinbarung oder Verhaltensweise erfassten Ware in Verbindung steht.[331] Tatsächliche Auswirkungen sind solche, die bei der Durchführung der Vereinbarung oder Verhaltensweise entstehen; in Abgrenzung dazu erfassen potentielle Auswirkungen solche, die mit hinreichender Wahrscheinlichkeit in der Zukunft entstehen werden.[332]

(c) Das Merkmal der Spürbarkeit soll als eine Art Bagatellschwelle wirken. Folglich unterwirft es nur solche Fälle der europäischen Missbrauchskontrolle, die ein gewisses Ausmaß erreichen, wobei der konkrete Umfang des gewissen Ausmaßes einzelfallabhängig zu beurteilen ist.[333]

Nach diesen theoretischen Ausführungen ist zu untersuchen, wie das Merkmal der Zwischenstaatlichkeit im Markt der deutschen Wasserversorgungsunternehmen zu bewerten ist. Eine Eignung zur Beeinträchtigung des zwischenstaatlichen Handels liegt vor, sofern sich „*anhand einer Gesamtheit objektiver rechtlicher oder tatsächlicher Umstände mit hinreichender Wahrscheinlichkeit voraussehen läßt, daß sie* [die Vereinbarung, der Beschluss oder die Verhaltensweise] *den Warenverkehr zwischen Mitgliedstaaten unmittelbar oder mittelbar, tatsächlich oder potentiell in einem der Erreichung der Ziele eines einheitlichen zwischenstaatlichen Marktes nachteiligen Sinn beeinflussen kann […].*“[334]

---

[330] Bek. der Kommission, Leitlinien über den Begriff der Beeinträchtigung des zwischenstaatlichen Handelns in den Artikeln 81 und 82 des Vertrags (2004/C 101/07), ABl. C 101 v. 27.4.2004, S. 81, 84, Rn. 34.

[331] Bek. der Kommission, Leitlinien über den Begriff der Beeinträchtigung des zwischenstaatlichen Handelns in den Artikeln 81 und 82 des Vertrags (2004/C 101/07), ABl. C 101 v. 27.4.2004, S. 81, 84, Rn. 37f.

[332] Bek. der Kommission, Leitlinien über den Begriff der Beeinträchtigung des zwischenstaatlichen Handelns in den Artikeln 81 und 82 des Vertrags (2004/C 101/07), ABl. C 101 v. 27.4.2004, S. 81, 85, Rn. 40f.

[333] Bek. der Kommission, Leitlinien über den Begriff der Beeinträchtigung des zwischenstaatlichen Handelns in den Artikeln 81 und 82 des Vertrags (2004/C 101/07), ABl. C 101 v. 27.4.2004, S. 81, 85, Rn. 44ff.

[334] Vgl. EuGH, Urt. v. 11.7.1985, Rs. 42/84, Slg. 1985, 2545, Rn. 22 – *Remia*; EuGH, Urt. v. 21.1.1999, verb. Rs. C-215/96 und C-216/96, Slg. 1999, I-135, Rn. 47 – *Bagnasco.*

Danach müsste zunächst ein Handel mit Trinkwasser zwischen den Mitgliedstaaten gegeben sein. Wie oben ausgeführt, wird das Tatbestandsmerkmal insofern weit ausgelegt, als dass auch eine Beeinträchtigung eines Teils eines Mitgliedstaates die Anwendbarkeit begründet[335], denn auch nicht wettbewerbskonformes Verhalten in einem Teil eines Mitgliedstaates kann *„Auswirkungen auf die Handelsströme und den Wettbewerb innerhalb des Gemeinsamen Markt haben […].“*[336] Insofern bedarf es nicht notwendigerweise Handelsströme, die zwischen zwei oder mehr Mitgliedstaaten fließen, es genügen auch Handelsströme in einem Teil eines Mitgliedstaates. Insofern stehen die schon baulich abgeschlossenen Versorgungsnetzwerke deutscher Wasserversorgungsunternehmen der Annahme eines Handels im o. g. Sinne nicht entgegen.

Fraglich ist jedoch, ob darüber hinaus eine Geeignetheit zur Beeinträchtigung des Handels zwischen den Mitgliedstaaten besteht. Eine solche Geeignetheit beurteilt sich danach, ob *„sich anhand objektiver rechtlicher oder tatsächlicher Umstände mit hinreichender Wahrscheinlichkeit voraussehen lässt, dass die Vereinbarung oder Verhaltensweise den Warenverkehr zwischen den Mitgliedstaaten unmittelbar oder mittelbar, tatsächlich oder potenziell beeinflussen kann.“*[337] Dafür kann zum einen auf die Art der in Frage stehenden Ware – hier das Trinkwasser – abgestellt werden, indem die Kontrollfrage gestellt wird, ob Trinkwasser nach seinem Wesen problemlos in den grenzüberschreitenden Handel gelangt.[338] Die Nachfrage nach Trinkwasser besteht im gesamten Binnenmarkt, so dass es grundsätzlich problemlos in den grenzüberschreitenden Handel gelangen könnte.[339] Daneben ist aber auch das *„rechtliche und tatsächliche Umfeld“* zu berücksichtigen, so dass bei Bestehen von *„absoluten Schranken für den grenzüberschreitenden Handel zwischen Mitgliedstaaten, die nicht mit der Vereinbarung oder Verhaltensweise in Zusammenhang stehen, […] der Handel nur dann beeinträchtigt werden [kann], wenn diese*

---

[335] Vgl. Bek. der Kommission, Leitlinien über den Begriff der Beeinträchtigung des zwischenstaatlichen Handelns in den Artikeln 81 und 82 des Vertrags (2004/C 101/07), ABl. C 101 v. 27.4.2004, S. 81, 83, Rn. 21 f.

[336] EuGH, Urt. v. 9.11.1983, Rs. 322/81, Slg. 1983, 3461, Rn. 103 – *Michelin*; vgl. ferner EuGH, Urt. v. 11.7.1989, Rs. 246/86, Slg. 1989, 2117, Rn. 33 – *Belasco*; Stellungnahme der Europäischen Kommission gem. Art. 15 Abs. 3 der Verordnung (EG) Nr. 1/2003, in der Kartellbußgeldsache KRB 47/13, Rn. 19.

[337] Bek. der Kommission, Leitlinien über den Begriff der Beeinträchtigung des zwischenstaatlichen Handelns in den Artikeln 81 und 82 des Vertrags (2004/C 101/07), ABl. C 101 v. 27.4.2004, S. 81, 83, Rn. 23; vgl. aus der Rspr. EuGH, Urt. v. 30.6.1966, Rs. 56/65, Slg. 1966, 281, 303 – *Société technique minière*; EuGH, Urt. v. 10.12.1985, verb. Rs. 240 bis 242, 261, 262 und 269/82, Slg. 1985, 3831, Rn. 48 – *Stichting Sigarettenindustrie.*

[338] Bek. der Kommission, Leitlinien über den Begriff der Beeinträchtigung des zwischenstaatlichen Handelns in den Artikeln 81 und 82 des Vertrags (2004/C 101/07), ABl. C 101 v. 27.4.2004, S. 81, 84, Rn. 30.

[339] Vgl. auch *Wehage*, Missbrauchsaufsicht über Wasserpreise und Wassergebühren nach deutschem und europäischem Kartellrecht, Diss. 2015 (Berlin, Humboldt-Univ.), S. 152.

Schranken mit großer Wahrscheinlichkeit in Zukunft beseitigt werden.“[340] So scheidet eine Geeignetheit zur Beeinträchtigung des Handels zwischen den Mitgliedstaaten aus, sofern wirtschaftliche oder technische Spezifikationen in dem jeweiligen Markt einen Wettbewerb ausschließen.[341] Im Markt der deutschen Wasserversorgung ist der Wettbewerb effektiv ausgeschlossen.[342] Dieser Umstand ergibt sich maßgeblich aus der baulichen Struktur der Versorgungsnetzwerke, die in sich abgeschlossen sind und sich in aller Regel durch ein Fehlen von Verbindungsleitungen auszeichnen.[343] Dieser Befund gilt sowohl für Versorgungsgebiete innerhalb des Staatsgebietes Deutschlands als auch für (fehlende) Verbindungen in die Staatsgebiete der Nachbarstaaten. Selbst unter der Prämisse, dass ein einheitliches, verbundenes Leitungsnetz bestünde, sind die hohen qualitativen Anforderungen an Trinkwasser zu beachten, die eine Vermischung von Wasser unterschiedlicher Herkunft und Qualität, sowie eine Durchleitung (d.h. gemeinsame Nutzung der Leitungsnetze) faktisch ausschließen.[344] Diese Schranken scheinen beinahe „absolut“ im oben genannten Sinne zu sein. Eine hohe Wahrscheinlichkeit für die Beseitigung der Schranken in naher Zukunft erscheint schon aus Kostengründen für die Errichtung eines verbundenen Leitungsnetzwerkes unwahrscheinlich. Erschwerend kommen die ungelösten Fragen zur Qualitätssicherung hinzu. Bestätigt wird dieser Befund durch eine historische Komponente, wenn in Betracht gezogen wird, dass die Schwierigkeiten verbundener Leitungsnetze im Trinkwasserbereich kein Novum darstellen. Gleiches muss für die Beurteilung unter dem Gesichtspunkt einer „potenziellen“ Beeinträchtigung gelten, die vorliegt, sofern die Beeinträchtigung mit hoher Wahrscheinlichkeit in der Zukunft entstehen wird. Das Schaffen eines deutschlandweiten verbundenen Leitungsnetzwerkes erscheint praktisch ausgeschlossen, so dass nur der verstärkte Ausbau von Verbindungsleitungen von grenznahen Gemeinden zu Nachbarstaaten in Betracht kommt.[345]

Neben diesen tatsächlichen Gegebenheiten ist auch das rechtliche Umfeld in Bezug auf einen grenzüberschreitenden Handel zu beleuchten. Insofern ist festzustellen, dass die baulich abgeschlossenen Versorgungsnetzwerke auch in einer rechtlichen Dimension durch Konzessions- und Demarkationsverträge geschützt werden. Infolgedessen wird die Versorgung in den jeweiligen Versorgungsgebieten – begründet durch die langen Vertragslaufzeiten – für viele Jahre einem Wasserversorgungsunternehmen übertragen. Die kartellrechtliche Freistellung von Konzessi-

[340] Bek. der Kommission, Leitlinien über den Begriff der Beeinträchtigung des zwischenstaatlichen Handelns in den Artikeln 81 und 82 des Vertrags (2004/C 101/07), ABl. C 101 v. 27.4.2004, S. 81, 84, Rn. 32.

[341] *Zimmer*, in: Immenga/Mestmäcker, 6. Aufl. 2019, Art. 101 Abs. 1 AEUV, Rn. 180.

[342] Vgl. oben Kapitel A.II., S. 16, und A.III.2., S. 21.

[343] Vgl. BT-Drs. 14/2604, S. 6, wonach eine grenzüberschreitende Vernetzung der Wasserversorgungssysteme nur regional bei grenznahen Gemeinden vorhanden sei.

[344] Vgl. oben Kapitel A.III.3., S. 25.

[345] So auch: *Gordon-Walker/Marr*, Study on the application of the competition rules to the water sector in the European Community, 2002, S. 71, 74.

ons- und Demarkationsverträgen macht diese zulässig.[346] Somit stellen auch die rechtlichen Umstände „absolute Schranken“ im oben genannten Sinne dar, so dass eine Beeinträchtigung des Handels nur dann angenommen werden kann, wenn die Schranken mit großer Wahrscheinlichkeit in Zukunft beseitigt werden. Schon aus historischer Sicht erscheint eine Beseitigung der Zulässigkeit von Konzessions- und Demarkationsverträgen unwahrscheinlich. Praktisch kommt erschwerend hinzu, dass diese Verträge häufig mit langen Laufzeiten ausgestattet sind, so dass die Wahrscheinlichkeit einer zukünftigen Beseitigung nicht als hoch einzustufen ist.

Eine mittelbare Beeinträchtigung des zwischenstaatlichen Handels, die voraussetzt, dass mittelbare Auswirkungen auf Waren entstehen, die mit der von dem missbräuchlichen Verhalten erfassten Ware verwandt sind, scheint ebenso wenig möglich. Dieser Befund muss jedenfalls für Haushalts- und Kleingewerbekunden gelten, die dem Anwendungsbereich der in dieser Arbeit maßgeblichen Tarifstrukturen der Wasserversorgungsunternehmen unterfallen, da diese Kunden – in Abgrenzung von Industriekunden – in der Regel die Ware Wasser nicht für damit verwandte Waren verwenden, und so mittelbare Auswirkungen in Bezug auf diese auslösen.[347]

Somit fehlt es in der Gesamtheit sowohl an rechtlichen als auch an tatsächlichen Umständen, die eine mindestens mittelbare, potenzielle nachteilige Beeinflussung der Ziele eines einheitlichen zwischenstaatlichen Marktes darstellen, so dass das Tatbestandsmerkmal der Geeignetheit der Beeinträchtigung des zwischenstaatlichen Handels in Bezug auf die Trinkwasserversorgung im Ergebnis nicht vorliegt. Die erforderliche Zwischenstaatlichkeit ist in Bezug auf den Markt der deutschen Trinkwasserversorgung nicht gegeben.

d) Ergebnis zur Anwendbarkeit des europäischen Kartellrechts

Im Ergebnis ist das europäische Kartellrecht und dessen Art. 102 AEUV nicht auf die deutschen Trinkwasserversorgungsunternehmen anwendbar. Es fehlt an einem insofern erforderlichen Bezug zum zwischenstaatlichen Handel.[348]

---

[346] Vgl. § 31 Abs. 1 GWB, vgl. ferner Kapitel B. I. 3. b), S. 45.

[347] So auch *Gordon-Walker/Marr*, Study on the application of the competition rules to the water sector in the European Community, 2002, S. 71: „*Also, it might be possible, that trade would be indirectly affected because water is a resource and an essential component of products in other sectors. Indirect affectation would only seem possible when it is appreciable. It is conceivable that this is the case when large users are involved.* “

[348] Im Ergebnis so auch: *Lotze*, RdE 2010, 113, 120; *Schmidt/Weck*, NZKart 2013, 343, 348; *Wehage*, Missbrauchsaufsicht über Wasserpreise und Wassergebühren nach deutschem und europäischem Kartellrecht, Diss. 2015 (Berlin, Humboldt-Univ.), S. 170 f.

4. Billigkeitskontrolle nach § 315 Abs. 3 BGB (analog)

a) Anwendbarkeit auf Trinkwasserversorgungsunternehmen – Monopolrechtsprechung des BGH

§ 315 Abs. 3 Satz 2 BGB sieht vor, dass eine einseitige Leistungsbestimmung, die nicht der Billigkeit entspricht, durch Urteil angepasst werden kann.

Eine einseitige Leistungsbestimmung i. S. d. Norm setzt voraus, dass, die Bestimmung der (Gegen-)Leistung einseitig durch eine Partei vorgenommen wird.[349] Somit stellt die Norm eine Ausnahme zum Normalfall des Vertragsschlusses dar, in dem sich die Parteien durch Angebot und Annahme gemeinsam auf alle wesentlichen Vertragsbestandteile einigen.[350]

Das einseitige Leistungsbestimmungsrecht muss der betreffenden Partei durch eine Vereinbarung oder durch Gesetz eingeräumt sein.[351]

Die Wasserversorgungsunternehmen gestalten die Entgelte für die Trinkwasserversorgung im Rahmen von Tarifstrukturen, ohne dass die Verbraucher notwendigerweise eingebunden werden.[352] Diese Gestaltung erfolgt jedoch nicht auf Grund einer Vereinbarung oder gesetzlichen Gestattung, sondern aufgrund eines strukturellen Ungleichgewichts zuungunsten des Verbrauchers, so dass nicht von einem einseitigen Leistungsbestimmungsrecht der Wasserversorgungsunternehmen im Sinne der Norm ausgegangen werden kann. Jedoch besteht nach der Rechtsprechung des BGH die Möglichkeit der analogen Anwendung der Billigkeitskontrolle für Leistungen der Daseinsvorsorge, die auf Monopolmärkten angeboten werden.[353] Die Ratio hinter dieser sog. „Monopolrechtsprechung“ besteht in der Kontrolle einseitiger Ausnutzung von Verhandlungsmacht bei strukturellem Ungleichgewicht der Vertragsparteien.[354] Ihren Ursprung findet diese Rechtsprechung in einem Urteil des Reichsgerichts zu Strompreisen.[355]

[349] Vgl. *Würdinger*, in: Münchener Kommentar zum BGB, 9. Aufl. 2022, § 315 BGB, Rn. 1.

[350] *Netzer*, in: BeckOGK, Strand 1.9.2022, § 315 BGB, Rn. 3; *Rieble*, in: Staudinger, Neubearbeitung 2020, § 315 BGB, Rn. 5.

[351] *Ring/Wagner*, in: Dauner-Lieb/Langen, 4. Aufl. 2021, § 315 BGB, Rn. 4.

[352] Vgl. *Bundeskartellamt*, Bericht über die großstädtische Trinkwasserversorgung in Deutschland, 2016, S. 22, die darauf abstellen, dass die Entgelte (mittelbar) durch die Kommunen festgesetzt werden.

[353] Vgl. für die Wasserversorgung: BGH, Urt. v. 20.5.2015 – VIII ZR 136/14, NVwZ-RR 2015, 722, 724; BGH, Urt. v. 20.5.2015 – VIII ZR 164/14, BeckRS 2015, 10933, Rn. 17; BGH, Urt. v. 13.7.2011 – VIII ZR 342/09, NJW 2011, 2800, Rn. 36 m. w. N.; vgl. auch *Mankowski/Schreier*, AcP 208 (2008), 725, 768; *Netzer*, in: BeckOGK, Stand 1.9.2022, § 315 BGB, Rn. 8.

[354] Vgl. *Ehricke*, JZ 2005, 599, 600; *Kühne*, RdE 2005, 241, 242; *Mohr*, in: Säcker/Schmidt-Preuß, Grundsatzfragen des Regulierungsrechts, 2008, S. 94, 111 f.

[355] RG, Urt. v. 29.9.1925, RGZ 111, 310, 313.

Die „Monopolrechtsprechung" des BGH setzt voraus, dass die Gegenpartei (1) auf die Leistung angewiesen ist, (2) die Leistung der Daseinsvorsorge zuzurechnen ist und (3) der faktisch bestimmungsberechtigten Partei ein gewisser Ermessenspielraum zukommt.[356] Das Kriterium des Angewiesenseins kann als erfüllt angesehen werden, sofern die die Leistung anbietende Partei eine Monopolstellung innehat oder ein Anschluss- und Benutzungszwang die die Leistung abnehmende Partei zur Entgegennahme der Leistung verpflichtet.[357] Zudem ist die Wasserversorgung Teil der Daseinsvorsorge.[358] Die Preise werden durch die Wasserversorgungsunternehmen kalkuliert und festgesetzt.[359] Aus der Rechtsprechung folgt, dass der Ermessensspielraum hinsichtlich der Preiskalkulation insgesamt recht groß ausfällt,[360] er ende erst dort, wo ein einleuchtender Grund für die unterlassene Differenzierung nicht mehr erkennbar sei.[361] Somit sind die genannten Voraussetzungen des Angewiesenseins, der Zugehörigkeit zur Daseinsvorsorge und des Ermessensspielraums in Bezug auf die Trinkwasserversorgung erfüllt.[362]

Einschränkend ist zu beachten, dass die „Monopolrechtsprechung" nur Anwendung auf privatrechtliche ausgestaltete Benutzungsverhältnisse findet – mithin die Ausgestaltung der Wasserentgelte als Wasser*preise* in Abgrenzung zu Wasser*gebühren*.[363]

Im Ergebnis bejaht die Rechtsprechung des BGH die analoge Anwendbarkeit der Billigkeitskontrolle gem. § 315 Abs. 3 BGB auf (privatrechtliche) Wasserpreise.[364]

---

[356] *Netzer*, in: BeckOGK, Stand 1.9.2022, § 315 BGB, Rn. 8; *Würdinger*, in: Münchener Kommentar zum BGB, 9. Aufl. 2022, § 315 BGB, Rn. 29.

[357] Vgl. BGH, Versäumnisurteil v. 15.2.2005 – X ZR 87/04, NJW 2005, 1772, 1773; *Würdinger*, in: Münchener Kommentar zum BGB, 9. Aufl. 2022, § 315 BGB, Rn. 13, 29.

[358] Vgl. dazu Kapitel A.III.1., S. 19.

[359] Vgl. zur Tarifgestaltungsautonomie: *Bundeskartellamt*, Bericht über die großstädtische Trinkwasserversorgung in Deutschland, 2016, S. 31 f.

[360] Vgl. BGH, Urt. v. 20.5.2015 – VIII ZR 136/14, NVwZ-RR 2015, 722, nach dessen Leitsatz die Tarifgestaltung neben verbrauchsabhängigen Entgelten zugleich verbrauchsunabhängige Grundpreise enthalten kann und ohne weitere Differenzierung ein Abstellen auf die Anzahl der Wohnungseinheiten und eine Nicht-Berücksichtigung von Wohnungsleerständen erlaube; vgl. ferner BGH, Urt. v. 8.7.2015 – VIII ZR 106/14, NJW 2015, 3564 nach dessen Leitsatz 2 ein Versorgungsunternehmen in Abkehr von einer ursprünglichen Grundpreisbemessung nach Zählergröße den Grundpreis zulässigerweise nach Nutzergruppen bestimme.

[361] BVerwG, Urt. v. 21.10.1994 – 8 C 21/92, NVwZ-RR 1995, 348, 349; BGH, Urt. v. 20.5.2015 – VIII ZR 136/14, NVwZ-RR 2015, 722, 725.

[362] Vgl. auch BGH, Urt. v. 17.5.2017 – VIII ZR 245/15, NJW 2018, 46; BGH, Urt. v. 21.9.2005 – VIII ZR 7/05, NJW-RR 2006, 133; BGH, Urt. v. 30.4.2003 – VIII ZR 279/02, NJW 2003, 3131.

[363] BGH, Urt. v. 13.7.2011 – VIII ZR 342/09, NJW 2011, 2800, 2803, Rn. 36 m.w.N.; *Netzer*, in: BeckOGK, Stand 1.9.2022, § 315 BGB, Rn. 8.

[364] Kritisch zur Anwendung der Billigkeitskontrolle: *Rieble*, in: Staudinger, Neubearbeitung 2020, § 315 BGB, Rn. 77 ff., der maßgeblich auf die vorrangige Spezialität der Vorschriften des GWB abstellt und das ähnliche Schutzniveau, da auch die Missbrauchsvor-

b) Maßstab zur Bestimmung der Billigkeit i. S. d. § 315 Abs. 3 BGB

Nach § 315 Abs. 1 BGB ist die Bestimmung (der Entgelthöhe) nach „billigem Ermessen" zu treffen. § 315 Abs. 3 S. 2 BGB ordnet an, dass eine Bestimmung, die nicht der „Billigkeit" entspricht, durch Urteil getroffen, mithin neu bestimmt werden kann.

Zunächst ist festzuhalten, dass zwischen dem in Abs. 1 genannten „billigen Ermessen" und der in Abs. 3 genannten „Billigkeit" trotz des abweichenden Wortlauts keine Auslegungsunterschiede bestehen können, dies ergibt sich aus dem Gedanken, dass die Bestimmung nach Abs. 1 im Ergebnis auch der Billigkeit entsprechen muss, um Bestand zu haben.[365]

Darüber hinaus ist der Maßstab zur Feststellung der Billigkeit einer Bestimmung festzulegen. Als unbestimmter Rechtsbegriff bedarf dieser einer näheren Konkretisierung. Der Zweck der „Billigkeit" liegt im Erreichen eines gerechten Verhältnisses von Leistung und Gegenleistung, so dass die Interessen der Vertragsparteien und die Umstände des Einzelfalles Berücksichtigung finden müssen.[366] Für eine Entgeltbestimmung gilt dabei, dass von einem Einhalten der Billigkeit ausgegangen werden kann, sofern diese sich am Wert der zu vergütenden Leistung orientiert.[367]

c) Funktionsadäquate Aufgabenzuweisung durch Parallelität von zivilrechtlicher Billigkeitskontrolle und kartellrechtlicher Missbrauchskontrolle?

Im Folgenden soll das Verhältnis zwischen der oben dargestellten Monopolrechtsprechung (und der daraus folgenden (entsprechenden) Anwendbarkeit des § 315 Abs. 3 S. 2 BGB auf Trinkwasserpreise) und der kartellrechtlichen Missbrauchskontrolle näher beleuchtet werden und insbesondere untersucht werden, ob diese Parallelität eine funktionsadäquate Aufgabenzuweisung darstellen kann.

Der in ständiger Rechtsprechung durch den BGH bejahten entsprechenden Anwendung des § 315 Abs. 3 BGB auf u. a. Trinkwasserpreise stehen vermehrt Judikate

---

schriften des GWB über § 33 GWB durch private Verbraucher angemessen schütze (und es deshalb der Anspruchsqualität des § 315 BGB nicht bedürfe).

[365] Vgl. *Ring/Wagner*, in: Dauner-Lieb/Langen, 4. Aufl. 2021, § 315 BGB, Rn. 20; a. A. *Würdinger*, in: Münchener Kommentar zum BGB, 9. Aufl. 2022, § 315 BGB, Rn. 39.

[366] Vgl. BGH, Urt. v. 2. 10. 1991 – VIII ZR 240/90, NJW-RR 1992, 183, 184; *Netzer*, in: BeckOGK, Stand 1. 9. 2022, § 315 BGB, Rn. 75; vgl. ferner – auch für beispielhafte Kriterien zur Bestimmung des billigen Ermessens: *Stadler*, in: Stürner (Hrsg.), Jauernig, 18. Aufl. 2021, § 315 BGB, Rn. 7; *Würdinger*, in: Münchener Kommentar zum BGB, 9. Aufl. 2022, § 315 BGB, Rn. 41.

[367] BGH, Urt. v. 20. 6. 1983 – II ZR 224/82, WM 1983, 1006, 1006; *Grüneberg*, in: Grüneberg, 81. Aufl. 2022, § 315, Rn. 10; *Ring/Wagner*, in: Dauner-Lieb/Langen, 4. Aufl. 2021, § 315 BGB, Rn. 20.

der Instanzgerichte[368] sowie Stimmen aus der Literatur[369] entgegen, die eine entsprechende Anwendung ablehnen.

Argumentativ wird die Anwendbarkeit vor allem deshalb verneint, weil die Missbrauchsaufsicht des Kartellrechts den Verbrauchern ein ausreichendes Schutzniveau vor missbräuchlichen Preisen biete, so dass das Bedürfnis einer parallelen zivilrechtlichen Billigkeitskontrolle entfalle.[370]

In direkter Anwendung des § 315 Abs. 3 BGB wird dies mit dem Hinweis darauf verneint, dass auch Monopolisten kein für eine solche Anwendung erforderliches einseitiges Leistungsbestimmungsrecht ausübten.[371]

Dieser Befund ist korrekt. Jedoch ist – mit Blickwinkel auf die entsprechende oder analoge Anwendung der Norm durch die Rechtsprechung – zu untersuchen, ob die Voraussetzungen einer analogen Anwendung vorliegen. Eine Analogie setzt das Bestehen einer planwidrigen Regelungslücke und einer vergleichbaren Interessenlage des geregelten und des in Frage stehenden Sachverhaltes voraus.[372]

Eine Regelungslücke bestünde, sofern die dargestellten Regelungsmechanismen des Kartellrechts den Vertragspartner des Wasserversorgungsunternehmens nicht vollumfänglich schützen.

Das Kartellrecht sieht mit § 19 GWB und § 31 Abs. 3, 4 GWB zwei Normenkomplexe vor, die Marktmissbrauch im Markt der Trinkwasserversorgung sanktionieren und unterbinden können. Die angewendeten Maßstäbe der Kostenkontrolle und des Vergleichsmarktkonzeptes sind dabei durch die Rechtsprechung und juristische Literatur in weiten Teilen ausgeformt und durch gesetzgeberische Weiterentwicklung im Rahmen der Novellierungen des GWB festgeschrieben worden. Ferner können in Frage stehende Missbräuche nicht nur von den Kartellbehörden verfolgt werden, sondern gem. § 33 GWB auch von den Verbrauchern selbst.[373] Der Wortlaut des § 33 GWB sieht vor, dass sowohl Verstöße gegen „*Vorschriften dieses Teils*" als auch gegen „*eine Verfügung der Kartellbehörde*" Gegenstand des Anspruchs sein können, so dass inhaltlich ein Verstoß gegen materiell-rechtliche Verbote – mithin gegen § 19 GWB – als auch gegen kartellrechtliche Verfügungen nach

[368] Vgl. bspw. LG Köln, Urt. v. 23.7.2004 – 81 O (Kart) 207/01, RdE 2004, 306; LG Bremen, Urt. v. 22.7.2004 – 12 O 82/03, RdE 2004, 304; LG Rostock, Urt. v. 12.3.2004 – 3 O 181/03, RdE 2004, 175.

[369] *Ehricke*, JZ 2005, 599, 602; *Kühne*, RdE 2005, 241, 242; *Rieble*, in: Staudinger, Neubearbeitung 2020, § 315 BGB, Rn. 77 ff.

[370] *Kühne*, RdE 2005, 241, 242.

[371] *Rieble*, in: Staudinger, Neubearbeitung 2020, § 315 BGB, Rn. 77.

[372] BGHZ 105, 140, 143; 149, 165, 174; 170, 187 Rn. 14 ff.; *Beaucamp*, AöR 134 (2009), 83, 84 ff.; *Würdinger*, AcP 206 (2006), 946, 949 ff.

[373] *Kersting*, in: LMRKM, § 33 GWB, Rn. 26; *Rieble*, in: Staudinger, Neubearbeitung 2020, § 315 BGB, Rn. 78; vgl. ferner: *Ehricke*, JZ 2005, 599, 602.

§ 31 Abs. 3 GWB geltend gemacht werden kann.[374] Daneben tritt der Aspekt der erleichterten Betroffenheit des persönlichen Anwendungsbereichs der Norm durch Verzicht auf das Erfordernis einer Schutzgesetzverletzung und Ersetzen dieser durch eine „*Betroffenheit*".[375]

Auch ein Unterschied der zivil- beziehungsweise kartellrechtlichen Regelungskomplexe in Hinblick auf dahinterstehende Prinzipien und Ausrichtung (§ 315 BGB = Billigkeit *vs.* §§ 19, 31 GWB = Missbrauch) lassen sich im Ergebnis nicht erkennen: Im Rahmen der Billigkeit werden Entgelte auf ihre Marktüblichkeit und damit auf ihre Vergleichbarkeit mit gleichen/ähnlichen Leistungen im Markt überprüft, so dass sowohl im Rahmen der zivilrechtlichen Billigkeitskontrolle als auch im Rahmen der kartellrechtlichen Missbrauchskontrolle Vergleichsüberlegungen angestellt werden, die im Ergebnis keine divergierenden Ergebnisse hervorbringen können, so dass ein Sachverhalt schwerlich als zivilrechtlich unbillig und gleichzeitig als kartellrechtskonform eingestuft werden kann.[376] Ergänzend ist in Bezug auf die Ausrichtung der Normenkomplexe darauf hinzuweisen, dass in beiden Fällen das Ausnutzen von monopolistischer Missbrauchsgefahr verhindert werden soll, so dass auch in dieser Hinsicht von einer Deckungsgleichheit der Komplexe ausgegangen werden kann.[377]

Ein ähnlicher Gleichklang ist in Bezug auf die Rechtsfolgen der Normenkomplexe festzustellen: Sowohl die Billigkeits- als auch die Missbrauchskontrolle begrenzen das Entgelt auf den billigen bzw. nicht-missbräuchlichen Anteil.[378]

Etwaige Unterschiede im Rahmen der Darlegungs- und Beweislast bieten keine Rechtfertigungsgrundlage für eine analoge Anwendung.[379]

Somit ist schon der Bestand einer Regelungslücke im Bereich der kartellrechtlichen Missbrauchskontrolle in Bezug auf Entgelte für die Wasserversorgung nicht ersichtlich. Mithin fehlt es an den Voraussetzungen für eine analoge Anwendung des § 315 Abs. 3 S. 2 BGB.

Daraus folgt, dass die durch die Monopolrechtsprechung des BGH begründete Parallelität von kartellrechtlicher Missbrauchskontrolle und zivilrechtlicher Billigkeitskontrolle gem. § 315 Abs. 3 S. 2 BGB analog nicht funktionsadäquat ist.

---

[374] Vgl. dazu *Kersting*, in: LMRKM, 4. Aufl. 2020, § 33 GWB, Rn. 4 ff.; beachte ferner: nach in dieser Arbeit vertretenen Ansicht handelt es sich bei § 31 GWB nicht um ein Verbotsgesetz, so dass der Anspruchsgegenstand im Rahmen des § 33 GWB nur die auf § 31b Abs. 3 GWB i. V. m. § 31 Abs. 4 GWB basierende kartellrechtliche Verfügung sein kann.

[375] *Kühne*, RdE 2005, 241, 246; vgl. allgemein zur Betroffenheit *Kersting*, in: LMRKM, 4. Aufl. 2020, § 33 GWB, Rn. 21 ff.

[376] *Kühne*, RdE 2005, 241, 246 f.

[377] *Kühne*, RdE 2005, 241, 247.

[378] Vgl. dazu ausführlich *Kühne*, RdE 2005, 241, 247 f.

[379] *Rieble*, in: Staudinger, Neubearbeitung 2020, § 315 BGB, Rn. 81; vgl. für eine Darstellung der Darlegungs- und Beweislast: *Kühne*, RdE 2005, 241, 248 f.

d) Zwischenergebnis zur zivilrechtlichen Billigkeitskontrolle nach § 315 Abs. 3 S. 2 BGB (analog)

Daraus folgt, dass mangels vorliegender Voraussetzungen für eine Analogie kein Raum für eine zivilrechtliche Billigkeitskontrolle gem. § 315 Abs. 3 S. 2 BGB (analog) im Rahmen der Entgeltkontrolle von Trinkwasserpreisen gegeben ist. Die Monopolrechtsprechung ist für den Bereich der Entgeltkontrolle von Trinkwasserpreisen abzulehnen.

5. Aufsichtsorganisation: Zuständigkeit

Die Zuständigkeit für Verfahren nach dem GWB liegt gem. § 48 Abs. 1 GWB grundsätzlich bei den Kartellbehörden, mithin dem Bundeskartellamt und den Landeskartellbehörden der jeweiligen Bundesländer. Gem. § 48 Abs. 2 GWB unterscheidet sich – vorbehaltlich besonderer Zuständigkeitszuweisungen – die Zuständigkeit zwischen Bundeskartellamt und den Landeskartellbehörden nach dem geographischen Einsatzort. Sofern sich ein Tätigwerden auf ein Bundesland beschränkt, ist die jeweilige Landeskartellbehörde zuständig. Für den Fall eines grenzüberschreitenden Einsatzortes, ist das Bundeskartellamt zuständig. Für die Wasserversorgung folgt daraus, dass in aller Regel die Landeskartellbehörden für Verfahren nach dem GWB zuständig sind, da sich die Wasserversorgungsgebiete in der Regel auf ein Bundesland beschränken.[380] Im Rahmen der Tätigkeit der Landeskartellbehörden ist festzuhalten, dass die Tätigkeitsintensität durchaus variiert und – insbesondere vor dem Beschluss des BGH in der Sache „*Wasserpreise Wetzlar*“[381] – Verfahren von Landeskartellbehörden auch ergebnislos eingestellt wurden.[382] Ein weiteres Problem stellt die Auswahl der Vergleichsunternehmen im Rahmen des Vergleichsmarktkonzeptes dar. In der Vergangenheit zeigte sich – mit Ausnahme von Hessen – eine Tendenz zur Auswahl von Vergleichsunternehmen innerhalb des betreffenden Bundeslandes[383], ein Vorgehen, welches die Vergleichsbasis unnötig beschneidet und die Erkenntnisgewinnung gefährdet.

Lange Zeit spielte die kartellrechtliche Missbrauchskontrolle im Wassersektor keine prominente Rolle im Handeln der Kartellbehörden.[384] Dies änderte sich schlagartig mit dem Beschluss des BGH in der Rechtssache „*Wasserpreise Wetz-*

---

[380] *Bundeskartellamt*, Bericht über die großstädtische Trinkwasserversorgung in Deutschland, 2016, S. 91; *Reif*, in: Münchener Kommentar zum Wettbewerbsrecht, 4. Aufl. 2022, § 31 GWB, Rn. 104.

[381] BGHZ 184, 168 ff. = NJW 2010, 2573 ff. – *Wasserpreise Wetzlar.*

[382] *Lutz/Gauggel*, GewA 2000, 414, 417; *Reif*, in: Münchener Kommentar zum Wettbewerbsrecht, 4. Aufl. 2022, § 31 GWB, Rn. 104.

[383] *Reif*, in: Münchener Kommentar zum Wettbewerbsrecht, 4. Aufl. 2022, § 31 GWB, Rn. 105.

[384] *Daiber*, WuW 1996, 361, 361 spricht von einem „*nahezu unbeachteten Schattendasein*“.

lar".[385] Der Anstoß dazu geht auf die hessische Landeskartellbehörde zurück, die ein Verfahren gegen die *enwag GmbH* in Wetzlar einleitete.[386] Der darin mündende Beschluss des BGH in der Rechtssache „*Wasserpreise Wetzlar*" formte die maßgeblichen Grundlagen der Wasserpreiskontrolle in höchstrichterlicher Weise aus.[387] Im Anschluss an den Beschluss des BGH zeigten die Landeskartellbehörden bundesweit eine vermehrte Tätigkeit: Dabei wurden sowohl förmliche Preismissbrauchsverfahren, als auch Preismoratorien oder Preissenkungen in informellen Verfahren erzielt.[388] Dieser vermehrte Tätigkeitsschwung fand ein Ende durch die im Rahmen der 8. GWB-Novelle[389] umgesetzte Einführung des heutigen § 185 Abs. 1 Satz 2 GWB, der Wassergebühren von der kartellrechtlichen Missbrauchskontrolle ausnimmt.[390] Dieser Trend wurde durch den hohen Anteil an öffentlich-rechtlich organisierten Wasserversorgungsunternehmen im Vergleich zu privatrechtlich organisierten Wasserversorgungsunternehmen verstärkt.[391]. Insbesondere die so geschaffene Umgehungsmöglichkeit der kartellrechtlichen Preismissbrauchskontrolle wurde von einigen Wasserversorgungsunternehmen genutzt – das prominenteste Beispiel dafür bildet die Stadt *Wetzlar*, die nach Änderung der Rechtsform die vom BGH als missbräuchlich festgestellten Wasserpreise in gleicher Höhe als Wassergebühr erhob, ohne dass die fortan zuständige Kommunalaufsicht eingeschritten ist.[392]

Der heutige Fokus der Landeskartellbehörden liegt auf der Beratung von Benchmarking-Projekten und Bemühungen zur Erhöhung der Transparenz von Wasserentgelten.[393]

---

[385] BGHZ 184, 168 ff. = NJW 2010, 2573 ff. – *Wasserpreise Wetzlar.*

[386] *Bundeskartellamt*, Bericht über die großstädtische Trinkwasserversorgung in Deutschland, 2016, S. 91.

[387] *Bundeskartellamt*, Bericht über die großstädtische Trinkwasserversorgung in Deutschland, 2016, S. 91.

[388] *Bundeskartellamt*, Bericht über die großstädtische Trinkwasserversorgung in Deutschland, 2016, S. 91; einen Überblick über die maßgeblichen Verfahren der Landeskartellbehörden und des Bundeskartellamtes gebend *Reif*, in: Münchener Kommentar zum Wettbewerbsrecht, 4. Aufl. 2022, § 31 GWB, Rn. 105.

[389] Achtes Gesetz zur Änderung des Gesetzes gegen Wettbewerbsbeschränkungen, Gesetz v. 26. 6. 2013; vgl. BGBl. I 2013, 1738, 1747.

[390] *Bundeskartellamt*, Bericht über die großstädtische Trinkwasserversorgung in Deutschland, 2016, S. 91.

[391] Vgl. Branchenbild der deutschen Wasserwirtschaft 2020, S. 33 – Danach liegt der Anteil der öffentlich-rechtlichen Organisationsform bei 67 % und der Anteil der privatrechtlichen Organisationsform bei 33 %.

[392] *Bundeskartellamt*, Bericht über die großstädtische Trinkwasserversorgung in Deutschland, 2016, S. 91 f.

[393] *Bundeskartellamt*, Bericht über die großstädtische Trinkwasserversorgung in Deutschland, 2016, S. 92.

III. Kriterien der öffentlich-rechtlichen Gebührenkontrolle

1. Gebührenbegriff

Die Aufsicht über die Wasserentgelte unterscheidet sich je nach Ausgestaltung des Benutzungsverhältnisses. Sofern ein Wasserversorger privatrechtlich organisiert ist, ist das Benutzungsverhältnis ebenfalls zwingend privatrechtlich ausgestaltet. Im Falle einer öffentlich-rechtlichen Organisation eines Wasserversorgers steht diesem in Bezug auf das Benutzungsverhältnis ein Wahlrecht zwischen einer öffentlich-rechtlichen Gebührenerhebung oder einer privatrechtlichen Preisbestimmung zu.

Der Begriff der Gebühr wird weder durch das Grundgesetz noch durch bundesrechtliche Regelungen vorgegeben.[394] Die Rechtsprechung definiert Gebühren herkömmlich als „*[…] öffentlich-rechtliche Geldleistungen […], die aus Anlass einer individuell zurechenbaren öffentlichen Leistung dem Gebührenschuldner auferlegt werden und dazu bestimmt sind, in Anknüpfung an diese Leistung deren Kosten ganz oder teilweise zu decken.*“[395] § 2 Abs. 4 Landesgebührengesetz Baden-Württemberg (LGebG BW) definiert Gebühren als öffentlich-rechtliche Geldleistungen, die aus Anlass individuell zurechenbarer öffentlicher Leistungen dem Gebührenschuldner auferlegt werden.[396] Die Anknüpfung an die zurechenbare Leistung stellt das entscheidende Abgrenzungsmerkmal der Gebühr zur Steuer dar, welche gerade keine Gegenleistung für eine besondere Leistung darstellt.[397] Dabei wird in der Regel zwischen sogenannten Verwaltungs- und Benutzungsgebühren differenziert.[398] Während erstgenannte dadurch gekennzeichnet sind, dass sie für die Beanspruchung

---

[394] Vgl. in st. Rspr. BVerwGE 26, 305, 309; BVerwGE 120, 311, 316; BVerwG, Urt. v. 1.12.2005 – 10 C 4/04, NVwZ 2006, 589, 594, (Rn. 52); *Quaas*, Kommunales Abgabenrecht, 1997, Rn. 37.

[395] BVerfG NVwZ 2003, 715; BVerfGE 50, 217, 226; BVerwG NVwZ 2006, 589, 594 (Rn. 52); vgl. auch BVerwGE 120, 311, 316.

[396] Dieser Gebührenbegriff deckt sich mit den Gebührenbegriffen der Kommunalabgabengesetzen der anderen Bundesländer, vgl.: § 11 Abs. 1, § 13 Abs. 1 KAG BW; Art. 8 Abs. 1 KAG Bay; § 9 Abs. 1, § 10 Abs. 1 KAG Hess; § 4 Abs. 1, § 5 Abs. 1 KAG Nds; § 9 Abs. 1 SächsKAG. § 4 Abs. 2 KAG NRW definiert Gebühren hingegen als „*Geldleistungen, die als Gegenleistung für eine besondere Leistung – Amtshandlung oder sonstige Tätigkeit – der Verwaltung (Verwaltungsgebühren) oder für die Inanspruchnahme öffentlicher Einrichtungen und Anlagen (Benutzungsgebühren) erhoben werden.*“ und differenziert somit zwischen Verwaltungs- und Benutzungsgebühren.

[397] Vgl. § 3 Abs. 1 Abgabenordnung: „*Steuern sind Geldleistungen, die nicht eine Gegenleistung für eine besondere Leistung darstellen und von einem öffentlich-rechtlichen Gemeinwesen zur Erzielung von Einnahmen auferlegt werden, bei denen der Tatbestand zutrifft, an den das Gesetz die Leistungspflicht knüpft; die Erzielung von Einnahmen kann Nebenzweck sein.*“

[398] *Vetter*, in: Christ/Oebbecke, Handbuch Kommunalabgabenrecht, 2. Aufl. 2022, Kap. D, Rn. 3; vgl. für Verwaltungsgebühren z. B. §§ 11 f. KAG BW; Art. 1, 2 BayKAG; § 9 HessKAG; § 4 KAG Nds; § 5 KAG NRW; § 1 SächsVwKG; § 8a SächsKAG; vgl. für Benutzungsgebühren z. B. §§ 13 ff. KAG BW; Art. 8 BayKAG; § 10 HessKAG; § 5 KAG Nds; § 6 KAG NRW; §§ 9 ff. SächsKAG.

einer öffentlichen Leistung – wie beispielsweise den Erlass von Verwaltungsakten oder den Abschluss öffentlich-rechtlicher Verträge – erhoben werden, werden Benutzungsgebühren für die tatsächliche Inanspruchnahme öffentlicher Einrichtungen erhoben.[399] Die im Rahmen der Inanspruchnahme netzgebundener Versorgungsleistungen erhobenen Gebühren – zum Beispiel der Wasserversorgung – sind als Benutzungsgebühren zu klassifizieren.[400]

2. Maßstäbe für die Kontrolle von Gebühren

a) Einleitung

Die öffentlich-rechtliche Gebührenkontrolle ist in ihrem Ausgangspunkt in den Kommunalabgabengesetzen der Länder in Form des Kostendeckungsprinzips niedergelegt.[401] In übergeordneter Form wird das Kostendeckungsprinzip durch das grundgesetzliche, aus dem Grundsatz der Verhältnismäßigkeit folgende, Äquivalenzprinzip und Erdrosselungsverbot flankiert. Daneben stehen weitere Verfassungsprinzipien und Grundsätze wie das Sozialstaatsprinzip nach Art. 20 Abs. 1 GG und der allgemeine Gleichheitssatz nach Art. 3 Abs. 1 GG und das Wirtschaftlichkeitsprinzip. Ferner soll die Anwendbarkeit des Art. 102 AEUV ebenso wie eine eingeschränkte Missbrauchskontrolle nach den Maßstäben des GWB untersucht werden.

b) Kostendeckungsprinzip

aa) Inhalt

Die Kommunalabgabengesetze der Bundesländer normieren – in leicht variierten Ausgestaltungsformen – das Kostendeckungsprinzip als Kontrollmaßstab für die Erhebung von Gebühren. Danach haben die erhobenen Gebühren die jeweiligen Kosten der Leistungsbereitstellung zu decken.[402] Die Formen der Ausgestaltung umfassen das Kostendeckungsprinzip in der Variante des Kostenunterschreitungs-

---

[399] *Vetter*, in: Christ/Oebbecke, Handbuch Kommunalabgabenrecht, 2. Aufl. 2022, Kap. D, Rn. 4f.

[400] *Geis*, Kommunalrecht, 5. Aufl. 2020, § 12, Rn. 46; *Reinhardt*, ZfW 2008, 125, 136.

[401] Vgl. § 8 Abs. 3 GebBtrG Bln; § 6 Abs. 1 S. 2 GebG HH; § 6 Abs. 2 KAG SH (jeweils in der Ausprägung als Kostenunterschreitungsverbot); § 14 Abs. 1 S. 1 KAG BW; § 8 Abs. 1 S. 3 KAG Rh-Pf.; § 6 Abs. 1 S. 3 KAG Brb; § 10 Abs. 2 S. 1 KAG Hess; § 6 Abs. 1 S. 2 KAG M-V; § 5 Abs. 1 S. 2 KAG Nds; § 6 Abs. 1 S. 3 KAG NRW; § 10 Abs. 1 S. 1 SächsKAG; § 5 Abs. 1 S. 2 Halbs. 1 KAG-LSA; § 6 Abs. 1 S. 3 Halbs. 1 KAG Saarl.; Art. 8 Abs. 2 S. 1, 2 KAG Bay; § 12 Abs. 2 S. 3 ThürKAG (jeweils in der Ausprägung als Kostenüberschreitungsverbot).

[402] *Bürger/Herbold*, NVwZ 2012, 1217, 1217f.; *Gersdorf*, ZWeR 2016, 113, 122; *Kühling*, DVBl. 2010, 205, 213; *Reinhardt*, LKV 2010, 296, 300; *Reinhardt*, ZfW 2008, 125, 136; *Schweitzer*, ZHR 181 (2017), 119, 132.

verbotes[403] – wonach die anfallenden Kosten der betreffenden Tätigkeit gedeckt werden sollen – und in der Variante des Kostenüberschreitungsverbotes[404] – wonach die erhobene Gebühr die jeweiligen Kosten der Tätigkeit nicht übersteigen darf.[405]

bb) Bestimmung der ansatzfähigen Kosten nach „betriebswirtschaftlichen Grundsätzen"

Die Kommunalabgabengesetze sehen in der Regel vor, dass die ansatzfähigen Kosten im Rahmen der Gebührenerhebung nach betriebswirtschaftlichen Grundsätzen zu ermitteln sind.[406] Im Grundsatz sollen danach die tatsächlichen Aufwendungen – in Abhängigkeit des Einzelfalles – ermittelt werden und der Gebührenhöhe zugrunde gelegt werden. In Fällen, in denen eine Ermittlung nicht möglich ist, soll die Gebührenhöhe nach den wahrscheinlichen Aufwendungen ermittelt werden.[407] Die nähere inhaltliche Bestimmung der ansatzfähigen Kosten und die Ausgestaltung der betriebswirtschaftlichen Grundsätze fällt je nach Kommunalabgabengesetz sehr unterschiedlich aus.[408] So enthält § 8 Abs. 3 des Gesetzes über Gebühren und Beiträge Berlin (GebBtrG Berlin)[409], das die Grundsätze für die Bemessung von Benutzungsgebühren darlegt, lediglich die Aussage, dass das Kostendeckungsprinzip einzuhalten ist und „*Rücklagen für die wirtschaftliche und technische Entwicklung gebildet werden*" dürfen. Dagegen definiert § 11 Abs. 2 Kommunalabgabengesetz Sachsen die zu den betriebswirtschaftlichen Kosten gehörenden Positionen genauer. Zu beachten ist jedoch, dass die Norm sehr offen formuliert ist („*(2) Zu den Kosten gehören* auch *[…]*"), so dass trotz näherer Definition der betriebswirtschaftlichen Kosten ein nicht zu unterschätzender Spielraum der Kommunen verbleibt. Als Richtschnur ergibt sich aus der Orientierung an den betriebswirtschaftlichen Grundsätzen einzig, dass die Höhe der veranschlagten Kosten in Relation zu einer ökonomischen Effizienz gesetzt werden muss.[410] Die Weite dieses Maßstabs führt

---

[403] Vgl. § 8 Abs. 3 GebBtrG Bln; § 6 Abs. 1 S. 2 GebG HH; § 6 Abs. 2 KAG S-H; § 10 Abs. 2 S. 1 KAG Hess.

[404] § 16 Abs. 1 S. 2 BerlBG; § 14 Abs. 1 S. 1 KAG B-W; § 8 Abs. 1 S. 3 KAG Rh-Pf.; § 6 Abs. 1 S. 3 KAG Brb; § 6 Abs. 1 S. 2 KAG M-V; § 5 Abs. 1 S. 2 KAG Nds; § 6 Abs. 1 S. 3 KAG NRW; § 10 Abs. 1 S. 1 SächsKAG; § 5 Abs. 1 S. 2 Halbs. 1 KAG-LSA; § 6 Abs. 1 S. 3 Halbs. 1 KAG Saarl.; Art. 8 Abs. 2 S. 1, 2 KAG Bay; § 12 Abs. 2 S. 3 ThürKAG.

[405] Vgl. dazu *Gersdorf*, ZWeR 2016, 113, 122; *Kühling*, DVBl. 2010, 205, 213; *Monopolkommission*, 20. Hauptgutachten 2012/2013, Rn. 1218.

[406] Vgl. wahlweise § 4 Abs. 2 S. 1 KAG Brb; § 12 Abs. 2 S. 1 ThürKAG; § 5 Abs. 2 S. 1 KAG Nds; s. a. *Monopolkommission*, 20. Hauptgutachten 2012/2013, Rn. 1218.

[407] So ausdrücklich als „*Wirklichkeitsmaßstab*" und „*Wahrscheinlichkeitsmaßstab*" bezeichnend: § 7 Abs. 1 S. 2 KAG Rh-Pf; vgl. auch *Reinhardt*, LKV 2010, 296, 300; *Wienbracke*, DÖV 2005, 201, 202 („*Veranschlagungsmaxime*").

[408] Vgl. *Reif*, in: Münchener Kommentar zum Wettbewerbsrecht, 4. Aufl. 2022, § 31 GWB, Rn. 39c.

[409] Gesetz über Gebühren und Beiträge (Berlin) vom 22.5.1957, GVBl. 1957, 516.

[410] *Monopolkommission*, 20. Hauptgutachten 2012/2013, Rn. 1219.

dazu, dass den Versorgern erhebliche Freiheiten bei der Ausgestaltung der Gebührenkalkulation verbleiben.[411] Die Freiheit erstreckt sich von der Verzugszinsbasis, über die Höhe der kalkulatorischen Eigenkapitalverzinsung bis zur Kapitalstruktur.[412] Von manchen Stimmen in der Literatur wird sogar bezweifelt, ob die genannte Relation zwischen veranschlagten Kosten und ökonomischer Effizienz tatsächlich besteht, da die Gebührenhöhe nur durch die entstandenen Kosten begrenzt werde, nicht jedoch nach der Notwendigkeit dieser.[413] Innerhalb des kommunalen Spielraums zur Bestimmung der Kosten nach betriebswirtschaftlichen Grundsätzen haben sich vereinzelte Ankerpunkte herausgebildet, die eine Begrenzung des Spielraums aufzeigen: So ist anerkannt, dass betriebsfremde Leistungen (bspw. für Sponsoring) nicht umlagefähig sind.[414] Ferner dürfen Kosten einer offensichtlich überdimensionierten Anlage nicht auf die Verbraucher umgelegt werden.[415]

Zusätzlich können den Gebühren auch unter anderem ökologische Lenkungszwecke, wie beispielsweise Anreize zu einem umweltschonenden Umgang mit Wasser, zugrunde gelegt werden.[416] Im Rahmen dessen gilt zu beachten, dass diese Lenkungszwecke im Vergleich zur Kostendeckung als nachrangiges Ziel zu betrachten sind, das heißt, eine Verfolgung von Lenkungszwecken kann nur neben, nicht jedoch anstelle der Kostendeckung verfolgt werden.[417] So wird eine Kontrolle der Einhaltung der „betriebswirtschaftlichen Grundsätze" zusätzlich erschwert.[418] Insofern sind die Gebührenbemessungen hinreichend klar zu bestimmen und danach zu untergliedern, welche Aspekte der Gebühr für welche Ziele (Kostendeckung,

[411] *Schweitzer*, ZHR 181 (2017), 119, 132.

[412] *Bundesverband der deutschen Energie- und Wasserversorgung (BDEW)/Verband kommunaler Unternehmen (VKU)*, Leitfaden zur Wasserpreiskalkulation, 2012, S. 74ff., 260f. (mit einer Übersicht über die Kalkulationsgrundlagen nach dem KAG).

[413] So ausdrücklich: *Kühling*, DVBl. 2010, 205, 213. Vgl. aber auch *Säcker*, NJW 2012, 1105, 1108, der die Kritik an der Unbestimmtheit der „betriebswirtschaftlichen Grundsätze" mit dem Argument ablehnt, dass die Unschärfe sachnotwendig sei und durch eine Einzelfallabwägung zu schärfen sei.

[414] *Gersdorf*, ZWeR 2016, 113, 124.

[415] VGH München, Beschl. v. 5.4.2005 – 4 ZB 03.994, BeckRS 16299 m.w.N.

[416] *Schweitzer*, ZHR 181 (2017), 119, 133; vgl. *Bundesministerium für Umwelt, Naturschutz, nukleare Sicherheit und Verbraucherschutz*, Nationale Wasserstrategie – Kabinettsbeschluss vom 15. März 2023, S. 61f.; ausdrücklich § 7 Abs. 1 Satz 4 KAG Rh-Pf: *„Bei Einrichtungen und Anlagen, die auch dem Schutz der natürlichen Lebensgrundlagen des Menschen dienen oder bei deren Inanspruchnahme die natürlichen Lebensgrundlagen des Menschen gefährdet werden können, kann die Benutzungsgebühr für die Leistungen so bemessen werden, dass sie Anreize zu einem umweltschonenden Verhalten bietet."*; die Lenkungswirkung von Abgaben ist jedoch nicht unumstritten, vgl. BVerfGE 98, 106, 125ff.; *Hendler/Heimlich*, ZRP 2000, 325ff.; *Konrad*, DÖV 1999, 12ff.

[417] *Gersdorf*, ZWeR 2016, 113, 128.

[418] *Reif*, in: Münchener Kommentar zum Wettbewerbsrecht, 4. Aufl. 2022, § 31 GWB, Rn. 39e.

Lenkungszwecke) verfolgt werden, um die Transparenz des Gebührenbemessung zu erhöhen.[419]

Ergänzend steht es den Wasserversorgungsunternehmen frei, neben den bezifferten anfallenden Kosten, eine angemessene Kapitalverzinsung (für die eingesetzten Mittel) in die Gebühren einfließen zu lassen.[420] Über das Vehikel der angemessenen Eigenkapitalverzinsung lässt sich insofern ein zusätzlicher Gewinn generieren, als dass die kalkulatorische Kapitalverzinsung in der Regel höher ausfällt als die tatsächlichen Kapitalkosten, so dass ein Anreiz (zulasten der Endverbraucher) besteht, zusätzliche Kapitalkosten über Werterhöhungen des Anlagevermögens zu generieren.[421]

In der Tat werden die von den Versorgern so ermittelten Kosten im Rahmen des Kostendeckungsprinzips vollständig den Gebühren zugrunde gelegt, so dass auf dem Markt bestehende Risiken der Refinanzierung effektiv ausgeschlossen werden.[422]

Der vermeintliche Widerspruch zwischen der inhaltlichen Ausgestaltung des Kostendeckungsprinzips als Deckung der Kosten der Leistungsbereitstellung und einer Gewinnerzielung besteht in Wahrheit nicht: Das Kostendeckungsprinzip schließt die Erzielung eines angemessenen Gewinns nicht aus[423], ausgeschlossen ist nur eine auf Gewinnerzielung ausgerichtete Kalkulation.[424] Der angemessene Gewinn stellt die adäquate Verzinsung des vom (öffentlichen) Unternehmen eingesetzten Kapitals dar.[425]

Aus der Begrenzung des Kostendeckungsprinzips nach betriebswirtschaftlichen Grundsätzen und der landesrechtlich variierenden Ausgestaltung dieser Grundsätze folgt, dass das Kostendeckungsprinzip – in Parallelität zur kartellrechtlichen Kostenkontrolle – an dem entscheidenden Punkt des Kostenbegriffes definitorische Klarheit vermissen lässt und somit an Praktikabilität einbüßt. Den Aspekt der fehlenden definitorischen Klarheit des Kostenbegriffes hat auch das OVG Münster hervorgehoben, in dem es ausführt: „*Wenn auch aus dem Kostenüberschreitungsverbot abzuleiten ist, dass die Gemeinde mit den Gebühren keine die ansatzfähigen Kosten übersteigenden Gewinne erwirtschaften darf, lässt sich dem Kostenüberschreitungsverbot jedoch nicht entnehmen, wann denn solche unzulässigen Gewinne*

[419] *Gersdorf*, ZWeR 2016, 113, 129.

[420] *Kleinlein/Schubert*, NJW 2014, 3191, 3197.

[421] *Kleinlein/Schubert*, NJW 2014, 3191, 3197.

[422] *Schweitzer*, ZHR 181 (2017), 119, 133; mit Verweis auf *Kleinlein/Schubert*, NJW 2014, 3191, 3197, die von einem „*Cost-plus-Maßstab*" sprechen.

[423] *Bews*, N&R 2013, 146, 152 (mit Hinweis in Fn. 97); *Gersdorf*, ZWeR 2016, 113, 122; *Kühling*, DVBl. 2010, 205, 213; *Monopolkommission*, 20. Hauptgutachten 2012/2013, Rn. 1218; *Reinhardt*, ZfW 2008, 125, 136; a.A. wohl *Friedl*, KStZ 2001, 41, 42, mit dem Hinweis, dass die Gebühr nicht zu einer „*verkappten Steuer*" werden dürfe.

[424] Vgl. *Friedl*, KStZ 2001, 41, 42; *Reinhardt*, LKV 2010, 296, 300.

[425] *Gersdorf*, ZWeR 2016, 113, 122; *Monopolkommission*, 20. Hauptgutachten 2012/2013, Rn. 1218.

vorliegen. Das Kostenüberschreitungsverbot ist insoweit inhaltsleer und erlangt erst durch die Bestimmung der ansatzfähigen Kosten in § 6 Abs. 2 KAG seine Beschränkungsfunktion; mithin knüpft das Kostenüberschreitungsverbot lediglich an den Kostenbegriff des § 6 Abs. 2 KAG an, bestimmt aber nicht dessen Inhalt."[426]

cc) Verstoß gegen das Kostendeckungsprinzip und dessen Kontrolle

Ein Verstoß gegen das Kostendeckungsprinzip wird erst durch eine erhebliche oder gröbliche Verletzung des Prinzips begründet.[427] Eine erhebliche oder gröbliche Verletzung des Kostendeckungsprinzips kann angenommen werden, sofern eine vorsätzliche Gewinnerzielung beabsichtigt wird, die Gebührenkalkulation auf der Grundlage sachfremder Erwägung erfolgt, Aufwendungen einbezogen werden, die in einer Ungleichbehandlung der Gebührenpflichtigen resultieren oder erzielbare Erlöse aus innerbetrieblichen Leistungserbringungen nicht oder in einem zu geringen Umfang berücksichtigt werden.[428]

Jedoch ist der Maßstab des gerichtlichen Kontrollumfangs in der oberverwaltungsgerichtlichen Rechtsprechung uneinheitlich.[429] Nach einer Auslegung (von *Quaas* als „*Ergebnisrechtsprechung*" bezeichnet) verstößt eine Gebühr erst dann gegen das Kostendeckungsprinzip, wenn die Anforderungen des jeweiligen Kommunalabgabengesetzes im Ergebnis nicht eingehalten werden, so dass fehlerhafte veranschlagte Kosten durch korrekt veranschlagte Kosten ausgeglichen werden können.[430] Nach der anderen Auslegung (von *Quaas* als „*Vorgangsrechtsprechung*" bezeichnet) wird neben dem Ergebnis der Gebührenkalkulation auch die Kalkulation selbst und ihr Übereinstimmen mit der zugrundeliegenden Satzung überprüft.[431] Unabhängig davon lehnt die verwaltungsgerichtliche Rechtsprechung es ab, „*intensiv auf Fehlersuche*" zu gehen"[432] und beschränkt die Kontrolle kommunaler Gebührenkalkulationen auf die dagegen vorgebrachten substanziierten Einwände, wobei eine „*Feinkontrolle*" mit minimalem Entlastungserfolg in der Regel zu unterbleiben habe.[433] Ohnehin ist die Gebührenkalkulation der Kommunen gerichtlich nur eingeschränkt überprüfbar.[434] Erschwerend kommt auf Seiten der Endkunden hinzu, dass eine gerichtliche Auseinandersetzung eine umfangreiche Kenntnis des

[426] OVG Münster, Urt. v. 1.7.1997 – 9 A 6103/95, BeckRS 2008, 39488.

[427] *Friedl*, KStZ 2001, 41, 42; *Kühling*, DVBl. 2010, 205, 213.

[428] *Friedl*, KStZ 2001, 41, 42.

[429] *Kühling*, DVBl. 2010, 205, 213; *Quaas*, NVwZ 2002, 144, 147.

[430] *Quaas*, NVwZ 2002, 144, 147.

[431] *Quaas*, NVwZ 2002, 144, 147.

[432] VGH Kassel, Beschl. v. 18.4.2016 – 5 C 2174/13, BeckRS 2016, 46353, Rn. 23.

[433] BVerwG, Urt. v. 17.4.2002 – 9 CN 1/01, NVwZ 2002, 1123, 1125; vgl. auch *Reinhardt*, LKV 2010, 296, 300.

[434] VGH Kassel, Beschl. v. 18.4.2016 – 5 C 2174/13, BeckRS 2016, 46353, Rn. 28; vgl. auch *Reif*, in: Münchener Kommentar zum Wettbewerbsrecht, 4. Aufl. 2022, § 31 GWB, Rn. 39e.

Sachverhaltes und Durchsetzungswillen voraussetzt und das Erreichen des Ziels mit einem Prozesskostenrisiko verbunden ist, dem aufgrund der geringen Höhe der Gebühren nur marginale Gewinne gegenüberstehen.[435]

Parallel zur gerichtlichen Überprüfung unterliegen die erhobenen Gebühren der kommunalen Rechtsaufsicht.[436] Die Rechtsaufsicht beschränkt sich auf die Überprüfung der Rechtmäßigkeit des kommunalen Handelns, die Zweckmäßigkeit wird nicht überprüft.[437] Die Mittel der Rechtsaufsicht sind zwar landesrechtlich unterschiedlich ausgestaltet, können aber grundsätzlich in präventive und repressive Mittel unterteilt werden.[438] Als präventive Mittel sind dabei beispielsweise Genehmigungsvorbehalte zu nennen; auf der Seite der repressiven Mittel steht der zuständigen Behörde unter anderem das Beanstandungsrecht zu.[439]

Praktisch erscheint die Wirksamkeit der kommunalen Rechtsaufsicht im Bereich der Kontrolle der Wassergebühren begrenzt. Die Begründung dafür liegt zum einen in der kommunalfreundlich auszuübenden Kontrolle, die in vielen Fällen hinter einer ökonomisch fundierten Kontrolle durch die Kartellbehörden zurückbleiben wird.[440] Aber auch in personeller Hinsicht sind die Ressourcen zwischen Bundeskartellamt/Landeskartellbehörden und den für die Kommunalaufsicht zuständigen Behörden insofern ungleich verteilt, als das letztere häufig nicht über die für eine angemessene Beurteilung erforderliche ökonomische Expertise verfügt, um unbestimmte Kostenbegriffe zu bestimmen.[441] So verwundert es kaum, dass praktisch keine Fälle bekannt sind, in denen zuständige Behörden gegen überhöhte Wassergebühren vorgegangen sind – ganz im Gegenteil bieten sich Beispiele dar, in denen nach einer kartellrechtlichen Beanstandung von Wasserpreisen und einer anschließenden Kommunalisierung und Erhebung von Wassergebühren in identischer Höhe ein kommunalbehördliches Einschreiten unterblieb.[442] In der Praxis beschränkt sich die

---

[435] *Reif*, in: Münchener Kommentar zum Wettbewerbsrecht, 4. Aufl. 2022, § 31 GWB, Rn. 39e; vgl. *Monopolkommission*, 20. Hauptgutachten 2012/2013, Rz. 1222.

[436] Die Zuordnung zur Rechtsaufsicht – im Unterschied zur Fachaufsicht – ergibt sich aus der Zugehörigkeit der Wasserversorgung zur kommunalen Selbstverwaltung und damit zu weisungsfreien Aufgaben.

[437] *Geis*, Kommunalrecht, 5. Aufl. 2020, § 24, Rn. 11 f.; *Kühling*, DVBl. 2010, 205, 213; die Pflichten der Rechtsaufsicht aufzeigend: *Meyer*, NVwZ 2003, 818 ff.

[438] Vgl. *Geis*, Kommunalrecht, 5. Aufl. 2020, § 24, Rn. 14 ff.

[439] *Reinhardt*, ZfW 2008, 125, 138 f.

[440] Vgl. *Reif*, in: Münchener Kommentar zum Wettbewerbsrecht, 4. Aufl. 2022, § 31 GWB, Rn. 39.

[441] Vgl. *Gersdorf*, ZWeR 2016, 113, 126; *Monopolkommission*, 20. Hauptgutachten 2012/2013, Rz. 1222.

[442] *Reif*, in: Münchener Kommentar zum Wettbewerbsrecht, 4. Aufl. 2022, § 31 GWB, Rn. 39 verweist auf die Kartellverfahren in Wetzlar, Wiesbaden und Wuppertal. Vgl. auch: *Monopolkommission*, 20. Hauptgutachten 2012/2013, Rz. 1222.

kommunale Aufsicht in der Regel auf die Überprüfung einer ordnungsgemäßen Rechnungsführung sowie der Kostendeckung.[443]

Eine diskutierte (mittelbare) demokratische Kontrolle[444] der Wassergebühren durch das Wahlrecht der Endabnehmer erscheint realitätsfern; stellt doch die Höhe der Wassergebühr (wenn überhaupt) nur einen Bruchteil dessen dar, dass die Wahlentscheidung auf kommunaler Ebene beeinflusst.[445]

c) Verhältnismäßigkeitsprinzip: Äquivalenzprinzip und Erdrosselungsverbot

aa) Äquivalenzprinzip

Die Bemessung der Gebührenhöhe findet ihre materielle verfassungsrechtliche Grenze im Grundsatz der Verhältnismäßigkeit und dessen Ausprägung in Form des Äquivalenzprinzips.[446] Die konzeptionelle Begründung für das Heranziehen des Äquivalenzprinzips findet sich in der Natur der Gebühr: Diese ist als Gegenleistung für die Inanspruchnahme einer öffentlichen-rechtlichen Leistung ausgestaltet.[447] Daraus folgt in Beachtung des Verhältnismäßigkeitsgrundsatzes, dass die Gebührenhöhe auf das zur Leistungserbringung erforderliche Maß zu begrenzen ist.[448] Insofern zielt das Äquivalenzprinzip auf die Wahrung des Verhältnisses (der Äquivalenz) zwischen der Verwaltungsleistung und der individuellen Gebührenhöhe.[449] In der Rechtsprechung findet sich der Ausdruck, dass die Gebührenbemessung nicht in einem groben Missverhältnis zu den verfolgten legitimen Gebührenzwecken

---

[443] Vgl. *Gersdorf*, ZWeR 2016, 113, 127.

[444] Vgl. *VKU*, Leitfaden Kartellrechtliche Wasserpreiskontrolle, 2014, S. 12: „*Die Beschlussfassung über kommunale Satzungen allgemein und damit auch über die Höhe öffentlich-rechtlicher Entgelte obliegt den gewählten Gemeindevertretern. Damit kommt dem Bürger ein hohes Mitspracherecht zu, sodass öffentlich-rechtliche Entgelte demokratisch legitimiert sind.*“

[445] Ebenfalls ablehnend: *Reif*, in: Münchener Kommentar zum Wettbewerbsrecht, 4. Aufl. 2022, § 31 GWB, Rn. 39a, mit Verweis auf die „Effizienzblindheit“ der demokratischen Kontrolle; *Schweitzer*, ZHR 181 (2017), 119, 140: Der demokratische Prozess sei als Mechanismus der Effizienz- oder Ausbeutungskontrolle ungeeignet; *Wolf*, WuW 2013, 246, 250: Wahlrecht sei kein gleich geeignetes milderes Mittel zum Schutz der Verbraucherinteressen.

[446] Vgl. BVerfG, Beschl. v. 6.2.1979 – 2 BvL 5/76, NJW 1979, 1345, 1345; BVerwG, Beschl. v. 19.9.1983 – 8 B 117/82, NVwZ 1984, 239, 240; BVerwG, Urt. v. 24.9.1987 – 8 C 28/86, NVwZ 1988, 159, 160; vgl. auch *Gern/Brünning*, Deutsches Kommunalrecht, 4. Aufl. 2019, Rn. 1302; *Gersdorf*, ZWeR 2016, 113, 123; *Reinhardt*, LKV 2010, 296, 299; *Schweitzer*, ZHR 181 (2017), 119, 133 f.

[447] *Waldhoff*, in: Isensee/Kirchof, Handbuch des Staatsrechts, Band 5, 3. Aufl. 2007, § 116, Rn. 87.

[448] *Brünning*, IR 2015, 175, 177; *Gersdorf*, ZWeR 2016, 113, 123.

[449] Vgl. *Dierkes/Hamann*, Öffentliches Preisrecht in der Wasserwirtschaft, 2009, S. 83; *Gern/Brünning*, Deutsches Kommunalrecht, 4. Aufl. 2019, Rn. 1303; *Gersdorf*, ZWeR 2013, 119, 123; *Reinhardt*, LKV 2010, 296, 299, vgl. aus der Rechtsprechung.

stehen darf.[450] Zudem ist durch die Rechtsprechung anerkannt, dass eine offensichtlich überdimensionierte Anlage nicht mit dem Äquivalenzprinzip zu vereinbaren ist.[451] Die Gebührenhöhe wird nach den Kommunalabgabengesetzen der Länder grundsätzlich nach dem sog. Wirklichkeitsmaßstab bestimmt, also nach dem Umfang der jeweiligen Leistung, die von dem einzelnen Gebührenpflichtigen in Anspruch genommen wurde.[452] Sofern eine Anwendung des Wirklichkeitsmaßstabes *„nicht möglich, nicht zumutbar oder besonders schwierig ist"*, erfolgt die Bestimmung der Gebührenhöhe subsidiär nach dem Wahrscheinlichkeitsmaßstab.[453] Die Bemessung der Gebührenhöhe nach dem Wahrscheinlichkeitsmaßstab richtet sich nach Regelfällen, die der allgemeinen Lebenserfahrung entsprechen.[454] Ein Wahrscheinlichkeitsmaßstab darf nicht zu einem offensichtlichen Missverhältnis zwischen der Leistung und der Gebühr führen.[455] Die Rechtsprechung legt die Grenzen der Überschreitung des Äquivalenzprinzips sehr weit aus und nimmt eine Grenzüberschreitung erst an, wenn diese *„eine grob unangemessene Höhe erreichen, also sachlich schlechthin unvertretbar sind"*.[456] Auch das Äquivalenzprinzip verhindert eine Gewinnerzielung – sofern diese als Zwischenziel zur Erreichung des verfolgten öffentlichen Endziels dient – nicht.[457]

bb) Erdrosselungsverbot

Eine zusätzliche Grenze zulässiger Gebührenhöhen zieht zudem das Erdrosselungsverbot, dessen Ausprägung Gebührensätze verhindern soll, die die Ausübung einschlägiger Grundrechte – für den Fall der Wasserversorgung unter Umständen Art. 12, 14, 2 Abs. 1 und 2 GG – praktisch unmöglich machen oder unverhältnismäßig einschränken.[458] Die praktischen Auswirkungen des Erdrosselungsverbotes

---

[450] Vgl. BVerfGE 132, 334, Rn. 51; 108, 1, 19; BVerwGE 26, 305, 308 f.; BVerwGE 115, 32, 44; BVerwGE 109, 272, 274; BVerwG, Urt. v. 19.1.2000 – 11 C 5/99, NVwZ-RR 2000, 533, 535; s. a. *Gersdorf*, ZWeR 2016, 113, 127; *Kleinlein/Schubert*, NJW 2014, 3191, 3198.

[451] VGH München, Beschl. v. 5.4.2005 – 4 ZB 03.994, BeckRS 2005, 16299 m. w. N.; s. a. *Gersdorf*, ZWeR 2016, 113, 127; *Kleinlein/Schubert*, NJW 2014, 3191, 3198.

[452] Ausdrücklich: § 7 Abs. 1 S. 2, 1. HS KAG Rh-Pf; vgl. auch *Gersdorf*, ZWeR 2016, 113, 123; *Quaas*, Kommunales Abgabenrecht, 1997, Rn. 40 mit folgendem Beispiel für die Wasserversorgung, dass der Wirklichkeitsmaßstab nach der Literzahl Wasser bemesse, die in die Kanalisation abgegeben werden. Meiner Ansicht nach wäre es jedoch zutreffender die Literzahl Wasser heranzuziehen, die auf den jeweiligen Hausanschluss entfallen, da nicht jeder entnommene Liter Wasser notwendigerweise der Kanalisation zugeführt wird.

[453] Ausdrücklich: § 7 Abs. 1 S. 2, 2. HS KAG Rh-Pf; vgl. auch *Gersdorf*, ZWeR 2016, 113, 123 m. w. N.

[454] *Mohl/Wegener*, KStZ 1996, 87, 88; *Quaas*, Kommunales Abgabenrecht, 1997, Rn. 40.

[455] Ausdrücklich: § 7 Abs. 1 S. 3 KAG Rh-Pf; vgl. auch *Gersdorf*, ZWeR 2016, 113, 123 f.

[456] VGH München, Beschl. v. 5.4.2005 – 4 ZB 03.994, BeckRS 2005, 16299; vgl. auch *Gersdorf*, ZWeR 2016, 113, 124; *Schweitzer*, ZHR 181 (2017), 119, 134.

[457] *Gersdorf*, ZWeR 2016, 113, 124.

[458] Vgl. BVerfGE 16, 147, 161; BVerfGE 68, 287, 310 f.; *Gern*, Deutsches Kommunalrecht, 3. Aufl. 2019, Rn. 1303; *Reinhardt*, LKV 2010, 296, 299.

im Rahmen der Trinkwasserversorgung erscheinen – jedenfalls auf den einzelnen privaten Verbraucher – eher gering; handelt es sich doch um vergleichsweise niedrige Gebührenhöhen pro Kubikmeter Wasser, so dass der Maßstab wohl kaum tragfähig ist, insbesondere um aufkommende Ineffizienzen wirksam auszuschließen.

d) Weitere Verfassungsprinzipien und Grundsätze

Weitere Verfassungsprinzipien und Verfassungsgrundsätze, die in Bezug auf die Kontrolle der Gebührenhöhe einer Erwähnung bedürfen, sind das Sozialstaatsprinzip des Art. 20 Abs. 1 GG, der allgemeine Gleichheitssatz aus Art. 3 Abs. 1 GG und das Wirtschaftlichkeitsprinzip aus Art. 114 Abs. 2 Satz 1 GG. Diese sollen im Folgenden näher erläutert und auf ihre praktische Relevanz in Bezug auf die Kontrolle der Gebührenhöhe untersucht werden.

aa) Sozialstaatsprinzip

Das Sozialstaatsprinzip leitet sich aus Art. 20 Abs. 1 GG ab.[459] Entgegen des knapp gehaltenen Wortlauts lässt sich aus dem Sozialstaatsprinzip ein soziales Staatsziel ableiten, dass als unmittelbar geltendes Verfassungsrecht alle Staatsgewalten bindet.[460] Inhaltlich lässt sich die Ausrichtung auf das Soziale dabei in die Fürsorge und Vorsorge unterteilen; die Vorsorge ist maßgeblich auf die Schaffung sozialer Sicherungssystem und eine staatliche Infrastrukturverantwortung gerichtet.[461] Aus der staatlichen Infrastrukturverantwortung folgt die Pflicht des Staates, der Daseinsvorsorge immanente Einrichtungen vorzuhalten.[462] Zu diesen Einrichtungen zählt auch das Vorhalten von Wasserversorgungseinrichtungen[463] und insbesondere die Auswirkung der sozialen Staatszielbestimmung in der Gebührenhöhe und deren Begrenzung auf ein sozialverträgliches Maß.[464] Jedoch folgt aus dem Charakter der Staatszielbestimmung des Sozialstaatsprinzips, dass zwar die Aufgabe des Sozialen abstrakt formuliert wird, jedoch nicht näher konkretisiert wird, so dass ohne weitere normative Anknüpfungspunkte keine subjektiven Rechte des End-

---

[459] Art. 20 Abs. 1 GG lautet: „*Die Bundesrepublik Deutschland ist ein demokratischer und sozialer Bundesstaat.*“

[460] *Grzeszick*, in: Dürig/Herzog/Scholz, 98. EL März 2022, Art. 20 GG, Rn. 17; *Wittreck*, in: H. Dreier (Hrsg.), Grundgesetz-Kommentar, Bd. II, 3. Aufl. 2015, Art. 20 (Sozialstaat), Rn. 24.

[461] *Wittreck*, in: H. Dreier (Hrsg.), Grundgesetz-Kommentar, Bd. II, 3. Aufl. 2015, Art. 20 (Sozialstaat), Rn. 27 ff.

[462] *Pielow*, JuS 2006, 692, 692; *Wittreck*, in: H. Dreier (Hrsg.), Grundgesetz-Kommentar, Bd. II, 3. Aufl. 2015, Art. 20 (Sozialstaat), Rn. 32.

[463] BVerfGE 45, 63, 78 (ausdrücklich zur Wasserversorgung); *Wittreck*, in: H. Dreier (Hrsg.), Grundgesetz-Kommentar, Bd. II, 3. Aufl. 2015, Art. 20 (Sozialstaat), Rn. 32.

[464] Vgl. *Reinhardt*, LKV 2010, 296, 301; *Schmidt*, LKV 2008, 193, 196.

verbrauchers aus dem Sozialstaatsprinzip erwachsen können.[465] Abschließend ist festzuhalten, dass eine Kontrolle durch das Sozialstaatsprinzip aus zwei Überlegungen eher fernliegend ist. Erstens ist die Begründung eines vorliegenden subjektiven Rechts nicht problemlos möglich. Zweitens erschweren der weite Maßstab und die nicht in allen Einzelheiten abgegrenzten Konturen des Sozialstaatsprinzips die Begründung einer tatsächlichen Verletzung.

bb) Allgemeiner Gleichheitssatz

Eine weitere verfassungsrechtliche Grenze der Gebührenhöhe ergibt sich aus dem allgemeinen Gleichheitssatz des Art. 3 Abs. 1 GG.[466] Als Ausfluss des allgemeinen Gleichheitssatzes folgt für die Gebührenhöhe zweierlei: Zum einen dürfen „*Gebühren nicht völlig unabhängig von den Kosten der gebührenpflichtigen Staatsleistung festgesetzt werden*"[467], zum anderen „*gebietet der Gleichheitssatz, bei gleichartig beschaffenen Leistungen, die rechnerisch und finanziell in Leistungseinheiten erfaßt werden können, die Gebührenmaßstäbe und Gebührensätze in den Grenzen der Praktikabilität und Wirtschaftlichkeit so zu wählen und zu staffeln, daß sie unterschiedlichen Ausmaßen in der erbrachten Leistung Rechnung tragen, damit die verhältnismäßige Gleichheit unter den Gebührenschuldnern gewahrt bleibt.*"[468]

Zum erstgenannten Aspekt der Relation der Gebührenhöhe zur Höhe der Kosten ist anzumerken, dass dieses Verhältnis in aller Regel bereits durch das Äquivalenzprinzip als Ausfluss des Verhältnismäßigkeitsgrundsatzes abgedeckt ist.[469] In Bezug auf zweitgenannten Aspekt ist zu konstatieren, dass dieser nur eine Kontrolle in Bezug auf andere Gebührenschuldner – maßgeblich Gebührenschuldner anderer Tarifgruppen des Wasserversorgungsunternehmens – begründet. Die Tarifgestaltungsfreiheit der Wasserversorgungsunternehmen ist jedoch sehr weit gefasst,[470] so dass die praktische Bedeutung des allgemeinen Gleichheitssatzes in Bezug auf die Kontrolle der Gebührenhöhe keine substanzielle Stellung beigemessen werden kann.

---

[465] BVerfGE 27, 253, 283; 39, 302, 315, 41, 126, 153 f.; 82, 60, 80; 94, 241, 263; 110, 412, 445; *Grzeszick*, in: Dürig/Herzog/Scholz, 98. EL März 2022, Art. 20 GG, Rn. 18 f.

[466] Vgl. BVerfGE 50, 217, 227; *P. Kirchhof*, in: Isensee/Kirchhof, Handbuch des Staatsrechts, Band 5, 3. Aufl. 2007, § 119, Rn. 55.

[467] BVerfGE 50, 217, 227; s. a. *P. Kirchhof*, in: Isensee/Kirchhof, Handbuch des Staatsrechts, Band 5, 3. Aufl. 2007, § 119, Rn. 55.

[468] BVerfGE 50, 217, 227, s. a. *P. Kirchhof*, in: Isensee/Kirchhof, Handbuch des Staatsrechts, Band 5, 3. Aufl. 2007, § 119, Rn. 55.

[469] So auch *Reinhardt*, LKV 2010, 296, 301, der jedoch nicht zwischen den beiden Schutzrichtungen des allgemeinen Gleichheitssatzes in Bezug auf Gebührenhöhen differenziert.

[470] Vgl. oben unter C. II. 2. b) bb), S. 151.

cc) Wirtschaftlichkeitsprinzip

Das Wirtschaftlichkeitsprinzip zählt seit jeher zu einem zu beachtenden Prinzip der öffentlichen Verwaltung.[471] Das inhaltliche Bestreben des Wirtschaftlichkeitsprinzips liegt in der Optimierung der Mittel-Zweck-Relation eingesetzter öffentlicher Mittel.[472]

Den verfassungsrechtlichen Anknüpfungspunkt bildet in erster Linie Art. 114 Abs. 2 S. 1GG[473], eine einfachgesetzliche Normierung findet sich in § 6 Abs. 1 Haushaltsgrundsätzegesetz und § 7 Abs. 1 Satz 1 Bundeshaushaltsordnung.[474] Der Begriff der Wirtschaftlichkeit verbleibt unbestimmt und ist auslegungsbedürftig.[475] Hinter der Unbestimmtheit des Begriffs der Wirtschaftlichkeit verbirgt sich zugleich die maßgebliche Schwäche des gesamten Prinzips: Die fehlende Konkretisierung erschweren die Durchsetzung von wirtschaftlicheren Gebühren und verkürzen so den dem Prinzip zugehörigen Wirkungskreis.[476] Neben der fehlenden inhaltlichen Konkretisierung hat ein Verstoß gegen das Wirtschaftlichkeitsprinzip für die jeweilige Kommune keine rechtlichen Konsequenzen, so dass die Schlagkraft des Prinzips keine Steigerung erfährt.[477] Insgesamt ist die Tragweite des Wirtschaftlichkeitsprinzips im Bereich der Gebührenkontrolle als nicht essentiell einzustufen.

e) Anwendung des Art. 102 AEUV auf öffentlich-rechtliche Gebühren

Ergänzend ist zu überlegen, ob die Missbrauchsvorschriften des europäischen Kartellrechts (vgl. Art. 102 AEUV) im Rahmen der Kontrolle von Gebühren Anwendung finden könnten.

Der funktionalen Unternehmensbegriff des europäischen Kartellrechts erfasst Wasserversorgungsunternehmen, so dass eine Anwendbarkeit der europäischen

---

[471] Vgl. *Gersdorf*, Öffentliche Unternehmen im Spannungsfeld zwischen Demokratie- und Wirtschaftlichkeitsprinzip, Habil. 2000 (Univ. Hamburg), S. 408, mit dem Hinweis, dass das Wirtschaftlichkeitsprinzip bereits in der Instruktion für die Preußische Oberrechnungskammer vom 18. 12. 1884 niedergelegt war.

[472] *Burgi*, NdsVBl. 2012, 225, 229; *Gersdorf*, ZWeR 2016, 113, 122.

[473] Art. 114 Abs. 2 S. 1 GG lautet: „*Der Bundesrechnungshof, dessen Mitglieder richterliche Unabhängigkeit besitzen, prüft die Rechnung sowie die Wirtschaftlichkeit und Ordnungsmäßigkeit der Haushalts- und Wirtschaftsführung des Bundes.*"

[474] § 6 Abs. 1 Haushaltsgrundsätzegesetz und § 7 Abs. 1 S. 1 Bundeshaushaltsordnung lauten (wortgleich): „*Bei Aufstellung und Ausführung des Haushaltsplans sind die Grundsätze der Wirtschaftlichkeit und Sparsamkeit zu beachten.*"

[475] Vgl. *Gersdorf*, Öffentliche Unternehmen im Spannungsfeld zwischen Demokratie- und Wirtschaftlichkeitsprinzip, Habil. 2000 (Univ. Hamburg), S. 412 f.

[476] *Gersdorf*, ZWeR 2016, 113, 122, der „*das Wirtschaftlichkeitsprinzip im Kampf um eine Effizienzsteigerung der öffentlichen Hand eher als stumpfes Schwert*" einordnet.

[477] *Burgi*, NdsVBl. 2012, 225, 230.

Missbrauchsvorschriften zunächst möglich erscheint.[478] Der für die vorliegende Überlegung entscheidende Unterschied zwischen dem europäischen und dem deutschen Kartellrecht besteht darin, dass das europäische Kartellrecht in Abgrenzung zum deutschen Kartellrecht keine dem § 185 Abs. 1 Satz 2 GWB entsprechende Regelung kennt, wonach die kartellrechtlichen Missbrauchsvorschriften nicht auf öffentlich-rechtliche Gebühren anwendbar sind. Insofern stünde einer Anwendbarkeit des Art. 102 AEUV auf öffentlich-rechtliche Gebühren grundsätzlich nichts im Wege. Jedoch ist zu beachten, dass die sonstigen Tatbestandsvoraussetzungen des Art. 102 AEUV, namentlich eine marktbeherrschende Stellung des Wasserversorgungsunternehmens auf einem mindestens wesentlichen Teil des gemeinsamen Marktes und ein Bezug zum zwischenstaatlichen Handel, vorliegen müssten. Nach der in dieser Arbeit vertretenen Ansicht fehlt es wenigstens an einem Bezug zum zwischenstaatlichen Handel.[479] Mithin scheidet eine Missbrauchskontrolle erhobener Gebühren nach Art. 102 AEUV mangels vorliegender Tatbestandsvoraussetzungen aus.

f) Eingeschränkte Missbrauchskontrolle über Gebühren nach dem GWB

Nach § 185 Abs. 1 Satz 2 GWB sind die „*§§ 19, 20 und 31b Absatz 5 […] nicht anzuwenden auf öffentlich-rechtliche Gebühren oder Beiträge.*“ Die heutige Fassung des Paragrafen wurde im Jahr 2013 im Rahmen der 8. GWB-Novelle als § 130 Abs. 1 S. 2 GWB a. F. in das Gesetz aufgenommen.[480]

Bis zum Erlass der 8. GWB-Novelle war die Kontrolle (öffentlich-rechtlicher Trinkwasser-)Gebühren nach überwiegender Auffassung aus dem Anwendungsbereich des GWB ausgeschlossen und dem des Kommunalabgabenrechts vorbehalten.[481] Jedoch gab es auch Stimmen, die eine Anwendung der kartellrechtlichen Missbrauchsregelungen auch auf öffentlich-rechtliche Gebühren in Erwägung zogen.[482] Letztgenannte Stimmen fügten sich in die durch den BGH angestellten

---

[478] Vgl. zum europäischen Unternehmensbegriff bereits C. II. 3. a), S. 156.

[479] Vgl. Kapitel C. II. 3. c), S. 164; vgl. auch *Bundeskartellamt*, Bericht über die großstädtische Trinkwasserversorgung in Deutschland, 2016, S. 107, wonach es bereits an einer marktbeherrschenden Stellung des betroffenen Unternehmens auf einem mindestens wesentlichen Teil des gemeinsamen Marktes fehle; *Engelsing*, EnWZ 2013, 481, 482.

[480] Vgl. BGBl. I 2013, S. 1750.

[481] *Daiber*, WuW 1996, 361, 362; *Lenschow*, Marktöffnung in der leitungsgebundenen Trinkwasserversorgung, Diss. (Humboldt-Universität zu Berlin) 2006, 136; *Rajczak*, Wasserpreise auf dem Prüfstand des Zivilrechts, Diss. (Humboldt-Universität zu Berlin) 2014, S. 209 ff.; *Schwarze*, WuW 2003, 241, 242; *Wehage*, Missbrauchsaufsicht über Wasserpreise und Wassergebühren nach deutschem und europäischem Kartellrecht, Diss. (Berlin) 2015, 86, 112.

[482] Vgl. *Bews*, N&R 2013, 146, 146 ff.; *Brömmelmeyer*, ZögU 2011, 415, 429; *Daiber*, NJW 2013, 1990, 1994 f.; *Lenschow*, Marktöffnung in der leitungsgebundenen Trinkwasserversorgung, Diss. (Humboldt-Universität zu Berlin) 2006, 136 f.; *Monopolkommission*, 18. Hauptgutachten 2008/2009, S. 51 f. (Rz. 12); *Wolf*, NZKart 2013, 17, 17 ff.; *Säcker*, NJW

Erwägungen ein (bzw. lesen sich als Vordenker dieser Erwägungen), bei einer Austauschbarkeit der öffentlich-rechtlich oder privatrechtlichen Ausgestaltung der Leistungsbeziehungen, eine Kontrolle von Gebühren auch am Maßstab des Kartellrechts zuzulassen.[483]

Nach Einführung des § 185 Abs. 1 Satz 2 GWB erklärte ein Teil der Literatur die kartellrechtliche Gebührenkontrolle für allgemein unzulässig.[484] Die Pauschalität dieser Aussage ist im Folgenden insbesondere im Hinblick auf den (aa)) Wortlaut die (bb)) Historie der Gesetzgebung und (cc)) verfassungsrechtliche Erwägungen näher zu untersuchen.

aa) Auslegung des Wortlauts

Der Wortlaut der Norm nimmt expliziten Bezug auf die §§ 19, 20 und 31b Abs. 5 GWB und schließt deren Anwendung in Bezug auf Gebühren (und Beiträge) aus. § 31b Abs. 5 GWB eröffnet eine entsprechende Anwendbarkeit des § 31b Abs. 3 GWB für Fälle der Marktbeherrschung – und steht damit im selben Regelungskontext wie §§ 19, 20 GWB.[485] Insofern ist die Regelungssystematik des § 185 Abs. 1 Satz 1 GWB konsequent. Im Umkehrschluss muss aus diesem expliziten Bezug auf einzelne Normen folgen, dass andere zur kartellrechtlichen Missbrauchskontrolle gehörende Normen – namentlich § 31 Abs. 3 und 4 i. V. m. § 31b Abs. 3 GWB nicht von dem Ausschluss erfasst sind.[486] Einschränkend ist in diesem Zusammenhang zu beachten, dass § 31b Abs. 3 GWB auf § 31 Abs. 4 GWB verweist, der sich seinerseits auf § 31 Abs. 3 GWB bezieht, welcher ausdrücklich auf „*Verträge nach Absatz 1*“ – namentlich Demarkationsverträge, Konzessionsverträge, Höchstpreisbindungen und Verbundverträge – Bezug nimmt. Aufgrund der vielseitigen Verwendung von Konzessionsverträgen im Markt der Trinkwasserversorgung steht eine (eingeschränkte) Anwendbarkeit der kartellrechtlichen Missbrauchskontrolle (in Form der Freistellungsmissbräuche) auch über Gebühren daher

2012, 1105, 1109f.; *Strohn*, FS Tolksdorf, 2014, 563, 574 in Fällen, in denen eine Rekommunalisierung nicht „*ernsthaft*“ durchgeführt werde.

[483] Vgl. BGH, Beschl. v. 18.10.2011 – KVR 9/11, NJW 2012, 1150, Rn. 9, 11 – Niederbarnimer Wasserverband II.

[484] Vgl. *Bundeskartellamt*, Bericht über die großstädtische Trinkwasserversorgung in Deutschland, 2016, S. 6; *Bechtold/Bosch*, GWB, 10. Aufl. 2021, § 31 GWB, Rn. 31, § 185 GWB, Rn. 12; *Becker*, in: Bunte, Kartellrecht, 14. Aufl. 2022, § 31 GWB, Rn. 10.

[485] *Reif*, in: Münchener Kommentar zum Wettbewerbsrecht, 4. Aufl. 2022, § 31 GWB, Rn. 68a; *Schmidt/Weck*, NZKart 2013, 343, 345.

[486] So auch: *Emmerich*, in: Immenga/Mestmäcker, 6. Aufl. 2020, § 185 GWB, Rn. 16 *Reif*, in: Münchener Kommentar zum Wettbewerbsrecht, 4. Aufl. 2022, § 31 GWB, Rn. 68a; *Schmidt/Weck*, NZKart 2013, 343, 345; *Schwensfeier/Knauff*, in: LMRKM, 4. Aufl. 2020, § 185 Abs. 1 GWB, Rn. 73; a. A. *Bechtold/Bosch*, GWB, 10. Aufl. 2021, § 31 GWB, Rn. 31, die davon ausgehen, dass es keine Anhaltspunkte dafür gäbe, dass § 31b Abs. 3 auf die Gebührenkontrolle anwendbar ist.

mit dem Wortlaut des § 185 Abs. 1 Satz 2 GWB im Einklang.[487] Freilich vermag die praktische Relevanz dieses Befundes hinterfragt werden, handelt es sich aufgrund der Monopolsituation des jeweiligen Wasserversorgungsunternehmens doch um Sachverhalte, die in aller Regel nach dem in § 31b Abs. 5 GWB normierten Konstrukt der „*marktbeherrschenden Stellung*" zu beurteilen wären.[488]

bb) Auslegung der Historie der Gesetzgebung

Der sich aus der Wortlautauslegung ergebende Befund der partiellen Anwendbarkeit der kartellrechtlichen Missbrauchskontrolle deckt sich mit der Auslegung der Gesetzgebungshistorie. Der Wortlaut des heutigen § 185 Abs. 1 Satz 2 GWB (entspricht § 130 Abs. 1 Satz 2 GWB a. F.) ist Ergebnis eines im Vermittlungsausschuss erreichten Kompromisses. Im Rahmen der Novellierung des GWB trat der Bundesrat zunächst für einen vollständigen Ausschluss der kartellrechtlichen Missbrauchskontrolle über Gebühren ein und schlug zwecks dessen folgenden Wortlaut vor: „*In Bezug auf öffentlich-rechtliche Gebühren und Beiträge findet eine kartellrechtliche Missbrauchskontrolle nicht statt.*"[489] Begründend wurde auf das Kostenüberschreitungsverbot als Instrument zur Kontrolle von Gebühren und die verwaltungsgerichtliche und kommunal-aufsichtliche Zuständigkeit verwiesen, so dass kein Raum für eine (parallele) kartellrechtliche Missbrauchskontrolle verbleibe.[490]

Die Bundesregierung vermochte diesem Standpunkt nicht zu folgen, so dass sie den Vorschlag des Bundesrates in ihrer Gegenäußerung ausdrücklich ablehnte.[491] Begründend wird auf die identifizierte Gefahr der kartellrechtlichen Missbrauchskontrolle durch eine „Flucht in die Gebühren" zu entgehen sowie auf die Stellungnahme zum 18. Hauptgutachten der Monopolkommission verwiesen[492], in dem die Bundesregierung sich kritisch zu den parallel zueinander existierenden Aufsichtsregimen mitsamt unterschiedlicher Kontrollmaßstäbe äußert.[493]

Im Vermittlungsausschuss konnte schließlich eine Einigung mit dem heute noch geltenden Wortlaut der Norm erzielt werden, der ausdrücklich nur die Anwendung der §§ 19, 20 und 31b Abs. 5 GWB ausschließt.

Daraus lässt sich schlussfolgern, dass dem Gesetzgeber die materiell-rechtlichen Auswirkungen des gewählten Wortlauts und der daraus folgenden partiellen Anwendbarkeit der kartellrechtlichen Missbrauchskontrolle auf Gebühren durchaus

---

[487] So auch: *Engelsing*, EnWZ 2013, 481, 482; *Schmidt/Weck*, NZKart 2013, 343, 346.

[488] Zur Frage der praktischen Relevanz auch: *Schmidt/Weck*, NZKart 2013, 343, 346; *Schwensfeier/Knauff*, in: LMRKM, 4. Aufl. 2020, § 185 Abs. 1 GWB, Rn. 73.

[489] BT-Drs. 17/9852, S. 47.

[490] BT-Drs. 17/9852, S. 47.

[491] BT-Drs. 17/9852, S. 53.

[492] BT-Drs. 17/9852, S. 53.

[493] BT-Drs. 17/4305, S. 4, Rz. 14.

bewusst gewesen sein müssen.[494] Insofern kann die Historie der Gesetzgebung unterstützend für das nach der Wortlautauslegung gefundene Ergebnis herangezogen werden.[495]

cc) Verfassungsrechtliche Erwägungen

Das gefundene Ergebnis unterstützend sei auf die fragliche Verfassungskonformität des § 185 Abs. 1 Satz 2 GWB hinzuweisen. Die Norm wird im Schrifttum gerade im Hinblick auf einen möglichen Verstoß gegen den allgemeinen Gleichheitsgrundsatz des Art. 3 Abs. 1 GG kritisch bewertet.[496]

3. Umlagefähigkeit von Ineffizienzkosten im Gebührenrecht

Entscheidende Bedeutung kommt der Frage zu, ob das Gebührenrecht das Umlegen von auf monopolbedingten Ineffizienzen beruhenden Kosten auf die Verbraucher gestattet. Die Bedeutung der Frage erwächst aus dem folgenden Spannungsfeld: Zum einen positioniert sich das Kartellrecht explizit, indem es scharf zwischen tatsächlichen Ist- und effizienten Sollkosten unterscheidet und ein Umlegen von Ineffizienzkosten auf den Verbraucher ausschließt. Zum anderen ist es Wasserversorgungsunternehmen freigestellt, die Organisationsform und die Ausgestaltung der Leistungsbeziehungen frei zu wählen. Als dritte Determinante ist (als Ausfluss des § 185 Abs. 1 Satz 2 GWB) zu beachten, dass das Kartellrecht auf die Kontrolle der Gebührenhöhe keine Anwendung findet. Letztlich ist die Marktaufteilung in Monopolen und die damit einhergehende ausbleibende Wahlmöglichkeit der Verbraucher hinsichtlich des Wasserversorgungsunternehmens zu bedenken. Insofern ist die Bedeutung der Frage, inwiefern die durch das Gebührenrecht ein das Kartellrecht gebotenen Schutzstandards vergleichbar sind, elementar.

Aus den oben dargestellten Maßstäben für die Kontrolle von Gebühren ergibt sich, dass eine Differenzierung zwischen tatsächlichen Ist- und effizienten Sollkosten nicht in gleicher Schärfe erfolgt wie im Kartellrecht. Aus dem kommunalabgabenrechtlichen Kostendeckungsprinzip ergibt sich eine Bestimmung der Kosten nach betriebswirtschaftlichen Grundsätzen. Die Grenzen dieser Grundsätze sind nur fragmentarisch geregelt – so ist anerkannt, dass betriebsfremde Leistungen (bspw. für Sponsoring) ebenso wenig umlagefähig sind, wie Kosten einer offensichtlich überdimensionierten Anlage – jenseits dessen bestehen erhebliche Freiheiten.[497]

---

[494] Vgl. auch: *Reif*, in: Münchener Kommentar zum Wettbewerbsrecht, 4. Aufl. 2022, § 31 GWB, Rn. 68a.

[495] *Reif*, in: Münchener Kommentar zum Wettbewerbsrecht, 4. Aufl. 2022, § 31 GWB, Rn. 68b.

[496] Vgl. *Gersdorf*, ZWeR 2016, 113, 132 ff.; *Reif*, in: Münchener Kommentar zum Wettbewerbsrecht, 4. Aufl. 2022, § 31 GWB, Rn. 68b; vgl. für eine Prüfung des § 185 Abs. 1. S. 2 GWB am Maßstab des Art. 3 Abs. 1 GG unten unter D. II. 12., S. 251.

[497] Vgl. oben unter C. III. 2. b) bb), S. 180.

Insofern ist die Eignung kommunalabgabenrechtlicher Maßstäbe zur Verhinderung einer Umlage von Ineffizienzkosten auf Verbraucher als begrenzt einzuschätzen. Neben diesen einfachgesetzlichen Maßstab tritt jedoch das Verhältnismäßigkeitsprinzip in seiner Ausprägung als Äquivalenzprinzip zur Kontrolle der Gebührenhöhe. Essentieller Bestandteil dessen ist die Erforderlichkeit – die Gebührenhöhe ist auf das zur Leistungserbringung erforderliche Maß zu begrenzen.[498] Die Erforderlichkeit der Kosten setzt allerdings voraus, dass diese auf Effizienzmaßstäben beruhen.[499] Ineffizienzkosten beruhen nicht auf den vorausgesetzten Effizienzmaßstäben und können daher im Ergebnis nicht als für die Leistungserbringung erforderlich angesehen werden.[500] Somit gewährleistet die dem Äquivalenzprinzip immanente Erforderlichkeit (zumindest in der Theorie), dass Ineffizienzkosten nicht auf die Verbraucher umgelegt werden dürfen.[501] Zwingende Folge dessen ist, dass die verfassungsrechtliche Begrenzung der Gebührenhöhe auf das erforderliche Maß der kartellrechtlichen Differenzierung zwischen tatsächlichen Ist- und effizienten Sollkosten in Bezug auf die Umlagefähigkeit von Ineffizienzkosten entspricht.[502] Insofern muss die Frage, ob das Gebührenrecht das Umlegen von Ineffizienzkosten auf Verbraucher gestattet, verneint werden. Praktische Probleme im Rahmen der Effizienzprüfung ergeben sich jedoch bereits aus dem in den Kostenabgabengesetzen der Länder normierten Kostendeckungsprinzip, nach dessen Ansatz den Wasserversorgungsunternehmen ein weiter Entscheidungsspielraum in Bezug auf die anzusetzenden Kosten zugemessen wird.[503]

In diesem Zusammenhang sollte auch darauf hingewiesen werden, dass die Verfolgung von Lenkungszwecken im Rahmen der Gebührenerhebung[504] auch die Gefahr birgt, dass Ineffizienzkosten als Lenkungszweck getarnt in die Gebührenbemessung Einzug finden.[505] So sei erneut darauf zu verweisen, dass der transparenten Untergliederung der Gebührenbemessungsbestandteile eine elementare Bedeutung zukommt, um dieser Gefahr zu begegnen. Eine vollumfängliche Sicherheit kann dieses Vorgehen nicht gewährleisten.

---

[498] Vgl. oben unter C. III. 2. c) aa), S. 185.

[499] *Kleinlein/Schubert*, NJW 2014, 3191, 3198.

[500] *Gersdorf*, ZWeR 2016, 113, 125; *Kleinlein/Schubert*, NJW 2014, 3191, 3198; *Schweitzer*, ZHR 181 (2017), 119, 141.

[501] So auch: *Petersen/Hartermann*, IR 2013, 305, 306, die insbesondere bezüglich der praktischen Umsetzung des Erforderlichkeitsmaßstabes anmerken, dass die Anwendung des Äquivalenzprinzips „im Labor" zu Ergebnissen führen könnte, die denen des Vergleichsmarktkonzeptes nahekommen würden; vgl. auch *Bundeskartellamt*, Bericht über die großstädtische Trinkwasserversorgung in Deutschland, 2016, S. 104; *Gersdorf*, ZWeR 2016, 113, 125; *Kleinlein/Schubert*, NJW 2014, 3191, 3198.

[502] *Gersdorf*, ZWeR 2016, 113, 126.

[503] *Schweitzer*, ZHR 181 (2017), 119, 141.

[504] Vgl. oben unter C. III. 2. b) bb), S. 180.

[505] *Gersdorf*, ZWeR 2016, 113, 129.

Eine davon zu trennende Fragestellung ergibt sich jedoch aus der Schlagkräftigkeit der Methodik und Zuständigkeit im Rahmen der Gebührenkontrolle.

4. Aufsichtsorganisation: Zuständigkeit

In Übereinstimmung mit den korrespondieren Bestimmungen der Landesverfassungen[506] wird den Gemeinden in Art. 28 Abs. 2 GG das Recht zur Selbstverwaltung garantiert. Insofern dürfen die Gemeinden *„alle Angelegenheiten der örtlichen Gemeinschaft im Rahmen der Gesetze in eigener Verantwortung zu regeln.“*[507] Das Recht zur Selbstverwaltung findet seine natürlichen Grenzen mithin im Rahmen der Gesetze.[508] Die Kontrolle zur Einhaltung dieser Grenzen wird durch die Kommunalaufsicht gewährleistet.[509] Die Kommunalaufsicht bildet mithin das Gegenstück zum gemeindlichen Recht der Selbstverwaltung.[510]

Der Kommunalaufsicht kommen verschiedenartige Funktionen zu. Im Rahmen dessen spielt der Aspekt der Rechtsbewahrung und Ordnung eine zentrale Rolle, der der Absicherung des Grundsatzes des Vorbehaltes und Vorrangs des Gesetzes auf kommunaler Ebene dient.[511] Einschränkend ist zu beachten, dass die Aufsicht – insbesondere nach der Rechtsprechung des Bundesverfassungsgerichtes[512] – grundsätzlich nicht in Form einer repressiven Staatsaufsicht erfolgt, sondern der Wahrung und Gewährleistung der Ordnung des Staatsganzen dient.[513] Darüber hinaus kommt der Kommunalaufsicht eine Schutzfunktion zu, die in fördernder

---

[506] Vgl. Art. 11 Abs. 2 Satz 2 Verf-Bay; Art. 97 Abs. 1 Satz 1 Verf-Bbg; Art. 71 Abs. 1 Satz 1, 2 LV B-W; Art. 137 Abs. 3 Satz 1 Verf-Hess.; Art. 72 Abs. 1 S. 1 Verf-MV; Art. 57 Abs. 1 Verf-Nds; Art. 78 Abs. 1 Satz 1 SGV-NRW; Art. 49 Abs. 3 Satz 1 Verf-RP; Art. 82 Abs. 2 Satz 1 Verf-Sachs; Art. 87 Abs. 1 Verf-LSA; Art. 118 Verf-Saarl; Art. 54 Abs. 1 Verf-SH; Art. 91 Abs. 1 Verf-Thür.

[507] Vgl. Art. 28 Abs. 2 Satz 1 GG.

[508] Zu den Gesetzen im Sinne des Art. 28 Abs. 2 GG zählen neben Parlamentsgesetzen auch Rechtsverordnungen und Satzungen, vgl. *Ogorek*, in: BeckOK KommunalR Hessen, 21. Ed.1.11.2022, § 54 HKO, Rn. 2.

[509] *Ogorek*, in: BeckOK KommunalR Hessen, 21. Ed.1.11.2022, § 54 HKO, Rn. 2.

[510] BVerfGE 6, 104, 118 (*„Die Kommunalaufsicht ist nicht ein Element der Selbstverwaltung, sondern ihr Korrelat.“*); BVerfGE 78, 331, 341 (*„Die Kommunalaufsicht ist das verfassungsrechtlich gebotene Korrelat der Selbstverwaltung“*); *Gern/Brünning*, Deutsches Kommunalrecht, 4. Aufl. 2019, Rn. 302; *Knemeyer*, in: Mann/Püttner, Handbuch der Kommunalen Wissenschaft und Praxis, Teil 1, 3. Aufl. 2007, § 12, Rn. 10; *Ruffert*, VerwArch 92 (2001), 27, 31.

[511] *Ruffert*, VerwArch 92 (2001), 27, 31.

[512] Vgl. BVerfGE 6, 104, 118, danach soll die repressive Aufsicht (bspw. durch Mittel der Ersatzvornahme oder Beanstandung) nur in Extremfällen zur Anwendung kommen.

[513] *Knemeyer*, in: Mann/Püttner, Handbuch der Kommunalen Wissenschaft und Praxis, Teil 1, 3. Aufl. 2007, § 12, Rn. 13 f.

Weise den Gemeinden gegenüber auftreten soll.[514] Außerdem bedient die Kommunalaufsicht eine beratende Funktion, die in präventiver Weise rechtmäßiges kommunales Handeln ebenso wie eine effektive Führung der Verwaltung fördern soll.[515] Die beratende Funktion gewährt unter anderem das Recht zum Treffen informeller Absprachen.[516] In Ausübung der genannten Funktion gilt stets zu beachten, dass die Aufsicht gemeindefreundlich auszuüben ist.[517]

Die Kommunalaufsicht für (pflichtige und freiwillige) Selbstverwaltungsaufgaben – wozu unter anderem die Versorgung der Bevölkerung mit Trinkwasser zählt – ist dabei als reine Rechtsaufsicht ausgestaltet, so dass ausschließlich eine Rechtsmäßigkeitskontrolle erfolgt.[518]

Im Detail variieren die jeweils zuständigen Behörden von Bundesland zu Bundesland.[519] Im Grundsatz obliegt die Zuständigkeit über die kreisangehörigen Gemeinden jedoch dem Landratsamt bzw. dem Landrat; für kreisfreie Städte unterscheiden sich die Zuständigkeitsregelungen. Die oberste Rechtsaufsichtsbehörde ist das jeweilige Innenministerium.[520]

Problemkreise, die der Kommunalaufsicht innewohnen, lassen sich wie folgt beschreiben: Die zuständigen Stellen arbeiten isoliert voneinander – so fehlt es an einem zwischenbehördlichen Austausch, was zu einer Uneinheitlichkeit der Aufsicht führt.[521] Die Uneinheitlichkeit wird insbesondere aufgrund der beratenden Funktion der Kommunalaufsicht, aber auch aufgrund der Pluralität der Aufsichtsinteressen (juristische Vorgaben der Aufsicht, politische Interessen (des Landrats), wirtschaftliche Erwägungen[522]) noch verstärkt, denn so entwickeln die Beschäftigten der Kommunalaufsicht individuelle Modi der Aufsicht, die auf den jeweiligen Erfahrungen basieren.[523] Zudem sind die personellen Ressourcen der Aufsichtsorgane

---

[514] Vgl. *Knemeyer*, in: Mann/Püttner, Handbuch der Kommunalen Wissenschaft und Praxis, Teil 1, 3. Aufl. 2007, § 12, Rn. 15 ff.; verfassungsrechtlich ist die Schutzfunktion bspw. in Art. 83 Abs. 4 der Bayerischen Verfassung normiert. Danach hat der *„Staat […] die Gemeinden bei der Durchführung ihrer Aufgaben [zu schützen].“*

[515] *Knemeyer*, in: Mann/Püttner, Handbuch der Kommunalen Wissenschaft und Praxis, Teil 1, 3. Aufl. 2007, § 12, Rn. 26 ff.

[516] *Gern/Brünning*, Deutsches Kommunalrecht, 4. Aufl. 2019, Rn. 303.

[517] OVG Münster, Urt. v. 8. 1. 1964 – III A 1151/61 – DVBl. 1964, 678, 678 (3. Leitsatz), und 681; *Gern/Brünning*, Deutsches Kommunalrecht, 4. Aufl. 2019, Rn. 303.

[518] *Geißler/Ebinger*, innovative Verwaltung 2015, 14, 14 f.; *Gern/Brünning*, Deutsches Kommunalrecht, 4. Aufl. 2019, Rn. 304.

[519] Einen umfassenden Überblick über die verschiedenen Zuständigkeiten in den Bundesländern gebend: *Gern/Brünning*, Deutsches Kommunalrecht, 4. Aufl. 2019, Rn. 318 ff.

[520] Vgl. *Knemeyer*, in: Mann/Püttner, Handbuch der Kommunalen Wissenschaft und Praxis, Teil 1, 3. Aufl. 2007, § 12, Rn. 43 ff.

[521] *Geißler/Ebinger*, innovative Verwaltung 2015, 14, 17.

[522] Vgl. dazu *Geißler/Ebinger*, innovative Verwaltung 2015, 14, 15.

[523] *Geißler/Ebinger*, innovative Verwaltung 2015, 14, 17.

beschränkt.[524] In Summe führen die Problemkreise zu einen Effektivitätsniveau, das ausbaufähig erscheint.[525] So erscheint es wenig verwunderlich, dass die Kommunalaufsicht in vielen Fällen im Bereich der Wassergebühren nicht tätig wird.[526] Eine weitere Vermutung für die geringere Leistungsfähigkeit der Kommunalaufsicht im Hinblick auf die Einhaltung der Prüfungsmaßstäbe könnte in der oftmals ohnehin prekären Finanzausstattung der Kommunen liegen, die geneigt sein könnten auf Ineffizienzen beruhende überhöhte Wassergebühren nicht zu beanstanden.

Insbesondere in Kombination mit der weniger klar ausgestalteten materiellen Rechtslage im öffentlichen Recht[527] im Vergleich zum Privatrecht wiegen die Problemkreise der Aufsichtsorganisation im Ergebnis noch schwerer, die die Effektivität der Kontrolle öffentlich-rechtlicher Wassergebühren mindern.

5. Zwischenergebnis

Zusammenfassend sei festzuhalten, dass im Bereich der Kontrolle der Wassergebühren die Maßstäbe des Kostendeckungsprinzips und des Verhältnismäßigkeitsprinzips in seiner Ausprägung als Äquivalenzprinzip eine tragende Rolle spielen. Daneben reiht sich die zu bejahende (eingeschränkte) Anwendbarkeit der kartellrechtlichen Missbrauchskontrolle nach §§ 31 Abs. 3 und 4 i. V. m. § 31b Abs. 3 GWB auf Gebühren ein.

Sonstige grundgesetzliche Maßstäbe – zu erinnern sei an das Sozialstaatsprinzip, das Wirtschaftlichkeitsprinzip und den allgemeinen Gleichheitssatz – vermögen keine vergleichbare Kontrollintensität zu gewährleisten. Die Anwendung europäischer Kartellrechtsvorschriften – maßgeblich Art. 102 AEUV – scheitern bereits an dem dafür erforderlichen, aber nicht gegebenen zwischenstaatlichen Handel.

Die Bestimmung der Kosten ist im Gebührenrecht auf die Methoden der betriebswirtschaftlichen Grundsätze im Rahmen des Kostendeckungsprinzips und der sich aus der Verhältnismäßigkeit ergebenden Erforderlichkeit begrenzt.[528] Die Regelung der methodischen Grundlagen erfolgt zudem nur „*fragmentarisch*“[529] – dieser Befund wird gestärkt durch das zu der Fragestellung der Umlagefähigkeit von Ineffizienzkosten im Gebührenrecht[530] gefundene Ergebnis. Die im Ergebnis nicht gegebene Umlagefähigkeit ergibt sich erst in der Auslegung der sich aus der Ver-

[524] *Geißler/Ebinger*, innovative Verwaltung 2015, 14, 17.

[525] *Geißler/Ebinger*, innovative Verwaltung 2015, 14, 17.

[526] So *Daiber*, GewA 2004, 107, 111 mit Verweis auf Hess. Rechnungshof vom 16.9.2003, Hessischer Landtag, Drs. 16/387, S. 58 ff.

[527] Vgl. bereits oben zur Bestimmung der ansatzfähigen Kosten nach „betriebswirtschaftlichen Grundsätzen“ unter C. III. 2. b) bb), S. 180.

[528] Vgl. *Gersdorf*, ZWeR 2016, 113, 126; *Monopolkommission*, 20. Hauptgutachten 2012/2013, Rn. 1219.

[529] *Gersdorf*, ZWeR 2016, 113, 126.

[530] Vgl. oben unter C. III. 3., S. 193.

hältnismäßigkeit ergebenden Erforderlichkeit, mithin nicht unmittelbar aus eindeutigen (einfach-gesetzlichen) Maßstäben.

Erschwerend kommt im Rahmen der Zuständigkeit hinzu, dass die auf eine reine Rechtsaufsicht beschränkte Kommunalaufsicht – gerade im Vergleich zu den Kartellbehörden – keine vergleichbaren personellen Ressourcen vorweisen kann, um die inhaltlich anspruchsvollen Methoden der Entgeltkontrolle umzusetzen. Außerdem erhöht die kommunalfreundlich auszuübende Kontrolle, ebenso wie das vermutlich fehlende Interesse einer Beanstandung überhöhter Wassergebühren die Kontrolldichte der Gebührenhöhe nicht.

IV. Vergleich der Kontrollregime von Preisen und Gebühren

Basierend auf den unter C. II. (S. 120) und C. III. (S. 178) gewonnenen Erkenntnissen zur Kontrolle von (Wasser-)Preisen und (Wasser-)Gebühren sollen die gewonnenen Erkenntnisse zusammenfassend gegenübergestellt werden, um eine bessere Vergleichbarkeit zu ermöglichen.

1. Maßstäbe

Zunächst sollen die im Kartellrecht und Gebührenrecht geltenden Maßstäbe miteinander verglichen werden.

Im Kartellrecht – insbesondere nach der Regelungssystematik des GWB – wird der Maßstab des Als-ob-Wettbewerbspreises angewendet. Durch die Simulation des ausbleibenden Wettbewerbs (Als-ob-Wettbewerb) kann der wettbewerbsanaloge Preis ermittelt werden.[531] Der wettbewerbsanaloge Preis stellt somit den Preis dar, den das betreffende Unternehmen bei bestehendem Wettbewerb erheben könnte.[532] Im Rahmen dessen kann zwischen tatsächlichen Ist-Kosten und effizienten Soll-Kosten unterschieden werden, denn die auf der Monopolstruktur des Marktes beruhenden Ineffizienzen könnten bei bestehendem Wettbewerb nicht auf den Verbraucher übertragen werden, weil dieser zu einem (preisgünstigeren) Wettbewerber abwandern würde.[533] Nach den Maßstäben des GWB dürfen also nur solche Preise erhoben werden, die dem wettbewerbsanalogen Preis entsprechen.[534]

Im Rahmen der Gebührenkontrolle normieren die Kommunalabgabengesetze der Länder das Kostendeckungsprinzip als Maßstab für die Gebührenkontrolle. Das

[531] *Gersdorf*, ZWeR 2016, 113, 119.

[532] *Gersdorf*, ZWeR 2016, 113, 119.

[533] *Gersdorf*, ZWeR 2016, 113, 119.

[534] Einschränkend ist zu beachten, dass sowohl eine angemessene Verzinsung des eingesetzten Kapitals als auch ein Sicherheits- und Erheblichkeitszuschlag zu dem ermittelten wettbewerbsanalogen Preis hinzuzurechnen sind, vgl. dazu oben unter C. II. 2., S. 120.

Kostendeckungsprinzip tritt in den Formen des Kostenunterschreitungs- und Kostenüberschreitungsverbotes in Erscheinung. Die im Rahmen des Kostendeckungsprinzips ansatzfähigen Kosten sind – nach den Regelungen der Kommunalabgabengesetzen – nach *„betriebswirtschaftlichen Grundsätzen“* zu ermitteln. Im Grundsatz sollen danach die tatsächlichen Aufwendungen ermittelt und der Gebührenhöhe zugrunde gelegt werden. Eine nähere inhaltliche Bestimmung des Kostenbegriffs sehen die Kommunalabgabengesetze der Länder nicht vor, so dass unklar bleibt, wie die ansatzfähigen Kosten tatsächlich zu bestimmen sind. Aus dieser Unsicherheit ergeben sich Folgeprobleme für eine sichere praktische Anwendung.[535] Das aus dem Verhältnismäßigkeitsgrundsatz folgende Äquivalenzprinzip nimmt daher eine entscheidende, flankierende Stellung als Maßstab im Rahmen der Gebührenkontrolle ein. Danach ist die Gebührenhöhe auf das zur Leistungserbringung erforderliche Maß zu begrenzen.[536] Eine eindeutige – wie im Kartellrecht vorgenommene – Differenzierung zwischen tatsächlichen Ist-Kosten und effizienten Soll-Kosten erfolgt nur auf den zweiten Blick. Denn erst durch Auslegung des Merkmals der Erforderlichkeit im Rahmen des Äquivalenzprinzips ergibt sich, dass auf Monopolen begründete Ineffizienzkosten nicht auf den Verbraucher umgelegt werden dürfen.[537]

Petersen und *Hartermann* schlussfolgern daraus, dass *„im Labor“* beinahe von einer Gleichartigkeit der Maßstäbe ausgegangen werden könne, da die Ergebnisse bei strikter Beachtung der jeweiligen Maßstäbe kaum voneinander abweichen sollten.[538] Praktische Probleme im Rahmen der Effizienzprüfung ergeben sich jedoch bereits aus dem in den Kostenabgabengesetzen der Länder normierten Kostendeckungsprinzip, nach dessen Ansatz den Wasserversorgungsunternehmen ein weiter Entscheidungsspielraum in Bezug auf die anzusetzenden Kosten zugemessen wird.[539]

2. Methoden

Methodisch fokussiert sich das Kartellrecht insbesondere auf das Vergleichsmarktkonzept zur Ermittlung des Als-ob-Wettbewerbspreises.

Das Vergleichsmarktkonzept ist jedoch ausweislich der Normtexte und der Rechtsprechung nicht das einzige Konzept zur Ermittlung des Als-ob-Wettbewerbspreises. Daneben treten insbesondere kostenbasierte Konzepte, wie beispielsweise die Kostenkontrolle.

---

[535] Vgl. dazu oben unter C. III. 2. b) bb), S. 180, und C. III. 2. b) cc), S. 183.

[536] Vgl. dazu oben unter C. III. 2. c) aa), S. 185.

[537] Vgl. dazu oben unter C. III. 3., S. 193.

[538] *Petersen/Hartermann*, IR 2013, 305, 306; auch auf die (theoretische) Gleichwertigkeit der Maßstäbe hinweisend: *Mohr*, Sicherung der Vertragsfreiheit durch Wettbewerbs- und Regulierungsrecht, Habil. 2015, S. 124 und S. 654, *Säcker*, NJW 2012, 1105, 1108.

[539] Vgl. dazu oben unter C. III. 3., S. 193.

Die Schwäche des Vergleichsmarktprinzips liegt in Monopolmärkten auf der Hand: Durch die Gefahr aus Ineffizienzen resultierender höherer Kosten aller Marktteilnehmer basiert der Vergleich zwischen betroffenem Wasserversorgungsunternehmen und den Vergleichsunternehmen nicht auf tatsächlichen wettbewerblichen Preisen – es werden ausschließlich Preise von Monopolisten verglichen. Diese Schwäche des Vergleichsmarktprinzips umgeht die Kostenkontrolle, indem auf vertikaler Ebene ausschließlich die Kosten des betroffenen Wasserversorgungsunternehmens auf ihre Wettbewerbsanalogie kontrolliert werden. Jedoch erweist sich die Feststellung des wettbewerbsanalogen Preises zugleich als größte Schwäche der Kostenkontrolle. Die Feststellung des wettbewerbsanalogen Preises erfordert – wie oben dargestellt – die Überprüfung der Kosten auf ihren Ursprung in einer rationellen Betriebsführung. Das erfordert notwendigerweise das Ausfüllen des unbestimmten Rechtsbegriffs der rationellen Betriebsführung. Ein solches Ausfüllen ist bis dato weder der Rechtsprechung, dem Gesetzgeber noch der Literatur gelungen, obwohl ein solches die Grundvoraussetzung für eine rechtssichere Anwendung der Kostenkontrolle wäre. Das Problem der Bestimmung des wettbewerbsanalogen Preises wird im Rahmen des Vergleichsmarktprinzips aufgrund der horizontalen (Vergleichs-)Prüfung weitgehend vermieden. Der Kritik des Vergleichs auf dem Niveau von Monopolpreisen kann durch eine strukturierte Auswahl der Vergleichsunternehmen begegnet werden. Vorteilhaft wirkt sich im Rahmen des Vergleichsmarktkonzeptes zudem aus, dass es verwaltungserprobt und in weiten Teilen höchstrichterlich bestätigt bzw. ausgestaltet ist. Das trifft auf die Kostenkontrolle nicht im gleichen Umfang zu.[540]

Im Rahmen der Gebührenkontrolle erfolgt die Regelung der methodischen Grundlagen nur „*fragmentarisch*“[541] – dieser Befund wird gestärkt durch das zu der Fragestellung der Umlagefähigkeit von Ineffizienzkosten im Gebührenrecht[542] gefundene Ergebnis. Die im Ergebnis nicht gegebene Umlagefähigkeit ergibt sich erst in der Auslegung der sich aus der Verhältnismäßigkeit ergebenden Erforderlichkeit, mithin nicht unmittelbar aus eindeutigen (einfach-gesetzlichen) Maßstäben.[543] Aufgrund dessen überrascht der praktische Befund, dass die Kommunalaufsicht ihre Prüfung regelmäßig auf die ordnungsgemäße Rechnungsführung und die Einhaltung der Kostendeckung beschränkt, nicht.[544] Daraus folgt auch, dass die Gleichartigkeit der Maßstäbe unter Laborbedingungen durch die Methoden in der Praxis aufgehoben wird und tatsächlich zu einer Unterschiedlichkeit führt.

---

[540] Vgl. dazu oben unter C. II. 2. a) cc), S. 143.

[541] *Gersdorf*, ZWeR 2016, 113, 126.

[542] Vgl. oben unter C. III. 3., S. 193.

[543] Vgl. oben unter C. III. 3., S. 193.

[544] *Gersdorf*, ZWeR 2016, 113, 127.

3. Zuständigkeiten

Die Zuständigkeit über die Aufsicht von Wasserpreisen bestimmt sich nach § 48 GWB. Ausweislich des § 48 Abs. 2 GWB ist grundsätzlich das Bundeskartellamt zuständig, sofern die Wirkung des Missbrauchs über das Gebiet eines Bundeslandes hinaus Wirkung entfaltet; in allen anderen Fällen sind die jeweiligen Landeskartellbehörden zuständig.[545]

Die Aufsicht über die Gebühren durch die Kommunalaufsicht der Länder ist als reine Rechtsaufsicht ausgestaltet – sodass eine Kontrolle der Zweckmäßigkeit nicht erfolgt – und basiert auf den von den Wasserversorgern (selbst) angesetzten Kosten, ohne dass eine umfassende Kostenkontrolle einzelner Kostenpositionen erfolgt, so dass in der Folge überhöhte Kosten nur dann festgestellt werden können, wenn die selbst gesetzten Kostengrenzen überschritten werden.[546] Die Rechtsprechung im Rahmen der Gebührenkontrolle ist deutlich weniger gefestigt als im Bereich des Vergleichsmarktkonzepts: Die verwaltungsgerichtliche Rechtsprechung lehnt es ab, „*intensiv auf Fehlersuche zu gehen*" und beschränkt die Kontrolle kommunaler Gebührenkalkulationen auf die dagegen vorgebrachten substanziierten Einwände, wobei eine „*Feinkontrolle*" mit minimalem Entlastungserfolg in der Regel zu unterbleiben habe.[547] Neben dem Grundsatz der kommunalfreundlich auszuübenden Kontrolle wird die Kommunalaufsicht zudem durch einen Mangel an fachlich ausgebildetem Personal mit der nötigen ökonomischen Expertise beschränkt.[548]

4. Zwischenergebnis

Im Ergebnis zeigt sich, dass die Missbrauchskontrolle des Kartellrechts der öffentlich-rechtlichen Gebührenkontrolle in Fragen des Maßstabs jedenfalls tendenziell überlegen ist und in Bezug auf die Methoden und die Zuständigkeiten mit Sicherheit ein höheres Maß an Effizienz gewährleistet. *Gersdorf* umschreibt die Unterschiede in pointierter Form wie folgt: „*Es* [das öffentlich-rechtliche Gebührenrecht] *schützt nicht (wirksam) die grundrechtsfähigen Verbraucher, sondern die grundrechtsunfähigen, grundrechtsgebundenen öffentlichen Monopolunternehmen.*"[549]

---

[545] Vgl. oben unter C. I. 3., S. 119.

[546] Vgl. oben unter C. I. 3., S. 119.

[547] Vgl. oben unter C. III. 2. b) cc), S. 183.

[548] Vgl. oben unter C. III. 2. b) cc), S. 183.

[549] *Gersdorf*, ZWeR 2016, 113, 132.

D. Kardinalfrage: Vereinheitlichung der aufgezeigten Kontrollmaßstäbe?

Aus dem Befund des Bestehens divergierender Kontrollmaßstäbe im Bereich der Trinkwasserversorgung erwächst die Frage nach möglichen Strategien zur Vereinheitlichung der aufgezeigten Kontrollmaßstäbe.

I. Reformierungsbedarf: Notwendigkeit der Vereinheitlichung

Zunächst ist zu untersuchen, ob es überhaupt einer Reformierung der Kontrollmaßstäbe bedarf. Dieses Bedürfnis wird insbesondere von Branchen- und Kommunalverbänden verneint. So führt der Verband kommunaler Unternehmen beispielsweise aus, dass die Kontrolle von Wassergebühren im Vergleich zur Kontrolle von Wasserpreisen „*zwar materiell anders ausgestaltet, aber qualitativ gleichwertig ist.*"[1] Ergänzend wird von anderer Stelle darauf verwiesen, dass Entgelte einer „*umfassenden behördlichen und gerichtlichen Kontrolle [unterliegen].*"[2]

Insbesondere im Hinblick auf die fragliche Rechtfertigung für das Bestehen der divergierenden Maßstäbe erwächst der Bedarf einer genaueren Überprüfung dieser Aussagen. Dabei sind insbesondere folgende weitere Aspekte in den Blick zu nehmen: Zum einen ist die bestehende Regelungslage im Hinblick auf den Gleichbehandlungsgrundsatz des Art. 3 Abs. 1 GG zu untersuchen und zum anderen ist auf die praktischen Erfahrungen von Rekommunalisierungen im Zuge von Kartellverfahren aufmerksam zu machen.

1. Gleichbehandlungsgrundsatz

Unter Beachtung des Gleichbehandlungsgrundsatzes des Art. 3 Abs. 1 GG stellt sich die Frage, mit welcher Rechtfertigung die ungleiche Behandlung von Gleichem erfolgt. Das Gleiche bezeichnet in diesem Zusammenhang die Wasserversorgung durch Wasserversorgungsunternehmen gegen das Erheben von Entgelten (in Form einer Gebühr oder in Form eines Preises). Dazu führt die *Monopolkommission* in ihrem 18. Hauptgutachten aus:

---

[1] *Verband kommunaler Unternehmen*, Kartellrechtliche Wasserpreiskontrolle nach der 8. GWB-Novelle, Leitfaden des Verbandes kommunaler Unternehmen (VKU), 2014, S. 12.

[2] *BDEW (Bundesverband der Energie- und Wasserwirtschaft e. v.), u. a.*, Branchenbild der deutschen Wasserwirtschaft, 2020, S. 28.

„Die Monopolkommission erkennt in dem Nebeneinander aus privatrechtlicher Preissetzung einerseits und öffentlich-rechtlicher Gebührenfestsetzung andererseits ein ernst zu nehmendes Problem der ‚faktischen' Ungleichbehandlung an sich gleicher Sachverhalte: Stets wird dasselbe – hinlängliche und durchsetzbare Vorschriften über die Angebotsqualität vorausgesetzt – homogene Gut Wasser von wirtschaftlich tätigen Betrieben, den Wasserversorgern, gegen ein Entgelt an Verbraucher abgegeben. […]"[3]

Insofern indiziert bereits der Gleichbehandlungsgrundsatz – ohne eine mögliche Rechtfertigung der Ungleichbehandlung an dieser Stelle genauer in den Blick zu nehmen[4] – die Notwendigkeit einer Vereinheitlichung der bestehenden Maßstäbe.

2. Praktische Erfahrungen

Die durch das Grundgesetz indizierte Tendenz für einen Reformbedarf wird durch die Praxis der Kommunalaufsicht bestätigt. So sind keine Fälle bekannt, in denen erhobene Gebühren durch die Kommunalaufsicht als zu hoch beanstandet wurden.[5] Erschwerend treten Fälle der Rekommunalisierung hinzu, in denen von der zuständigen Kartellbehörden als missbräuchlich und damit als zu hoch beanstandete Preise nach erfolgter Rekommunalisierung in gleicher Höhe im Gewand der Gebühr erhoben wurden ohne von der Kommunalaufsicht kontestiert zu werden.[6] Folglich lässt sich auch aus der Erfahrungspraxis die Notwendigkeit zur Vereinheitlichung der bestehenden Maßstäbe ableiten.

3. Zwischenergebnis

Somit zeigen die mögliche Tangierung des Gleichbehandlungsgrundsatzes sowie das praktische Vorgehen der Kommunalaufsicht deutlich, dass ein Reformbedarf in Bezug auf die Kontrollmaßstäbe besteht. Wie eine solche Vereinheitlichung aussehen kann, soll im Folgenden eingehender und aus verschiedenen Perspektiven untersucht und bewertet werden.

II. Reformierungsoptionen

Infolgedessen sind verschiedene Reformierungsoptionen bietende Ansätze näher zu beleuchten und zu bewerten.

---

[3] *Monopolkommission*, 18. Hauptgutachten 2008/2009, Rn. 10.

[4] Vgl. für eine Untersuchung der divergierenden Kontrollmaßstäbe am Maßstab des Art. 3 Abs. 1 GG unten unter D. II. 12., S. 251.

[5] Vgl. *Reif*, in: Münchener Kommentar zum Wettbewerbsrecht, 4. Aufl. 2022, § 31 GWB, Rn. 39.

[6] Vgl. *Reif*, in: Münchener Kommentar zum Wettbewerbsrecht, 4. Aufl. 2022, § 31 GWB, Rn. 39, der auf die Kartellverfahren in Wetzlar, Wuppertal und Wiesbaden verweist.

1. Schaffung zusätzlicher Transparenzvorgaben zur Gebührenhöhe in Kommunalabgabengesetzen

Ein möglicher Ansatz zur Reformierung des Status quo besteht in der Aufnahme weiterer die Höhe der Gebühren betreffenden Transparenzvorgaben in die Kommunalabgabegesetze der Länder.[7] Ziel dieses Ansatzes ist die Verbesserung der bestehenden Steuerungsprozesse.[8] Zwar werden die Gebührenerhebungen in entsprechenden Satzungen veröffentlicht[9], jedoch ergibt sich daraus keine unmittelbare Vergleichbarkeit.[10] Die Vergleichbarkeit wird dabei insbesondere durch Mischpreise, d. h. nicht ausschließlich erhobene Grund- oder Arbeitspreise, erschwert.[11] Durch eine verbesserte Transparenz der Gebührenhöhe sollen Vergleiche – in Anlehnung an das kartellrechtliche Vergleichsmarktkonzept – erleichtert werden und bestehende Probleme bei kostenbasierten Prüfungsansätzen umgangen werden.[12] Ein potentieller Vergleichswert könnte dabei im Stückerlös, das heißt dem Erlös pro Mengeneinheit, liegen.[13] Ein solches Vorgehen böte entscheidende Vorteile: Erstens ist die Kalkulation des Stückerlöses für die betroffenen Wasserversorgungsunternehmen ohne größeren Aufwand erfüllbar, da die benötigten Daten für die Ermittlung des Stückerlöses ohnehin vorliegen.[14] Der Stückerlös ergibt sich aus der Division der gesamten Erlöse und der Leistungsmenge.[15] Zweitens erlauben erhöhte Transparenzvorgaben eine zielführendere demokratische und aufsichtsrechtliche Gebührenüberprüfung[16] – insbesondere letztere ist entscheidend, um missbräuchlich hohe Gebühren einzudämmen. Drittens könnte eine verbesserte Vergleichbarkeit zwischen den Wasserversorgungsunternehmen zu einem steigenden Effizienzbewusst-

---

[7] *Monopolkommission*, 20. Hauptgutachten, 2012/2013, Rn. 1229 ff., 1252; darauf verweisend: *Scholl*, in: Immenga/Mestmäcker, 6. Aufl. 2020, § 31 GWB, Rn. 22.

[8] *Monopolkommission*, 20. Hauptgutachten, 2012/2013, Rn. 1229.

[9] Vgl. exemplarisch für die Stadt Wiesbaden §§ 13 ff. der Satzung über die Wasserversorgung in der Landeshauptstadt Wiesebaden (Wasserversorgungssatzung) vom 17. 11. 2011, abrufbar unter https://www.wiesbaden.de/medien-zentral/dok/rathaus/stadtrecht/7-6.1-Wasser versorgungssatzung-Stand-Dezember-2022.pdf (zuletzt aufgerufen am 4. 4. 2023).

[10] *Bundeskartellamt*, Bericht über die großstädtische Trinkwasserversorgung in Deutschland, 2016, S. 111.

[11] *Bundeskartellamt*, Bericht über die großstädtische Trinkwasserversorgung in Deutschland, 2016, S. 111.

[12] *Monopolkommission*, 20. Hauptgutachten, 2012/2013, Rn. 1230.

[13] *Monopolkommission*, 20. Hauptgutachten, 2012/2013, Rn. 1231, 1252; *Scholl*, in: Immenga/Mestmäcker, 6. Aufl. 2020, § 31 GWB, Rn. 22. Der Stückerlös ist jedoch nur ein Beispiel für einen heranzuziehenden Vergleichswert; das *Bundeskartellamt* sprach sich für eine Heranziehung der Durchschnittserlöse als Vergleichswert aus, vgl. *Bundeskartellamt*, Bericht über die großstädtische Trinkwasserversorgung in Deutschland, 2016, S. 112.

[14] *Monopolkommission*, 20. Hauptgutachten, 2012/2013, Rn. 1232; *Scholl*, in: Immenga/Mestmäcker, 6. Aufl. 2020, § 31 GWB, Rn. 22.

[15] *Monopolkommission*, 20. Hauptgutachten, 2012/2013, Rn. 1232.

[16] *Bundeskartellamt*, Bericht über die großstädtische Trinkwasserversorgung in Deutschland, 2016, S. 112; *Monopolkommission*, 20. Hauptgutachten, 2012/2013, Rn. 1231.

sein der Wasserversorgungsunternehmen und damit zu einer Selbstdisziplinierung beitragen.[17] Letztlich lässt sich auch aus der mit Blick auf Art. 3 Abs. 1 GG erwachsenden Ungleichbehandlung der Bedarf nach mehr Effizienz im Gebührenrecht (der Trinkwasserversorgung) ableiten.[18]

Zu beachten ist jedoch, dass – in Parallelität zum Vergleichsmarktkonzept – vergleichsweise höhere Erlöse eines Wasserversorgungsunternehmens unter Umständen durch sachliche Gründe gerechtfertigt sein können.[19] Folglich muss den betroffenen Wasserversorgungsunternehmen die Möglichkeit eingeräumt werden, die maßgeblichen sachlichen Umstände darzulegen und einer Prüfung zugänglich zu machen.[20]

Eine mögliche Formulierung einer erhöhten Transparenzvorgabe in den Kommunalabgabengesetzen könnte dabei wie folgt lauten:

> „Die Kommunen sind verpflichtet, den Erlös, der innerhalb eines Jahres auf eine Einheit des relevanten Gebührenmaßstabes einer Benutzungsgebühr entfällt, innerhalb des darauffolgenden Jahres zu veröffentlichen. Näheres zu dem bei der Erlöskalkulation anzulegenden Gebührenmaßstab für bestimmte Leistungen regelt eine Verordnung."[21]

Fraglich ist jedoch, ob die mit dem Vergleichsmarktkonzept verknüpften kartellrechtlichen Wirkungen problemlos auf das Gebührenrecht übertragen werden können. Im Zuge dessen eröffnen sich um die Aspekte der (1) Zielpluralität der Entgelte und (2) der Integration in den bestehenden Ordnungsrahmen gewisse Problemfelder, die im Folgenden näher beleuchtet werden sollen.

(1) Wasserentgelte folgen neben Wirtschaftlichkeitszielen auch den Geboten des Substanzerhalts und der Nachhaltigkeit (vgl. dazu nur Art. 9 WRRL).[22] Insofern sind die Entgeltvorstellungen in der Trinkwasserversorgung pluralistisch (teilweise sogar konträr) ausgestaltet. Im Rahmen einer Transparenzoffensive im Bereich der Trinkwassergebühren gilt es daher, die daraus folgenden Effizienzgewinne, die insbesondere der Stärkung des Wirtschaftlichkeitsziels dienen, so auszurichten, dass die übrigen Ziele der Entgelterhebung rangwahrend erhalten bleiben.

---

[17] *Bundeskartellamt*, Bericht über die großstädtische Trinkwasserversorgung in Deutschland, 2016, S. 111; ergänzend verweist das *Bundeskartellamt* darauf, dass auch der Verbraucherschutz von einer erhöhten Transparenz und Vergleichbarkeit profitiere.

[18] So auch: *Kleinlein/Schubert*, NJW 2014, 3191, 3198.

[19] *Monopolkommission*, 20. Hauptgutachten, 2012/2013, Rn. 1231.

[20] *Bundeskartellamt*, Bericht über die großstädtische Trinkwasserversorgung in Deutschland, 2016, S. 112.

[21] Vgl. *Monopolkommission*, 20. Hauptgutachten, 2012/2013, Rn. 1232.

[22] Vgl. zu dem Aspekt der *„Pluralität der preispolitischen Ziele"*: *Gawel/Bedtke*, in: Gawel, Die Governance der Wasserinfrastruktur, Band 2, 2015, 287, 313 ff.

(2) Ferner müssen sich die Transparenzvorgaben in den bestehenden Ordnungsrahmen einreihen.[23] In diesem Zusammenhang wird verschiedentlich auf die bestehenden konzeptionellen Differenzen zwischen dem gebührenrechtlichen und dem kartellrechtlichen Regime hingewiesen. Während nach dem kartellrechtlichen Vergleichsmarktkonzept der Rahmen missbräuchlicher Entgelte grundsätzlich bis zum niedrigsten Entgeltniveau der Vergleichsgruppe reichen kann, bieten die Kommunalabgabengesetze der Länder im Rahmen der Kostendeckung ein höheres Maß an Kalkulationsfreiheit, die im Vergleich zu anderen Wasserversorgungsunternehmen weniger Uniformität verlangen (in diesem Zusammenhang sei auf die Aspekte der Refinanzierung, Kapitalerhaltung und Substanzerhaltungskonzepte hingewiesen).[24] Neben die konzeptionellen Differenzen zwischen Gebühren- und Kartellrecht tritt die gebührenrechtliche Besonderheit der föderal-bedingten unterschiedlichen gesetzlichen Ausgestaltung in den Kommunalabgaben- bzw. Gebührengesetzen der Länder. Unterschiede in der Gebührenhöhe, die sich auf landesspezifische Gesetzesvorgaben stützen lassen, können dabei nicht in den Bereich des Missbrauchs fallen.[25]

Insbesondere in Beachtung der verfassungsrechtlichen Gleichbehandlungsproblematik ist jedoch auf eine erhöhte Transparenz im Gebührenrecht zu drängen. Eine genauere Betrachtung zeigt, dass das kartellrechtlich geprägte Vergleichsmarktkonzept den aufgeworfenen Problemfeldern der Zielpluralität der Entgelte und der Integration in den bestehenden Ordnungsrahmen gleichwohl begegnen kann. Die Zielpluralität der Entgelte kann im Rahmen der strukturbedingten Umstände als Rechtfertigungsgrund angesehen werden, so dass die Eignung zur Missbrauchsbegründung ausgeschlossen wird.[26] Die friktionslose Integration in den bestehenden Ordnungsrahmen kann dabei durch eine Anpassung desselben (vgl. bereits das Formulierungsbeispiel oben) erreicht werden.

Insofern kann die Schaffung zusätzlicher Transparenzvorgaben zur Gebührenhöhe in den Kommunalabgabengesetzen einen wichtigen Beitrag zur Nivellierung der bestehenden Differenzen in der Kontrolle und Regulierung der Wasserentgelte leisten. Insbesondere ein stärkerer öffentlicher Druck – maßgeblich durch eine erleichterte Transparenz getrieben – könnte einen Beitrag für mehr Effizienz im Rahmen der Wasserentgelte leisten.[27]

---

[23] Vgl. zur „*Integration in den gegebenen Ordnungsrahmen*": *Gawel/Bedtke*, in: Gawel, Die Governance der Wasserinfrastruktur, Band 2, 2015, 287, 316 ff.

[24] Vgl. *Gawel/Bedtke*, in: Gawel, Die Governance der Wasserinfrastruktur, Band 2, 2015, 287, 316 f.

[25] *Gawel/Bedtke*, in: Gawel, Die Governance der Wasserinfrastruktur, Band 2, 2015, 287, 319.

[26] *Gawel/Bedtke*, in: Gawel, Die Governance der Wasserinfrastruktur, Band 2, 2015, 287, 318 mit Verweis auf *Hellriegel/Schmidt*, IR 2010, 276, 281.

[27] Vgl. *Bundeskartellamt*, Bericht über die großstädtische Trinkwasserversorgung, 2016, S. 112.

2. Engere Zusammenarbeit zwischen Kartellbehörden und Kommunalaufsichtsbehörden

Eine weitere Reformoption zur Nivellierung bestehender Unterschiede könnte in einer engeren Zusammenarbeit zwischen den Kartellbehörden und den Kommunalaufsichtsbehörden liegen.[28] Ein solches kollaboratives Zusammenwirken der zuständigen Stellen könnte einen Beitrag dazu leisten, die bestehenden personellen Differenzen zwischen der Kommunalaufsicht und den Kartellbehörden auszugleichen. So verfügen insbesondere die Kommunalaufsichtsbehörden im Vergleich zu den Kartellbehörden über eine geringere personelle ökonomische Expertise, die eine adäquate Beurteilung der anzuwendenden Maßstäbe und Methoden voraussetzt.[29]

Vereinzelt finden sich in der Literatur Hinweise darauf, dass von Kartellbehörden zu Vergleichszwecken erhobene Daten (auch) öffentlich-rechtlich organisierter Wasserversorgungsunternehmen Kommunalaufsichtsbehörden zugänglich gemacht wurden.[30] Dabei wird explizit auf die Landeskartellbehörde Sachsen verwiesen, die im Jahr 2011 gegen zwei Wasserversorgungsunternehmen Preissenkungsverfügungen erlassen hat und drei weiteren Wasserversorgungsunternehmen eine Preiserhöhung zeitlich befristet untersagt hat und die in Vorbereitung darauf erhobenen Daten von öffentlich-rechtlich organisierten Wasserversorgungsunternehmen an das Sächsische Staatsministerium des Inneren[31] weitergeleitet hat.[32] Insofern könnte davon ausgegangen werden, dass eine verstärkte Zusammenarbeit der zuständigen Stellen – insbesondere im Bereich des Zusammentragens von Vergleichsdaten – zu einer Erhöhung der Kontrolldichte führen könnte. Diese Symbiose unterstützend lassen sich die Aspekte geringerer finanzieller Kosten und eines geringeren zeitlichen Aufwands ins Feld führen.

Jedoch erscheint es fraglich, ob ein erhöhter Austausch an Vergleichsdaten zwischen den zuständigen Stellen tatsächlich zu einer erhöhten Kontrolldichte führt.

---

[28] In eine ähnliche Richtung weisend *Bundesministerium für Umwelt, Naturschutz, nukleare Sicherheit und Verbraucherschutz*, Nationale Wasserstrategie – Kabinettsbeschluss vom 15. März 2023, S. 64: „*Bund, Länder und Kommunen prüfen in ihren Zuständigkeitsbereichen laufend die Passfähigkeit und den Anpassungsbedarf der bestehenden Strukturen. Um Orientierung für die Transformationsprozess in der Wasserwirtschaft zu erhalten, ist daneben eine unabhängige Evaluierung (Peer-Review) der wasserwirtschaftlichen Zuständigkeits-, Zusammenarbeits- und Entscheidungsstrukturen sinnvoll. Dies könnte in Form eines von Bund- und Ländern gemeinsam beauftragten Forschungsvorhabens erfolgen.*"

[29] Vgl. bereits oben unter C.III.2.b)cc), S. 183, mit Verweis auf *Gersdorf*, ZWeR 2016, 113, 126; *Monopolkommission*, 20. Hauptgutachten (2012/2013), Rz. 1222.

[30] Vgl. *Gussone*, IR 2011, 290, 292 und 294.

[31] Die Kommunalaufsicht im Freistaat Sachsen ist als Rechtsaufsicht ausgestaltet, vgl. Art. 89 SächsVerf; § 111 Abs. 1 GO Sachsen. § 112 Abs. 1 GO Sachsen sieht für die Gliederung der Rechtsaufsichtsbehörden folgende Aufteilung vor: „*Rechtsaufsichtsbehörde für kreisangehörige Gemeinden ist das Landratsamt, für Kreisfreie Städte die Landesdirektion Sachsen. Obere Rechtsaufsichtsbehörde ist für alle Gemeinden die Landesdirektion Sachsen. Oberste Rechtsaufsichtsbehörde ist das Staatsministerium des Innern.*"

[32] *Gussone*, IR 2011, 290, 292.

Zum einen sind praktisch keine Fälle bekannt, in denen zuständige Behörden gegen überhöhte Wassergebühren vorgegangen sind – ganz im Gegenteil bieten sich Beispiele dar, in denen nach einer kartellrechtlichen Beanstandung von Wasserpreisen und einer anschließenden Kommunalisierung und Erhebung von Wassergebühren in identischer Höhe ein kommunalbehördliches Einschreiten unterblieb.[33] Zum anderen ist die Kommunalaufsicht kommunalfreundlich auszuüben, so dass ökonomische Aspekte nicht in jedem Fall und gegebenenfalls nicht in vollem Umfang Durchschlag finden können.[34] In der Konsequenz beschränkt sich die kommunale Aufsicht in der Regel auf die Überprüfung einer ordnungsgemäßen Rechnungsführung und der Kostendeckung.[35] Folglich ist die Nivellierungswirkung dieses Vorschlags als tendenziell begrenzt einzuschätzen.

3. Effektivierung eines „Rechts auf gute Verwaltung“ aus Art. 41 EU-Grundrechtecharta

Ein weiterer Reformvorschlag setzt an der unzulänglichen Tiefe der Gebührenkontrolle an und zielt dabei insbesondere auf ein verbessertes Verwaltungshandeln. Die Idee folgt der Schaffung eines „Rechts auf eine gute Verwaltung“ nach dem Vorbild des Art. 41 EU-Grundrechtecharta.[36]

Weck und *Schmidt* führen dazu aus, dass *„sich auch aus dem ‚Recht auf eine gute Verwaltung‘ aus Art. 41 EU-Grundrechtecharta ein – freilich noch zu effektivierendes – Recht auf angemessene Gebühren ergeben [könnte], deren Kalkulation die Grundsätze rationeller Betriebsführung und die Ausschöpfung von Rationalisierungspotentialen zugrunde liegen.“*

Fraglich ist, wie dieser Ansatz zu bewerten ist. Im Grundsatz ist ein erhöhtes Maß an Beachtung von Effizienzgesichtspunkten im Rahmen der Gebühren für die Trinkwasserversorgung begrüßenswert. Zunächst ist aber festzustellen, dass dem Grundgesetz ein „Recht auf gute Verwaltung“ im Sinne von einer größtmöglichen Effizienz unbekannt ist.[37] In diesem Zusammenhang lassen sich Unterschiede zu anderen (europäischen) Rechtsordnungen erkennen: Während in Deutschland der gerichtliche Rechtsschutz gegen Verwaltungshandeln stark ausgeprägt ist und im

---

[33] Vgl. bereits oben unter C. III. 2. b) cc), S. 183, mit Verweis auf *Reif*, in: Münchener Kommentar zum Wettbewerbsrecht, 4. Aufl. 2022, § 31 GWB, Rn. 39, der auf die Kartellverfahren in Wetzlar, Wiesbaden und Wuppertal verweist. Vgl. auch: *Monopolkommission*, 20. Hauptgutachten (2012/2013), Rz. 1222.

[34] Vgl. bereits oben unter C. III. 2. b) cc), S. 183, mit Verweis *Reif*, in: Münchener Kommentar zum Wettbewerbsrecht, 4. Aufl. 2022, § 31 GWB, Rn. 39.

[35] Vgl. bereits oben unter C. III. 2. b) cc), S. 183, mit Verweis auf *Gersdorf*, ZWeR 2016, 113, 127.

[36] Vgl. *Weck/Schmidt*, NZKart 2013, 343, 347.

[37] *Bullinger*, in: FS Brohm, 2002, S. 25, 25; *Eidenmüller*, Effizienz als Rechtsprinzip, 4. Aufl. 2015, S. 443 ff.; Galetta, EuR 2007, 57, 58; *Schweitzer*, ZHR 181 (2017), 119, 138.

Verhältnis zu einer „aktiven" Verwaltung größere Berücksichtigung findet[38, 39], kennt das französische Recht ein objektives Rechtsprinzip, welches auf die Effektivität der Verwaltung abzielt.[40] Die spanische Verfassung stellt in ihrem Art. 103 Nr. 1[41] die Rechtmäßigkeit und Effektivität des Verwaltungshandelns gleichberechtigt nebeneinander.[42]

Unabhängig davon verbürgt Art. 41 Abs. 1 EU-Grundrechtecharta, dass *„[j]ede Person [...] ein Recht darauf [hat], daß ihre Angelegenheiten von den Organen, Einrichtungen und sonstigen Stellen der Union unparteiisch, gerecht und innerhalb einer angemessenen Frist behandelt werden."* Der Artikel wird hinlänglich als nicht abschließend verstanden, vielmehr handele es sich um die untere Schwelle des im modernen Verwaltungsrecht Gewährleisteten, die vor allem in technischer Hinsicht eines tiefgreifenderen Feinschliffs bedarf.[43] Ein Recht auf angemessene Gebühren könnte sich insofern insbesondere aus dem Aspekt *„gerecht"* ergeben. Jedoch finden sich in der Literatur überwiegend Stimmen, die den Gehalt des Art. 41 EU-Grundrechtecharta auf Verfahrensgarantien beschränken wollen und den materiellen Gehalt der Garantien auf die explizit genannten Fälle des Art. 41 Abs. 2 EU-Grundrechtecharta begrenzen.[44] Dafür werden vor allem die englische Sprachfassung herangezogen (*„handled ... fairly"*), die ebenso für eine Beschränkung auf das Verfahren sprechen, wie der praktische Aspekt, dass ein mit materiellem Gehalt auszufüllendes „gerecht" i. S. d. Artikels sich zu einem potentiell bodenlosen Fass entwickeln könnte, welches die Gehalte anderer Grundrechte geradezu verschlingen würde.[45] Einzig der amtlichen Überschrift, die ein „Recht auf gute Verwaltung" proklamiert, kann ein materieller Gehalt entnommen werden.[46]

---

[38] *Bullinger*, in: FS Brohm, 2002, S. 25, 26 ff. verweist unter anderem auf die den Rechtsmitteln grundsätzlich zukommende aufschiebende Wirkung.

[39] Ebenso wie das Grundgesetz, kennt die italienische Verfassung kein ausdrückliches Recht auf eine gute Verwaltung; Art. 97 der italienischen Verfassung verlangt (lediglich), dass die Ordnungsmäßigkeit und Unparteilichkeit der Verwaltung gewährleistet ist; dabei handele es sich vielmehr um eine Handlungsmaxime als um ein subjektives, einklagbares Recht, vgl. dazu *Galetta*, EuR 2007, 57, 58.

[40] *Bullinger*, in: FS Brohm, 2002, S. 25, 27.

[41] Art. 103 Nr. 1 der spanischen Verfassung lautet wie folgt: *„La Administractión Pública sirve con objectividad los intereses generales y actúa de acuerdo con los principios de eficacia, jeraquía, descentralacíon, desconcentracíon y coordinacíon, con sometimiento pleno a la ley y al Derecho."*; *„Die öffentliche Verwaltung dient dem allgemeinen Interesse und handelt nach den Grundsätzen der* Effizienz, *der Hierarchie, der Dezentralisierung, der Dekonzentration und der Koordinierung* unter voller Einhaltung von Recht und Gesetz." (keine bindende Übersetzung, Hervorhebungen zwecks Verdeutlichung).

[42] *Bullinger*, in: FS Brohm, 2002, S. 25, 28.

[43] *Galetta*, EuR 2007, 57, 59; *Tettinger*, NJW 2001, 1010, 1014 (mit Verweis auf Art. 103 der spanischen Verfassung für einen solchen Feinschliff).

[44] Vgl. *Bullinger*, in: FS Brohm, 2002, S. 25, 28 f.; *Jarass*, in: Jarass, Charta der Grundrechte der EU, 4. Aufl. 2021, Art. 41 EU-Grundrechtecharta, Rn. 15.

[45] *Jarass*, in: Jarass, Charta der Grundrechte der EU, 4. Aufl. 2021, Art. 41 EU-Grundrechtecharta, Rn. 15.

Nach dem Gesagten ist abschließend bewertend festzustellen, dass die Idee der Effektivierung eines „Rechts auf gute Verwaltung“ in Anlehnung an Art. 41 EU-Grundrechtecharta allein schon aufgrund des fehlenden Feinschliffs nicht den gewünschten, unmittelbaren Effekt erzielen würde, die eine Nivellierung der divergierenden Kontrollmaßstäbe bedarf. Insofern ist ein kodifiziertes (und entscheidender: praktiziertes) „Recht auf gute Verwaltung“ im Sinne eines „Mehr“ an Effizienz im Grundsatz zwar nicht abzulehnen, für die vorliegende Reformdebatte bleibt eine bloße Übernahme des Regelungsgehaltes jedoch zu konturenlos und erweist sich damit für die Praxis als nicht anwendungsfreundlich genug.

4. Stärkere Privatisierung der Wasserversorgung

Ein weiterer Vorschlag zur Vereinheitlichung der Kontrollmaßstäbe könnte in einer stärkeren Privatisierung der Wasserversorgung liegen.[47] Die hinter diesem Ansatz stehende Prämisse ist auf die mit einer Privatisierung verbundenen Erwartung zurückzuführen, dass eine privatwirtschaftliche, den Regeln des Wettbewerbs unterfallende unternehmerische Tätigkeit über eine höhere Anpassungsfähigkeit verfügt und infolgedessen ökonomisch effizienter agieren kann und somit auch den Anteil von Ineffizienzkosten in den Wasserentgelten reduziert.[48] Als nachteilig im Zusammenhang mit einer verstärkten Privatisierung wird die Sorge geäußert, dass notwendige Investitionen – insbesondere in den Erhalt und Ausbau der Infrastruktur – aus Gründen der Kostenersparnis nicht vorgenommen werden.[49]

Ein Beispiel für eine privatisierte Wasserversorgungswirtschaft stellt die Wasserversorgung in England und Wales dar.[50] Insofern bietet sich ein Vergleich zwischen der dortigen und der hiesigen Wasserversorgung an, um Vor- und Nachteile der Systeme zu beleuchten. Im Rahmen dessen soll der Vergleich anhand der folgenden Parameter erfolgen: Alter und Zustand der Versorgungsnetze, Wasserverluste, Wasserqualität, Höhe der Wasserentgelte und Investitionen in die Infrastruktur.

Das Alter und der Zustand der Rohrnetze unterscheiden sich in erheblicher Weise. In Bezug auf die verwendeten Materialien ist festzuhalten, dass 74% der Rohre in England und Wales aus (duktilem) Gusseisen gefertigt sind, wohingegen moderne Werkstoffe wie PE (Polyethylen) und PVC (Polyvinylchlorid) nur zu 9% in der

---

[46] Darauf hinweisend und sich mit der Frage beschäftigend, inwieweit amtliche Überschriften Rechtswirkung entfalten können: *Bullinger*, in: FS Brohm, 2002, S. 25, 30 f.

[47] Vgl. ausführlich zur Privatisierung bereits oben unter B. III. 3., S. 93.

[48] Vgl. bereits oben unter B. III. 3. b) bb), S. 100; s. a. *Forster*, Privatisierung und Regulierung der Wasserversorgung in Deutschland und den Vereinigten Staaten von Amerika, Diss. 2007, S. 63 ff.

[49] *Forster*, Privatisierung und Regulierung der Wasserversorgung in Deutschland und den Vereinigten Staaten von Amerika, Diss. (Univ. Augsburg) 2007, S. 66.

[50] Die Wasserversorgung in England und Wales wurde im Jahr 1989 privatisiert. Schottland und Nordirland betreiben eine eigene Wasserversorgung, die in öffentlich-rechtlicher Trägerschaft liegt.

englischen und walisischen Wasserversorgungsinfrastruktur Verwendung finden. Im Unterschied dazu bestehen 40 % der deutschen Rohre aus letztgenannten modernen Werkstoffen.[51] Die Unterschiede in der Materialbeschaffenheit ergeben sich auch aus dem Umstand, dass ein Teil der englischen und walisischen Infrastruktur noch aus dem Viktorianischen Zeitalter stammt.[52] Der Versorgungsdruck der deutschen Rohre ist im Vergleich zu den englischen und walisischen Rohren deutlich höher, hier steht ein vorgegebener Versorgungsdruck von 0,7 bzw. 1,0 bar auf englischer und walisischer Seite einem vorgegebenen Versorgungsdruck von 2,0 bar auf deutscher Seite gegenüber.[53] Auch die Schadensraten – ausgedrückt als Schaden pro Kilometer Rohrnetz – fallen in Deutschland niedriger aus als in England und Wales und lassen somit auf einen besseren Gesamtzustand der deutschen Rohrnetze schließen.[54]

Die Wasserverluste im Rahmen des Wassertransports fallen in England/Wales und Deutschland ebenfalls sehr unterschiedlich aus. Grundsätzlich zeigt sich – auch als Konsequenz aus dem insgesamt besseren Zustand der Rohrnetze in Deutschland – dass die Wasserverluste in England und Wales signifikant höher sind als in Deutschland.[55] Selbst die höchsten deutschen Wasserverluste, welche in Bayern auftreten, entsprechen nur einem Viertel des höchsten Wasserverlustwertes in England, welcher im Gebiet von *Thames Water*[56] gemessen wird.[57]

Im Bereich der Wasserqualität zeigt sich, dass beide Wasserversorgungssysteme insgesamt sehr gut abschneiden – marginale Unterschiede ergeben sich im Vergleich der Bleikonzentrationen, hier erweist sich die englische und walisische Wasserversorgung im Vergleich zur deutschen Wasserversorgung als defizitär.[58]

Im Bereich der Wasserentgelte zeigt sich, dass – trotz unterschiedlicher Kalkulationsansätze – im Ergebnis keine auffällig hohen Differenzen bestehen. So liegt das jährliche Durchschnittsentgelt pro Person in Deutschland bei 104,95 Euro und bei (umgerechnet) 94,35 Euro in England und Wales.[59] Damit zeigt sich nur eine Differenz von circa 10 %.

Ein ähnliches Bild zeichnet sich im Vergleich der Investitionen in die Rohrnetze ab. Die Investitionen in England und Wales liegen mit (umgerechnet) 54 Cent pro ins

[51] *Glasenapp*, gwf-Wasser|Abwasser 2014, 880, 881.

[52] *Glasenapp*, gwf-Wasser|Abwasser 2014, 880, 881.

[53] *Glasenapp*, gwf-Wasser|Abwasser 2014, 880, 881.

[54] *Glasenapp*, gwf-Wasser|Abwasser 2014, 880, 881.

[55] *Glasenapp*, gwf-Wasser|Abwasser 2014, 880, 882 f.

[56] Thames Water versorgt den Großraum London und die umliegenden Regionen mit Wasser (und bewirtschaftet auch die Abwasserentsorgung).

[57] *Glasenapp*, gwf-Wasser|Abwasser 2014, 880, 882 f.; vgl. ferner https://www.thameswater.co.uk/about-us/performance/leakage-performance (zuletzt aufgerufen am 7.10.2022), wonach *Thames Water* angibt, dass ca. 24 % des transportierten Wassers durch Versickerung verloren gehen.

[58] *Glasenapp*, gwf-Wasser|Abwasser 2014, 880, 883 f., insb. Abbildung 9 auf S. 883.

[59] *Glasenapp*, gwf-Wasser|Abwasser 2014, 880, 885.

Netz eingespeisten Kubikmeter Wasser nur minimal über den Investitionen in das deutsche Rohrnetz in Höhe von 0,49 Cent pro ins Netz eingespeisten Kubikmeter Wasser.

Insofern zeigt sich im Ergebnis in uneinheitliches Bild, dass keine eindeutige Entscheidung für oder gegen eine Vorteilhaftigkeit einer verstärkten Privatisierung erlaubt. Dieses Ergebnis deckt sich mit anderen Studien.[60]

Für die übergeordnete Untersuchung der potenziellen Vereinheitlichung der Entgeltkontrollregime ist insbesondere von Bedeutung, dass die Entgelte keine auffällig hohen Differenzen aufzeigen. Daraus lässt sich – eine ähnliche Grundkostenstruktur vorausgesetzt – zumindest im Ansatz der Rückschluss ziehen, dass eine höhere Privatisierungsrate nicht notwendigerweise niedrigere, da – so die Prämisse – um Ineffizienzen bereinigte, Entgelte hervorbringt. Der Vorzug einer auch rechtlich privatisierten Wasserversorgung bestünde im Hinblick auf die Entgeltkontrolle in dem eröffneten Anwendungsbereich des Kartellrechts, dessen Missbrauchskontrolle – wie oben dargelegt – vorzugswürdig ist. Jedoch ist in diesem Zusammenhang zum einen auf die kommunale Selbstverwaltungsgarantie des Art. 28 Abs. 2 GG zu verweisen, der den Gemeinden gerade ein Wahlrecht bezüglich der rechtlichen Organisation zuspricht und insofern eine zu respektierende Grundsatzentscheidung darstellt. Auch ist darauf hinzuweisen, dass eine materielle Privatisierung in Fällen, in denen die Wasserversorgung als pflichtige Selbstverwaltungsaufgabe ausgestaltet ist, nicht möglich ist.[61]

Zudem ist in praktischer Hinsicht auf den mit einer umfassenden Privatisierung der deutschen Wasserversorgung einhergehenden Aufwand zu verweisen, der – auch in Anbetracht des Vergleichsergebnisses – nicht gerechtfertigt scheint.

Im Ergebnis ist daher festzuhalten, dass eine verstärkte Privatisierung keine realistische Reformoption zur Eindämmung der divergierenden Entgeltkontrollregime darstellt.

5. Durchbrechung des Grundsatzes der ortsnahen Wasserversorgung (§ 50 Abs. 2 WHG)

Eine weitere Reformoption lässt sich aus der von der Bundesregierung im Jahr 2006 vorgestellten „*Modernisierungsstrategie für die deutsche Wasserwirtschaft*"[62] ableiten. Im Zuge dessen wurde unter anderem die Lockerung des Ört-

---

[60] *Forster*, Privatisierung und Regulierung der Wasserversorgung in Deutschland und den Vereinigten Staaten von Amerika, Diss. (Univ. Augsburg) 2007, S. 65 verweist in Fußnote 159 (m.w.N.) auf 13 Studien, von denen drei eine höhere Effizienz von privatisierten Unternehmen festgestellt haben, während vier andere Studien das Gegenteil feststellten und vier weitere Studien ebenfalls zu dem Ergebnis kamen, dass keine klare Empfehlung ausgesprochen werden kann.

[61] Vgl. dazu bereits oben unter B. III. 3. c) bb), S. 105.

[62] BT-Drs. 16/1094.

lichkeitsprinzips vorgeschlagen.[63] Das Örtlichkeitsprinzip findet im Bereich der Trinkwasserversorgung seinen Niederschlag als Grundsatz der ortsnahen Wasserversorgung und ist in § 50 Abs. 2 WHG ausdrücklich normiert. Der entsprechende Abschnitt lautet: *„Der Wasserbedarf der öffentlichen Wasserversorgung ist vorrangig aus ortsnahen Wasservorkommen zu decken […].“* In der praktischen Folge des Vorschlags soll es kommunalen Unternehmen gestattet sein, auch außerhalb des Versorgungsgebietes durch einen Ausschreibungswettbewerb andere Versorgungsgebiete (im Wege der Fernwasserversorgung) zu bewirtschaften.[64] Durch die Durchbrechung des Grundsatzes der ortsnahen Wasserversorgung sollen Effizienzpotentiale ausgeschöpft werden, die durch die starke Fragmentierung des deutschen Trinkwassermarktes[65] gehemmt werden, weil viele Wasserversorgungsunternehmen unterhalb der betriebsoptimalen Größe agieren.[66] Insbesondere der Grundsatz der ortsnahen Wasserversorgung trage dazu bei, dass kleine Wasserversorgungsunternehmen betriebsoptimale Größen nicht erreichen und folglich Effizienzpotentiale nicht ausschöpfen.[67] Die Einbettung in den Rahmen dieser Arbeit – die Kontrolle der Entgelte – ergibt sich aus der Überlegung, dass sich die durch eine Durchbrechung des Grundsatzes der ortsnahen Wasserversorgung zu realisierenden Effizienzgewinne in den Wasserentgelten niederschlagen und infolgedessen die Notwendigkeit der Kontrolldichte verringert werden kann.

a) Durchbrechung de lege lata

Der in § 50 Abs. 2 WHG normierte Grundsatz der ortsnahen Wasserversorgung beansprucht keine absolute Geltung. Vielmehr sind Ausnahmen normiert, die im Einzelnen wie folgt lauten:

> „Der Wasserbedarf der öffentlichen Wasserversorgung ist vorrangig aus ortsnahen Wasservorkommen zu decken, soweit überwiegende Gründe des Wohls der Allgemeinheit dem nicht entgegenstehen. Der Bedarf darf insbesondere dann mit Wasser aus ortsfernen Wasservorkommen gedeckt werden, wenn eine Versorgung aus ortsnahen Wasservorkommen nicht in ausreichender Menge oder Güte oder nicht mit vertretbarem Aufwand sichergestellt werden kann.“

In Bezug auf die Realisierung von finanziellen Effizienzpotentialen kommt einzig die letztgenannte Alternative der Ausnahme (nicht vertretbarer Aufwand) für eine Rechtfertigung der Durchbrechung in Betracht. Für den vorliegenden Anwendungsfall dieser Reformoption, in der von einer im Vergleich zur ortsnahen Was-

[63] BT-Drs. 16/1094, S. 27 f.; diesen Vorschlag aufgreifend *Gawel/Bedtke*, ZögU 2015, 97, 105 f.; vgl. auch *Schönefuß*, Privatisierung, Regulierung und Wettbewerbselemente in einem natürlichen Infrastrukturmonopol, 2005, S. 292 f.

[64] BT-Drs. 16/1094, S. 27; *Gawel/Bedtke*, ZögU 2015, 97, 105.

[65] Vgl. bereits oben unter A. I., S. 15.

[66] *Gawel/Bedtke*, ZögU 2015, 97, 105 m. w. N.

[67] *Gawel/Bedtke*, ZögU 2015, 97, 105.

serversorgung günstigeren Fernwasserversorgung ausgegangen wird, ist festzuhalten, dass diese nur im Einzelfall zulässig ist, sofern die Kosten der ortsnahen Wasserversorgung die Kosten der Fernwasserversorgung bei weitem überschreiten, so dass der finanzielle Aufwand unverhältnismäßig hoch und dem Endabnehmer unzumutbar wird.[68]

Insofern verbietet sich der weiträumige Aufbau eines Fernwasserversorgungsnetzes[69]; vielmehr sei der *Status quo* von kommunalen Versorgungsmonopolen mit örtlichem Bezug in diesem Fall zu erhalten.[70]

Eine Durchbrechung des Grundsatzes der ortsnahen Wasserversorgung ist unter der hier aufgestellten Prämisse infolgedessen *de lege lata* unzulässig.

b) Durchbrechung de lege ferenda

Eine Durchbrechung des Grundsatzes der ortsnahen Wasserversorgung könnte *de lege ferenda* in einer „Lockerung"[71] im Sinne einer Modifizierung, die eine Fernwasserversorgung in weiteren Fällen zulässt, oder in einer Streichung des Grundsatzes zum Ausdruck kommen.

Im Rahmen einer Lockerung stellen sich jedoch vielschichtige Probleme, die bereits beim Umfang der Lockerung (Beispiel: Ist eine Grenzziehung im Sinne eines Radius um die betreffende Gemeinde sinnvoll? Falls ja, wie ist diese zu bestimmen?) beginnen. Weitergeführt werden die Probleme der Lockerung und erst recht einer Streichung des Grundsatzes der ortsnahen Wasserversorgung mit der Eindämmung der Probleme, die der Grundsatz adressiert. Dazu zählen insbesondere der verantwortungsbewusste Umgang mit der Ressource Wasser, der Schutz regionaler Ressourcen, die Verhinderung einer Überforderung und die mit dem Wassertransport einhergehenden Gefahren der Verunreinigung.[72]

Deshalb erweist sich die Durchbrechung des Grundsatzes der ortsnahen Wasserversorgung auch *de lege ferenda* als zu problembelastet, um zielführende Wirkung entfalten zu können und ist daher abzulehnen.[73]

---

[68] *Breuer*, NVwZ 2009, 1249, 1251; *Hasche*, in: BeckOK UmweltR, 64. Ed.1.10.2022, § 50 WHG, Rn. 10; *Hünnekens*, in: Landmann/Rohmer UmweltR, 99. EL September 2022, § 50 WHG, Rn. 27; *Kibele*, VBlBW 1997, 121, 125.

[69] *Breuer*, NVwZ 2009, 1249, 1251.

[70] *Hünnekens*, in: Landmann/Rohmer UmweltR, 99. EL September 2022, § 50 WHG, Rn. 14.

[71] So der Wortlaut der Unterrichtung durch die Bundesregierung zur Modernisierungsstrategie für die deutsche Wasserwirtschaft, BT-Drs. 16/1094, S. 27.

[72] Vgl. bereits oben unter A.I., S. 15, und insbesondere zu den Problemen des Wassertransportes A.III.3., S. 25.

[73] Vgl. auch Bundesministerium für Umwelt, Naturschutz, nukleare Sicherheit und Verbraucherschutz, Nationale Wasserstrategie – Kabinettsbeschluss vom 15. März 2023, S. 24, wonach „*möglichst ortsnahe Ressourcen für die Trinkwasserversorgung*" genutzt werden sollen.

c) Zusammenfassung

Zusammenfassend kann festgehalten werden, dass eine Durchbrechung weder *de lege lata* möglich, noch *de lege ferenda* empfehlenswert ist. Ohnehin ist nicht sicher, ob die Prämisse, dass Effizienzsteigerungen zu niedrigeren Entgelten führen, die die allgemeine Notwendigkeit der Kontrolldichte herabsetzen, sich auch in der Praxis bewahrheiten kann.

6. Ausschreibungswettbewerbe: Mehr Wettbewerb um den Markt?

Ferner könnte der Wettbewerb um den Markt durch die Kommunen verstärkt werden.[74] Den Wettbewerb um den Markt zeichnet aus, dass die Versorgungsrechte in regelmäßigen zeitlichen Abständen ausgeschrieben werden.[75] Aus der zeitlichen Befristung folgt, dass die Ausschreibungen in wiederkehrenden Abständen wiederholt werden müssen,[76] um so dem Unternehmen, welches den Zuschlag erhalten hat, die Monopolstellung nur für eine begrenzte Zeit einzuräumen.[77] Dabei steigt die Wettbewerbsintensität mit kürzeren Vergabezeiträumen.[78]

Dieser Ansatz verfolgt das Ziel, dass durch ein erhöhtes Maß an Wettbewerb die Entgelte durch den Wettbewerb als Kontrollinstrument auf ein angemessenes Niveau beschränkt werden. Infolgedessen würde sich der Bedarf einer – je nach Ausgestaltung – öffentlich-rechtlichen oder privatrechtlichen Kontrolle minimieren, so dass das Auseinanderfallen der Kontrollmaßstäbe maßgeblich an Bedeutung verliert und die Notwendigkeit einer Reformierung mangels praktischer Relevanz ausscheidet.

Insbesondere die *Monopolkommission* regte in ihrem 18. Hauptgutachten an, „*vermehrt Ausschreibungswettbewerbe für die Wasserversorgung durchzuführen.*“[79] Fraglich ist, wie dieser Ansatz zu bewerten ist.

Wie bereits oben dargestellt, ist im Rahmen von Ausschreibungswettbewerben zu beachten, dass der Großteil der Gesamtkosten der Wasserversorgung auf Investitionen in den Ausbau und den Erhalt der Wasserversorgungsnetze entfällt.[80] Daraus folgt, dass die Vertragslaufzeiten entsprechend lang ausgestaltet werden müssen, damit sich die Investitionen für den Betreiber wirtschaftlich rentieren. Würde man einem in die Infrastruktur investierenden Betreiber eine wirtschaftlich nicht rentable Laufzeit vorschlagen, käme es – sofern die Investitionen vorgenommen würden – zu

---

[74] Vgl. *Monopolkommission*, 18. Hauptgutachten 2008/2009, S. 54, Rn. 25.

[75] Vgl. bereits oben unter A. III. 2. b), S. 23.

[76] *Michaelis*, ZögU 2001, 432, 442.

[77] *Markopoulos*, KommJuR 2012, 361, 363; *Schwintowski*, NVwZ 2001, 607, 610 f.

[78] *Michaelis*, ZögU 2001, 432, 442.

[79] *Monopolkommission*, 18. Hauptgutachten 2008/2009, S. 54, Rn. 25.

[80] Vgl. bereits oben unter A. III. 2. b), S. 23; auf dieses Problem auch hinweisend: *Monopolkommission*, 18. Hauptgutachten 2008/2009, S. 54, Rn. 25.

Wettbewerbsverzerrungen im Rahmen der Folgeausschreibungen. Realistischer erscheint jedoch, dass der betreffende Betreiber die Investition mangels Rentabilität nicht vornehmen würde. Die daraus resultierenden, entsprechend langen Vertragslaufzeiten von bis zu 30 Jahren nehmen dem Ausschreibungswettbewerb das Element des Wettbewerbs in weiten Teilen und beschränken infolgedessen die intendierte Wirkung erheblich.[81] Erschwerend tritt hinzu, dass nach erfolgreicher Ausschreibung das jeweilige Wasserversorgungsunternehmen eine in der Regel starke Stellung gegenüber der Kommune besitzt und diese zu Nachverhandlungen nutzen kann.[82] Folglich ist ein vermehrter Ausschreibungswettbewerb in dieser Reinform abzulehnen.

Das Problemfeld der Vertragslaufzeit könnte durch den Vorschlag der *Monopolkommission*, im Rahmen der Ausschreibungswettbewerbe das Leitungsnetz vom Betrieb zu trennen, umgangen werden.[83] Der Vorschlag zielt auf eine Verringerung der Vertragslaufzeiten, um so durch regelmäßigere Ausschreibungen den Wettbewerb zu erhöhen.

Die Trennung von Netz und Betrieb kann dabei auf verschiedene Art durchgeführt werden. Zum einen könnte eine *„unechte"*[84] Trennung von Netz und Betrieb dergestalt erfolgen, dass weiterhin die Betriebsführung und das Netz als Gesamtversorgung ausgeschrieben wird, dabei aber nur die Betriebsführung, nicht jedoch die Amortisierung der Investitionen in die Infrastruktur erwartet wird.[85] Die in der kürzeren Vertragslaufzeit nicht amortisierten Kosten der Infrastruktur werden nach diesem Modell nach Beendigung der Vertrags wahlweise durch den Staat oder durch das nachfolgende Unternehmen abgelöst.[86] Jedoch scheint der Vorschlag an seiner mangelnden Praktikabilität zu scheitern – denn dabei stellen sich folgende Probleme: Das betreibende Unternehmen müsste einen dauerhaften Einblick in seine Kalkulationen geben, damit die Investitionen auf ihre Notwendigkeit überprüft werden können und keine überhöhten Investitionen an den Nachfolger oder den Staat weitergegeben werden können.[87] Zudem bestünde stets die Vermutung, dass Bewerber in Anschlussausschreibungen die Ablösesummen in ihre Kalkulationen mit einbeziehen und den Wettbewerb somit verzerren.[88] Letztlich stünde der Verwaltungsaufwand in keinem Verhältnis zu dem Gewinn an mehr Wettbewerb.[89] Somit ist die unechte Trennung von Netz und Betrieb im Ergebnis abzulehnen.

---

[81] Vgl. bereits oben unter A. III. 2. b), S. 23.

[82] *Monopolkommission*, 18. Hauptgutachten 2008/2009, S. 54, Rn. 25.

[83] *Monopolkommission*, 18. Hauptgutachten 2008/2009, S. 54, Rn. 25.

[84] *Besche*, Wasser und Wettbewerb, Diss. (Univ. Bonn) 2004, S. 187.

[85] *Besche*, Wasser und Wettbewerb, Diss. (Univ. Bonn) 2004, S. 187.

[86] *Besche*, Wasser und Wettbewerb, Diss. (Univ. Bonn) 2004, S. 187.

[87] *Besche*, Wasser und Wettbewerb, Diss. (Univ. Bonn) 2004, S. 187.

[88] *Besche*, Wasser und Wettbewerb, Diss. (Univ. Bonn) 2004, S. 187.

[89] *Besche*, Wasser und Wettbewerb, Diss. (Univ. Bonn) 2004, S. 187.

Zum anderen bestünde die Möglichkeit, eine „*echte*“ Trennung von Betrieb und Netz anzustreben.[90] Im Rahmen dessen würde nur der Bereich der Betriebsführung Teil des Ausschreibungswettbewerbes, mit der Folge, dass die Vertragslaufzeiten problemlos in wettbewerbsadäquater Weise verkürzt werden könnten.[91] Dem Vorteil des so gewonnen Wettbewerbs stehen Nachteile gegenüber, die sich in aus der Trennung resultierenden erhöhten Gesamtkosten und dem alleinigen Tragen der (hohen) Infrastrukturkosten durch den Staat ergeben.[92] Im Ergebnis vermag auch die echte Trennung von Betrieb und Netz nicht zu überzeugen, so dass beide Ansätze im Rahmen der Trennung von Betrieb und Netz keine tragfähige Option darstellen, um die Entgelte auf ein wettbewerbsgerechtes Maß zu beschränken und damit die Notwendigkeit der divergierenden Kontrollinstrumente zu reduzieren.

7. Benchmarking

Eine weitere Reformierungsoption bietet das Benchmarking, welches in Deutschland bereits verschiedentlich zum Einsatz gelangt.[93] Das Benchmarking beschreibt einen Vergleich von Prozessen, Praktiken, Produkten oder Dienstleistungen in und zwischen Unternehmen, um Leistungsdefizite aufzudecken. Die inhaltliche Schwerpunktsetzung des Benchmarkings erweist sich als gestaltungsoffen, so dass in Abhängigkeit der angesetzten Kontrollkriterien sowohl breite als auch tiefe Vergleiche angestellt werden können.[94] Insofern ergeben sich gewisse Parallelen zum Konzept des Effizienzvergleichs in regulierten Bereichen.[95] Die Branchenverbände der deutschen Wasserwirtschaft definieren das Benchmarking als einen Vergleich mit anderen Unternehmen und eine Verbesserung, indem man von den Besten einer Vergleichsgruppe lernt.[96]

Die Prämisse des hier vorzustellenden Ansatzes erstreckt sich in der Annahme, dass durch den Vergleich der Wasserversorgungsunternehmen Ineffizienzen aufgedeckt werden und infolgedessen Anreize zur Effizienzsteigerung geschaffen und bestehende Potentiale zum Wohl der Endkunden ausgeschöpft werden.[97]

---

[90] *Besche*, Wasser und Wettbewerb, Diss. (Univ. Bonn) 2004, S. 187.

[91] *Besche*, Wasser und Wettbewerb, Diss. (Univ. Bonn) 2004, S. 187.

[92] *Besche*, Wasser und Wettbewerb, Diss. (Univ. Bonn) 2004, S. 187.

[93] Vgl. für eine Übersicht bestehender Benchmarking-Initiativen im Bereich der Trinkwasserversorgung in Deutschland: *Arbeitsgemeinschaft Trinkwassertalsperren e. V. (ATT) u. a. (Hrsg.)*, Branchenbild der deutschen Wasserwirtschaft 2020, S. 63.

[94] Vgl. auch BT-Drs. 17/10365, S. 263, Rz. 613.

[95] BT-Drs. 17/10365, S. 264, Rz. 614.

[96] *Arbeitsgemeinschaft Trinkwassertalsperren e. V. (ATT) u. a.* (Hrsg.), Branchenbild der deutschen Wasserwirtschaft 2020, S. 55.

[97] BT-Drs. 17/10365, S. 264, Rz. 614; *Bundeskartellamt*, Bericht über die großstädtische Trinkwasserversorgung in Deutschland, 2016, S. 110 f.

In Deutschland ist das Instrument des Benchmarkings im Bereich der Wasserversorgung nicht revolutionär. Insbesondere Branchenverbände haben in Zusammenarbeit mit den Landesregierungen in den meisten Bundesländern Benchmarking-Analysen erstellt.[98] Seinen Ursprung findet das Benchmarking in der deutschen Wasserversorgung in einem Antrag von Bundestagsabgeordneten zum Thema der *„Nachhaltigen Wasserwirtschaft in Deutschland*", in dem – zunächst ohne nähere Ausgestaltung – *„[d]ie Einführung eines Verfahrens zum Leistungsvergleich zwischen Unternehmen (Benchmarking)*"[99] gefordert wurde. Typischerweise erfolgt das Benchmarking im Bereich der Wasserversorgung in einem sog. *„5-Säulen-Modell*", in dem die Aspekte der Versorgungssicherheit und Versorgungsqualität, der Kundenzufriedenheit, der Nachhaltigkeit und der Wirtschaftlichkeit wesentliche Determinanten darstellen.[100] Die Benchmarkingprojekte erfolgen dabei auf freiwilliger Basis und in Anonymität, so dass eine Teilnahme weder verpflichtend ist, noch Rückschlüsse auf die Teilnehmer gezogen werden können.[101] Die verwendeten Kennzahlen zeichneten sich vor allem in der Vergangenheit durch ihre Uneinheitlichkeit aus, so dass eine übergeordnete Vergleichbarkeit der verschiedenen Benchmarking-Projekte erschwert wurde.[102] Zwar erarbeiteten die Branchenverbände Definitionen für ausgewählte Kennzahlen mit dem Ziel, ein höheres Maß an Einheitlichkeit in den verschiedenen Benchmarkingprojekten zu erreichen,[103] aber die in dem jeweiligen Benchmarkingprojekt erfassten Kennzahlen variieren aufgrund der selbständigen Auswahl durch die Projektverantwortlichen nach wie vor[104], so dass die Möglichkeit einer Vergleichbarkeit auch heute noch ausbleibt. Trotz der Freiwilligkeit der Teilnahme am Benchmarking betonen die Branchenverbände, dass eine Beteiligungsquote von 80% gemessen an der Wasserabgabenmenge für die jeweiligen Benchmarkingprojekte wünschenswert sei.[105]

---

[98] *Bundeskartellamt*, Bericht über die großstädtische Trinkwasserversorgung in Deutschland, 2016, S. 110.

[99] BT-Drs. 14/7177, S. 3.

[100] *Arbeitsgemeinschaft Trinkwassertalsperren e. V. (ATT) u. a.* (Hrsg.), Branchenbild der deutschen Wasserwirtschaft 2020, S. 56; *Janda*, Ökonomische Reformoptionen zur Weiterentwicklung des deutschen Trinkwasserversorgungsmarktes, Diss. (Ruhruniversität Bochum) 2012, S. 161 ff., insb. Abbildung 4.7.

[101] *Bundeskartellamt*, Bericht über die großstädtische Trinkwasserversorgung in Deutschland, 2016, S. 110; *Janda*, Ökonomische Reformoptionen zur Weiterentwicklung des deutschen Trinkwasserversorgungsmarktes, Diss. (Ruhruniversität Bochum) 2012, S. 155 f.

[102] *Bundeskartellamt*, Bericht über die großstädtische Trinkwasserversorgung in Deutschland, 2016, S. 111.

[103] *Arbeitsgemeinschaft Trinkwassertalsperren e. V. (ATT) u. a.* (Hrsg.), Branchenbild der deutschen Wasserwirtschaft 2020, S. 62.

[104] *Arbeitsgemeinschaft Trinkwassertalsperren e. V. (ATT) u. a.* (Hrsg.), Branchenbild der deutschen Wasserwirtschaft 2020, S. 62.

[105] *Arbeitsgemeinschaft Trinkwassertalsperren e. V. (ATT) u. a.* (Hrsg.), Branchenbild der deutschen Wasserwirtschaft 2020, S. 62.

Die Rahmenbedingungen weisen in Teilen Schwächen auf, die die Effektivität des Ansatzes im Ganzen schwächen. Die Benchmarkingprojekte werden in Bezug auf die Qualität und Tiefe des Vergleichs unterschiedlich ausgestaltet, ohne dass ersichtlich ist, welche Vorteile ein solches Vorgehen für eine überregionale Vergleichbarkeit bietet.[106] Als die Vergleichbarkeit massiv beeinträchtigend erweisen sich auch die individuell ausgewählten Vergleichskennzahlen, sodass die Grundidee des Benchmarkings – der Vergleich – nicht immer vollends gewährleistet werden kann.[107] Als weitere Schwäche des deutschen Benchmarking-Ansatzes lässt sich die Freiwilligkeit der Teilnahme benennen.[108] Der Freiwilligkeit ist folgendes Grundproblem immanent: Das Angebot zur Teilnahme am Benchmarking wird insbesondere von großen Wasserversorgungsunternehmen wahrgenommen[109] – vermutlich aufgrund der vorhandenen notwendigen personellen Aufstellung und aus Gründen der Öffentlichkeitswirksamkeit solcher Projekte. Vor allem kleinere Wasserversorgungsunternehmen – bei denen tendenziell die größeren durch das Benchmarking aufzudeckenden Ineffizienzen zu vermuten sind[110] – entscheiden sich gegen eine Teilnahme an den Benchmarkingprojekten, so dass die im Markt bestehenden Ineffizienzen nicht flächendeckend aufgedeckt und infolgedessen ausgeglichen werden können.[111] Neben dieser grundsätzlichen Problematik erwächst aus der Freiwilligkeit ein Folgeproblem, das sich in Form von „Trittbrettfahrern" äußert.[112] Dahinter verbirgt sich der Gedanke, dass sämtliche aus Benchmarkingprojekten resultierende Effizienzzuwächse der gesamten Branche – d. h. insbesondere auch den nicht teilnehmenden Wasserversorgungsunternehmen – zugerechnet werden, die Kosten für das Benchmarking aber nur die teilnehmenden Wasserversorgungsunternehmen tragen.[113] Letztlich wird die fehlende Veröffentlichung der Vergleichsergebnisse sowohl gegenüber der Öffentlichkeit als auch gegenüber den Aufsichtsbehörden bemängelt. Durch den geltenden Grundsatz der Vertraulichkeit ist es nicht garantiert, dass Wasserversorgungsunternehmen, die unter Umständen

---

[106] Vgl. *Bundeskartellamt*, Bericht über die großstädtische Trinkwasserversorgung in Deutschland, 2016, S. 111.

[107] Vgl. dazu auch *Gawel/Bedtke*, ZögU 2015, 97, 104.

[108] Vgl. für eine frühe Kritik der Freiwilligkeit bereits *Oelmann*, in: Haug/Rosenfeld, Die Rolle der Kommunen in der Wasserwirtschaft, 2005, S. 47, 52; s. a. BT-Drs. 17/10365, S. 264, Rz. 615; *Bundeskartellamt*, Bericht über die großstädtische Trinkwasserversorgung in Deutschland, 2016, S. 111; *Gawel/Bedtke*, ZögU 2015, 97, 103; für die Freiwilligkeit des Benchmarkings plädierend: *Seuser*, Die Rechtskontrolle von Wasserpreisen und Wassergebühren, Diss. (Univ. Trier) 2016, S. 814 ff.

[109] *Janda*, Ökonomische Reformoptionen zur Weiterentwicklung des deutschen Trinkwasserversorgungsmarktes, Diss. (Ruhruniv. Bochum) 2012, S. 158, 160.

[110] Insbesondere kleine Wasserversorgungsunternehmen agieren unterhalb der betriebsoptimalen Größe, wodurch das Risiko von Ineffizienzen zunimmt, vgl. dazu bereits D. II. 5, S. 212.

[111] Vgl. dazu *Gawel/Bedtke*, ZögU 2015, 97, 104.

[112] Das Phänomen als „*Trittbrettfahrerproblem*" bezeichnend: *Gawel/Bedtke*, ZögU 2015, 97, 103.

[113] *Gawel/Bedtke*, ZögU 2015, 97, 103.

missbräuchlich hohe Entgelte fordern, tatsächlich Anpassungen vornehmen.[114] Insofern bleibt mangels Identifizierbarkeit vor allem auch der öffentliche Druck auf einzelne Wasserversorgungsunternehmen aus.[115] So verringert insbesondere die durch die Vertraulichkeit gewährte Anonymität den Handlungszwang, sich am Lernen von den Besten der Vergleichsgruppe zu beteiligen.[116]

Gleichwohl erscheint die Grundidee des Vergleichs der Wasserversorgungsunternehmen als probates Mittel, um Ineffizienzen zu identifizieren und abzustellen. Insofern ist als Ausblick festzuhalten, dass die kritischen Elemente der (1) Uneinheitlichkeit der Kennzahlen, (2) die Freiwilligkeit der Teilnahme und (3) die fehlende Veröffentlichung der Vergleichsergebnisse modifiziert werden müssten, um die Wirksamkeit des Instruments des Benchmarkings anzuheben. Einen möglichen Orientierungspunkt dafür kann die Ausgestaltung des Benchmarkings der Wasserversorgungsunternehmen in den Niederlanden bieten: Die dort Anwendung findende „Sunshine Regulation“ sieht eine verpflichtende Teilnahme an den Benchmarkingprojekten vor, deren Ergebnisse veröffentlicht werden, so dass Wasserversorgungsunternehmen, die den angesetzten Kriterien nicht genügen, öffentlich benannt werden und der Druck zum Handeln folglich erhöht wird (*„naming and shaming“*).[117] Die Implementierung einer vergleichbaren Regelung könnte die Wirksamkeit und damit die Bedeutung des Benchmarkings insgesamt anheben.

8. Anwendung der Sanktionsnorm des § 31b Abs. 3 GWB auf Gebühren

Eine weitere Möglichkeit zur Angleichung der divergierenden Kontrollmaßstäbe bestünde in der Anwendung der Sanktionsnorm des § 31b Abs. 3 GWB auch auf Gebühren.[118]

Die Idee entstammt dem Wortlaut des § 185 Abs. 1 S. 2 GWB, wonach nur die §§ 19, 20 und 31b Absatz 5 GWB nicht auf öffentliche-rechtliche Gebühren anzuwenden sind. Folglich wird § 31b Abs. 3 GWB von dem Ausschluss nicht erfasst.

Nach § 31b Abs. 3 GWB kann die Kartellbehörde in Fällen des Missbrauchs i. S. v. § 31 Abs. 4 GWB entweder die beteiligten Unternehmen verpflichten, einen beanstandeten Missbrauch abzustellen oder die beteiligten Unternehmen ver-

---

[114] *Bundeskartellamt*, Bericht über die großstädtische Trinkwasserversorgung in Deutschland, 2016, S. 111.

[115] *Bundeskartellamt*, Bericht über die großstädtische Trinkwasserversorgung in Deutschland, 2016, S. 111.

[116] Vgl. dazu *Gawel/Bedtke*, ZögU 2015, 97, 103.

[117] *Gawel/Bedtke*, ZögU 2015, 97, 115.

[118] Vgl. dazu *Botez*, Kontrolle von privatrechtlichen Wasserpreisen und öffentlich-rechtlichen Wassergebühren nach der 8. GWB-Novelle, Diss. (Univ. Göttingen) 2015, S. 275; *Coenen/Haucap*, WuW 2014, 356, 358; *Weck/Schmidt*, NZKart 2013, 343, 346.

pflichten, die Verträge oder Beschlüsse zu ändern, oder die Verträge und Beschlüsse für unwirksam erklären.[119]

Insofern stellt sich die Frage, ob die Anwendung der Sanktionsnorm des § 31b Abs. 3 GWB auch auf öffentlich-rechtliche Gebühren eine valide Möglichkeit zur Angleichung der divergierenden Kontrollmaßstäbe darstellt, oder ob vielmehr in Anlehnung an § 185 Abs. 1 S. 2 GWB eine restriktive Auslegung geboten ist.

Der Wortlaut[120] des § 185 Abs. 1 S. 2 GWB spricht zunächst für eine Anwendung. Obwohl die sprachliche Möglichkeit bestanden hätte, die kartellrechtliche Missbrauchskontrolle allumfassend auszuschließen, wurde eine Formulierung gewählt, die einzelne Paragrafen und insbesondere im Rahmen der Erwähnung des § 31b GWB einzig den zugehörigen Absatz 5 von der Anwendbarkeit ausnimmt[121], so dass die Nichterwähnung des § 31b Abs. 3 GWB tendenziell für seine Anwendbarkeit auch auf Gebühren spricht.

Mit Blick auf die Gesetzgebungsgeschichte[122] fällt auf, dass dem Ausschluss in § 185 Abs. 1 S. 2 GWB intensive Beratungen zwischen Bundesrat und Bundestag vorausgingen, die schließlich in dem heute vorliegenden Kompromiss, der im Vermittlungsausschuss zustande kam, mündete. Daraus lässt sich schlussfolgern, dass dem Gesetzgeber die materiell-rechtlichen Auswirkungen des gewählten Wortlauts und der daraus folgenden partiellen Anwendbarkeit der kartellrechtlichen Missbrauchskontrolle auf Gebühren durchaus bewusst gewesen sein müssen.[123] Insofern kann die Historie der Gesetzgebung unterstützend für das nach der Wortlautauslegung gefundene Ergebnis herangezogen werden.[124]

Das Telos des Ausschlusses lässt sich in zwei Richtungen deuten: Zum einen spricht für eine restriktive Auslegung, dass das GWB im Grundsatz die kartellrechtliche Entgeltkontrolle privater Unternehmen verfolgt, und dass die Gebührenkalkulation und -erhebung auf landesrechtlich ausgestalteten und kostenorientierten Grundsätzen beruht, namentlich dem Kostendeckungsprinzip. Daraus folgt auch die kommunalaufsichtliche und verwaltungsgerichtliche Kontrolle, so dass –

---

[119] Ältere Literatur verweist auf Missbräuche nach § 31 Abs. 3 GWB; der Verweis auf Absatz 4 wurde m. W. v. 15. 7. 2021 durch G. v. 9. 7. 2021 (BGBl. I S. 2506) geändert. Der frühere Verweis auf Absatz 3 stellte wohl ein Redaktionsversehen dar, vgl. Beschlussempfehlung und Bericht des Ausschusses für Wirtschaft und Energie, BT-Drs. 19/30474, S. 13 – „*Die Änderungen korrigieren redaktionelle Fehler im Gesetz gegen Wettbewerbsbeschränkungen (GWB). […] Entsprechend diesem Willen des Gesetzgebers wird hier der ursprünglich geltende Regelungstext wiederhergestellt.*"

[120] Vgl. zur Auslegung des Wortlauts bereits oben unter C. III. 2. f) aa), S. 191.

[121] § 185 Abs. 1 Satz 2 GWB lautet: „*Die §§ 19, 20 und 31b Absatz5 sind nicht anzuwenden auf öffentlich-rechtliche Gebühren oder Beiträge.*"

[122] Vgl. zur Gesetzgebungsgeschichte bereits oben unter C. III. 2. f) bb), S. 192.

[123] Vgl. auch: *Reif*, in: Münchener Kommentar zum Wettbewerbsrecht, 4. Aufl. 2022, § 31 GWB, Rn. 68a.

[124] *Reif*, in: Münchener Kommentar zum Wettbewerbsrecht, 4. Aufl. 2022, § 31 GWB, Rn. 68b.

ausweislich der Gesetzesbegründung – kein Raum für eine kartellrechtliche Entgeltkontrolle verbleibe.[125] Zum anderen eröffnen sich im Hinblick auf die Schutzrichtungen des explizit erwähnten § 31b Abs. 5 GWB und des nicht erwähnten § 31b Abs. 3 GWB Unterschiede, die eine Anwendung des Letzteren rechtfertigen könnten:

Der Zweck des § 31b Abs. 5 GWB besteht maßgeblich darin, den Endkunden vor einem Missbrauch der Marktmacht des jeweiligen Wasserversorgungsunternehmens zu schützen[126], während § 31b Abs. 3 GWB den Endkunden vor der missbräuchlichen Durchführung der in § 31 Abs. 1 GWB genannten Verträge zu schützen versucht.[127] Dieser Schutz sei als Ausgleich für die aufgrund der bestehenden Monopole nicht gegebene Versorgerwahlmöglichkeit des Endkunden zu verstehen.[128] Daraus schlussfolgern *Weck* und *Schmidt* die Anwendbarkeit des § 31b Abs. 3 GWB auch auf öffentlich-rechtliche Gebühren.[129]

Insofern überwiegen im Ergebnis die Argumente für eine Anwendbarkeit. Insbesondere unter Berücksichtigung der Gesetzgebungsgeschichte und der tiefgreifenden inhaltlichen Beratungen drängt sich der Gedanke eines bewussten Ausschlusses auf.[130]

Unabhängig davon ist die Fragestellung in den Rahmen der praktischen Relevanz zu rücken. In diesem zeichnet sich ein Bild, der eine Entscheidung über die grundsätzliche Frage der (Un-)Anwendbarkeit der Norm als für die Praxis nicht relevant entlarvt. Ein Missbrauch nach § 31 Abs. 4 GWB (auf den § 31b Abs. 3 GWB verweist) setzt einen freigestellten Vertrag nach § 31 Abs. 1 GWB voraus. Als Ausfluss aus der Monopolstellung der Wasserversorgungsunternehmen folgt jedoch, dass der Abschluss eines solchen Vertrages in der Regel als nicht notwendig erachtet wird.[131] Selbst in Fällen, in denen solche Vertragsklauseln bestehen, steht den Wasserversorgungsunternehmen auch noch nach Eröffnung des Kartellverfahrens die Möglichkeit offen, die relevanten Klauseln zu ihrem Vorteil abzuändern.[132]

Im Ergebnis zeigt sich, dass eine umfassende Anwendung des § 31b Abs. 3 GWB auch auf öffentlich-rechtliche Gebühren weniger mangels Anwendbarkeit, dafür aber mangels praktischer Relevanz ausscheidet. Insofern sei auf die Untersuchung

---

[125] Vgl. dazu BT-Drs. 17/11636, S. 2.

[126] Vgl. *Scholl*, in: Immenga/Mestmäcker, 6. Aufl. 2020, § 31b GWB, Rn. 17.

[127] *Weck/Schmidt*, NZKart 2013, 343, 346.

[128] *Weck/Schmidt*, NZKart 2013, 343, 346.

[129] Vgl. *Weck/Schmidt*, NZKart 2013, 343, 346.

[130] *Coenen/Haucap* beschreiben den Gedanken in WuW 2014, 354, 358 gleichwohl, aber dennoch zutreffend als *„etwas spitzfindig"*.

[131] *Ewers/Botzenhart/Jekel/Salzwedel/Kraemer*, Optionen, Chancen und Rahmenbedingungen einer Marktöffnung für eine nachhaltige Wasserversorgung, BMWI-Forschungsvorhaben (11/00), Endbericht, Juli 2001, S. 15 f.; *Scholl*, in: Immenga/Mestmäcker, 6. Aufl. 2020, § 31 GWB, Rn. 53; *Weck/Schmidt*, NZKart 2013, 343, 346.

[132] *Weck/Schmidt*, NZKart 2013, 343, 346.

zur grundsätzlichen Anwendbarkeit des GWB auf öffentlich-rechtliche Gebühren unter D.II.12. (S. 251) als praxistauglicherer Lösungsansatz verwiesen.

9. Verbot der Rekommunalisierung bei laufenden Kartellverfahren

a) Problemaufriss

Ein weiterer Ansatzpunkt zur Überwindung der divergierenden Kontrollmaßstäbe könnte in einem (zu schaffenden) gesetzlichen Verbot der Rekommunalisierung bei laufenden Kartellverfahren liegen.

Die Rekommunalisierung wird durch eine Rückführung von privatisierten Teilen der kommunalen Wirtschaft in die kommunale Verantwortung charakterisiert.[133] Die grundgesetzliche Absicherung der Rekommunalisierung durch die Gemeinden findet sich in der gemeindlichen Organisationshoheit des Art. 28 Abs. 2 GG.[134] Das Mittel der Organisationshoheit, gepaart mit der Divergenz der Kontrollmaßstäbe von Wassergebühren und Wasserpreisen, eröffnet Kommunen in Bezug auf Wasserversorgungsunternehmen die Möglichkeit sogenannter Scheinrekommunalisierungen, deren Aufwand sich im Wechsel der Rechtsform erschöpft und das alleinige Ziel verfolgt, der aufmerksameren Preiskontrolle durch die Landeskartellbehörden oder das Bundeskartellamt zu entgehen.[135] Eine solches Vorgehen liegt insbesondere in Fällen nahe, in denen die Rekommunalisierungsbestreben erst einsetzen, nachdem kartellbehördliche Aktivitäten in Bezug auf das betreffende Wasserversorgungsunternehmen eingesetzt haben.[136] Einen praktischen Beleg dafür liefert das Wasserversorgungsunternehmen *enwag* in Wetzlar, welches die Umgehungsmöglichkeit der kartellrechtlichen Kontrolle durch den Rechtsformwechsel als maßgeblichen Grund für das Rekommunalisierungsbestreben angab.[137] Weitere Beispiele für solche Scheinrekommunalisierungen finden sich in Kassel, Wiesbaden, Gießen, Trossingen, Ahrensfelde und Wuppertal.[138]

Infolgedessen ist die Frage zu beantworten, wie mit einem Ausnutzen der Organisationshoheit und damit der Umgehung einer effektiveren kartellrechtlichen Kontrolle umzugehen ist. Im Fall der Rekommunalisierung des Wasserversorgungsunternehmens *enwag* der Stadt Wetzlar entschied das zuständige Oberlandesgericht Frankfurt a. M., dass es legitim sei, unter mehreren zulässigen rechtlichen

[133] Vgl. dazu bereits oben unter B. III. 3.e., S. 114.

[134] *Hellermann*, in: BeckOK GG, 53. Ed.15.11.2022, Art. 28 GG, Rn. 40.2.

[135] Vgl. dazu *Reif*, in: Münchener Kommentar zum Wettbewerbsrecht, 4. Aufl. 2022, § 31 GWB, Rn. 41.

[136] *Botez*, Kontrolle von privatrechtlichen Wasserpreisen und öffentlich-rechtlichen Wassergebühren nach der 8. GWB-Novelle, Diss. (Univ. Göttingen) 2015, S. 281.

[137] OLG Frankfurt, Beschl. v. 20.9.2011 – 11 W 24/11 (Kart), ZNER 2012, 194, 196, Rn. 28.

[138] *Reif*, in: Münchener Kommentar zum Wettbewerbsrecht, 4. Aufl. 2022, § 31 GWB, Rn. 40; zu Wetzlar vgl. *Monopolkommission*, 20. Hauptgutachten 2012/2013, Rn. 1243.

Gestaltungsmöglichkeiten diejenige zu wählen, mit der sich bestimmte unerwünschte Rechtsfolgen vermeiden lassen.[139] Dieser Aussage ist jedenfalls im Grundsatz zuzustimmen. Für den Fall von Scheinkommunalisierungen, in denen kartellbehördliche Aktivitäten explizit umgangen werden sollen, erscheint die Aussage jedoch nicht sachgerecht. Schließlich beinhaltet Art. 28 Abs. 2 GG keinen „*Anspruch darauf, sich durch öffentlichrechtliche Ausgestaltung kommunaler Versorgungsbetriebe Immunitätsprivilegien gegenüber den sonst für solche Betriebe geltenden Gesetzen zu verschaffen.*“[140] Folglich erscheint für Fälle von Scheinrekommunalisierungen eine differenzierte Betrachtung geboten.

b) Lösungsvorschläge

Fraglich ist, wie eine solche Betrachtung zu erfolgen hat. Im Folgenden sollen drei mögliche Szenarien skizziert werden, die ein zu schaffendes Rekommunalisierungsverbot im Zusammenhang mit (laufenden) Kartellverfahren umschreiben.

aa) Umfassendes Rekommunalisierungsverbot

Im Rahmen von Scheinrekommunalisierungen könnte über die Schaffung eines umfassenden Rekommunalisierungsverbotes nachgedacht werden. Ein solches würde Rekommunalisierungsbestreben gänzlich ausschließen. Fraglich ist jedoch, ob ein gänzlicher Ausschluss von Rekommunalisierungen zulässig wäre. Die Zulässigkeit bemisst sich vor allem an der gemeindlichen Organisationshoheit des Art. 28 Abs. 2 GG. Die gemeindliche Organisationshoheit vermittelt den Kommunen die Befugnis, über die innere Verwaltungsorganisation in eigener Verantwortung zu entscheiden; davon erfasst ist insbesondere auch die Entscheidung über die Rechtsform.[141] Obgleich die kommunale Organisationshoheit nach der Rechtsprechung des Bundesverfassungsgerichts „*den Gemeinden und Gemeindeverbänden […] nur nach Maßgabe der Gesetze gewährleistet*“[142] wird, sind „*Regelungen, die eine eigenständige organisatorische Gestaltungsfähigkeit der Kommunen im Ergebnis ersticken würden*“[143] unzulässig. Insofern stellt sich ein umfassendes Rekommunalisierungsverbot, das Rekommunalisierungsbestreben im Falle von Scheinrekommunalisierungen gänzlich ausschließt, als eine Regelung dar, die die eigenständige organisatorische Gestaltungsfähigkeit der Kommunen erstickt. In-

[139] OLG Frankfurt, Beschl. v. 20.9.2011 – 11 W 24/11 (Kart), ZNER 2012, 194, 196; diese Ansicht unterstützend, auch „*wenn das Motiv für die Rechtsformwahl gerade die Vermeidung der kartellrechtlichen Missbrauchskontrolle ist*“ *Wehage*, Missbrauchsaufsicht über Wasserpreise und Wassergebühren nach deutschem und europäischem Kartellrecht, Diss. (Humboldt-Univ. Berlin) 2015, S. 107 f.

[140] BVerfG, Beschl. v. 2.11.1981 – 2 BvR 671/81, NVwZ 1982, 306, 308.

[141] *Mehde*, in: Dürig/Herzog/Scholz, 98. EL März 2022, Art. 28 Abs. 2 GG, Rn. 65.

[142] BVerfGE 119, 331 (362); vgl. auch *Herbert*, NVwZ 1995, 1056, 1057.

[143] BVerfGE 91, 228, 239; 107, 1, 13; vgl. auch BVerwGE 123, 159, 162 f.

folgedessen ist es als mit der gemeindlichen Organisationshoheit des Art. 28 Abs. 2 GG unvereinbar und damit als nicht zulässig anzusehen.

bb) Rekommunalisierungsverbot während laufender Kartellverfahren

Im Grundsatz dem oben genannten Vorschlag zu folgen, diesen aber zeitlich auf die laufenden Kartellverfahren zu beschränken, entstammt der Empfehlung des Wirtschaftsausschusses zum Entwurf des 8. GWB-Änderungsgesetzes. Im Zuge dessen wurde vorgeschlagen, Mechanismen zu schaffen, die das Entziehen der kartellrechtlichen Missbrauchsaufsicht nach Einleitung eines kartellbehördlichen Verfahrens durch Rekommunalisierung verhindern.[144] Der Vorschlag ist ausdrücklich auf Fälle beschränkt, „*in denen nach Einleitung eines kartellrechtlichen Missbrauchsverfahrens wegen überhöhter Wasserpreise die Überführung der Versorgungsverhältnisse ins öffentliche Recht beschlossen wird.*“[145] Insofern wäre das Verbot der Rekommunalisierung zeitlich befristet und würde – im Gegensatz zu dem oben genannten Vorschlag – die eigenständige organisatorische Gestaltungsfähigkeit der Kommunen im Ergebnis nicht ersticken. Außerdem gebietet die Abwägung zwischen der gemeindlichen Organisationshoheit und der Verhütung des Missbrauchs wirtschaftlicher Machtstellung gem. Art. 74 Abs. 1 Nr. 16 GG, dass die Organisationshoheit zurückzutreten hat, sofern als (kartellrechtlich) missbräuchlich befundene Preise in gleicher Höhe im Gewand der Gebühr erhoben werden.[146] Aus der zeitlichen Beschränkung auf die laufenden kartellrechtlichen Missbrauchsverfahren erwächst zugleich die große Schwäche dieses Ansatzes: Die Rekommunalisierung ist nur innerhalb eines festgesetzten zeitlichen Abschnitts untersagt, nach Abschluss dieses Abschnitts ist eine Rekommunalisierung – insbesondere auch in Kombination mit einer Erhöhung der Entgelte – denkbar.

cc) Einführung einer Genehmigungspflicht für Entgeltumstellungen bei Rekommunalisierungen

Um eine Rekommunalisierung in Verbindung mit einer Entgelterhöhung – womöglich auf das vor der Missbrauchsverfügung bestehende Ausgangsniveau – könnte eine landesrechtliche Genehmigungspflicht für Entgeltumstellungen im Rahmen von Rekommunalisierungen geschaffen werden.[147] Die Notwendigkeit dieser Ergänzung erwächst aus dem Umstand, dass die Wirkung kartellrechtlicher Missbrauchsverfügungen nur bis zum Zeitpunkt der Umstellung auf eine öffentlich-

---

[144] BR-Drs. 176/1/12, S. 10f.; vgl. dazu auch *Botez*, Kontrolle von privatrechtlichen Wasserpreisen und öffentlich-rechtlichen Wassergebühren nach der 8. GWB-Novelle, Diss. (Univ. Göttingen) 2015, S. 283ff.

[145] BR-Drs. 176/1/12, S. 11.

[146] BR-Drs. 176/1/12, S. 10f.

[147] Vgl. *Botez*, Kontrolle von privatrechtlichen Wasserpreisen und öffentlich-rechtlichen Wassergebühren nach der 8. GWB-Novelle, Diss. (Univ. Göttingen) 2015, S. 285f.

rechtliche Organisationsform reicht, d. h. nach einer erfolgten Rekommunalisierung können die Wasserversorgungsunternehmen unabhängig von der Verfügung agieren.[148] So könnte beispielsweise in den Kommunalabgabengesetzen der Länder festgeschrieben werden, dass Preise, die in Gebühren umgewandelt werden, anhand den für Gebühren geltenden Maßstäben zu überprüfen und ggf. zu genehmigen sind.[149] Eine solche Genehmigung sollte dabei insbesondere im Falle von (vermuteten) Scheinrekommunalisierungen mit großer Sorgfalt durchgeführt werden. Dieser Baustein würde die Wirkung der kartellbehördlichen Arbeit nicht im Sande verlaufen lassen, sondern in ergänzender Weise zu ihrer Langlebigkeit beitragen.[150]

c) Ergebnis

Im Ergebnis ist der Lösungsansatz des Rekommunalisierungsverbotes während laufender kartellrechtlicher Missbrauchsverfahren, welcher durch die Einführung einer Genehmigungspflicht für Entgeltumstellungen bei Rekommunalisierungen ergänzt wird, als durchaus tragfähiges Instrument zur Schließung der divergierenden Entgeltkontrollmechanismen zu bewerten. Dabei darf jedoch die fragmentarische Natur dieses Ansatzes nicht übersehen werden: Im Ergebnis wird nur der Ausschnitt beginnend mit einem kartellrechtlichen Missbrauchsverfahren und einer anschließenden (Schein-)Rekommunalisierung erfasst, so dass die Divergenz zwischen den Kontrollmaßstäben nicht vollumfänglich geschlossen werden kann.

10. Schaffung eines deutschen Art. 106 Abs. 2 AEUV

Als weiterer Ansatz zur Nivellierung der bestehenden Unterschiede zwischen dem privatrechtlichen und dem öffentlich-rechtlichen Entgeltkontrollregime wird die Schaffung einer an Art. 106 Abs. 2 AEUV angelehnten Norm vorgeschlagen.[151] Dazu soll zunächst der Erwägungsgrund des Ansatzes dargelegt werden, bevor die Zielsetzung des Art. 106 Abs. 2 AEUV näher beleuchtet wird. Abschließend ist der Ansatz zu bewerten.

a) Erwägungsgrund

Die Idee zur Schaffung eines deutschen Art. 106 Abs. 2 AEUV entstammt der Problematik der divergierenden Entgeltkontrollregime, die in der Trinkwasserversorgung Anwendung finden. § 185 Abs. 1 Satz 2 GWB verfestigt die Trennung und

[148] Vgl. dazu OLG Frankfurt, Beschl. v. 3.3.2011, 11 W 2/11 (Kart), Rn. 17.

[149] *Botez*, Kontrolle von privatrechtlichen Wasserpreisen und öffentlich-rechtlichen Wassergebühren nach der 8. GWB-Novelle, Diss. (Univ. Göttingen) 2015, S. 285 f.

[150] *Botez*, Kontrolle von privatrechtlichen Wasserpreisen und öffentlich-rechtlichen Wassergebühren nach der 8. GWB-Novelle, Diss. (Univ. Göttingen) 2015, S. 285.

[151] Vgl. dazu *Schweitzer*, ZHR 181 (2017), 119, 143 ff.

die unterschiedliche Behandlung von öffentlich-rechtlicher Leistungsverantwortung und privatrechtlicher Leistungserbringung.[152] Jedoch spiegelt die Realität – so zeigt es die Entgeltkontrolle der Trinkwasserentgelte – diese Trennung nicht vollends wider. So warf auch der BGH in seinem Beschluss zum *Niederbarnimer Wasserverband* die Frage auf, ob diese Trennung auch dann Bestand haben kann, „*wenn die öffentlich-rechtliche und die privatrechtliche Ausgestaltung der Leistungsbeziehung – wie im Fall der Wasserversorgung – weitgehend austauschbar sind [...].*"[153] Das Gewähren einer Absicherungsmöglichkeit durch die Wahl eines weniger effektiven Entgeltkontrollregimes erscheint in Anbetracht dieser Realität nicht geboten.[154] Dieser Befund wird durch den wenig überzeugenden Gehalt der Begründung für eine Trennung in der Gesetzesbegründung zu § 185 Abs. 1 Satz 2 GWB gestärkt: Es wird auf das gebührenrechtliche Kostendeckungsgebot und die kommunalaufsichtliche und verwaltungsgerichtliche Kontrolle verwiesen, neben derer es keiner ergänzenden kartellrechtlichen Prüfung bedürfe.[155] Insofern wird jedoch nur der Status quo dargestellt, aber keine Begründung dargelegt, die die Trennung – insbesondere in Bezug auf die divergierenden Kontrollsysteme – rechtfertigt. Daraus folgt der Ansatz der Idee der Schaffung eines deutschen Art. 106 Abs. 2 AEUV: Um die Trennung zu überwinden, müsse ein „*Gemeinrecht*" oder „*allgemeines Verhaltensrecht*" geschaffen werden, welches die Belange unabhängig von ihrer privatrechtlichen oder öffentlich-rechtlichen Ausgestaltung erfasst.[156] Das europäische Wettbewerbsrecht stellt ein solches Gemeinrecht dar, da der Geltungsanspruch des europäischen Rechts sich auf jede wirtschaftliche Tätigkeit unabhängig von der gewählten Rechtsform erstreckt, wodurch wirtschaftliche Missbräuche sowohl von privater als auch von staatlicher Seite erfasst werden können.[157]

b) Art. 106 Abs. 2 AEUV

Um den Ansatz der Schaffung eines deutschen Art. 106 Abs. 2 AEUV näher zu beleuchten, wird die Zielsetzung des Art. 106 Abs. 2 AEUV im Folgenden untersucht.

Art. 106 Abs. 2 AEUV lautet:

> „Für Unternehmen, die mit Dienstleistungen von allgemeinem wirtschaftlichem Interesse betraut sind oder den Charakter eines Finanzmonopols haben, gelten die Vorschriften der

---

[152] *Schweitzer*, ZHR 181 (2017), 119, 144.

[153] BGH, Beschl. v. 18.10.2011 – KVR 9/11, Rn. 11 = NJW 2012, 1150, die Frage jedoch offenlassend.

[154] *Schweitzer*, ZHR 181 (2017), 119, 145 mit Verweis auf *Bullinger*, Öffentliches Recht und Privatrecht, 1968, S. 79, der auf die fehlende Rechtfertigung eines „*geschlossene[n], autarke[n] öffentlich-rechtliche[n] Begriffs- und Regelsystem[s]*" verweist.

[155] BT-Drs. 17/9852, S. 47.

[156] *Schweitzer*, ZHR 181 (2017), 119, 145.

[157] *Schweitzer*, ZHR 181 (2017), 119, 145.

Verträge, insbesondere die Wettbewerbsregeln, soweit die Anwendung dieser Vorschriften nicht die Erfüllung der ihnen übertragenen besonderen Aufgabe rechtlich oder tatsächlich verhindert. […]"

Die Norm ermöglicht für sogenannte Dienstleistungen von allgemeinem wirtschaftlichem Interesse eine Ausnahme von der Anwendung wettbewerbsrechtlicher Vorschriften. Dienstleistungen von allgemeinem wirtschaftlichem Interesse umfassen nach deutsch-rechtlichem Verständnis vor allem Leistungen der Daseinsvorsorge[158], zu denen auch die Trinkwasserversorgung zählt. Sofern die Anwendung der Wettbewerbsregeln die Aufgabenerfüllung im Bereich der Daseinsvorsorge verhindert, sieht die Rechtsfolgenseite des Art. 106 Abs. 2 AEUV die Nichtanwendung der Wettbewerbsregeln vor.[159] Die Norm dient so dem Ausgleich zwischen der Befolgung von Wettbewerbsregeln einerseits und der Verwirklichung der Aufgaben der Daseinsvorsorge andererseits.[160]

c) Umsetzung des Ansatzes im GWB

Im Zuge dessen schlägt *Schweitzer* vor, dass das GWB eine *„solche Norm […] benötigt […]*", die als Gemeinrecht nach europäischem Vorbild anzuerkennen sei.[161] Fraglich ist, wie eine solche Norm aussehen könnte. Das GWB könnte beispielsweise um folgende Regelung ergänzt werden: *„Die Wettbewerbsregeln finden keine Anwendung, soweit ihre Anwendung die Erfüllung der den Wasserversorgungsunternehmen übertragenen besonderen Aufgaben rechtlich oder tatsächlich verhindert.*"[162] Die Norm könnte einen Beitrag zum Ausgleich zwischen dem Wettbewerbsrecht einerseits und der Wasserversorgung als Aufgabe der Daseinsvorsorge andererseits schaffen.

d) Bewertung des Ansatzes

Zur Untermauerung des Ansatzes wird ins Feld geführt, dass Scheinrekommunalisierungen, d. h. Rechtsformwechsel, die allein der Motivation eines günstigeren Entgeltkontrollregimes entspringen, ihren Anreiz verlören.[163] Diesem Argument ist zuzustimmen. Indem die Unterschiede im Rahmen der Entgeltkontrolle durch die Einführung eines Gemeinrechts nivelliert werden, werden die Anreize, Scheinre-

[158] *Knauff*, in: LMRKM, 4. Aufl. 2020, Art. 106 AEUV, Rn. 47.

[159] *Koenig/Paul*, in: Streinz, EUV/AEUV, 3. Aufl. 2018, Art. 106 AEUV, Rn. 44.

[160] *Knauff*, in: LMRKM, 4. Aufl. 2020, Art. 106 AEUV, Rn. 48; *Schweitzer*, ZHR 181 (2017), 119, 145.

[161] *Schweitzer*, ZHR 181 (2017), 119, 145, 146.

[162] Vgl. dazu im Kontext des Wettbewerbsrechts und der Krankenkassen *Becker/Schweitzer*, Gutachten B zum 69. Deutschen Juristentag, Wettbewerb im Gesundheitswesen, 2012, S. B 86.

[163] *Schweitzer*, ZHR 181 (2017), 119, 146 führt an, dass das Problem der „Flucht aus dem Kartellrecht" obsolet wäre.

kommunalisierungen vorzunehmen, gesenkt. Außerdem werde die „*Rechtsspaltung zwischen den Entgeltkontrollregimen*“ aufgehoben.[164] Auch diesem Aspekt ist zuzustimmen. Schließlich wird auf die Aufhebung der „*Rechtsspaltung zwischen deutschem und europäischem Recht*“ hingewiesen. Da europarechtliche Vorgaben im Rahmen der Kontrolle von Wasserentgelten aufgrund des fehlenden Bezugs zum zwischenstaatlichen Handel keine Anwendung finden, erscheint die Vereinheitlichung in diesem Zusammenhang weniger wichtig.[165]

Für den hier entscheidenden Fall der Wasserversorgung ist nur bedingt ersichtlich, welchen Mehrwert die Rechtsfolge einer dem Art. 106 Abs. 2 AEUV gleichenden Norm beisteuern kann, wenn die Rechtsfolgenseite im Zweifel eine Nichtanwendung der kartellrechtlichen Kontrollvorschriften vorsieht. In der Folge wäre jedenfalls keine den Verbrauchern zuzuerkennende effektiv(er)e Entgeltkontrolle gewonnen. Vielmehr wäre das Tor zur „*Regulierungsarbitrage*“[166] durch die Erhebung von Gebühren weiterhin geöffnet.

Insofern erscheint es zielorientierter, alternative Reformierungsoptionen in den Blick zu nehmen, um die divergierenden Kontrollmaßstäbe zu vereinheitlichen.

11. Etablierung eines gebühren- und preiserfassenden Regulierungsregimes

Eine weitere potenzielle Reformierungsoption bestünde in der Etablierung eines gebühren- und preiserfassenden Regulierungsregimes im Bereich der Trinkwasserversorgung. Das zentrale Argument für die Etablierung eines Regulierungsregimes liegt in dem fehlenden Wettbewerb und dem daraus resultierenden Fehlen der wettbewerblichen Steuerungsprozesse in Bezug auf die Entgelte.[167] Die in Monopolen erhobenen Entgelte übersteigen dabei regelmäßig diejenigen, die sich bei bestehendem Wettbewerb gefordert werden können.[168] Dieser Reformierungsoption stehen die Marktbeteiligten verschiedenartig gegenüber; ihre Positionen sollen im Folgenden näher beleuchtet werden. Im Anschluss werden mögliche Regulierungsmodelle für den Bereich der Trinkwasserversorgung skizziert, mögliche Zuständigkeitsverteilungen untersucht und diese im Anschluss einer Bewertung unterzogen.

---

[164] *Schweitzer*, ZHR 181 (2017), 119, 146.

[165] Vgl. zum Bezug zum zwischenstaatlichen Handel oben C. II. 3. c), S. 164.

[166] *Schweitzer*, ZHR 181 (2017), 119, 119.

[167] Vgl. für die ökonomischen Regulierungsgründe im Bereich der Energienetze: *Mohr*, RdE 2020, 385, 386 f.; *Mohr*, in: Säcker/Schmidt-Preuß (Hrsg.), Grundsatzfragen des Regulierungsrechts, 2015, S. 94, 95 ff. m. w. N.

[168] *Mohr*, RdE 2017, 273, 273; *ders.*, EuZW 2019, 229, 232; *ders.*, RdE 2020, 385, 386.

a) Vertretene Auffassungen

Die *Monopolkommission* sprach eine Empfehlung für die Etablierung eines gebühren- und preiserfassenden Regulierungsregimes im Bereich der Trinkwasserversorgung erstmals in ihrem 18. Hauptgutachten aus[169] und erneuerte sie im Folgenden in regelmäßigen Abständen.[170] Diese Forderung vermochte verschiedentlich ein Echo in der Literatur erzeugen.[171] Im Zuge dieser Empfehlung schlug die *Monopolkommission* die Einführung einer Anreizregulierung vor.[172] Die relevanten Erlösobergrenzen – welche durch geeignete Benchmarking-Verfahren festzustellen seien – haben dabei *„jene Kosten zu berücksichtigen, die sich aus unvermeidbaren strukturellen Unterschieden bei der Aufbereitung von Wasser in der gebotenen Qualität und aus unvermeidbaren strukturellen Unterschieden bei der Distributionskette ergeben (Topografie, Geologie, Bevölkerungsdichte etc.). Nicht jedoch sind Unterschiede bei den unspezifischen Gemeinkosten als nicht zu beeinflussende Kostenbestandteile zulässig.“*[173] Die Regulierung im technischen Bereich sei auf Vorgaben zur Trinkwasserqualität zu begrenzen, weil ein Durchleistungswettbewerb im Bereich der Trinkwasserwirtschaft nicht sinnvoll ist.[174] Als zuständige Stelle empfiehlt die *Monopolkommission* die Bundesnetzagentur, weil diese eine (vergleichsweise) hohe politische Unabhängigkeit genieße und in anderen Regulierungsfeldern eine erhebliche Methodenkompetenz entwickeln konnte.[175] Die inhaltliche Begründung für die Etablierung eines Regulierungsrahmens wird mit den vermuteten Ineffizienzen im Markt der Trinkwasserversorgung, der Ungleichbehandlung von Gebühren und Preisen und der Kleinteiligkeit des Marktes begründet.[176]

---

[169] Vgl. *Monopolkommission*, 18. Hauptgutachten 2008/2009, S. 53 f., Rn. 20 ff.

[170] Vgl. *Monopolkommission*, 19. Hauptgutachten 2010/2011, S. 261, Rn. 607; *Monopolkommission*, 20. Hauptgutachten 2012/2013, 2014, S. 480, Rn. 1235 ff. und S. 484, Rn. 1250.

[171] *Busse von Colbe*, Entgeltregulierung für die deutsche Wasserwirtschaft, in: FS Säcker, 2011, 575, 575 ff.; *Coenen/Haucap*, WuW 2014, 356, 362 f.; *Gawel/Bedtke*, Ordnungskonzepte der deutschen Wasserwirtschaft zwischen Modernisierung und Regulierung, in: Gawel, Die Governance der Wasserinfrastruktur, Band 2, 2015, 287, 310 ff.; *Janda*, Ökonomische Reformoptionen zur Weiterentwicklung des deutschen Trinkwasserversorgungsmarktes, Diss. (Ruhruniversität Bochum) 2012, 142 ff.

[172] *Monopolkommission*, 18. Hauptgutachten 2008/2009, S. 53, Rn. 22.

[173] *Monopolkommission*, 18. Hauptgutachten 2008/2009, S. 53 f., Rn. 22.

[174] *Monopolkommission*, 18. Hauptgutachten 2008/2009, S. 53, Rn. 21; vgl. zu den Nachteilen des Durchleitungswettbewerbes im Bereich der Trinkwasserversorgung bereits Kapitel A. III. 2. a) (2), S. 26, und A. III. 3. a), S. 26.

[175] *Monopolkommission*, 18. Hauptgutachten 2008/2009, S. 53, Rn. 20; vgl. zur Unabhängigkeit und Methodenkompetenz der Bundesnetzagentur auch *Gersdorf*, ZWeR 2016, 113, 121 f.

[176] *Monopolkommission*, 18. Hauptgutachten 2008/2009, S. 53, Rn. 20; *Busse von Colbe*, Entgeltregulierung für die deutsche Wasserwirtschaft, in: FS Säcker, 2011, 575, 577; *Reif*, in: Münchener Kommentar zum Wettbewerbsrecht, 4. Aufl. 2022, § 31 GWB, Rn. 42.

Die weitgehende Forderung nach einer umfassenden Regulierung im Markt der Trinkwasserversorgung wird nicht widerspruchslos geteilt. So erscheint es wenig verwunderlich, dass die Regulierungsüberlegungen von Kommunalverbänden abgelehnt werden – argumentativ wird dabei auf mögliche negative Konsequenzen für die Versorgungssicherheit und den Umweltschutz verwiesen.[177] Aber auch die Kartellbehörden sowie Teile der Literatur lehnen eine Regulierung mit der Begründung eines großflächigen Aufwandes und einer bestehenden (besseren) Alternative der kartellrechtlichen Missbrauchskontrolle ab.[178]

Die Bundesregierung lehnte in ihrer Stellungnahme zum 18. Hauptgutachten der Monopolkommission die Einführung einer sektorspezifischen Regulierung ebenfalls ab.[179] Die ablehnende Haltung wird mit der Effektivität der kartellrechtlichen Missbrauchskontrolle begründet, die insbesondere durch das Grundsatzurteil des BGH im Verfahren *Wasserpreise Wetzlar* unter Beweis gestellt wurde und den Anstoß zu weiteren Verfahren gab.[180] Ferner bedeute die Einführung einer sektorspezifischen Regulierung eine „*grundlegende ordnungsrechtliche Neuordnung der Trinkwasserversorgung, [die] eine differenzierte Analyse der derzeitigen wasserspezifischen Regelungen, eine umfassende wissenschaftliche Abschätzung möglicher Folgen sowie eine sorgfältige Kosten-Nutzenabwägung voraus[setzt].*“[181] Letztlich widerspreche der vorgeschlagene Ansatz der Monopolkommission, die Regulierung im Wesentlichen auf die Wasserentgelte und damit auf die Endkundenpreise zu limitieren, der bisherigen Regulierungspolitik, deren vorrangiges Regulierungsziel die Netzzugänge darstellen.[182]

Die Forderung nach einer sektorspezifischen Regulierung wurde ebenfalls vom Bundesrat abgelehnt, wobei die Begründung, welche sich auf die mangelnde Aussagekraft der Vergleichswerte aufgrund der strukturellen, topografischen und geologischen Unterschiede stützt, ergebnisorientiert motiviert zu sein scheint.[183]

Insofern zeigt sich, dass das Spektrum der Auffassungen in zwei Meinungsgruppen untergliedert ist.

---

[177] Vgl. *Reif*, in: Münchener Kommentar zum Wettbewerbsrecht, 4. Aufl. 2022, § 31 GWB, Rn. 42 m. w. N.

[178] *Kerber*, Der unterschätzte Rohstoff, 2013, S. 105 ff.

[179] Vgl. *Bundesregierung*, Stellungnahme zum 18. Hauptgutachten der Monopolkommission, BT-Drs. 17/4305, Tz. 11.

[180] Vgl. *Bundesregierung*, Stellungnahme zum 18. Hauptgutachten der Monopolkommission, BT-Drs. 17/4305, Tz. 11.

[181] *Bundesregierung*, Stellungnahme zum 18. Hauptgutachten der Monopolkommission, BT-Drs. 17/4305, Tz. 12.

[182] Vgl. Vgl. *Bundesregierung*, Stellungnahme zum 18. Hauptgutachten der Monopolkommission, BT-Drs. 17/4305, Tz. 13.

[183] Vgl. *Bundesrat*, Stellungnahme zum 19. Hauptgutachten der Monopolkommission, BR-Drs. 234/13, S. 5.

Im Folgenden soll der Anregung der Monopolkommission nachgegangen werden und ein etwaiges Modell für eine sektorspezifische Regulierung skizziert werden.

b) Möglichkeiten einer sektorspezifischen (Entgelt-)Regulierung in der Trinkwasserversorgung

Dabei wird zunächst auf den Regulierungsbegriff und der Regulierungsgegenstand eingegangen, bevor die Regulierungsmaßstäbe und -methoden sowie mögliche Skizzierungen für eine den Trinkwassersektor erfassende Regulierung untersucht werden.

aa) Regulierungsbegriff und Regulierungsgegenstand

Zunächst bedarf es einer näheren Bestimmung dessen, was unter Regulierung zu verstehen ist.[184]

Im Rahmen dessen kann auf die Erkenntnisse der Wirtschaftswissenschaft zurückgegriffen werden, die unter Regulierung grundsätzlich die staatliche Intervention in marktliche Prozesse versteht.[185] Es können auch Eingriffe in Monopole erfasst werden – *Aschinger* verweist darauf, dass der Regulierung auch alle „*wirtschaftspolitisch-motivierten Eingriffe des Staates zur Beschränkung von Marktmechanismen oder zur Übernahme von Marktfunktionen (Produktion und Verteilung) bei fehlendem Markt*“ unterfallen können.[186]

Der Regulierungsgegenstand (insbesondere in Netzwirtschaften) bezieht sich auf die Ebene der Intervention. Im Rahmen dessen kann zwischen einer Intervention auf der Ebene des Marktzutritts und einer Intervention auf der Ebene des Entgelts differenziert werden.[187] Eine Regulierung, die auf den Marktzutritt abzielt, gewährleistet die Möglichkeit, dass andere Wettbewerber auf das Netz zugreifen können.[188] Im Bereich der Trinkwasserversorgung könnte eine Zugangsregulierung in der Etablierung eines Durchleitungswettbewerbes („Wettbewerb im Markt“) münden, in welchem die Netzinfrastruktur eines Versorgungsgebietes von mehreren Wasserversorgungsunternehmen gleichzeitig genutzt würde. Ein Durchleitungswettbewerb kommt aufgrund rechtlicher, ökonomischer und gesundheitlicher Bedenken nach der

[184] Vgl. dazu *Masing*, Die Verwaltung 36 (2003), 1 ff.; *von Danwitz*, DÖV 2004, 977 ff.

[185] Vgl. *Kühling*, Sektorspezifische Regulierung in Netzwirtschaften, 2004, S. 13; *Picot*, in: Picot, 10 Jahre wettbewerbsorientierte Regulierung von Netzindustrien in Deutschland, 2008, S. 9, 9.

[186] *Aschinger*, Regulierung und Deregulierung, WiSt 14 (1985), 545, 545.

[187] Vgl. *Kühling*, DVBl. 2010, 205, 207; vgl. für weitere regulatorische Ansatzpunkte *Kühling*, Sektorspezifische Regulierung in Netzwirtschaften, 2004, S. 337 ff.

[188] Ausführlich zur Zugangsregulierung *Kühling*, Sektorspezifische Regulierung in Netzwirtschaften, 2004, S. 182 ff.

in dieser Arbeit vertretenen Auffassung nicht in Betracht.[189] Der Vorschlag der Monopolkommission zur Etablierung einer sektorspezifischen Regulierung in der Trinkwasserversorgung erfasst nicht die Ebene des Marktzutritts – die *Monopolkommission* verwies darauf, dass „*in der Trinkwasserwirtschaft der diskriminierungsfreie Zugang zu Netzten eines Wettbewerbers nicht sinnvoll*" ist und die Monopolstrukturen daher erhalten bleiben werden.[190]

Auf einer nachgelagerten Ebene kann eine Regulierung die Entgelte erfassen.[191] Mangels bestehender Möglichkeiten zur Etablierung eines Durchleitungswettbewerbes im Trinkwassermarkt, erscheint die Ebene der Entgelte als vorzugswürdig in Bezug auf einen Anknüpfungspunkt für ein zu diskutierendes Regulierungsregime.[192]

bb) Regulierungsmaßstäbe und Regulierungsmethoden im Rahmen einer Entgeltregulierung

Die Entgeltregulierung kennt verschiedene Maßstäbe zur Festsetzung der Entgelte.[193] Dabei kann beispielhaft zwischen der Vollkostenverteilung (*fully distributed costs*), den Alleinherstellungskosten (*stand-alone costs*) und den Kosten der effizienten Leistungsbereitstellung (*efficient costing*, KeL-Maßstab) differenziert werden.[194]

Im Rahmen des Vollkostenansatzes werden die Gesamtkosten für jedes einzelne Produkt eines Unternehmens durch Addition der produktspezifischen und der anteiligen Gemeinkosten des Produkts ermittelt.[195] Der Alleinherstellungskostenmaßstab berücksichtigt alle Kosten, die erforderlich wären, wenn die Leistung in einem Einproduktunternehmen hergestellt würde, wodurch Skalen, Verbund- und Dichtevorteile, die bei Mehrproduktunternehmen bestehen, nicht einbezogen werden.[196] Nach dem KeL-Maßstab werden nur solche Kosten berücksichtigt, die für die Leistungsbereitstellung unabdingbar sind, d.h. die bei einem funktionsfähigen Wettbewerb berücksichtigungsfähig wären (Als-ob-Wettbewerbspreis).[197] Der KeL-Maßstab ist der in Netzwirtschaften vordergründig angewendete Maßstab zur

---

[189] Vgl. Kapitel A.III.2.a) (2), S. 26, und A.III.3.a), S. 26; vgl. auch *Kühling*, DVBl. 2010, 205, 206.

[190] *Monopolkommission*, 18. Hauptgutachten 2008/2009, S. 53, Rn. 21.

[191] *Kühling*, Sektorspezifische Regulierung in Netzwirtschaften, 2004, S. 284 f.; vgl. für den Bereich der Energienetze: *Mohr*, EuWZ 2019, 229, 232.

[192] So auch: *Busse von Colbe*, in: FS Säcker, 2011, 575, 580.

[193] Vgl. für eine Begriffsübersicht: *Salamon*, The Tools of Government: A Guide to the New Governance, 2002, S. 132 ff.

[194] Vgl. *Kühling*, Sektorspezifische Regulierung in Netzwirtschaften, 2004, S. 289.

[195] Vgl. *Kühling*, Sektorspezifische Regulierung in Netzwirtschaften, 2004, S. 289.

[196] Vgl. *Kühling*, Sektorspezifische Regulierung in Netzwirtschaften, 2004, S. 289.

[197] Vgl. *Gersdorf*, ZWeR 2016, 113, 120; *Kühling*, Sektorspezifische Regulierung in Netzwirtschaften, 2004, S. 290.

Festsetzung der Entgelte.[198] Durch Verwendung des Als-ob-Wettbewerbspreises gelingt es den zuständigen Stellen durch Regulierung der Entgelte die Marktkräfte zu simulieren.[199] Die Simulation der Marktkräfte gelingt durch die Maßstäbe der Vollkostenverteilung und der Alleinherstellungskosten nicht, weil das betreffende Unternehmen sämtliche aufgewendete Kosten an den Kunden weiterreichen kann, ohne sich um Effizienzzugewinne zu bemühen.[200] Im Rahmen des KeL-Maßstabs kommen insbesondere die Methoden der Kostenprüfung und des Vergleichsmarktmodells zur methodischen Ermittlung der Kosten der effizienten Leistungsbereitstellung zur Anwendung.[201]

Praxiserfahrungen belegen, dass eine alleinige Kostenregulierung aufgrund bestehender Informationsasymmetrien zwischen den betroffenen Unternehmen und der Regulierungsbehörde und geringen Anreizen auf Seiten der betroffenen Unternehmen zu Kostensenkungen nicht immer die gewünschte regulatorische Wirkung erzielen.[202] Daher erscheint es sinnvoll – in Übereinstimmung mit dem Vorschlag der Monopolkommission[203] – eine Entgeltregulierung im Trinkwasserbereich mit dem Instrument einer Anreizregulierung zu verknüpfen.[204] Das Bestreben der Anreizregulierung liegt in der Bindung der regulatorischen Wirkung an Größen, die von dem betroffenen Unternehmen nicht beeinflusst werden, um so die sonst bestehende Informationsasymmetrie zwischen Unternehmen und Regulierungsbehörde zu minimieren.[205] Infolgedessen werden Anreize gesetzt, die das regulierte Unternehmen

---

[198] Vgl. *Gersdorf*, ZWeR 2016, 113, 120; *Kleinlein/Schubert*, NJW 2014, 3191, 3193; *Kühling*, Sektorspezifische Regulierung in Netzwirtschaften, 2004, S. 290; *Mohr*, in: Säcker/Schmidt-Preuß (Hrsg.), Grundsatzfragen des Regulierungsrechts, 2005, S. 94, 106; vgl. für den Telekommunikationsbereich und die Energieversorgung *Busse von Colbe*, in: FS Säcker, 2011, 575, 579 f.

[199] *Gersdorf*, ZWeR 2016, 113, 120, vgl. auch *Mohr*, EuWZ 2019, 229, 232.

[200] Vgl. *Masing*, AöR 128 (2003), 558, 579 ff.; *Meinzenbach*, Die Anreizregulierung als Instrument zur Regulierung von Netznutzungsentgelten im neuen EnWG, Diss. (Freie Universität Berlin) 2007, S. 95 ff.; *Säcker/Böcker*, in: Picot, 10 Jahre wettbewerbsorientierte Regulierung von Netzindustrien in Deutschland, 2008, S. 69, 80 f.

[201] *Gersdorf*, ZWeR 2016, 113, 121; vgl. zur Kostenprüfung *Kleinlein/Schubert*, NJW 2014, 3191, 3193.

[202] *Busse von Colbe*, in: FS Säcker, 2011, 575, 580; *Masing*, AöR 128 (2003), 558, 579 f.; *Picot*, in: Picot, 10 Jahre wettbewerbsorientierte Regulierung von Netzindustrien in Deutschland, 2008, S. 9, 29, der diese Informationsasymmetrien als Paradebeispiel der Principal-Agent-Theorie darstellt, wonach das betroffene Unternehmen als Agent seine Informationsspielräume zu seinem Vorteil und zum Nachteil des Prinzipals, der Regulierungsbehörde, ausnutzt.

[203] *Monopolkommission*, 18. Hauptgutachten 2008/2009, S. 53 f., Rn. 22.

[204] Vgl. auch *Busse von Colbe*, in: FS Säcker, 2011, 575, 580 f.; vgl. allgemein zum Instrument der Anreizregulierung in Netzwirtschaften *Gersdorf*, ZWeR 2016, 113, 121.

[205] Vgl. *Bundesnetzagentur*, Abschlussbericht der Bundesnetzagentur zur Einführung einer Anreizregulierung im Eisenbahnsektor, revidierte Fassung, 26. 5. 2008, S. 26; *Mohr*, Sicherung der Vertragsfreiheit durch Wettbewerbs- und Regulierungsrecht, Habil. 2015, S. 538; *Picot*, in: Picot, 10 Jahre wettbewerbsorientierte Regulierung von Netzindustrien in Deutschland: Bestandsaufnahme und Perspektiven der Regulierung, S. 9, 29.

dazu bewegen, Verhaltensänderungen zu implementieren und die Regulierungsziele zu erfüllen.[206] Beispielhaft lässt sich dabei zwischen zwei Formen der Anreizregulierung differenzieren: Der Price-Cap-Regulierung und der Revenue-Cap-Regulierung.[207] Im Rahmen dessen werden jeweils Preis- oder Erlösobergrenzen über einen definierten Zeitraum festgelegt, wobei die Obergrenzen jeweils durch Preissteigerungsraten (in der Regel) nach oben und durch eine erwartete Produktivitätsfortschrittsrate nach unten korrigiert werden.[208] Diese Elemente der Korrektur entsprechen den Vorgaben des Wettbewerbs – in diesem können Unternehmen Teuerungsraten in der Regel an Kunden weitergeben, wohingegen effizientere Produktionsabläufe und daraus resultierende Kostensenkungen ebenso weitergegeben werden müssen, weil die Abnehmer sonst auf günstigere Konkurrenten umsteigen.[209] Der Anreiz für das von der Anreizregulierung erfasste Unternehmen ergibt sich aus dem Umstand, dass es, sofern die Kosten unterhalb der festgelegten Obergrenze liegen, die daraus erwirtschafteten Gewinne behalten darf.[210] Darüber hinaus muss den Unternehmen eine angemessene, wettbewerblich und risikoangepasste Verzinsung des eingesetzten Eigenkapitals zugestanden werden.[211]

cc) Skizzierung einer Regulierung für die Wasserversorgung

(1) Inhalt

Es ist zu untersuchen, wie ein mögliches Regulierungsszenario in der Wasserversorgung aussehen könnte. Im Rahmen dessen ist es entscheidend, die Besonderheiten der Wasserversorgung als Netzwirtschaft gegenüber anderen regulierten Netzwirtschaften zu beachten und erfolgreiche Regulierungskonzepte anderer

---

[206] *Picot*, in: Picot, 10 Jahre wettbewerbsorientierte Regulierung von Netzindustrien in Deutschland, 2008, S. 9, 29; *Säcker/Böcker*, in: Picot, 10 Jahre wettbewerbsorientierte Regulierung von Netzindustrien in Deutschland, 2008, S. 69, 118; vgl. auch *Gersdorf*, in: Miriam/Schmoeckel (Hrsg.), Eisenbahn zwischen Markt und Staat in Vergangenheit und Gegenwart, 2015, S. 107, 118.

[207] Vgl. *Bundesnetzagentur*, Abschlussbericht der Bundesnetzagentur zur Einführung einer Anreizregulierung im Eisenbahnsektor, revidierte Fassung, 26.5.2008, S. 26; *Gersdorf*, ZWeR 2016, 113, 121; *Picot*, in: Picot, 10 Jahre wettbewerbsorientierte Regulierung von Netzindustrien in Deutschland, 2008, S. 9, 29; vgl. als praktisches Beispiel: § 21a EnWG i. V. m. Verordnung über die Anreizregulierung der Energieversorgungsnetze (ARegV) enthält eine Revenue-Cap-Regulierung, die Obergrenzen für die Gesamterlöse der Netzzugangsentgelte für einen bestimmten Zeitraum festlegt.

[208] Vgl. *Bundesnetzagentur*, Abschlussbericht der Bundesnetzagentur zur Einführung einer Anreizregulierung im Eisenbahnsektor, revidierte Fassung, 26.5.2008, S. 26f.; *Busse von Colbe*, in: FS Säcker, 2011, 575, 579f.

[209] Vgl. *Bundesnetzagentur*, Abschlussbericht der Bundesnetzagentur zur Einführung einer Anreizregulierung im Eisenbahnsektor, revidierte Fassung, 26.5.2008, S. 27.

[210] *Busse von Colbe*, in: FS Säcker, 2011, 575, 579; *Gersdorf*, ZWeR 2016, 113, 121; *Mohr*, RdE 2017, 273, 274; *ders.*, EuWZ 2019, 229, 232.

[211] *Mohr*, RdE 2017, 273, 279; *ders.*, N&R-Beilage 1/2020, 1, 4.

Netzwirtschaften nicht blind zu übernehmen, sondern auf ihre Passgenauigkeit für die Wasserversorgung zu untersuchen.[212]

Die Regulierung sollte dabei die Entgelthöhe erfassen; eine Erfassung des Netzzugangs ist aufgrund der Unwirtschaftlichkeit eines Aufbruchs der Monopolstruktur nicht erforderlich.[213]

Da der KeL-Maßstab der in den Netzwirtschaften vordergründing angewendete Maßstab zur Festlegung der Entgelte ist, sollte dieser auch im Bereich der Entgeltregulierung der Trinkwasserversorgung Anwendung finden. Die Grundlage dieses Maßstabs – der Als-ob-Wettbewerbspreis – stellt aus ökonomischer und rechtsdogmatischer Sicht kein Novum dar, der Maßstab findet seinen Niederschlag ebenso in der allgemeinen und besonderen Missbrauchskontrolle des Kartellrechts.[214] Insofern kann auf den vorhandenen Erfahrungswert in Bezug auf diesen Maßstab zurückgegriffen werden.

Um das Problem der Informationsasymmetrie zu umgehen, sollte auf die Methode der Anreizregulierung zurückgegriffen werden.[215] In Bezug auf die Frage, ob eine Price-Cap- oder Revenue-Cap-Regulierung Anwendung finden soll, schlug die Monopolkommission vor, die Regulierung auf den Erlös zu beziehen, mithin den Weg einer Revenue-Cap-Regulierung einzuschlagen.[216] Für eine Price-Cap-Regulierung spräche jedoch ihre Umsetzungsfreundlichkeit im Markt der Trinkwasserversorgung, denn im Rahmen dieser müssen im Unterschied zur Revenue-Cap-Regulierung Mengenänderungen nicht detailliert berücksichtigt werden.[217]

Die zu ermittelnde Entgeltobergrenze (zuzüglich etwaiger Preissteigerungsraten und abzüglich der erwarteten Produktivitätsfortschrittsrate) bestimmt sich nach dem KeL-Maßstab, so dass nur solche Kosten berücksichtigt werden, die für die Leistungsbereitstellung unabdingbar sind, d. h. die bei einem funktionsfähigen Wettbewerb berücksichtigungsfähig wären.[218] Die Ermittlung des KeL-Maßstabs könnte dabei durch ein Benchmarking-Verfahren erzielt werden, das sämtliche Wasserversorgungsunternehmen in Deutschland erfasst.[219] Um die Versorgungssicherheit

---

[212] Vgl. auch *Gersdorf*, in: Miriam/Schmoeckel (Hrsg.), Eisenbahn zwischen Markt und Staat in Vergangenheit und Gegenwart, 2015, S. 107, 107.

[213] Vgl. *Bundeskartellamt*, Bericht über die großstädtische Trinkwasserversorgung in Deutschland, 2016, S. 108; *Busse von Colbe*, in: FS Säcker, 2011, 575, 580.

[214] Vgl. *Mohr*, in: Säcker/Schmidt-Preuß (Hrsg.), Grundsatzfragen des Regulierungsrechts, 2015, S. 94, 108 ff.

[215] Vgl. *Busse von Colbe*, in: FS Säcker, 2011, 575, 580; *Monopolkommission*, 18. Hauptgutachten 2008/2009, S. 53 f., Rn. 22.

[216] Vgl. *Monopolkommission*, 18. Hauptgutachten 2008/2009, S. 53 f., Rn. 22, die von „*Erlös*obergrenzen" sprechen.

[217] *Busse von Colbe*, in: FS Säcker, 2011, 575, 587.

[218] Vgl. bereits oben unter D. II. 11. b) bb), S. 233; s. a. *Busse von Colbe*, in: FS Säcker, 2011, 575, 581.

[219] *Monopolkommission*, 18. Hauptgutachten 2008/2009, S. 53 f., Rn. 22.

und Versorgungsqualität aufrechtzuerhalten, sollte die Anreizregulierung mit einer Qualitätsregulierung verknüpft werden.[220] Um Regulierungsexpertise speziell im Bereich der Trinkwasserversorgung zu gewinnen, könnte auf die Erfahrungen der Regulierung in England und Wales zurückgegriffen werden.[221]

(2) Zuständigkeit: Aufsichtsorganisation

Zudem ist der Aspekt der Aufsichtsorganisation näher zu beleuchten. Im Rahmen dessen ist die Zuständigkeit verschiedener Akteure denkbar – namentlich der Landesregulierungsbehörden des jeweiligen Bundeslandes oder der Bundesnetzagentur. Um dem Leitbild einer möglichst effizienten Regulierung zu entsprechen, erlangt der Gesichtspunkt der Unabhängigkeit des zuständigen Akteurs ein entscheidendes Gewicht. So käme als zuständige Behörde die Bundesnetzagentur in Betracht.[222] Die Ratio dieses Vorschlags findet ihre Begründung in der im Vergleich zu den Regulierungsinstitutionen der Bundesländer hohen politischen Unabhängigkeit der Bundesnetzagentur.[223] Die Unabhängigkeit der Bundesnetzagentur ergibt sich aus ihrer funktionellen, personellen und verfahrensmäßigen Aufstellung; unterstrichen wird die Unabhängigkeit durch die sektorübergreifende Zuständigkeit.[224] Die Unabhängigkeit wird auch durch § 1 Abs. 2 des Gesetzes über die Bundesnetzagentur für Elektrizität, Gas, Telekommunikation, Post und Eisenbahnen (BNetzAG)[225] betont, der die Bundesnetzagentur als „*selbständige Bundesoberbehörde*" umschreibt. Zudem erfordert die Etablierung einer sektorspezifischen Entgeltregulierung in der Trinkwasserversorgung die Verarbeitung, Aufbereitung und Zusammenstellung von Daten verschiedenster Wasserversorgungsunternehmen. Zur Bewältigung dieses Arbeitsaufwandes erscheint es konsequent, die bei der Bundesnetzagentur bestehende Methodenkompetenz zu nutzen.[226]

---

[220] Vgl. zu der grundsätzlichen Möglichkeit der Verknüpfung beider Regulierungsinstrumente *Gersdorf*, ZWeR 2016, 113, 121; auf den Aspekt der Qualitätssicherung auch hinweisend *Monopolkommission*, 18. Hauptgutachten 2008/2009, S. 53, Rn. 21.

[221] *Busse von Colbe*, in: FS Säcker, 2011, 575, 580; zu den Erfahrungen aus England und Wales: *Brunner/Riechmann*, ZögU 2004, 115, 121 ff.

[222] Vgl. *Monopolkommission*, 18. Hauptgutachten 2008/2009, S. 53, Rn. 20; vgl. auch *Coenen/Haucap*, WuW 2014, 356, 362; ebenfalls für die Etablierung einer „*Regulierungsbehörde für die Wasserwirtschaft auf Bundesebene*" plädierend: *Schönefuß*, Privatisierung, Regulierung und Wettbewerbselemente in einem natürlichen Infrastrukturmonopol, 2005, S. 289.

[223] *Monopolkommission*, 18. Hauptgutachten 2008/2009, S. 53, Rn. 20.

[224] *Schmidt*, NVwZ 2006, 906, 909, vgl. auch *Picot*, in: Picot, 10 Jahre wettbewerbsorientierte Regulierung von Netzindustrien in Deutschland, 2008, S. 9, 9.

[225] Gesetz über die Bundesnetzagentur für Elektrizität, Gas, Telekommunikation, Post und Eisenbahnen vom 7. Juli 2005 (BGBl. I S. 1970, 2009), das zuletzt durch Artikel 3 des Gesetzes vom 16. Juli 2021 (BGBl. I S. 3026) geändert worden ist.

[226] *Monopolkommission*, 18. Hauptgutachten 2008/2009, S. 53, Rn. 20.

(a) Zuständigkeitsverortung bei der Bundesnetzagentur?

Auch die grundgesetzliche Zuständigkeitsverteilung scheint eine Zuständigkeit des Bundes zu indizieren: Die Bundeskompetenz könnte sich dabei aus Art. 74 Abs. 1 Nummer 11 GG in Verbindung mit Art. 72 Abs. 2 GG, sowie Art. 74 Abs. 1 Nummer 16 GG und Art. 74 Abs. 1 Nummer 17 GG ergeben.[227] Fraglich ist, ob dieser von der Monopolkommission stammende Vorschlag in seiner Pauschalität Bestand haben kann.

Der Kompetenztitel des Art. 74 Abs. 1 Nummer 11 GG (in Verbindung mit Art. 72 Abs. 2, 2. Alt. GG) umfasst das Recht der Wirtschaft. Die Weite des Wortlauts korrespondiert mit der inhaltlichen Weite des Kompetenztitels: Nach der Rechtsprechung des Bundesverfassungsgerichts unterfallen dem Recht der Wirtschaft neben „*Vorschriften, die sich in irgendeiner Form auf die Erzeugung, Herstellung, und Verteilung von Gütern des wirtschaftlichen Bedarfs beziehen […], […] auch alle anderen das wirtschaftliche Leben und die wirtschaftliche Betätigung als solche regelnden Vorschriften. Hierzu zählen Gesetze mit wirtschaftsregulierendem oder wirtschaftslenkendem Inhalt.*“[228] Darauf aufbauend könnte die Regulierung der Trinkwasserversorgung dem Kompetenztitel des Art. 74 Abs. 1 Nr. 11 GG unterfallen. Von entscheidender Bedeutung für die angestrebte einheitliche Regulierung von Trinkwasserentgelten – d. h. sowohl privatrechtlichen Preisen als auch öffentlich-rechtlichen Gebühren – ist die Frage, ob dieser Befund auch im Hinblick auf öffentlich-rechtliche Trinkwasserentgelte Geltung beanspruchen kann. Für eine Geltung auch im Bereich öffentlich-rechtlicher Trinkwasserentgelte spricht, dass der Kompetenztitel unabhängig von der Rechtsform Anwendung findet und somit auch die wirtschaftliche Betätigung der öffentlichen Hand bei Teilnahme am allgemeinen Wirtschaftsverkehr erfasst.[229] Fraglich ist jedoch, ob jede wirtschaftliche Tätigkeit der öffentlichen Hand – insbesondere auch der Gemeinden – von dem Recht der Wirtschaft erfasst wird. Die Annahme dieser Prämisse würde zu einer Flut von Regelungsgegenständen führen, die eine Zuständigkeit des Bundes begründen würden, obgleich der Regelungsgegenstand selbst auf gemeindlicher Ebene zu verorten ist. Insofern erscheint es geboten, sich auf den Ursprung der (gemeindlichen) Trinkwasserversorgung zu fokussieren. Die Trinkwasserversorgung erfolgt als Erfüllung einer dem Gemeinwohl dienenden öffentlichen Aufgabe. Dieser Aspekt weist eine größere Nähe zum Kommunalwirtschaftsrecht auf, welches als Teilaspekt des Kommunalrechts der Gesetzgebungskompetenz der Länder nach Art. 70 Abs. 1 GG unterfällt.[230] Infolgedessen unterfällt die wirtschaftliche Betäti-

---

[227] *Monopolkommission*, 18. Hauptgutachten 2008/2009, S. 53, Rn. 20 (Fn. 25).

[228] BVerfGE 68, 319, 330 m. w. N.; vgl. auch *Degenhart*, in: Sachs (Hrsg.), GG-Kommentar, 9. Aufl. 2021, Art. 74 GG, Rn. 44; *St. Oeter*, in: v. Mangoldt/Klein/Starck, Band 2, 7. Aufl. 2018, Art. 74 GG, Rn. 81; *Uhle*, in: Dürig/Herzog/Scholz, 99. EL September 2022, Art. 74 GG, Rn. 225.

[229] *Degenhart*, in: Sachs (Hrsg.), GG-Kommentar, 9. Aufl. 2021, Art. 74 GG, Rn. 44; *Uhle*, in: Dürig/Herzog/Scholz, 99. EL September 2022, Art. 74 GG, Rn. 225.

[230] *Uhle*, in: Dürig/Herzog/Scholz, 99. EL September 2022, Art. 70 GG, Rn. 104.

gung von Gemeinden der Gesetzgebungskompetenz der Länder gem. Art. 70 Abs. 1 GG und ist nicht von der Bundeskompetenz des Art. 74 Abs. 1 Nr. 11 GG – dem Recht der Wirtschaft – erfasst. Folglich erlangt die Erforderlichkeitsprüfung nach Art. 72 Abs. 2 GG im vorliegenden Fall keine Bedeutung.

Der Kompetenztitel des Art. 74 Abs. 2 Nr. 17 GG eröffnet die Gesetzgebungskompetenz des Bundes im Rahmen der Sicherung der Ernährung, unter welche die Trinkwasserversorgung gefasst werden könnte. Fraglich ist jedoch, ob dieser Kompetenztitel auch die die Trinkwasserversorgung begleitende Frage einer möglichen Entgeltregulierung – insbesondere für öffentlich-rechtliche Wasserentgelte – erfasst. Der Wortlaut legt ein engeres Verständnis nahe, wonach lediglich die Sicherung, dass heißt die Versorgung an sich, von der Kompetenz erfasst ist. In eine ähnliche Richtung deutet die Rechtsprechung des Bundesverfassungsgerichts, welches in Bezug auf Wasserverbände urteilte, dass *„Regelungen über Gründung, Organisation, Umgestaltung und Auflösung*" unter den Kompetenztitel des Art. 74 Abs. 2 Nr. 17 GG fallen.

Der Kompetenztitel des Art. 74 Abs. 1 Nr. 16 GG verfolgt die Verhütung des Missbrauchs einer wirtschaftlichen Machtstellung. Ein Missbrauch einer wirtschaftlichen Machtstellung wird angenommen, sofern eine Marktposition von der Rechtsordnung missbilligt wird.[231] Dieser Kompetenztitel dient als maßgebliche Grundlage des nationalen Kartellrechts.[232] Maßgeblich ist auch im Rahmen dieses Kompetenztitels, ob die Zuständigkeit sich auch auf öffentlich-rechtliche Trinkwassergebühren erstreckt. Die erforderliche Missbilligung der Trinkwassergebühren durch die Rechtsordnung erscheint zunächst fraglich. Die maßgebliche Rechtsordnung für Trinkwassergebühren postuliert vor allem mit dem Kostendeckungsprinzip einen Maßstab, der unter Zugrundelegung der bisherigen Fallpraxis keine Verletzung erfahren hat und damit auch keine Missbilligung ausgesprochen hat.[233] Gleichwohl sind Gebühren, die zuvor in identischer Höhe als Trinkwasserpreise erhoben wurden aus kartellrechtlicher Perspektive als missbillig eingestuft worden.[234] An diesen Befund anschließend ist auf die unter Laborbedingungen (beinahe) bestehende Gleichartigkeit der Maßstäbe zu erinnern. Auch wenn der Rechtsrahmen zur Überprüfung von Gebühren die eindeutige Unterteilung des Kartellrechts zwischen tatsächlichen Ist-Kosten und effizienten Soll-Kosten auf den ersten Blick nicht zu teilen scheint, so muss auf den zweiten Blick unter Beachtung der Erforderlichkeit im Rahmen des Äquivalenzprinzips erkannt werden, dass nur solche Gebühren billi-

---

[231] *St. Oeter*, in: v. Mangoldt/Klein/Starck, Band 2, 7. Aufl. 2018, Art. 74 GG, Rn. 115; *Wittreck*, in: Dreier (Hrsg.), Grundgesetz-Kommentar, Band II, 3. Aufl. 2015, Art. 74 GG, Rn. 73.

[232] *St. Oeter*, in: v. Mangoldt/Klein/Starck, Band 2, 7. Aufl. 2018, Art. 74 GG, Rn. 116.

[233] Vgl. bereits C.II.5., S. 176, mit dem Verweis auf die Wasserversorgung in der Stadt Wetzlar, die als kartellrechtlich missbräuchlich festgestellte Trinkwasserpreise nach Wechsel der Organisationsform in identischer Höhe als Trinkwassergebühr erhob, ohne dass es zu einem Einschreiten der Kommunalaufsicht gekommen ist.

[234] Vgl. bereits oben unter D.II.9.a) S. 223 f.

gerweise erhoben werden können, die für die Leistungsbereitstellung erforderlich sind.[235] Aus der Gleichartigkeit der Maßstäbe muss zwingend folgen, dass kartellrechtlich als missbillig eingestufte Preise nicht gebührenrechtlich zulässig sein können. Folglich werden Ineffizienzkosten-tragende Gebühren von der Rechtsordnung missbilligt, so dass der Kompetenztitel des Art. 74 Abs. 1 Nr. 16 GG sich auch auf öffentlich-rechtliche Trinkwassergebühren erstrecken kann.

Insofern ist die Aussage der Monopolkommission in Bezug auf die Bundeskompetenz für die Schaffung einer Regulierung im Bereich der Trinkwasserentgelte als zutreffend zu bewerten.

Der alternative Vorschlag, die Zuständigkeit der Bundesnetzagentur im Wege einer Organleihe zu begründen[236], im Rahmen derer die Bundesnetzagentur die Regulierungsaufgaben der Bundesländer selbständig und unter der Fachaufsicht des zuständigen Landesministeriums[237] wahrnehmen kann, vermag nicht überzeugen.[238] Das Konzept der Organleihe wird von einigen Bundesländern im Bereich der Energieversorgung angewendet.[239] Insbesondere die Fachaufsicht des zuständigen Landesministeriums, aus welcher Weisungs- und Informationsrechte zugunsten des Landesministeriums folgen, birgt jedoch die Gefahr, dass die eingangs beschriebene – erwünschte – politische Unabhängigkeit der Bundesnetzagentur durch die Organleihe faktisch aufgehoben wird.[240] Konsequenterweise ist die Zuständigkeit für die Regulierungsaufsicht bei der Bundesnetzagentur zu verorten.

(b) Unabhängigkeit der Regulierungsinstanz?

Im Anschluss an die Frage der Zuständigkeit ist zu untersuchen, inwiefern eine unabhängige Regulierungsinstanz mit dem Prinzip demokratischer Legitimation vereinbar ist. Der Ursprung dieser Frage entstammt dem Inhalt des Art. 20 Abs. 2 Satz 1 GG, wonach alle Staatsgewalt vom Volke auszugehen hat. Das Handeln des Staates muss sich deshalb unmittelbar oder mittelbar auf das Volk zurückführen lassen.[241] Dabei kommen verschiedene Formen der Zurückführung – oder besser der

[235] Vgl. dazu oben unter C. III. 3., S. 193.

[236] *Monopolkommission*, 18. Hauptgutachten 2008/2009, S. 53, Rn. 20.

[237] *Schmidt*, NVwZ 2006, 907, 907.

[238] Vgl. für die Energiewirtschaft: *Theobald/Werk*, in: Theobald/Kühling, Energierecht, 116. EL Mai 2022, § 54 EnWG, Rn. 105.

[239] Die Bundesländer Berlin, Brandenburg, Bremen und Schleswig-Holstein haben ihre Regulierungskompetenz im Energiebereich im Rahmen der Organleihe auf die Bundesnetzagentur übertragen, vgl. https://www.bundesnetzagentur.de/DE/Vportal/Energie/Beschwerde Schlichtung/start.html#FAQ483520 (unter Missbrauchsverfahren/Zuständige Regulierungsbehörde, zuletzt aufgerufen am 15. 1. 2023).

[240] *Schmidt*, NVwZ 2006, 907, 907.

[241] *Sommermann*, in: v. Mangoldt/Klein/Starck, Band 2, 7. Aufl. 2018, Art. 20 GG, Rn. 163.

Legitimation – in Betracht, die im Grundsatz kumulativ vorliegen müssen.[242] Die personelle Legitimation setzt an der handelnden Person selbst an und gewährleistet, dass der jeweilige Amtswalter durch eine Legitimationskette mit dem Volk in Verbindung steht.[243] Die sachlich-inhaltliche Legitimation setzt am Handeln der Person an und setzt voraus, dass das Handeln der Person durch Parlamentsgesetze und durch Aufsicht und Weisung gedeckt ist.[244] Im hier in Frage stehenden Bereich der Verwaltung erfolgt die Legitimation derselben durch die Gesetzesbindung der Verwaltung (Vorrang und Vorbehalt des Gesetzes), der Weisungsabhängigkeit nachgeordneter Behörden und den an der Behördenspitze stehenden Fachminister.[245] Fraglich ist nun, wie die Legitimationsanforderung zu bewerten ist, wenn die Forderung einer unabhängigen Regulierungsinstanz aufgeworfen wird. Insofern ist zu untersuchen, inwieweit die Bundesnetzagentur als Regulierungsinstanz eine verfassungsrechtlich gedeckte Unabhängigkeit für sich in Anspruch nehmen kann.[246]

Grundsätzlich ist die Bundesnetzagentur in ihrer Funktion als Bundesoberbehörde in den Verwaltungsaufbau des Bundes eingegliedert und unterliegt folglich der Rechts-, Fach- und Dienstaufsicht des übergeordneten Ministeriums.[247] Aus der Fachaufsicht folgt das hier in Frage stehende Weisungsrecht.[248]

Im verfassungsrechtlichen Ausgangspunkt ist festzuhalten, dass weisungsfreie Räume in der Verwaltung die Ausnahme bilden.[249] Grundgesetzlich geregelt ist dies (zumindest implizit) für den Bundesrechnungshof (Art. 114 Abs. 2 GG) und die Bundesbank (Art. 88 GG). Im Falle der Bundesnetzagentur als hier in Frage stehenden Akteur kann als Ist-Befund festgestellt werden, dass (in Teilen) eine faktische

---

[242] *Horst Dreier*, in: Dreier (Hrsg.), Grundgesetz-Kommentar, Band II, 3. Aufl. 2015, Art. 20 (Demokratie), Rn. 113.

[243] *Sommermann*, in: v. Mangoldt/Klein/Starck, Band 2, 7. Aufl. 2018, Art. 20 GG, Rn. 164.

[244] *Sommermann*, in: v. Mangoldt/Klein/Starck, Band 2, 7. Aufl. 2018, Art. 20 GG, Rn. 168.

[245] *Horst Dreier*, in: Dreier (Hrsg.), Grundgesetz-Kommentar, Band II, 3. Aufl. 2015, Art. 20 (Demokratie), Rn. 121.

[246] Vgl. aus der Literatur zur Unabhängigkeit von Regulierungsbehörden: *Bullinger*, DVBl. 2003, 1355, 1360 f.; *Döhler*, Die Verwaltung 34 (2001), 59 ff.; *Durner*, VVDStRL 70 (2011), 398 ff.; *Kersten*, VVDStRL 69 (2010), 288, 328 ff.; *Möstl*, in: Dürig/Herzog/Scholz, 99. EL September 2022, Art. 87 f GG, Rn. 102; *Oertel*, Die Unabhängigkeit der Regulierungsbehörde nach §§ 66 ff. TKG, Diss. (Univ. Heidelberg) 2000, S. 238 ff., S. 288 f.; S. 317 ff.; die verfassungsrechtliche Zulässigkeit der Unabhängigkeit für den Telekommunikationssektor bejahend: S. 343 Eine die Weisungsfreiheit umfassende Unabhängigkeit aufgrund seiner Unvereinbarkeit mit dem Prinzip demokratischer Legitimation ablehnend: *Gersdorf*, in: v. Mangoldt/Klein/Starck, Bonner Grundgesetz Kommentar, Band 3, 4. Aufl. (2001), Art. 87 f GG, Rn. 103.

[247] *Gersdorf*, in: v. Mangoldt/Klein/Starck (Hrsg.), Grundgesetz Kommentar, Band 3, 7. Aufl. 2018, Art. 87 f GG, Rn. 84.

[248] *Gersdorf*, in: v. Mangoldt/Klein/Starck (Hrsg.), Grundgesetz Kommentar, Band 3, 7. Aufl. 2018, Art. 87 f GG, Rn. 84.

[249] Vgl. *Mayen*, DÖV 2004, 45, 45; *Oertel*, Die Unabhängigkeit der Regulierungsbehörde nach §§ 66 ff. TKG, Diss. (Univ. Heidelberg) 2000, S. 245 f.

Weisungsunabhängigkeit der Behörde angenommen wird.[250] Diese Annahme beruht maßgeblich auf der Verfahrensausgestaltung, die durch kollegiale Beschlusskörper geprägt ist.[251] Diese kollegialen Beschlusskörper sind verwaltungsrechtlich als Ausschuss zu qualifizieren (vgl. §§ 88 ff. VwVfG), die jedoch außerhalb der behördeninternen Hierarchie anzusiedeln sind und die in einem gerichtsähnlichen Verfahren ihre Entscheidungen mittels eines kollektiven Votums finden.[252]

Näherer Untersuchung bedarf dabei insbesondere die Frage, ob die Forderung nach einer nicht nur faktisch, sondern tatsächlich unabhängigen Bundesnetzagentur in Übereinstimmung mit den verfassungsrechtlichen Vorgaben – insbesondere in Bezug auf die demokratische Legitimation – steht. Der Vorschlag zielt dabei vor allem auf eine sachlich-institutionelle Unabhängigkeit, mithin einer Weisungsunabhängigkeit.

Den Ausgangspunkt dieser Fragestellung bildet das Demokratieprinzip. Zu untersuchen ist insofern, ob (1) die Weisungsfreiheit der Bundesnetzagentur gerechtfertigt werden kann, und (2) wie sich die Rechtsprechung des Bundesverfassungsgerichts zur demokratischen Kontrolle zu der Weisungsfreiheit positioniert und welche Ausgestaltungsoptionen aus der Rechtsprechung fließen. Schließlich ist die (3) Rechtsentwicklung auf europäischer Ebene nachzuzeichnen und ins Verhältnis zu setzen.

(aa) De lege lata: Rechtfertigungsmöglichkeiten einer weisungsfreien Bundesnetzagentur im Bereich der Regulierung von Trinkwasserentgelten

Es sind verschiedene Argumentationsstränge denkbar, die eine Unabhängigkeit der Bundesnetzagentur rechtfertigen könnten.

Zu denken ist an den Vorschlag eine aus einer unabhängigen Behörde resultierende geringere exekutive Kontrolle durch bestimmte, ermessensarme Parlamentsgesetze zu ersetzen.[253] Dagegen sprechen maßgeblich zwei Einwände. Zum einen kann der Bundestag nicht über die verfassungsrechtlich vorgesehenen Kontrollrechte

---

[250] Vgl. *Ludwigs*, Die Verwaltung 44 (2011), 41, 43; *Mayen*, DÖV 2004, 45, 46; *Sommermann*, in: v. Mangoldt/Klein/Starck, Band 2, 7. Aufl. 2018, Art. 20 GG, Rn. 182; vgl. ferner *Masing*, in: FS Reiner Schmidt, 2006, 521, 523; *Gross*, Das Kollegialprinzip in der Verwaltungsorganisation, Habil. 1999, S. 247; anders *BMWi*, Eckpunkte zur EnWG-Novelle 2011, S. 8, abrufbar unter https://rsw.beck.de/docs/librariesprovider5/rsw-dokumente/eckpunkte-enwg-novelle-2011.pdf?sfvrsn=e310e75c_2 (zuletzt aufgerufen am 8. 2. 2023), wonach – ohne nähere Erläuterung – die „*Beschlusskammern […] ihre Tätigkeit weisungsfrei aus[üben].*"

[251] *Döhler*, Die Verwaltung 34 (2001), 59, 71; *Gross*, Das Kollegialprinzip in der Verwaltungsorganisation, Habil. 1999, S. 247; *Sommermann*, in: v. Mangoldt/Klein/Starck, Band 2, 7. Aufl. 2018, Art. 20 GG, Rn. 182.

[252] *Döhler*, Die Verwaltung 34 (2001), 59, 71; vgl. auch *Gross*, Das Kollegialprinzip in der Verwaltungsorganisation, Habil. 1999, S. 95 ff.

[253] In diese Richtung *Ohler*, AöR 131 (2006), 336, 371 f.

der Exekutive verfügen oder auf eigene Kontrollrechte verzichten.[254] Zum anderen – und dieser Aspekt gewinnt im Rahmen des Regulierungsrechts besondere Bedeutung – sind bestimmte, ermessenarme Parlamentsgesetze für viele Bereiche der Regulierung insofern nicht sachdienlich, als dass die Regulierung von unbestimmten Rechtsbegriffen lebt („Missbrauch", „Effizienz")[255], die eine nicht verallgemeinerungsfähige Einzelfallbetrachtung seitens der Behörde erforderlich machen.[256]

Auch eine Rechtfertigung unter Berufung auf die kollegialen Beschlusskörper, die in gerichtsähnlichen Verfahren zu Entscheidungen finden, vermag keine überzeugende Rechtfertigung für eine Weisungsfreiheit vorbringen. Die damit in den Blick genommene Berufung auf Art. 97 GG vermag trotz einer gerichtsähnlichen Ausgestaltung nicht verfangen, gilt die Unabhängigkeit des Art. 97 GG doch ausschließlich für Richter, folglich Personen, die Rechtsprechung ausüben.[257]

Obgleich diese Argumentationsstränge eine Rechtfertigung nicht zu begründen vermögen, lässt sich daneben ein weiteres, aus dem Grundgesetz ergebendes, Argumentationsmuster zeichnen. Die Verwirklichung dessen verlangt, dass die übertragene Aufgabe einem Schutzgut von Verfassungsrang dient[258] und dass sich die Weisungsunabhängigkeit für die Verwirklichung dieses Ziel als unabdinglich darstellt.[259] Die letztgenannte Voraussetzung der Unabdingbarkeit der Weisungsunabhängigkeit besteht offensichtlich: Die konsequente Verwirklichung eines Regulierungsauftrages setzt die Unabhängigkeit des Regulierungsträgers voraus, um an-

254 *Böckenförde*, Demokratie als Verfassungsprinzip, in: Isensee/Kirchhof, Handbuch des Staatsrechts, Band 2, 3. Aufl. 2004, § 24, Rn. 24; *Ludwigs*, Die Verwaltung 44 (2011), 41, 47; a. A. *Ohler*, AöR 131 (2006), 336, 372 f.; *Klein*, Die verfassungsrechtliche Problematik des ministerialfreien Raumes, Diss. (Univ. Heidelberg) 1974, S. 191 ff. der von einer „*Verzichtstheorie*" spricht.

255 *Ludwigs*, Die Verwaltung 44 (2011), 41, 47; vgl. auch allgemein im Kontext funktional verselbständigten Verwaltungshandelns: *Tschentscher*, Demokratische Legitimation der dritten Gewalt, Habil. (Univ. Würzburg) 2006, S. 102.

256 Vgl. *Masing*, in: FS Reiner Schmidt, 2006, 521, 531 sowie 532.

257 Vgl. *Ludwigs*, Die Verwaltung 44 (2011), 41, 48 f.; *Mayen*, DÖV 2004, 45, 54.

258 Diese Voraussetzung wird nicht einheitlich vertreten. Teilweise wird die Existenz von gewichtigen sachlichen Gründen (vgl. *Stern*, Das Staatsrecht der Bundesrepublik Deutschland, Band 2, 1980, § 41, S. 791) oder überragenden Gründen (*Ibler*, in: Dürig/Herzog/Scholz, 99. EL September 2022, Art. 86 GG, Rn. 57, mit Verweis auf *Lerche*, in: Maunz/Dürig, GG, Art. 86 (Vorbearbeitung 1989), Rdnr. 70) als zulänglich betrachtet. Vgl. dazu *Mayen*, DÖV 2004, 45, 50; i. E. ähnlich die unterschiedlich interpretierten Anforderungen an Ausnahmeregelungen darstellend: *Oertel*, Die Unabhängigkeit der Regulierungsbehörde nach §§ 66 ff. TKG, Diss. (Univ. Heidelberg) 2000, S. 246 ff.

259 *Gersdorf*, Die Verwaltung 45 (2012), 287, 288; *ders.*, in: v. Mangoldt/Klein/Starck (Hrsg.), Grundgesetz Kommentar, Band 3, 7. Aufl. 2018, Art. 87 f GG, Rn. 84; *Loschelders*, Weisungshierarchie und persönliche Verantwortung in der Exekutive, in: Isensee/Kirchhof, Handbuch des Staatsrechts, Band 3, 2. Aufl. 1996, § 68, Rn. 22; vgl. auch *Böckenförde*, Demokratie als Verfassungsprinzip, in: Isensee/Kirchhof, Handbuch des Staatsrechts, Band 2, 3. Aufl. 2004, § 24, Rn. 24 der präsupponiert, dass die „*Aufgabe nach ihrer spezifischen Eigenart [eine] solche Weisungsfreiheit notwendig erfordert […]*".

dernfalls bestehende Zielkonflikte des Staates zwischen herzustellendem Wettbewerb und wirtschaftlichen (Eigen-)Interessen als an den Wasserversorgungsunternehmen Beteiligter zu vermeiden.[260] Fraglich ist jedoch, welchem Schutzgut mit Verfassungsrang die Regulierung der Trinkwasserentgelte dient. In Abgrenzung zum regulierten Post- und Telekommunikationssektor kann vorliegend mangels tatbestandlicher Gegebenheit nicht auf das verfassungsrechtliche Organisationsprinzip des Art. 87 f Abs. 2 Satz 1 GG zurückgegriffen werden.[261] Auch eine Rückbesinnung auf grundrechtliche Schutzpflichten vermag keine Früchte zu tragen, fehlt es doch an einem grundrechtlich verankerten Schutz einer möglichst günstigen Trinkwasserversorgung. Daraus folgt, dass es an einem Schutzgut von Verfassungsrang fehlt, welches eine Rechtfertigung einer weisungsfreien Bundesnetzagentur begründen könnte.

Nach geltendem Recht scheidet eine Rechtfertigungsmöglichkeit für eine weisungsunabhängige Bundesnetzagentur im Bereich der Regulierung von Trinkwasserentgelten aus. Für die praktische Anwendung und Durchsetzung des Regulierungsrechts mag dieses Ergebnis nur bedingt Bedeutung tragen, ist doch in tatsächlicher Hinsicht zu beachten, dass die in anderen Sektoren schon länger ausgeübte Regulierung gerade nicht durch die grundsätzlich bestehende Weisungsgebundenheit der Bundesnetzagentur eingeschränkt wurde.[262]

(bb) De lege ferenda: Verstärkte parlamentarische Kontrolle zur Erreichung eines bestimmten Legitimationsniveaus

Der Maßstab der aus dem Demokratieprinzip fließenden Legitimation ist maßgeblich durch die Rechtsprechung des Bundesverfassungsgerichts geprägt. Danach ist die Art der demokratischen Legitimation nachrangig, primär komme es auf deren Effektivität und damit auf die Verwirklichung eines bestimmten Legitimationsniveaus an.[263] Ausgeschlossen ist lediglich eine vollumfängliche Substitution einer Legitimationsart durch die überproportionale Ausprägung einer anderen Legitimationsart.[264]

Insofern ist zu untersuchen, inwiefern die durch die geforderte Unabhängigkeit geringer ausfallende Legitimation – insbesondere in ihrer sachlich-inhaltlichen Ausprägung – durch ein Mehr an anderen Legitimationssträngen substituiert werden kann.

---

[260] Vgl. dazu *Gersdorf*, in: v. Mangoldt/Klein/Starck (Hrsg.), Grundgesetz Kommentar, Band 3, 7. Aufl. 2018, Art. 87 f GG, Rn. 84.

[261] Vgl. dazu *Gersdorf*, in: v. Mangoldt/Klein/Starck (Hrsg.), Grundgesetz Kommentar, Band 3, 7. Aufl. 2018, Art. 87 f GG, Rn. 84.

[262] *Ludwigs*, Die Verwaltung 44 (2011), 41, 48.

[263] BVerfGE 83, 60, 72; 89, 155, 182; 91, 228, 244; 93, 37, 67; 107, 59, 87; vgl. aus der Literatur *Di Fabio*, EnWZ 2022, 291, 294.

[264] *Ludwigs*, Die Verwaltung 44 (2011), 41, 51; *Mayen*, DÖV 2004, 45, 48.

Im Fall der Bundesnetzagentur ist eine hohe personelle Legitimation festzustellen. Die Mitglieder des Präsidiums der Bundesnetzagentur werden gem. § 3 Abs. 3 Satz 1 BNetzAG durch die Bundesregierung benannt und gem. § 3 Abs. 4 BNetzAG durch den Bundespräsidenten ernannt. Der Präsident der Bundesnetzagentur verfügt über ein innerbehördliches Weisungsrecht gegenüber den Beschlusskammern, welches sich aus seiner umfassenden Leitungsfunktion ergibt (vgl. § 3 Abs. 1 Satz 1 BNetzAG).[265] Entsprechend groß fällt der Einfluss des Präsidenten aus, so dass die personelle Legitimation trotz ihres beschränkten Anwendungsbereichs auf das Präsidium einen hohen Wirkungsradius zu erzielen vermag.[266] Die gegen diese Argumentation hervorgebrachte Unabhängigkeit des Verfahrens innerhalb der Beschlusskammern vermag in Anbetracht der umfassenden Leitungsfunktion des Präsidenten der Bundesnetzagentur nicht zu überzeugen.[267] Insofern ist die personelle Legitimation über das Präsidium in einem hohen Maße gewährleistet.

Daneben bedürfte es eines – zumindest in Ansätzen bestehenden – sachlich-inhaltlichen Legitimationsstranges.

Dieser könnte in unabhängigkeitswahrender Form durch bestimmte und ermessensarme Gesetze (Rückführung der Entscheidungen über vom Volk gewählte Parlament auf das Volk) geformt werden.[268] Dagegen sprechen die bereits oben aufgeworfenen Erwägungen zu bestimmteren, ermessensarmen Parlamentsgesetzen: Die Regulierungsbestimmungen leben von unbestimmten Rechtsbegriffen und des Bestehens von Ermessensspielräumen.[269] Ferner verlaufen die Grenzziehungen, die die Substitution der Weisungsgebundenheit durch eine Parlamentsgesetzbindung gestatten, unterschiedlich, so dass im Rahmen dessen teilweise eine klare Vorstrukturierung der behördlichen Entscheidungswege durch den Parlamentsgesetzgeber vorausgesetzt wird.[270] Dieses Niveau an Vorstrukturierung konterkariert den Zweck des Regulierungsrechts, welches notwendigerweise neuartige Marktentwicklungen antizipieren und auf diese reagieren muss. Mithin scheidet eine Substitution der fehlenden Weisungsgebundenheit durch bestimmte und ermessensarme Gesetze aus.

Ein anderer ausbaufähiger Strang der sachlich-inhaltlichen Legitimation bestünde in dem Einsatz einer verstärkten parlamentarischen Kontrolle durch die Einrichtung eines Bundestagsausschusses, der die Bundesnetzagentur kontrolliert. Dieser Strang könnte die bestehende Aufsicht durch den aus Bundestag und Bun-

[265] *Bulla*, in: R. Schmidt/Vollmöller (Hrsg.), Kompendium Öffentliches Wirtschaftsrecht, 3. Aufl. 2007, § 11, Rn. 29; *Fehling*, Verwaltung zwischen Unparteilichkeit und Gestaltungsaufgabe, Habil. (Univ. Freiburg) 2001, S. 277.

[266] *Ludwigs*, Die Verwaltung 44 (2011), 41, 50.

[267] *Ludwigs*, Die Verwaltung 44 (2011), 41, 51.

[268] Vgl. *Ludwigs*, Die Verwaltung 44 (2011), 41, 51.

[269] Vgl. *Ludwigs*, Die Verwaltung 44 (2011), 41, 52; vgl. ferner *Masing*, in: FS Reiner Schmidt, 2006, 521, 531 sowie 532.

[270] *Mayen*, DÖV 2004, 45, 53.

desrat gebildeten Beirat gem. § 5 Abs. 1 BNetzAG ergänzen. Dem Vorschlag der verstärkten parlamentarischen Kontrolle durch Bundestagsausschüsse stehen zwei – überwindbare – Überlegungen entgegen. Zum einen gibt es für eine solche Form der Kontrolle kein bundesdeutsches Vorbild.[271] Ein Blick in die USA und Großbritannien verdeutlicht jedoch, dass die parlamentarische Kontrolle unabhängiger Behörden (sog. „*Independant Agencies*") durchaus möglich ist.[272] Zum anderen wird die Gewaltenteilung als Effektivitätshemmnis im Rahmen der Legitimationskette angeführt.[273] Die Kontrolle durch das legislative Parlament könnte unter Beachtung des Grundsatzes der Gewaltenteilung auf Sachverhalte stoßen, die den Kernbereich der exekutiven Eigenverantwortung berühren.[274] Dieses Problem bestünde bei einem bestehenden ministeriellen Weisungsrecht nicht. Eine Verletzung des Kernbereichs der exekutiven Eigenverantwortung kann trotz fehlenden ministeriellen Weisungsrechts nicht angenommen werden, sofern der Regierung andere Kanäle der Leitungsfunktion offenstehen.[275] Im Zuge dessen ist an die Benennung der Mitglieder des Präsidiums der Bundesnetzagentur durch die Bundesregierung gem. § 3 Abs. 3 Satz 1 BNetzAG zu erinnern.

Folglich vermag die parlamentarische Kontrolle einer „unabhängigen Behörde" einen sachlich-inhaltlichen Legitimationsstrang zu begründen, der im konkreten Fall der Bundesnetzagentur in Kombination mit der bestehenden wirkungsstarken personellen Legitimation ein Legitimationsniveau erreicht, das den Anforderungen des Demokratieprinzips genügt.[276]

---

[271] *Ludwigs*, Die Verwaltung 44 (2011), 41, 52.

[272] Auf die USA verweisend: *Bullinger*, DVBl. 2003, 1355, 1360; *Hermes*, in: Bauer/Huber/Sommermann (Hrsg.), Demokratie in Europa, 2005, 457, 477 f.; *Ludwigs*, Die Verwaltung 44 (2011), 41, 52; *Pöcker*, VerwArch 99 (2008), 380, 394; auch auf Großbritannien verweisend: *Oertel*, Die Unabhängigkeit der Regulierungsbehörde nach §§ 66 ff. TKG, Diss. (Univ. Heidelberg) 200, S. 279 ff.; vgl. zur „*Grundkonzeption der agencies*": *Masing*, AöR 128 (2003), 558, 584 ff.

[273] *Ludwigs*, Die Verwaltung 44 (2011), 41, 52.

[274] Vgl. auch *Böckenförde*, Demokratie als Verfassungsprinzip, in: Isensee/Kirchhof, Handbuch des Staatsrechts, Band 2, 3. Aufl. 2004, § 24, Rn. 23; *Oertel*, Die Unabhängigkeit der Regulierungsbehörde nach §§ 66 ff. TKG, Diss. (Univ. Heidelberg) 2000, S. 294 ff.

[275] *Oertel*, Die Unabhängigkeit der Regulierungsbehörde nach §§ 66 ff. TKG, Diss. (Univ. Heidelberg) 2000, S. 297.

[276] So im Ergebnis auch *Ludwigs*, Die Verwaltung 44 (2011), 41, 54 f. Vgl. auch *Möstl*, in: Dürig/Herzog/Scholz, 99. EL September 2022, GG Art. 87 f Rn. 102, der sich bezüglich der Frage einer weisungsunabhängigen Bundesnetzagentur im Bereich der Post- und Telekommunikationsregulierung dafür ausspricht, dass die Weisungsunabhängigkeit der Bundesnetzagentur auch gestaffelt nach Entscheidungen bestehen könne. Insofern sollten besonders sensible Bereiche, wie die Netzregulierung (und damit auch die hier vorgeschlagene Entgeltregulierung), eher von einer Weisungsunabhängigkeit der Bundesnetzagentur umfasst werden als beispielsweise planerische Infrastrukturentscheidungen, die eine unabhängige Wettbewerbsgestaltung in einem weniger hohen Maße voraussetzen.

(cc) Gleichlauf mit Rechtsentwicklung auf europäischer Ebene

Diese Auslegung zur Weisungsunabhängigkeit der Regulierungsbehörde deckt sich zudem mit der Rechtsentwicklung auf der europäischen Ebene, die die Unabhängigkeit nationaler Regulierungsbehörden stärkt und deren Weisungsfreiheit teilweise explizit vorschreibt.[277]

(dd) Ergebnis zur demokratischen Legitimation

Nach näherer Untersuchung einer möglichen Weisungsunabhängigkeit der Bundesnetzagentur in Bezug auf die verfassungsrechtlichen Vorgaben – insbesondere die demokratische Legitimation – lässt sich festhalten, dass eine weisungsunabhängige Bundesnetzagentur im Einklang mit den verfassungsrechtlichen Vorgaben stehen kann, sofern einzelne Legitimationsstränge gestärkt werden, um ein ausreichendes Legitimationsniveau zu erreichen.

(c) Gebietet der grundrechtlich geschuldete Schutz der Gebührenpflichtigen vor „Ausbeutung" eine unabhängige Aufsichtsstruktur auch bei öffentlich-rechtlichen Wasserentgelten?

Das Äquivalenzprinzip gewährleistet über die Einbeziehung der Erforderlichkeit, dass Kosten, die auf Ineffizienzen beruhen, dem Gebührenschuldner nicht auferlegt werden dürfen, weil diese für die Leistungsbereitstellung nicht erforderlich sind.[278] Daraus resultiert die zu diskutierende Frage, ob der grundrechtlich begründete Schutz der Gebührenschuldners vor „Ausbeutung", folglich vor nicht erforderlichen, ineffizient hohen Gebühren, gerade auch bei öffentlich-rechtlichen Wasserentgelten eine unabhängige Aufsichtsstruktur erfordert. Diese Fragestellung drängt sich insbesondere nach dem soeben gefundenen Ergebnis zur Vereinbarkeit einer (weisungs-)unabhängigen Bundesnetzagentur mit den verfassungsrechtlichen Grundsätzen zur demokratischen Legitimation auf.

Die Unabhängigkeit einer Regulierungsbehörde basiert maßgeblich auf zwei Überlegungen: Die Unabhängigkeit garantiert der Regulierungsbehörde das Ausbleiben von Interessenkonflikten und sie entspricht dem Leitbild der Regulierung.[279]

Die Interessenkonflikte resultieren aus der Zwitterstellung des Staates im Geflecht zwischen seinen Funktionen als Anteilseigner der Unternehmen und Regulierer.[280] Als Eigentümer (von privatrechtlich organisierten Wasserversorgungsunternehmen) oder als Betreiber (von öffentlich-rechtlich organisierten Wasserversorgungsunternehmen) ist das Interesse des Staates auf eine möglichst dominante

[277] Vgl. *Gersdorf*, in: v. Mangoldt/Klein/Starck (Hrsg.), Grundgesetz Kommentar, Band 3, 7. Aufl. 2018, Art. 87 f GG, Rn. 84 mit Verweis auf Erwägungsgrund 13 Richtlinie 2009/140/EG sowie Art. 3 und 3a Richtlinie 2009/140/EG.

[278] Vgl. dazu bereits oben zur Umlagefähigkeit von Ineffizienzkosten im Gebührenrecht auf S. 193.

[279] Vgl. im Einzelnen: *Masing*, in: FS Reiner Schmidt, 2006, 521, 529 ff.

[280] *Masing*, in: FS Reiner Schmidt, 2006, 521, 529.

Stellung im Markt gerichtet. Als Regulierer für den Bereich der Trinkwasserversorgung obläge dem Staat gleichzeitig die Aufgabe, die Auswirkungen der Monopole abzufangen und – nach dem hier vorgeschlagenen Regulierungsentwurf – insbesondere auf der Ebene der Entgelte Regulierungsmechanismen durchzusetzen. Dieser Zwitterstellung entstammt die Gefahr auftretender Interessenkonflikte, die zu gefärbten, (um nicht zu sagen: weisungsgebundenen) Entscheidungen der Regulierungsbehörde führen könnten.[281]

Ergänzend zielt die Regulierung eines Wirtschaftszweigs in der Regel auf die Entpolitisierung desselben: Eine gemeinwohldienende Aufgabe soll durch den Einsatz von marktwirtschaftlichem Wettbewerb bestmöglich erfüllt werden.[282] Um dem Gestaltungsauftrag des zu regulierenden Wirtschaftszweigs erfüllen zu können, muss das Regulierungsrecht gestaltungsoffen sein und auf sich aus dem Wettbewerb ergebende Innovationen und Neuerungen reagieren oder diese bestenfalls antizipieren können.[283] Erschwerend tritt hinzu, dass regulatorische Entscheidungen von Wirtschaftszweigen, die vornehmlich von Unternehmen mit Staatsbeteiligung dominiert werden, unweigerlich mit politischer Einflussnahme verzahnt sind.[284]

Daraus resultiert die Notwendigkeit einer höchstmöglichen Unabhängigkeit der Regulierungsbehörde. Zugespitzt könnte die Notwendigkeit einer unabhängigen Regulierungseinheit damit nicht als verfassungsrechtlich bedenklich, sondern gegenteilig als verfassungsrechtlich geboten beschrieben werden, da nur so, unter Verwendung wettbewerbsanaloger Konzepte, gemeinwohldienende Aufgaben bestmöglich wahrgenommen werden können.

c) Zwischenergebnis

Abschließend ist zu bewerten, ob die (Anreiz-)Regulierung ein tragfähiges Modell für die Trinkwasserversorgung in Deutschland darstellt. Im Rahmen dessen sollen die Vor- und Nachteile abgewogen werden.

Der postulierte Vorteil der Anreizregulierung[285] liege insbesondere in der Einfachheit des Regulierungsansatzes, der durch einen reduzierten Prüfungsaufwand einen Bürokratieabbau begünstige.[286] In der Folge können Kostensenkungen an die

[281] *Masing*, in: FS Reiner Schmidt, 2006, 521, 529.

[282] *Masing*, in: FS Reiner Schmidt, 2006, 521, 530.

[283] *Masing*, in: FS Reiner Schmidt, 2006, 521, 531.

[284] *Masing*, in: FS Reiner Schmidt, 2006, 521, 532.

[285] Für einen Überblick über weitere allgemeine Vorteile der Anreizregulierung vgl. *Bundesnetzagentur*, Abschlussbericht der Bundesnetzagentur zur Einführung einer Anreizregulierung im Eisenbahnsektor, revidierte Fassung, 26.5.2008, S. 27.

[286] *Bundesnetzagentur*, Abschlussbericht der Bundesnetzagentur zur Einführung einer Anreizregulierung im Eisenbahnsektor, revidierte Fassung, 26.5.2008, S. 27; *Gersdorf*, ZWeR 2016, 113, 121.

Verbraucher weitergegeben werden.[287] Zudem ist die Regulierungstiefe aus Sicht der Unternehmen gering, durch die Anreizstruktur kann das unternehmensinterne Wissen genutzt werden, um Ineffizienzen zu eliminieren.[288]

Zu untersuchen ist jedoch, ob diese in der Theorie zutreffenden Vorteile der Anreizregulierung sich auch in der praktischen Umsetzung in der Trinkwasserversorgung bewahrheiten können.

Ungeachtet der theoretischen Einfachheit des Ansatzes könnte sich die praktische Implementierung der Anreizregulierung als unvorteilhaft darstellen. Dieser These soll im Folgenden nachgegangen werden. Im Rahmen der Ermittlung des KeL-Maßstabes bedarf es der Differenzierung zwischen strukturell bedingten und individuell verursachten Kosten. Insbesondere in Bezug auf eine Regulierung der Wasserbeschaffung, das heißt vor allem der Wassergewinnung und Wasseraufbereitung, könnte sich in der Praxis insofern als besonders aufwändig erweisen, als dass die Wasserbeschaffung in Deutschland auf verschiedene Arten (Wassergewinnung aus verschiedenen Quellen (Grundwasser, Uferfiltrat, Talsperren, Oberflächenwasser, Fremdbezug, Fernwasserversorgung)) und mit verschiedenen Komplexitäten (Aufbereitung durch Befreiung von Eisen und Mangan, Enthärtung, Aktivkohlefiltration, UV-Bestrahlung) vorgenommen wird, die eine Vergleichbarkeit erschweren und den angepriesenen Bürokratieabbau tatsächlich in sein Gegenteil verkehren würden.[289] Eine Zunahme an bürokratischem Aufwand würde durch die Regulierungsanforderungen einer Anreizregulierung insbesondere die Wasserversorgungsunternehmen treffen und die (vermeintlich) geringe Regulierungstiefe vermutlich nicht nur nivellieren, sondern anheben und im Zuge dessen zusätzliche Kosten verursachen, die letztlich an die Verbraucher weitergegeben werden würden.[290] Außerdem ist zu beachten, dass bereits heute bestehende (freiwillige) Benchmarking-Bestrebungen von einem Großteil der Wasserversorgungsunternehmen nicht umgesetzt werden können[291], so dass fraglich ist, wie aufwendigere, alle Wasser-

---

[287] *Bundesnetzagentur*, Abschlussbericht der Bundesnetzagentur zur Einführung einer Anreizregulierung im Eisenbahnsektor, revidierte Fassung, 26.5.2008, S. 27.

[288] *Bundesnetzagentur*, Abschlussbericht der Bundesnetzagentur zur Einführung einer Anreizregulierung im Eisenbahnsektor, revidierte Fassung, 26.5.2008, S. 27; *Gersdorf*, ZWeR 2016, 113, 121; *Säcker/Böcker*, in: Picot, 10 Jahre wettbewerbsorientierte Regulierung von Netzindustrien in Deutschland, 2008, S. 69, 118, die feststellen, dass das regulierte Unternehmen im Rahmen der Anreizregulierung „*Herr der Regulierungsverfahrens*“ bleibt.

[289] *Bundeskartellamt*, Bericht über die großstädtische Trinkwasserversorgung in Deutschland, 2016, S. 108 f.; vgl. auch *Reif*, in: Münchener Kommentar Wettbewerbsgesetz, 4. Aufl. 2022, § 31 GWB, Rn. 43; so auch *Gawel/Bedtke*, ZögU 2014, 97, 124, die auf die aus dem bürokratischen Aufwand resultierenden Transaktionskosten hinweisen.

[290] *Bundeskartellamt*, Bericht über die großstädtische Trinkwasserversorgung in Deutschland, 2016, S. 109; ebenfalls auf die Regulierungskosten abstellend *Kühling*, DVBl. 2010, 205, 207.

[291] *Janda*, Ökonomische Reformoptionen zur Weiterentwicklung des deutschen Trinkwasserversorgungsmarktes, Diss. (Ruhruniversität Bochum) 2012, S. 144.

versorgungsunternehmen erfassende Regulierungsprozesse auf Ebene dieser umgesetzt werden sollen.

Zudem belegen praktische Erfahrungen der Anreizregulierung in der englischen und walisischen Wasserversorgung, dass nur geringe Effizienzzuwächse durch die Regulierung erzielt werden konnten und diese in Abhängigkeit der Aufsichtsintensität stehen, die in England und Wales nicht zu jedem Zeitpunkt gegeben war.[292]

Die Aufsichtsintensität korreliert maßgeblich mit der zuständigen Behörde. Soweit die Zuständigkeit der Aufsicht bei der Bundesnetzagentur verortet würde, könnte aufgrund der professionellen Zusammensetzung und der – je nach Ausgestaltung – weitgehenden (politischen) Unabhängigkeit[293] mit Sicherheit ein hohes Maß an Aufsichtsintensität und damit eine effizienzsteigernde Regulierung gewährleistet werden. Fraglich ist jedoch, ob die Aufsichtsintensität bei Rückgabe[294] der Zuständigkeit an die Bundesländer in gleichem Maße erhalten werden kann.

Außerdem ist darauf hinzuweisen, dass der vorgeschlagene Regulierungsentwurf sich maßgeblich am Maßstab des Als-ob-Wettbewerbs orientiert, der auch im Rahmen der kartellrechtlichen Missbrauchskontrolle Anwendung findet. Die Gemeinsamkeit endet jedoch nicht bereits bei dem verwendeten Maßstab, vielmehr ist auch das Ziel des Regulierungsentwurfes und der kartellrechtlichen Missbrauchskontrolle identisch[295] – beide zielen auf die Herstellung von – zumindest simuliertem, „als-ob"-Wettbewerb. Der entscheidende Unterschied besteht im Zeitpunkt des Eingriffs.[296] Während durch die Regulierung eine umfassende ex-ante Kontrolle der Entgelte angestrebt wird, verfolgt die kartellrechtliche Missbrauchskontrolle den Ansatz einer einzelfallbezogenen ex-post Kontrolle der Entgelte.

Selbstredend vermag eine umfassende ex-ante Kontrolle ein höheres Schutzniveau bieten als eine einzelfallbezogene ex-post Kontrolle. Von entscheidender Bedeutung ist jedoch nicht das höchstmögliche Schutzniveau, sondern das Erreichen eines ausreichenden Schutzniveaus. In Anbetracht der großflächigen Aufmerksamkeit, die durch die höchstrichterlichen Entscheidungen zu den Wasserpreisen in Wetzlar und Calw generiert wurde, ist davon auszugehen, dass die kartellrechtlichen Grenzen der Gestaltung von Wasserpreisen den relevanten Beteiligten in der ge-

---

[292] Vgl. *Gawel/Bedtke*, ZögU 2015, 97, 124.

[293] Vgl. dazu bereits unter D.II.11.b)cc)(2)(b), S. 240ff., vgl. zudem *Gersdorf*, ZWeR 2016, 113, 121f.

[294] Die Monopolkommission schlägt vor, dass die Zuständigkeit (nur) *„in der Phase der Einführung"* der Regulierung bei der Bundesnetzagentur liegen soll, vgl. *Monopolkommission*, 18. Hauptgutachten 2008/2009, S. 53, Rn. 20.

[295] Vgl. *Mohr*, in: Säcker/Schmidt-Preuß (Hrsg.), Grundsatzfragen des Regulierungsrechts, 2008, S. 94, 109; *Meinzenbach*, Die Anreizregulierung als Instrument zur Regulierung von Netznutzungsentgelten im neuen EnWG, 2008, S. 120; *Säcker*, N&R 2009, 78, 79 mit Fn. 18.

[296] *Mohr*, in: Säcker/Schmidt-Preuß (Hrsg.), Grundsatzfragen des Regulierungsrechts, 2008, S. 94, 109.

botenen Klarheit verdeutlicht wurden.[297] Insofern ist von einer Ausstrahlungswirkung auszugehen, die in einer vergleichbaren Wirkung zur Regulierung ein ausreichendes Schutzniveau vor missbräuchlich hohen Preisen bietet. Werden die oben genannten Nachteile einer regulierungsrechtlichen Implementierung hinzugezählt, ist die kartellrechtliche, einzelfallbezogene, ex-post Kontrolle der umfassenden ex-ante Kontrolle durch ein zu schaffendes Regulierungsrecht vorzuziehen.

Ergänzend sollte im Rahmen der Abwägung zwischen kartellrechtlicher ex-post und regulierungsrechtlicher ex-ante Kontrolle beachtet werden, dass die Regulierung anderer Netzindustrien auch der Regulierung – und damit Öffnung – der Netzinfrastruktur diente, wohingegen der vorliegende Vorschlag der Regulierung der Trinkwasserversorgung sich auf die (nachgelagerte) Regulierung der Entgelthöhe beschränkt.[298] Insofern erscheint es – den Aufwand der Regulierung beachtend – zielorientierter, den Einsatz einer kartellrechtlichen ex-post Kontrolle vorzuziehen.[299]

Insofern erscheint eine Regulierung im Bereich der Trinkwasserversorgung nicht notwendigerweise als tragfähiges Modell, da die in der Theorie bestehenden Vorteile in der praktischen Umsetzung großflächig in ihrer Wirkung zu verblassen drohen und – aufgrund gleicher Maßstäbe – die kartellrechtliche Missbrauchskontrolle unter Anlegung eines anderen Zeitpunkts der Kontrolle ähnliche Ergebnisse zu erzielen vermag. Im Ergebnis ist die Erfassung eines gebühren- und preiserfassenden Regulierungsregimes für den Bereich der Trinkwasserversorgung zunächst abzulehnen.

12. Anwendbarkeit des GWB auf öffentlich-rechtliche Leistungsbeziehungen

Ein abschließender Ansatz verfolgt das Ziel der Anwendbarkeit des GWB auf öffentlich-rechtliche Leistungsbeziehungen, mithin die Anwendung der kartellrechtlichen Missbrauchskontrolle auch auf Wasserentgelten in Form von Gebühren.

a) Rechtslage de lege lata

Die gegenwärtige Rechtslage sieht – so kodifiziert es § 185 Abs. 1 Satz 2 GWB – vor, dass die „*§§ 19, 20 und 31b Absatz 5 […] nicht anzuwenden [sind] auf öffentlich-rechtliche Gebühren und Beiträge.*" Die Norm schließt die Anwendung der kartellrechtlichen Missbrauchskontrolle auf Trinkwasserentgelte in Form von Gebühren faktisch aus. § 185 Abs. 1 Satz 2 GWB wurde im Rahmen der 8. GWB-Novelle[300] auf Vorschlag des Bundesrates in das GWB eingeführt. Die Begründung des Bundesrates, dass die kartellrechtliche Entgeltkontrolle nicht auf die landesrechtlich

[297] Vgl. *Reif/Bollinger*, WuW 2022, 184, 185.

[298] *Kühling*, DVBl. 2010, 205, 207.

[299] So auch *Kühling*, DVBl. 2010, 205, 207.

[300] Achtes Gesetz zur Änderung des Gesetzes gegen Wettbewerbsbeschränkungen, Gesetz v. 26.6.2013; vgl. BGBl. I 2013, 1738, 1747.

ausgestaltete, kostenorientierte Gebührenerhebung übertragen werden könne, und es neben der kommunalaufsichtlichen und verwaltungsgerichtlichen Kontrolle keiner ergänzenden kartellrechtlichen Entgeltkontrolle bedürfe[301], teilte der Bundestag zunächst nicht.[302] Grundsätzlich sehe die Bundesregierung die Existenz paralleler Aufsichtsregime über Gebühren und Preise ebenso kritisch wie die Versuche von Scheinrekommunalisierungen.[303] Trotz dieser ablehnenden Haltung fand die Norm nach Konsultierung des Vermittlungsausschuss Einzug in das GWB.[304]

Die Norm gibt die grundsätzliche Auffassung der Rechtsprechung zur Anwendbarkeit des GWB wieder. Nach der Rechtsprechung des BGH sind öffentlich-rechtliche Gebühren grundsätzlich aus dem Anwendungsbereich der Kartellaufsicht ausgenommen.[305] In seinem Beschluss zum Niederbarnimer Wasserverband schien der BGH einer Einschränkung dieses Grundsatzes in solchen Fällen nicht abgeneigt, in denen „*die öffentlich-rechtliche und die privatrechtliche Ausgestaltung der Leistungsbeziehung – wie im Fall der Wasserversorgung – weitgehend austauschbar sind.*“[306]

Eine besondere Beachtung sollte in diesem Zusammenhang der Zeitpunkt der Einführung des § 185 Abs. 1 Satz 2 GWB (§ 130 Abs. 1 Satz 1a GWB a. F.) finden: Das Achte Gesetz zur Änderung des Gesetzes gegen Wettbewerbsbeschränkungen, durch welches die (bisherige) Rechtsprechung kodifiziert wurde, stammt vom 26.6. 2013.[307] Der Beschluss des BGH im Zusammenhang mit dem Niederbarnimer Wasserverband, in dem die Rechtsprechung die Tendenz zur Anwendung der Kartellaufsicht auch auf öffentlich-rechtliche Gebühren vor allem im Bereich der Wasserversorgung erblicken ließ, stammt vom 18. 10. 2011. Im Zusammenspiel mit der Uneinigkeit zwischen Bundesrat und Bundestag im Gesetzgebungsverfahren (s. o.) erscheint die Normierung des Anwendungsausschlusses der kartellrechtlichen Missbrauchskontrolle auf öffentlich-rechtliche Gebühren eher einer politischen Motivation zu entspringen als auf einer in der Sache notwendigen Grundlage basierend. Diese Einschätzung deckt sich mit Teilen der juristischen Literatur, die mit Verweis auf die Gesetzgebungsmaterialien darauf verweist, dass die faktische Benachteiligung einer Gruppe von Trinkwasserabnehmern nicht durchdacht wurde.[308]

---

[301] BT-Drs. 17/9852, S. 47.

[302] BT-Drs. 17/9852, S. 53.

[303] BT-Drs. 17/9852, S. 53.

[304] Vgl. BT-Drs. 17/11636, S. 2.

[305] BGH, Urt. v. 26. 10. 1961 – KZR 1/61, NJW 1962, 196, 199; BGH, Urt. v. 25. 6. 1994 – KZR 4/63, GRUR 1965, 110, 114; BGH, Beschl. v. 18. 10. 2011 – KVR 9/11, NJW 2012, 1150, 1151.

[306] BGH, Beschl. v. 18. 10. 2011 – KVR 9/11, NJW 2012, 1150, 1151.

[307] Vgl. Art. 1 des Achten Gesetzes zur Änderung des Gesetzes gegen Wettbewerbsbeschränkungen vom 26. 6. 2013, BGBl. I, S. 1738.

[308] *Schmidt/Weck*, NZKart 2013, 343, 347.

b) Rechtslage de lege ferenda

Sofern der Ansatz einer Streichung des § 185 Abs. 1 Satz 2 GWB verfolgt würde, verlangt dieser nach einer Begründung. Eine solche Begründung könnte sich in der fehlenden Verfassungsmäßigkeit der Norm finden. So ließe sich argumentieren, dass bei der Anwendung divergierender Kontrollmaßstäbe auf monopolistisch tätige Wasserversorgungsunternehmen die Gruppe von Verbrauchern, die dem weniger effektiven Kontrollmaßstab unterfallen, gegenüber der Gruppe von Verbrauchern, denen der effektivere Kontrollmaßstab zugutekommt, benachteiligt sind.[309] Der Schutz der Verbraucher erscheint in Anbetracht des Wahlrechts der Träger zwischen öffentlich-rechtlicher und privatrechtlicher Ausgestaltung des Nutzungsverhältnisses insbesondere im Hinblick auf den Gleichbehandlungsgrundsatz nicht in gleicher Weise gewährleistet.[310] Folgerichtig ist die Verfassungsmäßigkeit des § 185 Abs. 1 Satz 2 GWB näher zu untersuchen.

aa) Verfassungsmäßigkeit des § 185 Abs. 1 Satz 2 GWB

Die Verfassungsmäßigkeitsprüfung des § 185 Abs. 1 Satz 2 GWB ist in formelle und materielle Aspekte zu untergliedern. Im Rahmen der formellen Verfassungsmäßigkeit ist insbesondere das Kompetenzgefüge näher zu beleuchten und der Frage nachzugehen, inwiefern es dem Bundesgesetzgeber obliegt, eine Kontrolle über landesrechtlich festgelegte Gebühren anzuordnen. Im Rahmen der materiellen Verfassungsmäßigkeit wird eine potenzielle Schutzpflichtverletzung des Staates und eine mögliche Verletzung des allgemeinen Gleichbehandlungsgrundsatzes gem. Art. 3 Abs. 1 GG detailliert betrachtet.

(1) Formelle Verfassungsmäßigkeit: Kompetenz des Bundes zur Erstreckung der kartellrechtlichen Entgeltkontrolle auf landesrechtliche Gebührensachverhalte?

Die Verfassungsmäßigkeit des § 185 Abs. 1 Satz 2 GWB ergibt sich nicht bereits *de constitutione lata* aus einer fehlenden Gesetzgebungskompetenz des Bundes zur Anwendung der kartellrechtlichen Entgeltkontrolle auf Gebühren.

(a) Grundsätzliche Gesetzgebungskompetenz der Länder für Trinkwassergebühren

Die Kompetenztitel des Grundgesetzes weisen das Recht der kommunalen Wasserversorgung keinem Kompetenztitel ausdrücklich zu. Deshalb folgt aus Art. 70 Abs. 1 GG, dass den Ländern das Recht der Gesetzgebung zukommt, die kommunale Wasserversorgung auszugestalten. Die der Wasserversorgung zugehö-

---

[309] Vgl. *Schmidt/Weck*, NZKart 2013, 343, 347; vgl. auch *Kühling*, DVBl. 2010, 205, 213 f.; *Monopolkommission*, 20. Hauptgutachten 2012/2013, Rz. 1149; *Säcker*, NJW 2012, 1105, 1109, der in diesem Zusammenhang von einem „*Versagen der Preisbhehörden*" spricht.

[310] *Schweitzer*, ZHR 181 (2017), 119, 145 f.; vgl. auch *Bullinger*, Öffentliches Recht und Privatrecht, 1968, S. 84 f.

rigen Gebühren – die ebenfalls keinem expliziten Kompetenztitel unterfallen – sind als Annex zur Sachkompetenz kompetenzrechtlich ebenfalls den Ländern zuzuordnen.[311]

(b) Trotz dessen Kompetenz des Bundes zur Erstreckung der kartellrechtlichen Entgeltkontrolle auf landesrechtliche Gebührensachverhalte?

Obgleich die grundsätzliche Gesetzgebungskompetenz im Bereich der Trinkwassergebühren den Ländern obliegt, ist zu hinterfragen, inwiefern daneben Raum für eine kartellrechtliche Entgeltkontrolle von Gebühren verbleibt.

Ein solcher Raum würde zunächst voraussetzen, dass sich die Gesetzgebungskompetenz des Bundes – beispielsweise aus Art. 74 Abs. 1 Nr. 16 GG – auf die Anwendung der kartellrechtlichen Entgeltkontrolle auf Gebühren erstrecken lässt.[312] Der Kompetenztitel des Art. 74 Abs. 1 Nr. 16 GG weist dem Bund die Gesetzgebungskompetenz für *„die Verhütung des Mißbrauchs wirtschaftlicher Machtstellung“* zu. Fraglich ist, ob die kartellrechtliche Entgeltkontrolle von Gebühren unter diesen Kompetenztitel subsumierbar ist. In dem resultierenden Kompetenzkonflikt lassen sich zwei Argumentationslinien verfolgen:

Die erste Argumentationslinie folgt dem Verbot der Doppelzuständigkeit, wonach derselbe Regelungsgegenstand nur einer verfassungsrechtlichen Kompetenznorm unterliegen kann.[313]

Infolgedessen setzt die Argumentationslinie an der Definition des Kompetenztitels an und lehnt die kartellrechtliche Missbrauchskontrolle von Gebühren im Ergebnis mangels einer bestehenden Kompetenz des Bundes ab.[314] Der Missbrauch im Sinne des Art. 74 Abs. 1 Nr. 16 GG setzt nach allgemeiner Meinung ein Unwerturteil voraus, das sich aus der Nutzung einer dominierenden Marktstellung in einer durch die Rechtsordnung missbilligten Weise ergibt.[315] Ein solches Unwerturteil könne nicht vorliegen, wenn Entgelte (hier Gebühren) in Übereinstimmung mit verfassungsrechtlichen Grundsätzen des Gebührenrechts erhoben werden[316] und darüber hinaus durch die Aufsichtsbehörden und Gerichte kontrollierbar sind.[317]

---

[311] *Heberlein*, NVwZ 1995, 1052, 1054; *Wolfers/Wollenschläger*, DVBl. 2012, 273, 276, *dies.*, WuW 2013, 237, 242; vgl. auch *Wittreck*, in: Dreier, Grundgesetz Kommentar, Bd. 2, 3. Aufl. 2015, Vorb. zu Art. 70–74 GG, Rn. 49.

[312] *Wolf*, WuW 2013, 246, 247.

[313] Vgl. zum Verbot der Doppelzuständigkeit auch BVerfGE 36, 193, 202 f.; 61, 149, 204; 67, 299, 321.

[314] Vgl. dazu *Wolfers/Wollenschläger*, WuW 2013, 237, 242 f.; *dies.*, DVBl. 2012, 273, 277.

[315] Vgl. *Kment*, in: Jarass/Pieroth, 17. Aufl. 2022, Art. 74 GG, Rn. 40; *Seiler*, in: BeckOK GG, 53. Ed.15.11.2022, Art. 74 GG, Rn. 57; *Wittreck*, in: Dreier, Grundgesetz Kommentar, Bd. 2, 3. Aufl. 2015, Art. 74 GG, Rn. 73.

[316] *Wolfers/Wollenschläger*, WuW 2013, 237, 242; *dies.*, DVBl. 2012, 273, 277; vgl. in diese Richtung auch: *Breuer*, NVwZ 2009, 1249, 1254 f.

[317] *Brünning*, ZfW 2012, 1, 7.

Insofern könnten die Systeme der kartellrechtlichen und der gebührenrechtlichen Entgeltkontrolle als gleichberechtigte und in sich abgeschlossene Systeme nebeneinander bestehen, so dass sich ihre jeweilige Anwendung gegenseitig ausschließe.[318] Der fehlenden Überschneidung folgend biete sich kein Anwendungsraum für Art. 31 GG (Bundesrecht bricht Landesrecht).[319] Ferner bestünde bei einer parallelen Anwendung des Kartellrechts die „*Gefahr divergierender Entscheidungen*“[320], die einen Zustand der Rechtsunsicherheit begünstigt.

In diesem Zusammenhang ist zumindest die Annahme, dass Gebühren in Übereinstimmung mit den verfassungsrechtlichen Grundsätzen erhoben werden, genauer zu hinterfragen. Wenn praktische Beispiele in den Blick genommen werden, in denen zuvor erhobene Preise als kartellrechtlich missbräuchlich eingestuft wurden und nach einer Umgestaltung des Benutzungsverhältnisses in identischer Höhe im Gewand der Gebühr erhoben werden und zeitgleich von einer unter Laborbedingungen (beinahe) bestehenden Gleichartigkeit der Maßstäbe auszugehen ist, kann die Annahme, dass Gebühren in Übereinstimmung mit den verfassungsrechtlichen Grundsätzen erhoben werden, nicht zutreffen.[321]

Die zweite Argumentationslinie verfolgt den Ansatz einer grundsätzlichen Anerkennung von Doppelzuständigkeiten, die einzelfallabhängig aufzulösen seien.[322] Die Argumentationslinie gelangt über eine Differenzierung zwischen der Kompetenzqualifikation und der Kompetenzausübung zu einer Bejahung einer Kompetenz des Bundesgesetzgebers zur Erstreckung der kartellrechtlichen Missbrauchskontrolle auf Gebühren.[323] Im Gefüge der Gesetzgebungskompetenzen obliegt es dem Bund, einen im Grundsatz der Länderkompetenz zufallenden Regelungsgegenstand unter einen ihm – dem Bund – zugeordneten Aspekt zu stellen.[324] Während die Frage der Kompetenzqualifikation die Frage betrifft, welche Kompetenzmaterie einschlägig ist, befasst sich die Kompetenzausübung mit der Auflösung von Konflikten verschiedener Normenkomplexe, deren Gesetzgebungskompetenzen sich unter Umständen unterscheiden.[325] In Bezug auf die Festlegung der Gebühren – und damit

---

[318] *Wolfers/Wollenschläger*, DVBl. 2012, 273, 277; a. A. *Jarass*, Kartellrecht und Landesrundfunkrecht, 1991, S. 43.

[319] *Wolfers/Wollenschläger*, DVBl. 2012, 273, 277.

[320] LG Berlin, Urt. v. 17.3.2009 – 98 O 25/08, WuW 2009, 531, 533 (Rn. 48), die in Bezug auf Eisenbahninfrastrukturentgelte eine Anwendbarkeit des Kartellrechts ausschließen.

[321] Vgl. zu dieser Erwägung bereits oben unter D. II. 11. b) cc) (2) (a), S. 238.

[322] *Brohm*, DÖV 1983, 525, 528; *Jarass*, Kartellrecht und Landesrundfunkrecht, 1991, S. 39 f.; *Pestalozza*, DÖV 1972, 189 f.; *Wolfrum*, DÖV 1982, 674, 676 f.

[323] *Gersdorf*, ZWeR 2016, 113, 132 f.; grundlegend zur Differenzierung zwischen Kompetenzqualifikation und Kompetenzausübung: *Jarass*, Kartellrecht und Landesrundfunkrecht, 1991, S. 38 ff.

[324] BVerfGE 73, 118, 173 f.; BGHZ 76, 55, 64 f.; 110, 371, 375 ff.; *Gersdorf*, ZWeR 2016, 113, 132 f.; *Wolf*, WuW 2013, 246, 247 m. w. N.

[325] *Gersdorf*, ZWeR 2016, 113, 132 f.; *Jarass*, Kartellrecht und Landesrundfunkrecht, 1991, S. 38 ff.

die Ebene der Kompetenzqualifikation – obliegt die Gesetzgebungskompetenz unstreitig den Ländern. Jedoch ist die Frage der Kompetenzausübung in Bezug die Kontrolle von Gebühren unter Umständen anders zu beantworten. Denn eine zutreffende Kompetenzqualifikation verhindert nicht, dass sich in der Praxis Bundes- und Landesgesetze, die den selben Regelungsgehalt aufweisen, inhaltlich unterscheidend gegenüberstehen.[326] Illustrativ verdeutlicht die Entgeltkontrolle in der Wasserversorgung diese Situation: Das auf der Gesetzgebungskompetenz des Bundes basierende Kartellrecht (Art. 74 Abs. 1 Nr. 16 GG) und das auf der Gesetzgebungskompetenz der Länder beruhende Gebührenrecht (Art. 70 Abs. 1 GG) unterscheiden sich in Bezug auf die Kontrolle von Entgelten. Folglich ist in diesem Zusammenhang maßgeblich, ob sich die Entgeltkontrolle im Allgemeinen, mithin auch der Kontrolle von Gebühren, unter die Gesetzgebungskompetenz des Bundes zur Verhütung des Missbrauchs von wirtschaftlicher Machtstellung i. S. d. Art. 74 Abs. 1 Nr. 16 GG und damit das Kartellrecht subsumieren lässt.

Argumentativ könnte einer solchen Subsumtion entgegengebracht werden, dass das Gebührenrecht ein in sich abgeschlossenes System darstellt, das eine parallele Anwendung des Kartellrechts kategorisch ausschließt.[327] Diese Prämisse ist jedoch unzutreffend.[328] Der fehlende abschließende Charakter des Gebührenrechts im Vergleich zum Kartellrecht zeigt sich in den Regelungsgegenständen der Materien: Während das Gebührenrecht vor allem die Maßstäbe für die Gebührenerhebung kodifiziert, setzt das GWB am Missbrauch einer marktbeherrschenden Stellung eines Unternehmens an.[329] Diese Unterschiede offenbaren sich bei einem genaueren Blick in die gesetzlichen Grundlagen. Die Kommunalabgabengesetze legen in der Regel einen sog. Cost-plus-Ansatz zugrunde, wohingegen die kartellrechtliche Missbrauchsaufsicht (weitergreifend) das missbräuchliche Ausnutzen einer marktbeherrschenden Stellung in den Blick fasst.[330] Aus dem Blickwinkel des Ausnutzens einer marktbeherrschenden Stellung ist daher die ergänzende Anwendung der kartellrechtlichen Missbrauchsaufsicht auch auf Gebühren kompetenzrechtlich zulässig.[331] Ein solches Einwirken ergänzender Vorgaben auf eine Materie stellt, wie ein Blick auf § 3 Abs. 1 Satz 1 i. V. m. § 35 AVBWasserV zeigt, keine Ausnahme dar.[332] Das Einwirken verschiedener Regelungsmaterien aufeinander stellt vielmehr eine Notwendigkeit dar, um einheitliche Ergebnisse zu erzielen, so dass die „Gefahr divergierender Entscheidungen“, wie sie von der Rechtsprechung angenommen wird, zunimmt, sofern gleiche Sachverhalte an ungleichen Maßstäben gemessen werden.

[326] *Huthmacher*, Der Vorrang des Gemeinschaftsrechts bei indirekten Kollisionen, Diss. (Univ. Saarland) 1985, 140; *Jarass*, Kartellrecht und Landesrundfunkrecht, 1991, S. 40.

[327] *Wolfers/Wollenschläger*, DVBl. 2012, 273, 278.

[328] *Gersdorf*, ZWeR 2016, 113, 133; *Wolf*, WuW 2013, 246, 247 f.

[329] *Gersdorf*, ZWeR 2016, 113, 133; *Wolf*, WuW 2013, 246, 247 f.

[330] *Wolf*, WuW 2013, 246, 248; die Maßstäbe vergleichend: *Gawel*, ZfW 2013, 13, 20 ff.

[331] *Gersdorf*, ZWeR 2016, 113, 133; *Wolf*, WuW 2013, 246, 247 f.

[332] *Wolf*, WuW 2013, 246, 248.

Somit ist kompetenzrechtlich der zweiten Argumentationslinie zu folgen, so dass die Kompetenz des Bundes zur Erstreckung der kartellrechtlichen Entgeltkontrolle auf landesrechtliche Gebührensachverhalte anzunehmen ist.

(c) Zwischenergebnis zur formellen Verfassungsmäßigkeit

Die Verfassungsmäßigkeit des § 185 Abs. 1 Satz 2 GWB ergibt sich nicht bereits *de constitutione lata* aus einer fehlenden Gesetzgebungskompetenz des Bundes zur Anwendung der kartellrechtlichen Entgeltkontrolle auf Gebühren.

(2) Materielle Verfassungsmäßigkeit

Im Rahmen der materiellen Verfassungsmäßigkeit ist § 185 Abs. 1 Satz 2 GWB insbesondere auf seine Vereinbarkeit mit grundrechtlichen Schutzpflichten des Staates und den allgemeinen Gleichheitssatz gem. Art. 3 Abs. 1 GG zu überprüfen.

(a) Schutzpflichtverletzung

§ 185 Abs. 1 Satz 2 GWB könnte gegen die grundrechtlichen Schutzpflichten verstoßen. Es obliegt den grundrechtlichen Schutzpflichten der Integrität der Schutzgegenstände zur Geltung zu verhelfen.[333] Aufgrund der im Wasserversorgungsmarkt bestehenden Monopole und dem daraus resultierenden fehlenden Steuerungsinstrument des Wettbewerbs folgt, dass den Staat eine besondere Schutzpflicht vor einem Ausnutzen des fehlenden Wettbewerbs trifft.[334] Im Hinblick auf die grundrechtlich geschützten Rechtsgüter des Lebens und der körperlichen Unversehrtheit (Art. 2 Abs. 2 GG) gilt dies umso mehr, sofern lebenswichtige Güter wie beispielsweise die Trinkwasserversorgung betroffen sind.[335] Im Rahmen der Ausgestaltung des Schutzniveaus kommt dem Gesetzgeber ein weiter Einschätzungsspielraum zu.[336] Im Grundsatz liegt eine Schutzpflichtverletzung danach vor, wenn die öffentliche Gewalt keine oder nur offensichtlich ganz ungeeignete oder völlig unzulängliche Maßnahmen zur Erreichung des Schutzziels trifft.[337] Mit dem Kostendeckungsgebot und der Verhältnismäßigkeit liegen Kontrollinstrumente für die Gebührenhöhe vor, so dass nicht von fehlenden Maßnahmen zur Erreichung des Schutzziels gesprochen werden kann. Der Gesetzgeber ist ausweislich der Gesetzesbegründung der Auffassung, dass die eben genannten Maßstäbe weder ungeeignet noch unzulänglich sind, denn „*Gebühren und Beiträge sind nach den landesrechtlichen Vorschriften der Kommunalabgabengesetze kostendeckend zu erheben. Aus dem kommunalabgabenrechtlichen Kostendeckungsprinzip ergeben sich Limitie-*

[333] *Sachs*, in: Sachs, Grundgesetz Kommentar, 9. Aufl. 2021, Vor Art. 1, Rn. 35.

[334] *Gersdorf*, ZWeR 2016, 113, 115 und 133.

[335] *Reinhardt*, LKV 2010, 145, 146 f.; *ders.*, LKV 2010, 296, 296.

[336] BVerfGE 77, 170, 214 f.; 79, 174, 202; *Gersdorf*, ZWeR 2016, 113, 133.

[337] BVerfGE 77, 170, 215; 79, 174, 202; 92, 26, 46; 125, 39, 78 f.; 142, 313, Rn. 70; *Sachs*, in: Sachs, Grundgesetz Kommentar, 9. Aufl. 2021, Vor Art. 1, Rn. 36; vgl. umfassend *Mayer*, Untermaß, Übermaß und Wesensgehaltgarantie, Diss. (Univ. Gießen) 2005, S. 68 f.

rungen hinsichtlich der Gebührenhöhe. Kalkulation und Abrechnung unterliegen der kommunalaufsichtlichen und verwaltungsgerichtlichen Kontrolle. Für eine kartellrechtliche Prüfung besteht daher kein Raum.“[338] Die öffentlich-rechtlichen Entgeltkontrollmaßstäbe sind in ihrer praktischen Umsetzung weniger effektiv als die kartellrechtlichen Entgeltkontrollmaßstäbe. Gleichwohl kann nicht von einer gänzlichen Ungeeignetheit oder völligen Unzulänglichkeit der öffentlich-rechtlichen Entgeltkontrollmaßstäbe gesprochen werden, so dass die getroffenen Regelungen im Ergebnis von dem Einschätzungsspielraum des Gesetzgebers gedeckt sind. Eine Schutzpflichtverletzung liegt nicht vor.

(b) Allgemeiner Gleichheitssatz gem. Art. 3 Abs. 1 GG

Daneben ist die Vorschrift des § 185 Abs. 1 Satz 2 GWB im Hinblick auf den allgemeinen Gleichheitssatz des Art. 3 Abs. 1 GG zu untersuchen. Danach sind alle Menschen vor dem Gesetz gleich zu behandeln. Daraus wird geschlussfolgert, dass eine Gleichbehandlung von Ungleichem oder eine Ungleichbehandlung von Gleichem im Widerspruch zu dem Grundrechtsgehalt steht, außer es liegt eine sachliche Rechtfertigung vor.[339] Dieses Gebot erstreckt sich auch auf ungleiche Belastungen und ungleiche Begünstigungen[340], so dass auch ein gleichheitswidriger Begünstigungsausschluss verboten ist, der eine Begünstigung einem Personenkreis gewährt, während diese Begünstigung einem anderen Personenkreis vorenthalten wird.[341]

(aa) Ungleichbehandlung von Gleichem

Die Ungleichbehandlung von Gleichem setzt bestandsnotwendig einen Vergleich voraus. Zwecks dessen sind Vergleichsgruppen zu bilden.[342] Um dem Element des „Gleichen“ zu genügen, muss es sich „*bei den Vergleichsgruppen um im Wesentlichen gleiche Sachverhalte handel[n].*“[343] Für die Entgeltkontrolle der Trinkwasserversorgung kommen vor allem zwei mögliche Vergleichsgruppen in Betracht. Zum einen ist an die Wasserversorgungsunternehmen zu denken, die die Adressaten der Entgeltkontrolle sind. Zum anderen können die Endverbraucher, die die Entgelte zu entrichten haben, als Vergleichsgruppe dienen. Für letztere spricht, dass die Entgeltkontrolle aus kartellrechtlicher Sicht zumindest auch dem Schutz der Endverbraucher dient, die sich mit einem Monopol des jeweiligen Wasserversor-

[338] BT-Drs. 17/11636, S. 2.

[339] *Kischel*, AöR 124 (1999), 174, 180; *Kischel*, in: BeckOK GG, 53. Ed.15.11.2022, Art. 3 GG, Rn. 14.

[340] BVerfGE 121, 108, 119; 121, 317, 370; 126, 400, 416; 132, 179, 188, Rz. 30.

[341] BVerfGE 116, 164, 180; 121, 108, 119; 121, 317, 370; 126, 400, 416; 132, 179, 188, Rz. 30.

[342] *Jarass*, in: Jarass/Pieroth, 17. Aufl. 2022, Art. 3 GG, Rn. 10.

[343] BVerfG, Beschl. v. 24.1.2012 – 1 BvR 1299/05, NJW 2012, 1419, Rn. 95; BGH, Urt. v. 6.5.2019 – AnwZ (Brfg) 69/18, NJW 2019, 2031, Rn. 13; *Jarass*, in: Jarass/Pieroth, 17. Aufl. 2022, Art. 3 GG, Rn. 11.

gungsunternehmen konfrontiert sehen.[344] Deshalb sollen die Endverbraucher für die Zwecke dieser Untersuchung als relevante Vergleichsgruppe dienen.[345]

Die Ungleichbehandlung der Endverbraucher ergibt sich aus dem Vergleich der Entgeltkontrolle des Kartellrechts und der Entgeltkontrolle des Gebührenrechts. Es bestehen insofern Unterschiede im Hinblick auf die angewendeten Maßstäbe, die Methoden und die Zuständigkeiten, die in der Gesamtschau ein Ergebnis präsentieren, aus dem sich die Überlegenheit des Kartellrechts ablesen lässt.[346]

Mithin normiert § 185 Abs. 1 Satz 2 GWB eine Ungleichbehandlung von Gleichem.

(bb) Rechtfertigung der Ungleichbehandlung

Folglich ist zu untersuchen, ob die auf die Endkunden angewendeten ungleichen Entgeltkontrollregime einer sachlichen Rechtfertigung zugänglich sind. Der Maßstab für die Rechtfertigung einer Ungleichbehandlung unterliegt dabei in Abhängigkeit des Regelungsgegenstandes und der Differenzierungsmerkmale unterschiedlichen Grenzen, wobei die Grenzen von einem (gelockerten) Willkürverbot bis hin zu strengen Verhältnismäßigkeitsanforderungen reichen kann.[347] Je weniger dem Einzelnen die gesetzlichen Differenzierungsmerkmale zugängig sind, desto strenger fallen die verfassungsrechtlichen Anforderungen an die Rechtfertigung aus.[348] Aufgrund der Monopolstellung der Wasserversorgungsunternehmen und den bestehenden Anschluss- und Benutzungszwängen, ist das Differenzierungsmerkmal der öffentlich-rechtlichen oder kartellrechtlichen Entgeltkontrolle der Wasserentgelte dem einzelnen Endverbraucher nicht zugängig. Es besteht keine Wahlmöglichkeit. Daraus folgt, dass der Maßstab der Rechtfertigung im Falle der durch § 185 Abs. 1 Satz 2 GWB ausgelösten Ungleichbehandlung strenger auszufallen hat.

Gleichwohl ist anzuerkennen, dass die Trennung im Rahmen der Entgeltkontrolle von Trinkwasserpreisen kein Novum darstellt, sondern bereits seit Jahrzehnten existiert.[349] *Schwarz* führt dazu aus:

> „Angesichts dieses Ergebnisses könnte die Beschränkung des GWB auf die Fälle privatrechtlicher Daseinsvorsorge der öffentlichen Hand nur dann hingenommen werden, wenn

[344] Vgl. BT-Drs. 17/9852, S. 25; *Scholl*, in: Immenga/Mestmäcker, 6. Aufl. 2020, § 31 GWB, Rn. 46.

[345] So auch *Gersdorf*, ZWeR 2016, 113, 134.

[346] Vgl. dazu oben unter C. IV. 1., S. 198, bis C. IV. 4., S. 201.

[347] St. Rspr., vgl. BVerfGE 117, 1, 30; 122, 1, 23; 126, 400, 416; 129, 49, 68; 132, 179, 188, Rz. 31.

[348] BVerfGE 88, 87, 96; 129, 49, 69; 132, 179, 188, Rz. 31.

[349] Vgl. *Bullinger*, Öffentliches Recht und Privatrecht, S. 84 f.; *Schwarz*, Die wirtschaftliche Betätigung der öffentlichen Hand im Kartellrecht, Diss. (München), 1969, S. 11 f.

die Daseinsvorsorge in öffentlich-rechtlichen Rechtsformen gleichwertigen Bedingungen des öffentlichen Rechts unterworfen wäre. Das ist jedoch nicht der Fall."[350]

Das Bestehen der unterschiedlichen Schutzstandards ist durch gesetzgeberisches Handeln (Einführung des heutigen § 185 Abs. 1 Satz 2 GWB) sogar noch verfestigt worden. Insofern ist zu untersuchen, ob das Nebeneinander der Kontrollregime auf einer Rechtfertigung basiert. Dazu sollen im Folgenden verschiedene Ansätze einer möglichen Rechtfertigung diskutiert werden.

(α) Kostenintensität der Daseinsvorsorge

Ein möglicher Rechtfertigungsansatz für das Bestehen unterschiedlicher Kontrollregime könnte in der Kostenintensität und der daraus folgenden (potenziellen) Unwirtschaftlichkeit einiger Aufgaben der Daseinsvorsorge zu finden sein. Die Kostenintensität der zu bewerkstelligenden Aufgaben führe zu dem kommunalen Wunsch nach Einfluss, der die Verfolgung kommunalpolitischer Ziele erleichtere, wie beispielsweise die Stärkung lokaler Unternehmen und die Erwirtschaftung von Einnahmen, um defizitäre Bereich zu (quer-)subventionieren.[351] Aus diesem Wunsch können allerdings Effizienz-, Kontroll- und Transparenzverluste erwachsen.[352] Im Gegensatz zum europäischen (Kartell-)Recht kennt das deutsche Kartellrecht keine explizite Ausnahme vom kartellrechtlichen Anwendungsbereich für Unternehmen, die besondere und im Wettbewerb nicht erfüllbare Aufgaben übernehmen.[353] Ferner ist dem deutschen Recht ein Recht auf effiziente Verwaltung zwar unbekannt, jedoch darf daraus nicht geschlussfolgert werden, dass Ineffizienzen kommunaler Monopole von der kommunalen Selbstverwaltungsgarantie geschützt werden.[354] Insofern erschließt sich nicht, inwiefern die Kostenintensität der Daseinsvorsorge als Rechtfertigungsgrundlage für das Bestehen unterschiedlicher Kontrollregime Bestand haben soll – ganz im Gegenteil: Die kommunale Entscheidungsfreiheit und die damit einhergehenden Unterschiede in Bezug auf Effizienzen gegenüber den auf die Leistung angewiesenen Verbraucher (so jedenfalls für den Fall der Wasserversorgung) sind sowohl rechtspolitisch als auch im Hinblick auf den Gleichbehand-

---

[350] *Schwarz*, Die wirtschaftliche Betätigung der öffentlichen Hand im Kartellrecht, Diss. (München), 1969, S. 12.

[351] Vgl. dazu *Monopolkommission*, 20. Hauptgutachten 2012/2013, Rn. 1166.

[352] *Monopolkommission*, 20. Hauptgutachten 2012/2013, Rn. 1166.

[353] Art. 106 Abs. 2 AEUV lautet: *„Für Unternehmen, die mit Dienstleistungen von allgemeinem wirtschaftlichem Interesse betraut sind oder den Charakter eines Finanzmonopols haben, gelten die Vorschriften der Verträge, insbesondere die Wettbewerbsregeln, soweit die Anwendung dieser Vorschriften nicht die Erfüllung der ihnen übertragenen besonderen Aufgabe rechtlich oder tatsächlich verhindert. Die Entwicklung des Handelsverkehrs darf nicht in einem Ausmaß beeinträchtigt werden, das dem Interesse der Union zuwiderläuft.“*

[354] *Bullinger*, in: FS Brohm, 2002, S. 25, 25; *Eidenmüller*, Effizienz als Rechtsprinzip, 4. Aufl. 2015, S. 443 ff.; *Schweitzer*, ZHR 181 (2017), 119, 138.

lungsgrundsatz des Art. 3 Abs. 1 GG bedenklich.[355] Eine Rechtfertigung der Ungleichbehandlung durch die Kostenintensität der Daseinsvorsorge scheidet aus.

(β) Grundlegende Verschiedenheit zwischen Kartellrecht und Gebührenrecht

Ein weiterer Rechtfertigungsansatz für das Bestehen ungleicher Entgeltkontrollregime könnte in der grundlegenden Verschiedenheit zwischen dem Kartellrecht und dem Gebührenrecht liegen.[356] Die Verschiedenheit gründe auf der Kostenbezogenheit des Gebührenrechts und dem im Kartellrecht maßgeblichen Vergleich der Unternehmen.[357] Jedoch ist zu beachten, dass sowohl nach den kartellrechtlichen wie auch nach den gebührenrechtlichen Grundsätzen keine Umlagefähigkeit von Ineffizienzkosten besteht.[358] Die rechtliche Grundlage für die fehlende Umlagefähigkeit entstammt lediglich verschiedenen Quellen: Während das Kartellrecht nach tatsächlichen Ist- und effizienten Soll-Kosten differenziert, ergibt sich die fehlende Umlagefähigkeit von Ineffizienzkosten im Gebührenrecht aus dem verfassungsrechtlich abgesicherten Verhältnismäßigkeitsprinzip in seiner Ausprägung als Äquivalenzprinzip. Essentieller Bestandteil des Äquivalenzprinzips ist die Erforderlichkeit, wonach die Gebührenhöhe auf das zur Leistungserbringung erforderliche Maß zu begrenzen ist. Ineffizienzkosten sind nicht erforderlich und damit in der Folge nicht umlagefähig. Insofern sind die Unterschiede zwischen dem Kartellrecht und dem Gebührenrecht in dem entscheidenden Punkt der Umlagefähigkeit von Ineffizienzkosten nicht grundlegend verschieden, ganz im Gegenteil, sie sind gleichläufig.[359]

(γ) Eindimensionalität des Kartellrechts?

Ferner wird in Teilen der Literatur auf die besonderen Anforderungen an die Wasserversorgung, die mit erhöhten Kosten einhergehen, verwiesen, deren Aufkommen das Kartellrecht nicht sachgerecht verorten könne.[360] *Wolfers* und *Wollenschläger* sprechen insofern von einem eindimensionalen Kartellrecht, das einem mehrdimensionalen Gebührenrecht gegenüberstehe.[361] Die Argumentation zielt darauf ab, dass die Missbrauchskontrolle nach dem Kartellrecht auf (als-ob-)wettbewerbliche Effizienz ausgerichtet ist, während das Landesgebührenrecht einen Strauß an Zielen verfolge, die vom Schutz vor Ineffizienzkosten über den Sub-

---

355 *Schweitzer*, ZHR 181 (2017), 119, 139.

356 Vgl. *Brünning*, NVwZ 2011, 985 987; *Wolfers/Wollenschläger*, WuW 2013, 237, 241.

357 *Brünning*, NVwZ 2011, 985 987.

358 Vgl. dazu bereits oben unter C. III. 3., S. 193.

359 So auch *Gersdorf*, ZWeR 2016, 113, 134 f.

360 Vgl. nur *Gawel*, ZfW 2013, 13, 14 und 16; *Reinhardt*, LKV 2010, 145, 149 (mit Verweis auf das Gewässerschutzrecht); *Wolfers/Wollenschläger*, WuW 2013, 237, 241.

361 *Wolfers/Wollenschläger*, WuW 2013, 237, 241.

stanzschutz öffentlicher Einrichtungen bis zur Beachtung sozialer und naturschutzrechtlicher Belange reiche.[362]

Bei genauer Betrachtung des methodischen Vorgehens im Kartellrecht ist festzustellen, dass die proklamierte Eindimensionalität tatsächlich nur auf den ersten Blick besteht: So können soziale und naturschutzrechtliche Belange – so hat es das Bundeskartellamt stets betont – ebenfalls in die kartellrechtlichen Missbrauchskontrollen Einzug finden.[363] Aufwendungen für die einzuhaltende Trinkwasserqualität können beispielsweise aufgrund der in Bezug auf die Trinkwasserqualität gegebene Regulierung einbezogen werden.[364] Ähnliches gilt für höhere Kosten aufgrund naturgegebener Vorkommnisse wie beispielsweise eines erhöhten Kalkgehaltes im Trinkwasser.[365] Ob der Substanzschutz öffentlicher Einrichtungen – und eine damit unter Umständen einhergehende Quersubventionierung anderer öffentlicher Einrichtungen – tatsächliches Leitbild der Gebührenerhebung sein sollte, ist überaus fraglich.[366] Bezüglich des Schutzes vor Ineffizienzkosten im Rahmen des Gebührenrechts sei auf das oben unter C. IV. 4. (S. 201) gefundene Zwischenergebnis verwiesen.

Insbesondere die Berücksichtigung landesrechtlicher Zielsetzungen auch in der kartellrechtlichen Entgeltkontrolle erscheint unter zwei Gesichtspunkten erforderlich: Eine solche Berücksichtigung ist zum einen denklogisch, weil landesrechtliche Bindungen auch im Rahmen eines funktionierenden Wettbewerbs festgeschrieben werden könnten und folglich den Wettbewerbspreis mitbeeinflussen würden und zum anderen ist eine solche Berücksichtigung verfassungsrechtlich im Hinblick auf das Gebot des bundesfreundlichen Verhaltens erforderlich.[367]

Daraus lässt sich schlussfolgern, dass die – zugegebenermaßen klangvolle – Pointierung der Eindimensionalität des Kartellrechts die tatsächlichen Gegebenheiten verkürzt darstellt und somit nicht als Rechtfertigungsgrund für das Bestehen der unterschiedlichen Kontrollregime fruchtbar gemacht werden kann.

(δ) Kommunale Selbstverwaltungsgarantie der öffentlichen Hand gem. Art. 28 Abs. 2 GG?

Zudem findet sich vereinzelt der Verweis auf die kommunale Selbstverwaltungsgarantie nach Art. 28 Abs. 2 GG als Rechtfertigung für die bestehende Di-

---

[362] *Wolfers/Wollenschläger*, WuW 2013, 237, 241, vgl. auch *Reinhardt*, LKV 2010, 145, 149.

[363] *Schweitzer*, ZHR 181 (2017) 119, 136.

[364] *Schweitzer*, ZHR 181 (2017), 119, 136.

[365] *Bundeskartellamt*, Bericht über die großstädtische Trinkwasserversorgung in Deutschland, 2016, S. 95, 99; *Schweitzer*, ZHR 181 (2017), 119, 136.

[366] Vgl. zu den Nachteilen der Quersubventionierung anderer Bereiche durch profitable Bereiche wie Wasser oder Energie: *Monopolkommission*, 20. Hauptgutachten 2012/2013, Rn. 1169 ff.

[367] *Gersdorf*, ZWeR 2016, 113, 135.

vergenz der kartellrechtlichen und gebührenrechtlichen Entgeltkontrollregime.[368] Als Begründung wird zum einen darauf verwiesen, dass die Anwendung des Kartellrechts auf öffentlich-rechtliche Gebühren einen nicht rechtfertigungsfähigen Eingriff in die kommunale Selbstverwaltungsgarantie der Kommunen gem. Art. 28 Abs. 2 GG darstelle.[369] Als weiterer Argumentationsstrang dient die dezentrale, föderalistische Struktur, die das Grundgesetz voraussetzt, und aus der sich im Gegensatz zu einer rein zentralistischen Organisationsstruktur der Verwaltung ein geringeres Maß an Rationalität und Kostenersparnis ergeben könne.[370]

Fraglich ist, wie diese Argumentation zu bewerten ist. Die in Art. 28 Abs. 2 GG niedergelegte kommunale Selbstverwaltungsgarantie gewährleistet, dass den Kommunen ein Bereich eigenverantwortlicher Aufgabenwahrnehmung zusteht.[371] Diese Gewährleistung beschränkt sich jedoch auf die Aufgabenwahrnehmung, ohne dabei divergierende Schutzstandards in öffentlich-rechtlichen Versorgungsverhältnissen abzusichern.[372] In diese Richtung weist auch die Rechtsprechung des Bundesverfassungsgerichts, welches dazu ausführt, dass den Gemeinden aus Art. 28 Abs. 2 GG *„[ke]in Anspruch darauf [zusteht], sich durch öffentlichrechtliche Ausgestaltung kommunaler Versorgungsbetriebe Immunitätsprivilegien gegenüber den sonst für solche Betriebe geltenden Gesetze zu verschaffen […].“*[373] Insofern muss die Eingriffsqualität verneint werden. Außerdem darf nicht missachtet werden, dass die kommunale Selbstverwaltungsgarantie nicht von den Grundrechten (Art. 1 Abs. 3 GG) und der Gesetzesbindung der Verwaltung (Art. 20 Abs. 3 GG) entbindet. *Gersdorf* schlussfolgert daraus, dass der Effizienzgrundsatz als Bestandteil des Äquivalenzprinzips bei der Kontrolle der Gebührenhöhe *„maßstabsbildend“* ist.[374] Darauf aufbauend müssten in der Konsequenz die „strengen“ Maßstäbe der Effizienz auch im Gebührenrecht gelten und den Maßstäben des Kartellrechts nicht nur unter Laborbedingungen[375], sondern auch in der alltäglichen Praxis nahekommen.

---

[368] Vgl. *Reinhardt*, LKV 2010, 145, 150 f.; *Seuser*, Die Rechtskontrolle von Wasserpreisen und Wassergebühren, Diss. (Univ. Trier) 2016, S. 792 ff.; *Wolfers/Wollenschläger*, WuW 2013, 237, 239 ff.

[369] *Wolfers/Wollenschläger*, WuW 2013, 237, 240; in diese Richtung auch *Seuser*, Die Rechtskontrolle von Wasserpreisen und Wassergebühren, Diss. (Univ. Trier) 2016, S. 792 ff.

[370] Vgl. *Reinhardt*, LKV 2010, 145, 150 mit Verweis auf BVerfGE 79, 127, 152.

[371] *Hellermann*, in: BeckOK GG, 53. Ed.15.11.2022, Art. 28 GG, Rn. 39; *Mehde*, in: Dürig/Herzog/Scholz, 98. EL März 2022, Art. 28 Abs. 2 GG, Rn. 43; *Wolf*, WuW 2013, 246, 248.

[372] *Schweitzer*, ZHR 181 (2017), 119, 139 f.; vgl. auch *Mohr*, Sicherung der Vertragsfreiheit durch Wettbewerbs- und Regulierungsrecht, Habil. 2015, S. 127, der in Bezug auf die Reichweite der kommunalen Selbstverwaltungsgarantie darauf verweist, dass aus dieser nur eine Gewährleistungs- und gerade keine Erfüllungsverantwortung folge.

[373] BVerfG, Beschl. v. 2.11.1981, Fn. 5, NVwZ 1982, 306, 308; vgl. auch *Wolf*, WuW 2013, 246, 249.

[374] *Gersdorf*, ZWeR 2016, 113, 130.

[375] Vgl. oben unter C.IV.1., S. 198.

Mithin eignet sich die kommunale Selbstverwaltungsgarantie des Art. 28 Abs. 2 GG im Ergebnis nicht, um das Bestehen divergierender Maßstäbe zu rechtfertigen.

(ε) Demokratische Kontrolle

Letztlich wird in Teilen der Literatur auf die demokratische Kontrolle – mithin das Wahlrecht der Bürger auf kommunaler Ebene und die Bindung der Volksvertreter an den ausgesprochenen Wählerwillen – verwiesen, um das Bestehen der unterschiedlichen Maßstäbe zu rechtfertigen. *Reinhardt* führt dazu aus: „*Die Kontrollinstitutionen des Kommunalaufsichts- und Kartellrechts haben nicht die präzeptorale Befugnis, den wahlberechtigten Bürger gewissermaßen vor sich selbst zu schützen.*“[376] Fraglich ist jedoch, wie die demokratische Kontrolle anspruchsvolle und aufwendige Effizienzüberprüfungen gewährleisten soll – regelmäßig wird es den wahlberechtigten Bürgern nicht nur an der Kenntnis der relevanten Umstände, sondern bereits am Zugang zu dieser Kenntnis fehlen, so dass im Ergebnis praktisch keine Möglichkeit besteht, die Gebühren auf potentielle Ineffizienzen zu überprüfen.[377] Insofern vermag auch der Verweis auf die demokratische Kontrolle die Zweiteilung der Entgeltkontrolle nicht zu rechtfertigen.

(ζ) Zwischenergebnis zur Vereinbarkeit des § 185 Abs. 1 Satz 2 GWB mit Art. 3 Abs. 1 GG

Insofern scheidet eine Rechtfertigung für das Bestehen der unterschiedlichen Kontrollregime, die § 185 Abs. 1 S. 2 GWB kodifiziert, aus. Die dargestellten Rechtfertigungsansätze vermögen allesamt nicht zu überzeugen.

bb) Ergebnis

Im Ergebnis zeigt sich, dass eine Aufhebung des § 185 Abs. 1 S. 2 GWB nicht nur aus Gründen des Verbraucherschutzes sinnvoll wäre[378]; es sprechen auch verfassungsrechtliche Erwägungen für eine Aufhebung. Der Ansatz der Anwendbarkeit des GWB auf öffentlich-rechtliche Leistungsbeziehungen, mithin die Zulässigkeit der kartellrechtlichen Missbrauchskontrolle auch von Wasserentgelten in Form von Gebühren, erscheint insofern sinnvoll, als dass eine Ungleichbehandlung von Endverbrauchern aufgrund der unilateralen Aufsicht unter Zugrundelegung des maßstabsbildenden Kartellrechts faktisch ausgeschlossen würde.[379] Sofern die unilate-

---

[376] *Reinhardt*, LKV 2010, 145, 148; mit ähnlicher Argumentation: *Wolfers/Wollenschläger*, WuW 2013, 237, 245.

[377] Vgl. *Schweitzer*, ZHR 181 (2017), 119, 140.

[378] Vgl. auch *Säcker*, NJW 2012, 1105, 1109, der aus dem „*aktuellen Versagen*“ der landesrechtlichen Kontrolle öffentlich-rechtlicher Wassergebühren schlussfolgert, dass eine kartellrechtliche Kontrolle dieser sinnvoll sein könnte.

[379] In diese Richtung auch *Bundeskartellamt*, Bericht über die großstädtische Trinkwasserversorgung in Deutschland, 2016, S. 109, wobei die Wasserversorgungsunternehmen als

rale Anwendung der kartellrechtlichen Missbrauchskontrolle auf Trinkwasserentgelte aufgrund ihres ex-post Ansatzes in der praktischen Anwendung hinter den Anforderungen eines notwendigen Schutzniveaus zurückbleiben sollte, könnte über die ergänzende Etablierung einer regulierungsrechtlichen ex-ante Entgeltkontrolle nachgedacht werden.[380] Im Interesse eines möglichst schlanken staatlichen Regelungsansatzes sollte jedoch zunächst der in der dieser Arbeit favorisierte Ansatz der kartellrechtlichen Missbrauchskontrolle in Bezug auf die Trinkwasserentgelte verfolgt werden.

III. Bewertung der Reformierungsoptionen und Ausblick

Abschließend sind die aufgezeigten Reformierungsoptionen miteinander abzuwägen und zu bewerten.

Die Etablierung zusätzlicher Transparenzvorgaben zur Gebührenhöhe in den Kostenabgabengesetzen der Länder ist zu befürworten, da erforderliche Vergleichswerte (exemplarisch hier der sog. Stückerlös) vergleichsweise leicht durch die Wasserversorgungsunternehmen zu ermitteln sind und durch eine erhöhte Transparenz der öffentliche Druck auf die Wasserversorgungsunternehmen zunähme.

Der Ansatz zu einer engeren Zusammenarbeit zwischen den Kartellbehörden und den Kommunalaufsichtsbehörden ist im Grundsatz zwar zielführend, in der Praxis zeigen sich jedoch insofern Schwächen, als dass auch nach Vorlage gesammelter Daten durch die Kartellbehörden an die Kommunalaufsicht Handlungsinitiativen seitens letzterer nicht zu erblicken waren. Über den Grund dafür lassen sich nur Mutmaßungen anstellen (Stichwort kommunalfreundliche Ausübung der Aufsicht). Im Ergebnis ist der Ansatz daher eher abzulehnen.

Die Idee zur Effektivierung eines „Rechts auf eine gute Verwaltung“ in Anlehnung an Art. 41 EU-Grundrechtecharta ist im Ergebnis auch abzulehnen, da das europarechtliche Vorbild für den speziellen Fall der Effektivität der Entgeltkontrolle zu konturenlos ist und Unsicherheiten bezüglich seines Regelungsgehaltes verbleiben, so dass die Anwendungsfreundlichkeit erheblich gemindert wird.

Eine stärkere Privatisierung der Wasserversorgung lässt in einem Vergleich mit der privatisierten Wasserversorgung in England und Wales keine großen Hoffnungen auf ein höheres Maß an Effektivität erwachsen. Zudem bestehen im Hinblick auf die durch Art. 28 Abs. 2 GG gewährleistete Organisationshoheit der Kommunen erhebliche Bedenken gegen eine erzwungene stärkere Privatisierung der Wasserversorgung. Mithin ist dieser Ansatz abzulehnen.

---

relevante Vergleichsgruppe festlegt werden; a. A. *Seuser*, Die Rechtskontrolle von Wassergebühren und Wasserpreisen, Diss. (Univ. Trier) 2016, S. 791 ff.

[380] Vgl. dazu bereits oben unter D. II. 11., S. 229 ff.

Der Vorschlag zur Durchbrechung des Grundsatzes der ortsnahen Wasserversorgung gem. § 50 Abs. 2 WHG ist auch abzulehnen. Der gegenwärtigen Rechtslage zufolge bestehen Rechtfertigungsgründe, die eine Abweichung von dem Grundsatz gestatten (vgl. § 50 Abs. 2 S. 2 Alt. 2 WHG). Das Ausnutzen von Effizienzpotentialen ist davon aber nicht erfasst. Eine zu überlegende Streichung oder Lockerung des Grundsatzes der ortsnahen Wasserversorgung missachtet das berechtigte Schutzziel des Grundsatzes (v. a. Ressourcenschutz) in einem nicht rechtfertigungsfähigen Maß.

Der Ansatz zur vermehrten Durchführung von Ausschreibungswettbewerben und damit einer Etablierung von mehr Wettbewerb um den Markt scheitert an der Kostenstruktur der Wasserversorgung: Die hohen Anteile der Gesamtkosten, die auf den Netzausbau und den Netzerhalt entfallen, bedürfen eines langen Zeitraums des Betreibens durch ein Wasserversorgungsunternehmen, um sich zu amortisieren. Die langen Zeiträume konterkarieren die Prämisse des Ansatzes nach einer verstärkten Wettbewerbsstruktur. Die wenig praktikable Auflösung des Konfliktes führt im Ergebnis zu einer Ablehnung des Ansatzes.

Die Idee des erhöhten Einsatzes von Benchmarkingvorhaben ist unter folgender Einschränkung zu empfehlen: Die gegenwärtigen Benchmarkingprojekte enthalten drei maßgebliche Schwachstellen, die ihre Tauglichkeit im Ganzen mindern. Maßgeblich handelt es sich dabei um die Freiwilligkeit der Teilnahme, die Anonymität der Teilnahme (kein sog. „*naming and shaming*") und die fehlenden einheitlichen Kennzahlen der Benchmarkingprojekte, die eine übergeordnete Vergleichbarkeit ermöglichen würde. Sofern diese Schwachstellen behoben würden, könnten Benchmarkingvorhaben einen wertvollen Anteil zur Nivellierung der bestehenden Divergenzen der Entgeltkontrollregime beitragen.

Im Rahmen einer potenziellen Anwendung des § 31b Abs. 3 GWB auf öffentlich-rechtliche Gebührensachverhalte lassen sich sowohl für als auch gegen die Anwendbarkeit valide Argumentationsketten erstellen, so dass kein eindeutiges Ergebnis zum Vorschein kommen mag. Insgesamt erscheint die Praxistauglichkeit daher fraglich, so dass der Ansatz der Anwendung des § 31b Abs. 3 GWB auf öffentlich-rechtliche Gebührensachverhalte im Ergebnis abzulehnen ist.

Das diskutierte Verbot von (Schein-)Rekommunalisierungen während laufender Kartellverfahren ist grundsätzlich anzunehmen. Während ein umfassendes Rekommunalisierungsverbot im Widerspruch zu Art. 28 Abs. 2 GG steht, beschneidet ein Rekommunalisierungsverbot, welches auf den Zeitraum laufender Kartellverfahren beschränkt ist, die kommunale Organisationshoheit des Art. 28 Abs. 2 GG in zulässiger Weise. Allerdings erwächst aus dem begrenzten Zeitraum des Verbotes zugleich die maßgebliche Schwäche des Ansatzes, welche diesen im Ergebnis als lediglich fragmentarischen Baustein zur Auflösung der unterschiedlichen Kontrollmaßstäbe positioniert.

Die Schaffung eines deutschen Art. 106 AEUV ist abzulehnen, da die Rechtsfolge einer effektiveren Missbrauchskontrolle ausbleibt.

Der Vorschlag zur Schaffung eines gebühren- und preiserfassenden Regulierungsregimes erweist sich aufgrund der praktischen Schwierigkeiten bei der Etablierung eines Regulierungsrahmens (Bildung eines KeL-Maßstabes, Arbeitsaufwand der Wasserversorgungsunternehmen), der praktischen Regulierungserfahrungen aus England und Wales im Bereich der Trinkwasserversorgung sowie der nicht unumstrittenen Zuständigkeit der Bundesnetzagentur als potentiell zuständigen Akteur als nicht vollumfänglich praktikabel und ist daher zunächst abzulehnen.

Der letztgenannte Ansatz der Anwendung des GWB auch auf öffentlich-rechtliche Gebührensachverhalte ist anzunehmen und als in dieser Arbeit vorzugswürdiger Ansatz anzusehen. Die diskutierte Aufhebung des § 185 Abs. 1 S. 2 GWB lässt sich mit einer fehlenden Vereinbarkeit der Norm mit dem allgemeinen Gleichbehandlungsgebot des Art. 3 Abs. 1 GG begründen. Eine Anwendung der kartellrechtlichen Missbrauchskontrolle nach dem GWB auch auf öffentlich-rechtliche Gebührensachverhalte würde diese Ungleichbehandlung aufheben und das hohe Schutzniveau der kartellrechtlichen Missbrauchskontrolle marktübergreifend etablieren. Im Vergleich zur Etablierung eines preis- und gebührenerfassenden Regulierungsregimes erscheint die kartellrechtliche Missbrauchskontrolle praxistauglicher: Die Erfahrungen der Landeskartellämter und des Bundeskartellamtes haben in der Vergangenheit zielführende Ergebnisse hervorbringen können und, obgleich der nur punktuellen Einzelfallkontrolle, eine weitreichende Wirkung erzielen können, so dass eine flächendeckende Regulierung als (vorerst) nicht notwendig anzusehen ist. Sofern die alleinige Anwendung der kartellrechtlichen Missbrauchskontrolle auf Trinkwasserentgelte aufgrund ihres ex-post Ansatzes in der praktischen Anwendung hinter den Anforderungen eines ausreichenden Schutzniveaus zurückbleibt, könnte über die ergänzende Etablierung einer regulierungsrechtlichen ex-ante Entgeltkontrolle nachgedacht werden. Im Interesse eines möglichst schlanken staatlichen Regelungsansatzes sollte jedoch zunächst der in der dieser Arbeit favorisierte Ansatz der kartellrechtlichen Missbrauchskontrolle in Bezug auf die Trinkwasserentgelte verfolgt werden.

E. Zusammenfassung der Ergebnisse in Thesen

I. Deutschland zählt zu den wasserreichen Ländern der Welt. Der Markt der Wasserversorgung ist stark fragmentiert, im europäischen Vergleich entfallen in Deutschland deutlich mehr Wasserversorgungsunternehmen auf die Einwohner als in anderen europäischen Staaten. Die Fragmentierung basiert in Teilen auf dem in § 50 Abs. 2 WHG normierten Grundsatz der ortsnahen Wasserversorgung.[1]

II. Die Wasserversorgung in Deutschland ist monopolisiert. Die Monopole werden in faktischer Hinsicht durch die fehlenden Verbindungen der einzelnen Versorgungsnetzwerke untereinander und zum anderen durch rechtliche Vorgaben zu Anschluss- und Benutzungszwängen begründet. Der in Monopolen fehlende Wettbewerb führt dazu, dass die Entgelthöhe nicht durch den Wettbewerb gesteuert werden kann. In Monopolen tätige Unternehmen tendieren dazu, die aus dem mangelnden Wettbewerb folgenden Ineffizienzen auf Verbraucher umzulegen, da diese über keine alternativen Anbieter verfügen. Eine Erhebung aus dem Frühjahr 2007 belegt, dass die Entgelte je nach Wasserversorgungsunternehmen stark variieren, dabei wurden Entgeltunterschiede von über 300 % in der Wasserversorgung in deutschen Großstädten gefunden.[2]

III. Die Wasserversorgung fällt in den Zuständigkeitsbereich der Kommunen. Diese könnten die Monopolstellung der Wasserversorgungsunternehmen durch wettbewerbsintensivere Modelle aufweichen. Grundsätzlich werden dabei die Modelle des Wettbewerbs im Markt und des Wettbewerbs um den Markt unterschieden. Das Modell des Wettbewerbs im Markt kennzeichnet, dass es durch die Errichtung einer parallelen Infrastruktur oder das Schaffen eines Durchleitungswettbewerbes mehr Wettbewerb erzielen möchte. Die Errichtung einer parallelen Infrastruktur erscheint aufgrund der Kostenlast nicht rentabel. Der Durchleitungswettbewerb ist aufgrund der mit der Vermischung verschiedener Wasserqualitäten und Transportkosten verbundenen Mehrkosten abzulehnen. Das Modell des Wettbewerbs um den Markt ist gekennzeichnet durch Ausschreibungswettbewerbe von Versorgungsrechten. Aufgrund des hohen Anteils von Fixkosten an der Gesamtkostenstruktur der Wasserversorgung besteht regelmäßig ein hohes Interesse der Wasserversorgungsunternehmen an langen Vergabezeiträumen. Lange Vergabezeiträume stehen im Widerspruch zu den Interessen des Ausschreibungswettbewerbes durch kurze Vergabezeiträume ein höheres Wettbewerbsgeschehen zu simulieren, so dass auch das Modell des Wettbewerbs um den Markt als nicht praktikabel genug abzulehnen ist.

[1] Vgl. A. I., S. 15.

[2] Vgl. A. II., S. 16.

Hinzu treten umwelt- und gesundheitspolitische Bedenken im Rahmen beider Modelle. Daraus folgt der Bedarf einer Regulierung oder Kontrolle von Wasserentgelten, um der Umlage von monopolbedingten Ineffizienzkosten auf die Verbraucher entgegenzutreten.[3]

IV. Der Ordnungsrahmen der Wasserversorgung wird von verschiedenen Rechtsquellen beeinflusst. Einen maßgeblichen Einfluss bildet dabei das Kommunalrecht, welches mit Eckpfeilern der kommunalen Bereitstellungspflicht, des Zugangsanspruchs, Vorgaben zu Anschluss- und Benutzungszwängen und dem kommunalen Wirtschaftsrecht Akzente setzt. Das Straßen- und Wegerecht setzt die Einräumung eines Wegenutzungsrechts für die Verlegung und Nutzung der Wasserleitungen voraus. Das Kartellrecht nimmt verschiedenartige Verträge der Wasserversorgungsunternehmen vom Verbot wettbewerbsbeschränkender Vereinbarungen des § 1 GWB aus. Eingefasst werden die Freistellungen von einer kartellrechtlichen Missbrauchskontrolle. Das Wasserhaushaltsrecht stellt insbesondere zu beachtende Vorschriften für die Trinkwassergewinnung auf, die einer behördlichen Gestattung (in Form einer Erlaubnis oder Bewilligung) bedarf. Die Trinkwasserverordnung regelt schließlich die allgemeinen Anforderungen an die Beschaffenheit des Wassers für den menschlichen Gebrauch.[4]

V. Die Wasserentgelte werden maßgeblich durch die Größe, Dichte und geographischen Bedingungen des Versorgungsgebietes, sowie die Möglichkeiten der Wasserbeschaffung beeinflusst. Im Grundsatz erlauben große Wasserversorgungsgebiete das Ausnutzen von Skalenvorteilen und infolgedessen niedrigere Kosten pro abgesetzten Kubikmeter Wasser. Noch entscheidender ist die Dichte des Versorgungsgebietes, da die Kosten der Errichtung und Erhaltung der Netzinfrastruktur einen hohen Anteil an den Gesamtkosten einnehmen. Je dichter ein Versorgungsgebiet besiedelt ist, desto niedriger kann die Gesamtlänge des Netzes ausfallen. Im Rahmen der geographischen Bedingungen im Versorgungsgebiet führen insbesondere Höhenunterschiede und Bodenklassen zu differenzierenden Entgeltzusammensetzungen. Ähnlich verhält es sich mit unterschiedlich zugänglichen Wasserverkommen, die die Wasserbeschaffung unter Umständen aufwendiger gestalten können.[5]

VI. Die Trinkwasserversorgung kann öffentlich-rechtlich oder privatrechtlich ausgestaltet werden. Dabei ist zwischen der Organisationsform des Wasserversorgungsunternehmens und dem Benutzungsverhältnis des Wasserversorgungsunternehmens zu seinen Abnehmern zu unterscheiden. Sofern die Organisationsform öffentlich-rechtlich ausgestaltet wird, kann das Benutzungsverhältnis entweder privatrechtlich oder öffentlich-rechtlich ausgestaltet werden. Sofern die Organisationsform jedoch privatrechtlich ausgestaltet wird, ist das Benutzungsverhältnis zwingend auch privatrechtlich auszugestalten.

[3] Vgl. A.III., S. 19.

[4] Vgl. B.I., S. 31.

[5] Vgl. B.II., S. 61.

Die Wahl der Organisationsform hat maßgeblichen Einfluss auf die Gerichtszuständigkeit. Die Ausgestaltung des Benutzungsverhältnisses als öffentlich-rechtliche Gebühr oder privatrechtlicher Preis hat Einfluss auf die Aufsichtszuständigkeit (Kommunalaufsicht bzw. Landeskartellbehörden/Bundeskartellamt) und das anzuwendende Kontrollregime (öffentlich-rechtliches Kostenrecht bzw. kartellrechtliche Missbrauchskontrolle).

Die öffentlich-rechtlichen Organisationsformen treten als Regie- und Eigenbetriebe und rechtsfähige Anstalten des öffentlichen Rechts bzw. Kommunalunternehmen in Erscheinung. Ferner sind für den Bereich der interkommunalen Zusammenarbeit vor allem Zweckverbände und Wasser- und Bodenverbände zu nennen. Im Rahmen der privatrechtlichen Organisationsformen finden vor allem die Rechtsformen der GmbH und AG Anwendung. Die maßgeblichen Abwägungspunkte belaufen sich auf Aspekte der Wirtschaftlichkeit und Flexibilität, Einwirkungs- und Steuerungsmöglichkeiten, Haftung, Finanzierungsmöglichkeiten, Kooperationsmöglichkeiten und Steuern. Die Privatisierung der Wasserversorgung kann in verschiedenen Modellen erfolgen, namentlich dem Betriebsführungsmodell, dem Betreibermodell, dem Beteiligungs- und Kooperationsmodell und dem Konzessionsmodell.[6]

VII. Die Zuständigkeiten und Methoden der Entgeltkontrolle fallen in Abhängigkeit der Erhebung von Gebühren oder von Preisen für die Trinkwasserversorgung unterschiedlich aus. Die Kontrolle der Wasserpreise obliegt den Landeskartellbehörden beziehungsweise dem Bundeskartellamt. Methodisch wird dabei auf den Als-ob-Wettbewerbspreis und insbesondere auf das Vergleichsmarktkonzept zurückgegriffen. Die Kontrolle von Wassergebühren erfolgt als Rechtsaufsicht durch die Kommunalaufsicht der Länder. Methodisch bieten dabei das Kostendeckungsgebot und Kostenüberschreitungsverbot sowie insbesondere der Verhältnismäßigkeitsgrundsatz eine Orientierungshilfe.[7]

VIII. Die Entgeltkontrolle von Wasserpreisen wird maßgeblich durch die Vorschriften des nationalen Kartellrechts bestimmt. Im Rahmen dessen finden insbesondere Missbrauchskontrollen nach den Sondervorschriften für die Wasserwirtschaft gem. §§ 31 ff. GWB statt. In diesem Zusammenhang sind insbesondere der Preis- und Konditionenmissbrauch gem. § 31 Abs. 4 Nr. 2 GWB und die Kostenkontrolle nach § 31 Abs. 4 Nr. 3 GWB von Relevanz. Der Preis- und Konditionenmissbrauch ist geprägt von dem Vergleich des zu untersuchenden Wasserversorgungsunternehmens mit gleichartigen Wasserversorgungsunternehmen (Vergleichsmarktkonzept). Das Gesetz sieht den Vergleich von Preisen und/oder Geschäftsbedingungen vor. Im Rahmen des Preisvergleiches haben sich sowohl der Tarifvergleich als auch der Erlösvergleich etabliert. Gefundene Differenzen stehen einer Rechtfertigung durch das betroffene Wasserversorgungsunternehmen offen.

[6] Vgl. B.III., S. 64.

[7] Vgl. C.I., S. 117.

Die Anwendbarkeit des europäischen Kartellrechts gem. Art. 102 Abs. 1 AEUV scheidet im Ergebnis aus. Es fehlt an dem erforderlichen Bezug zum zwischenstaatlichen Handel.

Die Voraussetzungen für eine analoge Anwendung der zivilrechtlichen Billigkeitskontrolle gem. § 315 Abs. 3 Satz 2 BGB liegen mangels einer bestehenden Regelungslücke nicht vor. Die kartellrechtliche Missbrauchsaufsicht deckt die möglichen Fallgestaltungen bereits adäquat ab.[8]

IX. Die Entgeltkontrolle von Wassergebühren ist in ihrem Ausgangspunkt in den Kommunalabgabengesetzen der Länder in Form des Kostendeckungsprinzips niedergelegt. Danach haben die erhobenen Gebühren die im Rahmen der Leistungsbereitstellung anfallenden Kosten zu decken. Die anfallenden Kosten sind nach betriebswirtschaftlichen Grundsätzen zu bestimmen. Die Bestimmung der betriebswirtschaftlichen Grundsätze ist im Detail unklar und eröffnet den Wasserversorgungsunternehmen infolgedessen vergleichsweise große Spielräume im Rahmen der Kalkulation der Wassergebühren. In Kombination mit der begrenzten Kontrolldichte der Kommunalaufsicht gestaltet sich die Gebührenkontrolle nach dem Maßstab des Kostendeckungsprinzips in der Praxis als wenig effektiv. Ergänzend sind die Wassergebühren am Maßstab der Verhältnismäßigkeit und – als Ausprägung dessen – am Äquivalenzprinzip zu messen. Die Gebührenhöhe ist danach auf das für die Leistungsbereitstellung erforderliche Maß zu begrenzen. Die Rechtsprechung legt die Grenzen der Überschreitung des Äquivalenzprinzips sehr weit aus und nimmt eine Grenzüberschreitung erst an, wenn die Gebühren eine grob unangemessene Höhe einnehmen, die sachlich unvertretbar ist. Aus der Begrenzung der Gebührenhöhe auf das zur Leistungsbereitstellung erforderliche Maß folgt aber, dass Ineffizienzkosten mangels Erforderlichkeit nicht auf den Verbraucher umgelegt werden dürfen. Sonstige grundgesetzliche Maßstäbe – beispielsweise das Sozialstaatsprinzip, das Wirtschaftlichkeitsprinzip und der allgemeine Gleichheitssatz – vermögen keine vergleichbare Kontrollintensität zu gewährleisten. Die Anwendung europäischer Kartellrechtsvorschriften – maßgeblich Art. 102 AEUV – scheitern bereits an dem dafür erforderlichen, aber nicht gegebenen zwischenstaatlichen Handel.[9]

X. Ein Vergleich der privatrechtlichen und öffentlich-rechtlichen Kontrollmaßstäbe ergibt folgendes Bild: Der kartellrechtlichen Missbrauchskontrolle liegt das Leitbild des Als-ob-Wettbewerbs und der Differenzierung zwischen tatsächlichen Ist-Kosten und effizienten Soll-Kosten zugrunde. Die öffentliche-rechtliche Gebührenaufsicht legt als Maßstab das Kostendeckungsprinzip und die Bemessung der Kosten nach betriebswirtschaftlichen Grundsätzen zugrunde. Ergänzend ist der verfassungsrechtliche Verhältnismäßigkeitsgrundsatz in seiner Ausprägung als Äquivalenzprinzip zu beachten. Aus dem Erfordernis der Erforderlichkeit ergibt sich, dass Ineffizienzkosten auch nach den für die Gebührenkontrolle maßgeblichen

[8] Vgl. C. II., S. 120.

[9] Vgl. C. III., S. 178.

Grundsätzen nicht auf die Verbraucher umgelegt werden dürfen. Methodisch greift das Kartellrecht insbesondere auf das Vergleichsmarktprinzip zurück. Die kartellrechtliche Kostenkontrolle ist aufgrund ihrer Unbestimmtheit weniger praxiserprobt als das Vergleichsmarktkonzept. Die methodischen Grundlagen der Gebührenkontrolle sind im Gegensatz dazu nur fragmentarisch geregelt. In der Praxis beschränkt sich die Kommunalaufsicht regelmäßig auf die ordnungsgemäße Rechnungsführung und die Einhaltung der Kostendeckung. Das Bundeskartellamt bzw. die Landeskartellbehörden sind für die Missbrauchskontrolle von Wasserpreisen zuständig. Die Kontrolle von Wassergebühren obliegt der Kommunalaufsicht.[10]

XI. Aus der Verschiedenheit der Kontrollmaßstäbe in Bezug auf Wasserpreise und Wassergebühren erwächst der Bedarf einer Reform. Dieser Bedarf wird maßgeblich durch eine mögliche Verletzung des Gleichbehandlungsgrundsatzes und die praktischen Erfahrungen der Untätigkeit der Kommunalaufsicht genährt.[11]

XII. Es bieten sich eine Reihe möglicher Reformoptionen. Diese erfassen die Etablierung zusätzlicher Transparenzvorgaben zur Gebührenhöhe in den Kommunalabgabengesetzen, eine engere Zusammenarbeit zwischen den Kartellbehörden und den Komunalaufsichtsbehörden, die Effektivierung eines „Rechts auf gute Verwaltung“ aus Art. 41 EU-Grundrechtecharta, eine stärkere Privatisierung der Wasserversorgung, die Durchbrechung des Grundsatzes der ortsnahen Wasserversorgung aus § 50 Abs. 2 WHG und den Zusammenschluss von Wasserversorgungsunternehmen, eine vermehrte Vornahme von Ausschreibungswettbewerben zur Schaffung von mehr Wettbewerb um den Markt, den verstärkten Einsatz von Benchmarking, die Anwendung der Sanktionsnorm des § 31b Abs. 3 GWB auf Gebühren, das Verbot von Rekommunalisierungen bei laufenden Kartellverfahren, die Schaffung eines deutschen Art. 106 Abs. 2 AEUV, die Etablierung eines gebühren- und preiserfassenden Regulierungsregimes sowie die Anwendbarkeit des GWB auf öffentlich-rechtliche Leistungsbeziehungen.[12]

XIII. Der Reformierungsansatz der Anwendung des GWB auch auf öffentlich-rechtliche Gebührensachverhalte ist der als in dieser Arbeit vorzugswürdige Ansatz anzusehen. Die diskutierte Aufhebung des § 185 Abs. 1 S. 2 GWB lässt sich mit einer fehlenden Vereinbarkeit der Norm mit dem allgemeinen Gleichbehandlungsgebot des Art. 3 Abs. 1 GG begründen. Eine Anwendung der kartellrechtlichen Missbrauchskontrolle nach dem GWB auch auf öffentlich-rechtliche Gebührensachverhalte würde diese Ungleichbehandlung aufheben und das hohe Schutzniveau der kartellrechtlichen Missbrauchskontrolle marktübergreifend und in Unabhängigkeit von der Ausgestaltung des Benutzungsverhältnisses etablieren. Im Vergleich zur Schaffung eines preis- und gebührenerfassenden Regulierungsregimes erscheint die kartellrechtliche Missbrauchskontrolle praxistauglicher: Die Erfahrungen der Landeskartellämter und des Bundeskartellamtes haben in der Vergangenheit zielfüh-

[10] Vgl. C. IV., S. 198.

[11] Vgl. D. I., S. 202.

[12] Vgl. D. II., S. 203.

rende Ergebnisse hervorbringen können und, obgleich der nur punktuellen Einzelfallkontrolle, eine weitreichende Wirkung erzielen können, so dass eine flächendeckende Regulierung als nicht notwendig angesehen werden kann.[13]

[13] Vgl. D. III., S. 265.

Literaturverzeichnis

Altmeppen, Holger, Die Einflussrechte der Gemeindeorgane in einer kommunalen GmbH, NJW 2003, S. 2561–2567.

Ambrosius, Gerold, Privatisierungen in historischer Perspektive: Zum Verhältnis von öffentlicher und privater Produktion, StWStP 5 (1994), S. 415–438.

Arbeitsgemeinschaft Trinkwassertalsperren e. V. (ATT), Bundesverband der Energie- und Wasserwirtschaft e. V. (BDEW), Deutscher Bund der verbandlichen Wasserwirtschaft e. V. (DBVW), Deutscher Verein des Gas- und Wasserfaches e. V. – Technisch-wissenschaftlicher Verein (DVGW), Deutsche Vereinigung für Wasserwirtschaft, Abwasser und Abfall e. V. (DWA), Verband kommunaler Unternehmen e. V. (VKU) (Hrsg.), Branchenbild der deutschen Wasserwirtschaft 2020, 2020.

Aschinger, Gerhard, Regulierung und Deregulierung, Wirtschaftswissenschaftliches Studium (WiSt), Zeitschrift für Studium und Forschung Nr. 14 (1985), S. 545–549.

Bacher, Klaus/*Hempel*, Rolf/*Wagner-von Papp*, Florian, BeckOK Kartellrecht, 2. Edition, Stand 15.7.2021.

Bangard, Annette/*Parulava*, Martina, Methodik der Wasserpreiskontrolle durch das BKartA – Darstellung am Beispiel der jüngsten Entscheidung zu den Wasserpreisen in Berlin und Mainz, EnWZ 2012, S. 23–28.

Banspach, Dirk/*Nowak*, Karsten, Der Aufsichtsrat der GmbH – unter besonderer Berücksichtigung kommunaler Unternehmen und Konzerne, Der Konzern 2008, S. 195–207.

Barden, Stefan, Grundrechtsfähigkeit gemischt-wirtschaftlicher Unternehmen, 2002.

Battis, Ulrich/*Kersten*, Jens, Public Private Partnership in der Städtebauförderung, LKV 2006, S. 442–449.

Bauer, Hartmut, Privatisierung von Verwaltungsaufgaben, VVDStRL 54 (1995), S. 243–286.

Bauer, Hartmut, Verwaltungsrechtliche und verwaltungswissenschaftliche Aspekte der Gestaltung von Kooperationsverträgen bei Public Private Partnership, DÖV 1998, S. 89–97.

Bauer, Hartmut, Zukunftsthema „Rekommunalisierung“, DÖV 2012, S. 329–338.

Baumbach, Adolf/*Hueck*, Alfred, Gesetz betreffend die Gesellschaften mit beschränkter Haftung, Kommentar, 22. Auflage, 2019.

Beaucamp, Guy, Zum Analogieverbot im öffentlichen Recht, AöR 134 (2009), S. 83–105.

Bechtold, Rainer, Die 8. GWB-Novelle, NZKart 2013, S. 263–269.

Bechtold, Rainer, Pflicht zur Übernahme der Bruttopreise des Vorlieferanten? – Zu einer Fehlentwicklung der kartellrechtlichen Mißbrauchsaufsicht über Energieunternehmen, WuW 1996, S. 14–20.

Bechtold, Rainer/*Bosch*, Wolfgang, Gesetz gegen Wettbewerbsbeschränkungen, Kommentar, 10. Auflage 2021.

Becker, Ralph, Die Erfüllung öffentlicher Aufgaben durch gemischtwirtschaftliche Unternehmen, Diss. (Univ. Heidelberg) 1997.

Becker, Ulrich/*Schweitzer*, Heike, Verhandlungen des 69. Deutschen Juristentages München 2012, Band I: Gutachten/Teil B: Wettbewerb im Gesundheitswesen – Welche gesetzlichen Regelungen empfehlen sich zur Verbesserung eines Wettbewerbs der Versicherer und Leistungserbringer im Gesundheitswesen?, 2012.

Berendes, Konrad, WHG Kurzkommentar, 2. Aufl. 2018.

Berendes, Konrad/*Frenz*, Walter/*Müggenborg*, Hans-Jürgen, WHG – Wasserhaushaltsgesetz: Kommentar, 2. Aufl. 2017.

Besche, Beatrix, Wasser und Wettbewerb, Diss. (Univ. Bonn) 2004.

Bews, James, Die Kontrolle der Wassergebühren zwischen Kommunal- und Wettbewerbsrecht, N&R 2013, S. 146–154.

Binus, Karl H./*Sponer*, Wolf U./*Koolman*, Sebo, Sächsische Gemeindeordnung, Kommentar, 3. Auflage 2020.

Blankart, Charles B., Modelle der Daseinsvorsorge aus EG-rechtlicher und ökonomischer Sicht, WuW 2002, S. 340–352.

Blessing, Matthias, Öffentlich-rechtliche Anstalten unter Beteiligung Privater – Verwaltungsorganisationsrecht, Gesellschaftsrecht und bundesstaatliche Kompetenzordnung, Diss. (Univ. Frankfurt a. M.) 2007.

Bodanowitz, Jan, Organisationsformen für die kommunale Abwasserbeseitigung, Diss. (Univ. Münster) 1993.

Böhmann, Kirsten, Privatisierungsdruck des Europarechts, Diss. (Univ. Jena) 2000.

Bohnen, Wolfgang, Anmerkung zu BGH, Beschluß vom 21. 2. 1995 – KVR 4/94 – Weiterverteiler, in: BB 1996, S. 1023–1026.

Borrmann, Jörg, Die Ausschreibung von Monopolstellungen – Probleme und Lösungsansätze, Zeitschrift für öffentliche und gemeinwirtschaftliche Unternehmen, ZögU, Band 22, Heft 3, 1999, S. 256–272.

Botez, Alexandra, Kontrolle von privatrechtlichen Wasserpreisen und öffentlich-rechtlichen Wassergebühren nach der 8. GWB-Novelle, Diss. (Univ. Göttingen) 2015.

Bovenzi, Fiorenzo/*Pisarkiewicz*, Anna, OECD Policy Roundtables, The Role of Efficiency Claims in Antitrust Proceedings, 2012, Background Note, S. 11–60.

Brackemann, Holger/*Epperlein*, Kai/*Grohmann*, Andreas/*Höring*, Helmut/*Kühleis*, Christoph/*Lell*, Otmar/*Rechenberg*, Jörg/*Weiß*, Nicole, Liberalisierung der deutschen Wasserversorgung – Auswirkungen auf den Gesundheits- und Umweltschutz, Skizzierung eines Ordnungsrahmens für eine wettbewerbliche Wasserwirtschaft, Umweltbundesamt, Texte 2/2000, Berlin 2000.

Breder, Torsten, Auskunftsbeschlüsse gegen öffentlich-rechtlich handelnde Wasserversorger – Anwendbarkeit des Kartellrechts auf Wasserversorger, NVwZ 2012, S. 940–943.

Bree, Axel, Die Privatisierung der Abfallentsorgung nach dem Kreislaufwirtschafts- und Abfallgesetz – Systematische Darstellung aktueller Rechtsprobleme unter Berücksichtigung der allgemeinen Privatisierungslehren, 1998.

Brehme, Julia, Privatisierung und Regulierung der öffentlichen Wasserversorgung, Diss. (Univ. Gießen) 2010.

Brenner, Michael, Gesellschaftsrechtliche Ingerenzmöglichkeiten von Kommunen auf privatrechtlich ausgestattete kommunale Unternehmen, AöR 127 (2002), S. 222–251.

Breuer, Rüdiger, Wasserpreise und Kartellrecht, NVwZ 2009, S. 1249–1255.

Breuer, Rüdiger/*Gärditz*, Klaus Ferdinand, Öffentliches und privates Wasserrecht, 4. Auflage 2017.

Briscoe, John, The German Water and Sewerage Sector, The World Bank, Washington DC, 1995.

Brohm, Winfried, Kompetenzüberschneidungen im Bundesstaat, DÖV 1983, S. 525–531.

Brömmelmeyer, Christoph, Der Einfluss des Kartellrechts auf die Wasserwirtschaft, Zeitschrift für öffentliche und gemeinwirtschaftliche Unternehmen, ZögU, Band 34, Heft 4, 2011, S. 415–430.

Brunner, Uli/*Riechmann*, Christoph, Wettbewerbsgerechte Preisbildung in der Wasserwirtschaft: Vergleichsmarktkonzepte, -methoden und Erfahrungen aus England und Wales, ZögU 2004, S. 115–130.

Brüning, Christoph, Der Private bei der Erledigung kommunaler Aufgaben insbesondere der Abwasserbeseitigung und der Wasserversorgung, Diss. (Ruhr-Univ. Bochum) 1996.

Brüning, Christoph, Die Selbstverwaltung der Wasser- und Bodenverbände als Herausforderung, ZfW 2004, S. 129–143.

Brüning, Christoph, „Flucht in das öffentliche Recht?!“ – Zum kartellrechtlichen Zugriff auf öffentlich-rechtliche Abgaben in der kommunalen Ver- und Entsorgungswirtschaft, ZfW 2012, S. 1–13.

Brüning, Christoph, Rechtswege zur Abwehr kartellbehördlicher Maßnahmen für kommunale Verwaltungsträger, NVwZ 2011, S. 985–987.

Brüning, Christoph, (Re-)Kommunalisierung von Aufgaben aus privater Hand – Maßstäbe und Grenzen, VerwArch 100 (2009), S. 453–474.

Brüning, Christoph, Zur Auslegung des Begriffs „rationelle Betriebsführung“ in Anlehnung an das Kommunalabgabenrecht – dargestellt für den Bereich der Wasserversorgung, ZfW 2016, S. 1–20.

Brüning, Christoph, Zur Anschlussfähigkeit der Kontrollmaßstäbe für Wasserpreise, IR 2015, S. 175–179.

Budäus, Dietrich/*Grüning*, Gernod, Verwaltungsreform und Public Private Partnership – Formenvielfalt und Probleme der Kooperation privater und öffentlicher Akteure aus Sicht der Public-Choice Theorie, in: Ellwein, Thomas/Grimm, Dieter/Hesse, Joachim Jens/Schuppert, Gunnar Folke (Hrsg.), Jahrbuch zur Staats- und Verwaltungswissenschaft 9 (1996), S. 109–149.

Budäus, Dietrich/*Hilgers*, Dennis, Mutatis mutandis: Rekommunalisierung zwischen Euphorie und Staatsversagen, DÖV 2013, S. 701–708.

Büdenbender, Ulrich, Die Kartellaufsicht über die Energiewirtschaft, Habil. (Universität zu Köln) 1995.

Bull, Hans Peter, Die Staatsaufgaben nach dem Grundgesetz, 2. Auflage 1977.

Bullinger, Martin, Öffentliches Recht und Privatrecht – Studien über den Sinn und die Funktionen der Unterscheidung, 1968.

Bullinger, Martin, Das Recht auf eine gute Verwaltung nach der Grundrechtecharta der EU, in: Festschrift für Winfried Brohm zum 70. Geburtstag, Der Wandel des Staates vor den Herausforderungen der Gegenwart, 2002, S. 25–33.

Bullinger, Martin, Regulierung als modernes Instrument zur Ordnung liberalisierter Wirtschaftszweige, DVBl. 2003, S. 1355–1361.

Bundeskartellamt, Bericht über die großstädtische Trinkwasserversorgung in Deutschland, Juni 2016.

Bundesnetzagentur, Abschlussbericht der Bundesnetzagentur zur Einführung einer Anreizregulierung im Eisenbahnsektor – revidierte Fassung – 25.5.2008.

Bunte, Hermann-Josef, Bunte Kartellrecht Kommentar, Band 1 Deutsches Kartellrecht, 14. Aufl. 2022.

Bürger, Christian/*Herbold*, Thoralf, Flucht der Wasserversorger ins Gebührenrecht und die 8. GWB Novelle, NVwZ 2012, S. 1217–1221.

Burgi, Martin, Die Deutsche Bahn zwischen Staat und Wirtschaft, NvWZ 2018, S. 601–609.

Burgi, Martin, Die Ausschreibungsverwaltung, DVBl. 2003, S. 949–958.

Burgi, Martin, Die Dienstleistungskonzession ersten Grades, Verwaltungs- und kartellvergaberechtliche Fragen eines Privatisierungsmodells am Beispiel der Abwasserbeseitigung, Schriften zum Wirtschaftsverwaltungs- und Vergaberecht, Band 1, 1. Auflage 2004.

Burgi, Martin, Funktionale Privatisierung und Verwaltungshilfe – Staatsaufgabendogmatik – Phänomenologie – Verfassungsrecht, Habilitationsschrift 1999.

Burgi, Martin, Kommunalrecht, 6. Aufl. 2019.

Burgi, Martin, Privatisierung der Wasserversorgung und Abwasserbeseitigung, in: Hendler, Reinhard/Marburger, Peter/Reinhardt, Michael/Schröder, Meinhard, Umweltschutz, Wirtschaft und kommunale Selbstverwaltung, 16. Trierer Kolloquium zum Umwelt- und Technikrecht vom 10. bis 12. September 2000, UTR Band 55 (2001), S. 101–137.

Burgi, Martin, Privatisierung und Rekommunalisierung aus rechtswissenschaftlicher Sicht, NdsVBl. 2012, S. 225–232.

Burgi, Martin, Privatisierung der Wasserversorgung und Abwasserbeseitigung, in: Hendler, Reinhard/Marburger, Peter/Reinhardt, Michael/Schröder, Meinhard, Umweltschutz, Wirtschaft und kommunale Selbstverwaltung – 16. Trierer Kolloquium zum Umwelt- und Technikrecht vom 10. bis 12. September 2000, UTR Band 55, 2001, S. 101–137.

Busche, Jan/*Röhling*, Andreas, Kölner Kommentar zum Kartellrecht, Band 1 (2017), §§ 1–34a GWB.

Busse von Colbe, Walther, Entgeltregulierung für die deutsche Wasserwirtschaft, in: FS Säcker, 2011, S. 575–587.

Calliess, Christian/*Ruffert*, Matthias, EUV/AEUV – Das Verfassungsrecht der Europäischen Union mit Europäischer Grundrechtecharta, 6. Aufl. 2022.

Cantner, Jochen, Die Kostenrechnung als Instrument der staatlichen Preisregulierung in der Abfallwirtschaft, Diss. (Univ. Heidelberg) 1997.

Cassel, Dieter/*Rüttgers*, Christian, Gemeinsame Netznutzung: Konzept für mehr Wettbewerb in der Wasserwirtschaft, Wirtschaftsdienst 2009, S. 345–352.

Christ, Josef/*Oabbecke*, Janbernd, Handbuch Kommunalabgabenrecht, 2. Aufl. 2022.

Coenen, Michael/*Haucap*, Justus, Kommunal- statt Missbrauchsaufsicht – Zur Aufsicht über Trinkwasserentgelte nach der 8. GWB-Novelle, WuW 2014, S. 356–363.

Creifelds, Carl, Rechtswörterbuch, 26. Auflage 2021.

Cronauge, Ulrich, Kommunale Unternehmen, 6. Auflage, 2016.

Cronauge, Ulrich/*Westermann*, Georg, Kommunale Unternehmen, 5. Auflage, 2005.

Czychowski, Manfred/*Reinhardt*, Michael, Wasserhaushaltsgesetz unter Berücksichtigung der Landeswassergesetze, Kommentar, 12. Auflage, 2019.

Dagtoglou, Prodromos, Die Beteiligung Privater an Verwaltungsaufgaben, DÖV 1970, S. 532–537.

Daiber, Hermann, Die Entscheidung des Bundesgerichtshofes vom 2. Februar 2010, „Wasserpreise Wetzlar" – neuere Entwicklungen des Wasserkartellrechts, gwf-Wasser|Abwasser 2010, S. 226–235.

Daiber, Hermann, Wasserpreise und Kartellrecht, WuW 1996, S. 361–371.

Daiber, Hermann, Wasserpreise und Kartellrecht, WuW 2000, S. 352–365.

Daiber, Hermann, Wasserversorgung – Branche im Wettbewerb? – ein Überblick –, GewA 2004, S. 107–111.

Daiber, Hermann, Wasserversorgung und Vergleichsmarktkonzept, NJW 2013, S. 1990–1995.

Danwitz, Thomas von, Von Verwaltungsprivat- zum Verwaltungsgesellschaftsrecht – Zu Begründung und Reichweite öffentlich-rechtlicher Ingerenzen in der mittelbaren Kommunalverwaltung, AöR 120 (1995), S. 595–630.

Danwitz, Thomas von, Was ist eigentlich Regulierung?, DÖV 2004, S. 977–985.

Däubler, Wolfgang, Privatisierung als Rechtsproblem, 1980.

Dauner-Lieb, Barbara/*Langen*, Werner, BGB, Band 2 Schuldrecht, 4. Aufl. 2021.

Decker, Eric, Preismißbrauchskontrolle über Wasserversorgungsunternehmen, WuW 1999, S. 967–976.

Demsetz, Harold, Towards a Theory of Property Rights, The American Economic Review, Vol. 57 (1967), S. 347–359.

Dierkes, Mathias, Materielle Privatisierung der Abwasserentsorgung nach sächsischem Wasserrecht, Sächsische Verwaltungsblätter 1996, S. 269–292.

Dierkes, Mathias/*Hamann*, Rolf, Öffentliches Preisrecht in der Wasserwirtschaft, 2009.

Dietlein, Johannes/*Ogorek*, Markus, BeckOK Kommunalrecht Hessen, 21. Edition, Stand 1. 11. 2022.

Di Fabio, Udo, Unabhängige Regulierungsbehörden und gerichtliche Kontrolldichte, EnWZ 2022, S. 291–301.

Döhler, Marian, Das Modell der unabhängigen Regulierungsbehörde im Kontext des deutschen Regierungs- und Verwaltungssystems, Die Verwaltung 34 (2001), S. 59–91.

Dreier, Horst, Grundgesetz Kommentar, Band II, Art. 20–82, 3. Aufl. 2015.

Dreyer, Jan/*Bartl*, Ulrich, Preishöhenkontrolle bei Wasserlieferungen – Wasserpreise Wetzlar, NJW 2010, S. 2553–2554.

Dürig, Günter/*Herzog*, Roman/*Scholz*, Rupert, Grundgesetz Kommentar, Band I, Art. 1–5, 98. Ergänzungslieferung, März 2022.

Dürig, Günter/*Herzog*, Roman/*Scholz*, Rupert, Grundgesetz Kommentar, Band III, Art. 17–28, 98. Ergänzungslieferung, März 2022.

Durner, Wolfgang, Schutz der Verbraucher durch Regulierungsrecht, VVDStRL 70 (2011), S. 398–447.

Ehlers, Dirk, Die Anstalt öffentlichen Rechts als neue Unternehmensform der kommunalen Wirtschaft, ZHR 167 (2003), S. 546–579.

Ehlers, Dirk, Die Entscheidung der Kommunen für eine öffentlich-rechtliche oder privatrechtliche Organisation ihrer Einrichtungen und Unternehmen, DÖV 1986, S. 897–905.

Ehlers, Dirk, Verwaltung in Privatrechtsform, Habilitationsschrift (Erlangen-Nürnberg), 1984.

Ehlers, Dirk/*Pünder*, Hermann, Allgemeines Verwaltungsrecht, 15. Auflage 2016.

Ehlers, Jan Philip, Aushöhlung der Staatlichkeit durch die Privatisierung von Staatsaufgaben?, Diss. (Univ. Kiel) 2002.

Ehricke, Ulrich, Die Kontrolle von einseitigen Preisfestsetzungen in Gaslieferungsverträgen, JZ 2005, S. 599–606.

Eidenmüller, Horst, Effizienz als Rechtsprinzip, 4. Auflage 2015.

Emmerich, Volker/*Lange*, Knut Werner, Kartellrecht, 15. Auflage 2021.

Emmerich-Fritsche, Angelika, Privatisierung der Wasserversorgung in Bayern und kommunale Aufgabenverantwortung, BayVBl. 2007, S. 1–8.

Engel, Dirk/*Tauchmann*, Harald, Sind privatrechtliche organisierte Wasserversorger tatsächlich innovativer? Empirische Befunde des AquaSus-Projekts, in: Haug/Rosenfeld (Hrsg.), Die Rolle der Kommunen in der Wasserwirtschaft, Hallesches Kolloquium zur Kommunalen Wirtschaft 2005, 2007, S. 115–138.

Engellandt, Frank, Die Einflussnahme der Kommunen auf ihre Kapitalgesellschaften über das Anteilseignerorgan, Diss. (Univ. Kiel) 1994.

Engelsing, Felix, Flucht in die Gebühren leicht gemacht! – Verbraucher und Wettbewerb haben das Nachsehen, EnWZ 2013, S. 481–482.

Engler, Matthias/*Siehlow*, Markus/*Marschke*, Lars, Empirische Analyse Preise und Gebühren für Trinkwasser, wwt 9/2010, S. 50–54.

Epping, Volker/*Hillgruber*, Christian, BeckOK Grundgesetz, 53. Edition, Stand 15.11.2022.

Erbguth, Wilfried/*Mann*, Thomas/*Schubert*, Mathias, Besonderes Verwaltungsrecht – Kommunalrecht, Polizei- und Ordnungsrecht, Baurecht, 13. Auflage (2020).

Erbguth, Wilfried/*Stollmann*, Frank, Erfüllung öffentlicher Aufgaben durch private Rechtssubjekte? Zu den Kriterien bei der Wahl der Rechtsform, DÖV 1993, S. 798–809.

Erichsen, Hans-Uwe, Kommunalrecht des Landes Nordrhein-Westfalen, 1988.

Ewers, Hans-Jürgen/*Botzenhart*, Konrad/*Jekel*, Martin/*Salzwedel*, Jürgen/*Kraemer*, R. Andreas, Optionen, Chancen und Rahmenbedingungen einer Marktöffnung für eine nachhaltige Wasserversorgung, BMWI-Forschungsvorhaben (11/00), Endbericht, Juli 2001.

Fehling, Michael, Verwaltung zwischen Unparteilichkeit und Gestaltungsaufgabe, Habil. (Univ. Freiburg) 2001.

Feuerborn, Alfred, Der kartellrechtliche Freistellungsanspruch für Elektrizitätsversorgungsunternehmen und deren Kontrolle, Diss. (Univ. Münster) 1983.

Fischer, Martin/*Zwetkow*, Katrin, Privatisierungsoptionen für den deutschen Wassermarkt im internationalen Vergleich, ZfW 2003, S. 129–156.

Fischer, Martin/*Zwetkow*, Katrin, Systematisierung der derzeitigen Privatisierungsmöglichkeiten auf dem deutschen Wassermarkt – Trennung von Netz und Betrieb als zusätzliche Option?, NVwZ 2003, S. 281–291.

Fleckenstein, Martin, Abbau von Hemmnissen für Public Private Partnership: Das ÖPP-Beschleunigungsgesetz, DVBl. 2006, S. 75–82.

Fleischer, Holger/*Goette*, Wulf, Münchener Kommentar zum GmbHG, Band 2, 3. Aufl. 2019.

Forster, Frank, Privatisierung und Regulierung der Wasserversorgung in Deutschland und den Vereinigten Staaten von Amerika, Diss. (Univ. Augsburg) 2007.

Forsthoff, Ernst, Die Verwaltung als Leistungsträger, 1938.

Forsthoff, Ernst, Rechtsfragen der leistenden Verwaltung, 1959.

Frenz, Walter, Benutzung kommunaler Einrichtungen, VR 2012, S. 1–3.

Frenz, Walter, Liberalisierung und Privatisierung der Wasserwirtschaft, ZHR 166 (2002), S. 307–334.

Frick, Hans-Jörg/*Hokkeler*, Michael, Interkommunale Zusammenarbeit – Handreichung für die Kommunalpolitik, 2008, Friedrich Ebert Stiftung, KommunalAkademie.

Friedl, Uwe, Zur Erhebung kostendeckender Gebühren, KStZ 2001, S. 41–45.

Friedländer, Benjamin/*Röber*, Manfred, Verwaltung und Management 2016, S. 59–67.

Galetta, Diana-Urania, Inhalt und Bedeutung des europäischen Rechts auf eine gute Verwaltung, EuR 2007, S. 57–81.

Gaß, Andreas, Die Umwandlung gemeindlicher Unternehmen – Entscheidungsgründe für die Wahl einer Rechtsform und Möglichkeiten des Rechtsformwechsels, Diss. (Univ. Würzburg) 2002.

Gawel, Erik, Entgeltkontrolle in der Wasserwirtschaft zwischen Wettbewerbsrecht und Kommunalabgabenrecht – eine komparative Leistungsanalyse, ZfW 2013, S. 13–35.

Gawel, Erik/*Bedtke*, Norman, Effizienz und Wettbewerb in der deutschen Wasserwirtschaft zwischen „Modernisierung" und „Regulierung", Zeitschrift für öffentliche und gemeinwirtschaftliche Unternehmen, ZögU, Band 38, 2015, S. 97–132.

Gawel, Erik/*Bedtke*, Norman, Ordnungskonzepte der deutschen Wasserwirtschaft zwischen Modernisierung und Reglierung, in: Gawel, Die Governance der Wasserinfrastruktur, Band 2: Nachhaltigkeitsinstitutionen zur Steuerung von Wasserinfrastruktursystemen, 2015, S. 287–332.

Geis, Max-Emanuel, Kommunalrecht, 5. Auflage 2020.

Geis, Max-Emanuel/*Madeja*, Sebastian, Kommunales Wirtschafts- und Finanzrecht – Teil I, JA 2013, S. 248–256.

Geißler, Rene/*Ebinger*, Falk, Die Kommunalaufsicht im Spannungsfeld der Erwartungen, innovative Verwaltung 2015, S. 14–17.

Gern, Alfons, Deutsches Kommunalrecht, 3. Aufl. 2004.

Gern, Alfons, Privatisierung des Forderungsmanagements der Kommunen, DÖV 2009, S. 269–279.

Gern, Alfons/*Brünning*, Christoph, Deutsches Kommunalrecht, 4. Aufl. 2019.

Gersdorf, Hubertus, Buchbesprechung Masing, Johannes/Marcou, Gérard (Hrsg.), Unabhängige Regulierungsbehörden. Studien zum Regulierungsrecht, Band 1. Tübingen 2010, Mohr Siebeck. XVIII, 437 S., Die Verwaltung 45 (2012), S. 287–290.

Gersdorf, Hubertus, Finanzierung und Regulierung der Eisenbahninfrastruktur – zwei Seiten einer Medaille, in: Miriam, Frank/Schmoeckel, Mathias (Hrsg.), Eisenbahn zwischen Markt und Staat in Vergangenheit und Gegenwart, 2015, S. 107–122.

Gersdorf, Hubertus, Öffentliche Unternehmen im Spannungsfeld zwischen Demokratie- und Wirtschaftlichkeitsprinzip – Eine Studie zur verfassungsrechtlichen Legitimation der wirtschaftlichen Betätigung der öffentlichen Hand, Habil. 2000.

Gersdorf, Hubertus, Privatisierung öffentlicher Aufgaben – Gestaltungsmöglichkeiten, Grenzen, Regelungsbedarf, JZ 2008, S. 831–840.

Gersdorf, Hubertus, Regulierung von Entgelten und Gebühren in Netzwirtschaften, ZWeR 2016, S. 113–136.

Gersdorf, Hubertus, Verfassungsrechtlicher Schutz der Wettbewerber beim Netzzugang, Netzwirtschaften und Recht (N&R), Beilage 2/2008, S. 1–16.

Gersterkamp, Stefan, Rechtsfragen zur Vergabe von Wasserkonzessionen, VergabeR 2020, S. 705–714.

Giebler, Peter, Organisationsfragen der kommunalen Wasserwirtschaft, DÖV 2020, S. 476–487.

Giesberts, Ludger/*Reinhardt*, Michael, BeckOK Umweltrecht, 64. Edition, 1. 10. 2022.

Glasenapp, Christiane, Folgen der Privatisierung – Betrachtung der britischen und deutschen Wasserversorgung, gwf-Wasser Abwasser 2014, S. 880–886.

Goette, Wulf/*Habersack*, Mathias, Münchener Kommentar zum Aktiengesetz, Band 1 (§§ 1–75), 5. Aufl. 2019.

Gordon-Walker, Simon/*Marr*, Simon, Study on the Application of the Competition Rules to the Water Sector in the European Community, WRc PLC/Ecologic – Institute for International and European Environmental Policy, Swindon, Berlin., 2002

Görgmaier, Dietmar, Möglichkeiten und Grenzen der Entstaatlichung öffentlicher Aufgaben, DÖV 1977, S. 356–363.

Grabbe, Jürgen, Verfassungsrechtliche Grenzen der Privatisierung kommunaler Aufgaben, Diss. (Univ. Köln) 1979.

Grabitz, Eberhard/*Hilf*, Meinhard/*Nettesheim*, Martin, Das Recht der Europäischen Union, Band II, 77. EL Stand September 2022.

Graetz, Holger, Synergiepotenzial einer fragmentierten Wasserwirtschaft: ein Beitrag zum Wert des Zusammenwirkens in fragmentierten Organisationsstrukturen der Wasserwirtschaft, Diss. (Bauhaus-Univ. Weimar) 2008.

Grave, Carsten, Zusammenschlusskontrolle in der Wasserversorgung, RdE 2004, S. 92–97.

Grigoleit, Hans Christoph, Aktiengesetz Kommentar, 2. Auflage, 2020.

Gromoll, Bernhard, Rechtliche Grenzen der Privatisierung öffentlicher Aufgaben – untersucht am Beispiel kommunaler Dienstleistungen, Diss. (Univ. Bremen) 1980.

Gross, Thomas, Das Kollegialprinzip in der Verwaltungsorganisation, Habil. (Univ. Heidelberg) 1999.

Grüneberg, Christian, u. a., Grüneberg, Bürgerliches Gesetzbuch, 81. Aufl. 2022.

Grünewald, Joachim, Privatisierung öffentlicher Aufgaben – Möglichkeiten und Grenzen, in: Ipsen, Jörn (Hrsg.), Privatisierung öffentlicher Aufgaben – private Finanzierung kommunaler Investitionen, Symposium des Instituts für Kommunalrecht der Universität Osnabrück am 15. September 1993, 4. Bad Iburger Gespräche, 1994.

Gsell, Beate/*Krüger*, Wolfgang/*Lorenz*, Stephan/*Reymann*, Christoph, Beck-Online Großkommentar zum Zivilrecht, Stand 1. 9. 2022.

Gussone, Peter, Die Kontrolle von Wasserentgelten oder die Frage, wer prüft was, IR 2011, S. 290–294.

Gussone, Peter, Die 8. GWB-Novelle und ihre Bedeutung für die Energie- und Versorgungswirtschaft, EnWZ 2013, S. 13–18.

Habersack, Mathias, Private public partnership: Gemeinschaftsunternehmen zwischen Privaten und der öffentlichen Hand, ZGR 1996, S. 544–563.

Harbarth, Stephan, Anlegerschutz in öffentlichen Unternehmen, Diss. (Univ. Heidelberg) 1998.

Heberlein, Horst, Subsidiarität und kommunale Selbstverwaltung, NVwZ 1995, S. 1052–1056.

Hecker, Jan, Privatisierung unternehmenstragender Anstalten des öffentlichen Rechts, VerwArch 92 (2001), S. 261–291.

Heimburg, Sibylle von, Verwaltungsaufgaben und Private, 1982.

Heintzen, Markus, Beteiligung Privater an der Wahrnehmung öffentlichen Aufgaben und staatliche Verantwortung, Band 62 (2013) der Reihe Veröffentlichungen der Vereinigung der

Deutschen Staatsrechtslehrer (VVDStRL), Berichte und Diskussionen auf der Tagung der Vereinigung der Deutschen Staatsrechtslehrer in St. Gallen vom 1. bis 5. Oktober 2002, Zweiter Beratungsgegenstand, S. 220–265.

Heller, Hans, Wasserkonzessionen nach der Vergaberechtsreform, EWeRK 2016, S. 210–214.

Hellermann, Johannes, Öffentliche Daseinsvorsorge und gemeindliche Selbstverwaltung: zum kommunalen Betätigungs- und Gestaltungsspielraum unter den Bedingungen europäischer und staatlicher Privatisierungs- und Deregulierungspolitik, Habil. (Univ. Bielefeld) 2000.

Hellermann, Johannes, Privatisierung und kommunale Selbstverwaltung, in: M. Oldiges (Hrsg.), Daseinsvorsorge durch Privatisierung – Wettbewerb oder staatliche Gewährleistung. Dokumentation des 6. Leipziger Umweltrechts-Symposions des Instituts für Umwelt- und Planungsrecht der Universität Leipzig am 5. und 6. April 2001, Baden-Baden 2001, S. 19–31.

Hellriegel, Mathias/*Schmitt*, Thomas, Das Verhältnis des Kartellrechts zu weiteren Entgeltmaßstäben für Wasserpreise: Billigkeit (§ 315 BGB), Gebühren- und Tarifrecht, IR 2010, S. 276–281.

Helm, Thorsten Matthias, Rechtspflicht zur Privatisierung: Privatisierungsgebote im deutschen und europäischen Recht, 1999.

Hendler, Reinhard/*Grewing*, Cornelia, Der Grundsatz der ortsnahen Versorgung im Wasserrecht, ZUR-Sonderheft 2001, S. 146–152.

Hendler, Reinhard/*Heimlich*, Jörg, Lenkung durch Abgaben, ZRP 2000, S. 325–330.

Hengstschläger, Johannes, Privatisierung von Verwaltungsaufgaben, Band 54 (1995) der Reihe Veröffentlichungen der Vereinigung der Deutschen Staatsrechtslehrer (VVDStRL), Berichte und Diskussionen auf der Tagung der Vereinigung der Deutschen Staatsrechtslehrer in Halle/Saale vom 5. bis 8. Oktober 1994, Zweiter Beratungsgegenstand, S. 165–203.

Henneke, Hans-Günter, in: Wurzel/Schraml/Becker, Rechtspraxis der kommunalen Unternehmen, Kapitel A, Kommunen als Unternehmer?, S. 1–9.

Herbert, Alexander, Beratung in der Gemeinde, NVwZ 1995, S. 1056–1061.

Hermes, Georg, Legitimationsprobleme unabhängiger Behörden, in: Bauer, Hartmut/Huber, Peter M./Sommermann, Karl-Peter, Demokratie in Europa, 2005, S. 456–488.

Hesse, Konrad, Bemerkungen zur heutigen Problematik und Tragweite der Unterscheidung von Staat und Gesellschaft, DÖV 1975, S. 437–443.

Heymann, Eric, Deutsche Bank Research, Wasserwirtschaft im Zeichen von Liberalisierung und Privatisierung, Aktuelle Themen, Nr. 176, 20. August 2000.

Himmelmann, Gerhard, Öffentliche Unternehmen und die politische Regulierung in der Abfallwirtschaft, in: Eichhorn, Peter/Engelhardt, Werner Wilhelm, Standortbestimmung öffentlicher Unternehmen in der Sozialen Marktwirtschaft, Gedenkschrift für Theo Thiemeyer, 1994.

Hoppe, Werner, Erdgasversorgung durch gemeindliche Unternehmen – Ein Beitrag zum „faktischen Kreuzungsmonopol" der Kommunen, DVBl. 1965, S. 581–588.

Hoppe, Werner/*Uechtritz*, Michael/*Reck*, Hans-Joachim, Handbuch kommunale Unternehmen, 3. Auflage 2012.

Horn, Hans-Detlef, Staat und Gesellschaft in der Verwaltung des Pluralismus, DV 26 (1993), S. 545–573.

Hovenkamp, Herbert, Schumpeterian Competition and Antitrust, Competition Policy International, Volume 4, Number 2, 2008, S. 273–281.

Huber, Ernst Rudolf, Vorsorge für das Dasein – Ein Grundbegriff der Staatslehre Hegels und Lorenz v. Steins; in: Schnur, Robert (Hrsg.), Festschrift für Ernst Forsthoff zum 70. Geburtstag, 1974, S. 139–164.

Hufen, Friedhelm, Reichweite der Privatautonomie bei Abschluss eines Künstlervertrages – Xavier Naidoo, JuS 2006, S. 648–650.

Huthmacher, Karl Eugen, Der Vorrang des Gemeinschaftsrechts bei indirekten Kollisionen, Diss. (Universität des Saarlandes) 1985.

Hütting, Ralf/*Hopp*, Wolfgang, Rekommunalisierung der Energieversorgung – kein vergaberechtsfreier Raum!, RdE 2011, S. 255–260.

Immenga, Ulrich/*Mestmäcker*, Ernst-Joachim, Wettbewerbsrecht GWB, 6. Auflage, 2020.

Immenga, Ulrich/*Mestmäcker*, Ernst-Joachim, Wettbewerbsrecht GWB, 2. Auflage, 1992.

Isensee, Josef, Der Dualismus von Staat und Gesellschaft, in: Böckenförde, Ernst-Wolfgang (Hrsg.), Staat und Gesellschaft, 1976, S. 317–329.

Isensee, Josef/*Kirchhof*, Paul, Handbuch des Staatsrechts der Bundesrepublik Deutschland, Band II Verfassungsstaat, 3. Auflage 2004.

Isensee, Josef/*Kirchhof*, Paul, Handbuch des Staatsrechts der Bundesrepublik Deutschland, Band III Das Handeln des Staates, 2. Auflage 1996.

Isensee, Josef/*Kirchhof*, Paul, Handbuch des Staatsrechts der Bundesrepublik Deutschland, Band V Rechtsquellen, Organisation, Finanzen, 3. Auflage 2007.

Jaag, Tobias, Privatisierung von Verwaltungsaufgaben, Band 54 (1995) der Reihe Veröffentlichungen der Vereinigung der Deutschen Staatsrechtslehrer (VVDStRL), Berichte und Diskussionen auf der Tagung der Vereinigung der Deutschen Staatsrechtslehrer in Halle/Saale vom 5. bis 8. Oktober 1994, Zweiter Beratungsgegenstand, S. 287–300.

Jaeger, Wolfgang/*Kokott*, Juliane/*Pohlmann*, Petra/*Schroeder*, Dirk (Hrsg.), Frankfurter Kommentar zum Kartellrecht, Werkstand 100. Lieferung 11.2021.

Janda, Agnes Emilie, Ökonomische Reformoptionen zur Weiterentwicklung des deutschen Trinkwasserversorgungsmarktes, Diss. (Ruhr-Universität Bochum) 2012.

Jarass, Hans D., Charta der Grundrechte der Europäischen Union, Kommentar, 4. Aufl. 2021.

Jarass, Hans D., Kartellrecht und Landesrundfunkrecht, 1991.

Jarass, Hans D./*Pieroth*, Bodo, Grundgesetz für die Bundesrepublik Deutschland: GG, 17. Aufl. 2022.

Jennert, Carsten, Public Private Partnership in der Wasserversorgung und Vergaberecht, WRP 2004, S. 1011–1017.

Johlen, Heribert/*Oerder*, Michael, Münchener Anwaltshandbuch Verwaltungsrecht, 4. Auflage, 2017.

Jungtäubl, Helmuth, Preishöhen- und Preisstrukturkontrolle bei der leitungsgebundenen Stromversorgung, Diss. (Univ. der Bundeswehr München) 1993.

Kahl, Wolfgang, Die Privatisierung der Wasserversorgung, GewArch 2007, S. 441–447.

Kahl, Wolfgang, Die rechtliche Bedeutung der Unterscheidung zwischen Staat und Gesellschaft, Jura 2002, S. 721–729.

Kahl, Wolfgang, Privatisierung der Abfallentsorgung: Rahmenbedingungen, Konfliktfelder und Perspektiven, in: Kloepfer, Michael (Hrsg.), Abfallwirtschaft in Bund und Ländern, 2003, S. 75–112.

Kahl, Wolfgang/*Weißenberger*, Christian, Die Privatisierung kommunaler öffentlicher Einrichtungen: Formen – Grenzen – Probleme, Jura 2009, S. 194–202.

Kahlenberg, Harald/*Haellmigk*, Christian, Aktuelle Änderungen des Gesetzes gegen Wettbewerbsbeschränkungen, BB 2008, S. 174–181.

Kämmerer, Jörn Axel, Privatisierung – Typologie, Determinanten, Rechtspraxis, Folgen, Habilitationsschrift 2001.

Karasek, Reinhard/*Ortlieb*, Birgit, Chancen und Risiken auf liberalisierten Wassermärkten, ZNER 2001, S. 223–229.

Kartte, Wolfgang/*von Portatius*, Alexander, Kriminalisierung des Kartellrechts, Betriebs Berater 1975, S. 1169–1172.

Katz, Alfred, Demokratische Legitimationsbedürftigkeit der Kommunalunternehmen – Verantwortlichkeit des Gemeinderats – Informationen und ihre Grenzen, NVwZ 2018, S. 1091–1097.

Katz, Alfred, Kommunale Wirtschaft – Leitfaden für die Praxis, 2. Auflage, 2017.

Kerber, Markus C., Der unterschätzte Rohstoff – Ein Beitrag zum Kartell- und Preisrecht der Wasserwirtschaft, 2010.

Kermel, Cornelia, Praxishandbuch der Konzessionsverträge und der Konzessionsabgaben: Wegenutzungsverträge in der Energie- und Wasserversorgung, 2012.

Kersten, Jens, Herstellung von Wettbewerb als Verwaltungsaufgabe, VVDStRL 69 (2010), S. 288–340.

Keßler, Jürgen, Die kommunale GmbH – Gesellschaftsrechtliche Grenzen politischer Instrumentalisierung, GmbHR 2000, S. 71–78.

Kibele, Karlheinz, Paradigmenwechsel in der Wasserwirtschaft: Das Recht der Wasserversorgung nach der Wassergesetz-Novelle von 1995, VBlBW 1997, S. 121–126.

Kischel, Uwe, Systembindung des Gesetzgebers und Gleichheitssatz, AöR 124 (1999), S. 174–211.

Klein, Eckart, Die verfassungsrechtliche Problematik des ministerialfreien Raumes – Ein Beitrag zur Dogmatik der weisungsfreien Verwaltungsstellen, Diss. (Univ. Heidelberg) 1974.

Kleinlein, Kornelius/*Schubert*, Daniel, Kontrolle von Entgelten monopolistischer und marktbeherrschender Anbieter, NJW 2014, S. 3191–3198.

Knauff, Matthias, Der Gewährleistungsstaat: Reform der Daseinsvorsorge, Diss. (Univ. Würzburg) 2004.

Knieps, Günter, Der Wettbewerb und seine Grenzen: Netzgebundene Leistungen aus ökonomischer Sicht, Diskussionsbeiträge, Institut für Verkehrswissenschaft und Regionalpolitik, Nr. 93, Universität Freiburg, Dezember 2003.

Knieps, Günter, Wettbewerbsökonomie: Regulierungstheorie, Industrieökonomie, Wettbewerbspolitik, 3. Auflage 2008.

Knieps, Günter, Zur Regulierung monopolistischer Bottlenecks, Zeitschrift für Wirtschaftspolitik (ZfWp) Jg. 48 (1999), S. 297–304.

Koenig, Christian/*Kühling*, Jürgen, EG-beihilfenrechtliche Beurteilung mitgliedstaatlicher Infrastrukturförderung im Zeichen zunehmender Privatisierung, DÖV 2001, S. 881–890.

König, Michael, Kodifizierung von Leitlinien der Verwaltungsmodernisierung, VerwArch 96 (2005), S. 44–69.

Konrad, Karlheinz, Umweltlenkungsabgaben und abfallrechtliches Kooperationsprinzip, DÖV 1999, S. 12–20.

Kraft, Ernst Thomas, Das Verwaltungsgesellschaftsrecht – Zur Verpflichtung kommunaler Körperschaften auf ihre Privatrechtsgesellschaften einzuwirken, 1982.

Krajewski, Markus, Rechtsbegriff Daseinsvorsorge?, VerwArch 2008, S. 174–196.

Kramm, Dietrich, Preisgleichheit und kartellrechtliche Mißbrauchsaufsicht im Bereich der Energieversorgung, WRP 1998, S. 341–349.

Krieger, Heinz-Jürgen, Schranken der Zulässigkeit der Privatisierung öffentlicher Einrichtungen der Daseinsvorsorge mit Anschluß- und Benutzungszwang, Diss. (Hochschule für Verwaltungswissenschaft Speyer) 1980.

Krölls, Albert, Rechtliche Grenzen der Privatisierungspolitik, GewArch 1995, S. 129–144.

Kropff, Bruno, Zur Anwendung des Rechts der verbundenen Unternehmen auf den Bund, ZHR 144 (1980), S. 74–99.

Krüger, Wolfgang, Münchener Kommentar zum Bürgerlichen Gesetzbuch, Band 3, 9. Aufl. 2022.

Küchenhoff, Günther/*Berger*, Robert, Deutsche Gemeindeordnung vom 30. Januar 1935, 1935.

Kühling, Jürgen, Sektorspezifische Regulierung in den Netzwirtschaften, Typologie – Wirtschaftsverwaltungsrecht – Wirtschaftsverfassungsrecht, 2004.

Kühling, Jürgen, Wettbewerb und Regulierung jetzt auch in der Wasserwirtschaft?, DVBl. 2010, S. 205–214.

Kühne, Gunther, Vom Privatrecht zum Wirtschaftsrecht – Die Verdrängung der Monopolpreisrechtsprechung zu § 315 BGB durch Kartellrecht, RdE 2005, S. 241–284.

Kühne, Rainer, Das Konzessionsmodell in der Abwasserbeseitigung, LKV 2006, S. 489–492.

Landesbetrieb IT.NRW, Statistik und IT-Dienstleistungen, Pressemitteilung vom 17.01.2017, NRW: Trinkwasser kostete 2016 im Schnitt 1,67 Euro, Abwasser 2,67 Euro je Kubikmeter, 17. Januar 2017.

Landmann, Robert von/*Rohmer*, Gustav: Umweltrecht, Stand 99. Ergänzungslieferung September 2022.

Lange, Klaus, Öffentlicher Zweck, öffentliches Interesse und Daseinsvorsorge als Schlüsselbegriffe des kommunalen Wirtschaftsrechts, NVwZ 2014, S. 616–621.

Leisner, Walter Georg, Weisungsrechte der öffentlichen Hand gegenüber ihren Vertretern in gemischt-wirtschaftlichen Unternehmen, GewArch 2009, S. 337–343.

Leisner-Egensperger, Anna, Rekommunalisierung und Grundgesetz – Verfassungsrechtliche Kriterien, Grenzen und Konsequenzen, NVwZ 2013, S. 1110–1116.

Lenk, Thomas/*Hesse*, Mario/*Rottmann*, Oliver, Privatisierung und Rekommunalisierung der Wasserversorgung aus theoretischer und empirischer Perspektive, IR 2010, S. 293–297.

Lenk, Thomas/*Rottmann*, Oliver, Öffentliche Unternehmen vor dem Hintergrund der Interdependenz von Daseinsvorsorge und Wettbewerb am Beispiel einer Teilveräußerung der Stadtwerke Leipzig, Universität Leipzig, Arbeitspapier Nr. 36 des Instituts für Finanzen, 2007.

Lenschow, Jens-Olaf, Marktöffnung in der leitungsgebundenen Trinkwasserversorgung, Diss. (Humboldt-Universität zu Berlin) 2006.

Lersner, Heinrich Freiherr von/*Berendes*, Konrad, Handbuch des Deutschen Wasserrechts, Band 1, Ergänzungslieferung 02/09.

Libbe, Jens/*Trapp*, Jan Hndrik/*Tomerius*, Stephan, Gemeinwohlsicherung als Herausforderung – Umweltpolitisches Handeln in der Gewährleistungskommune, Theoretische Verortung der Druckpunkte und Veränderungen in Kommunen, 2004.

Lindt, Peter/*Schielein*, Jörg, „Rationelle Betriebsführung“ in § 31 IV Nr. 3 GWB n. F. – Versuch einer Auslegung, IR 2013, S. 125–128.

Loewenheim, Ulrich/*Meessen*, Karl M./*Riesenkampff*, Alexander/*Kersting*, Christian/*Meyer-Lindemann*, Hans-Jürgen, Kartellrecht – Kommentar zum Deutschen und Europäischen Kartellrecht, 4. Aufl. 2020.

Lotze, Andreas, Kartellrechtliche Wasserpreis-Missbrauchskontrolle nach „enwag“ – Grundlegende Einzelfallentscheidung und kein Generalverdacht gegen eine Branche, RdE 2010, S. 113–121.

Lotze, Andreas/*Direkes*, Mathias, Die Freistellung der Wasserversorgung nach der 8. GWB-Novelle: Nur alter Wein in neuen Schläuchen?, RdE 2013, S. 401–407.

Lotze, Andreas/*Reinhardt*, Michael, Die kartellrechtliche Missbrauchskontrolle bei Wasserpreisen – Anforderungen und Grenzen aus verfassungsrechtlicher, kartellrechtlicher und umweltvertragsrechtlicher Sicht, NJW 2009, S. 3273–3278.

Ludwigs, Markus, Die Bundesnetzagentur auf dem Weg zur Independent Agency?, Die Verwaltung 44 (2011), S. 41–74.

Lutter, Marcus/*Grunewald*, Barbara, Öffentliches Haushaltsrecht und privates Gesellschaftsrecht, WM 1984, S. 385–398.

Lutz, Helmut/*Gauggel*, Dieter, Wasserpreise in Bayern aus kartellrechtlicher Sicht, GewArch 2000, S. 414–417.

Mäding, Erhard, Kommunale Gemeinschaftsstelle für Verwaltungsvereinfachung (KGSt), Zwischengemeindliche Zusammenarbeit, 1963.

Mangoldt, Hermann von/*Klein*, Friedrich/*Starck*, Christian, Das Bonner Grundgesetz Kommentar, Band 3: Artikel 79–146 GG, 4. Aufl. 2001.

Mangoldt, Hermann von/*Klein*, Friedrich/*Starck*, Christian, Grundgesetz Kommentar, Band 2: Artikel 20–82 GG, 7. Aufl. 2018.

Mangoldt, Hermann von/*Klein*, Friedrich/*Starck*, Christian, Grundgesetz Kommentar, Band 3: Artikel 83–146 GG, 7. Aufl. 2018.

Mankowski, Peter/*Schreier*, Michael, Zum Begriff des Wertes und des üblichen Preises, insbesondere in § 818 Abs. 2 BGB, AcP 208 (2008), S. 725–776.

Mann, Thomas/*Püttner*, Günter, Handbuch der kommunalen Wissenschaft und Praxis, Teil 1 Grundlagen und Kommunalverfassung, 3. Aufl. 2007.

Mann, Thomas/*Püttner*, Günter, Handbuch der kommunalen Wissenschaft und Praxis, Teil 2 Kommunale Wirtschaft, 3. Aufl. 2011.

Markert, Kurt, Aktuelle Fragen der Preismißbrauchsaufsicht im Strombereich, RdE 1996, S. 205–212.

Markopoulos, Titos, Rechtliche Ge- und Verbote bei der Öffnung der Wasserversorgungsmärkte, KommJuR 2012, S. 361–367.

Martens, Wolfgang, Öffentlich als Rechtsbegriff, Habilitationsschrift 1969.

Masing, Johannes, Die Regulierungsbehörde im Spannungsfeld von Unabhängigkeit und parlamentarischer Verantwortung, in: Bauer, Hartmut/Czybulka, Detlef/Kahl, Wolfgang/Vosskuhle, Andreas (Hrsg.), Wirtschaft im offenen Verfassungsstaat, Festschrift für Reiner Schmidt zum 70. Geburtstag, 2006, S. 521–534.

Masing, Johannes, Die US-amerikanische Tradition der Regulated Industries und die Herausbildung eines europäischen Regulierungsverwaltungsrechts, AöR 128 (2003), S. 558–607.

Masing, Johannes, Grundstrukturen eines Regulierungsverwaltungsrechts – Regulierung netzbezogener Märkte am Beispiel Bahn, Post, Telekommunikation und Strom, Die Verwaltung 36 (2003), S. 1–32.

Masing, Johannes, Regulierungsverantwortung und Erfüllungsverantwortung – Alternativen der Verwaltungsverantwortung am Beispiel der Privatisierungsdiskussion zur Wasserversorgung, VerwArch 2004, S. 151–170.

Masson, Christoph/*Samper*, Rudolf, Bayerische Kommunalgesetze – Gemeindeordnung – Landkreisordnung – Bezirksordnung, Kommentar, Stand 107. EL Juni 2020.

Maurer, Hartmund/*Waldhoff*, Christian, Allgemeines Verwaltungsrecht, 20. Auflage 2020.

Mayen, Thomas, Verwaltung durch unabhängige Einrichtungen, DÖV 2004, S. 45–55.

Mayer, Matthias, Untermaß, Übermaß und Wesensgehaltgarantie, Diss. (Univ. Gießen) 2005.

Meinzenbach, Jörg, Die Anreizregulierung als Instrument zur Regulierung von Netznutzungsentgelten im neuen EnWG – Eine Untersuchung der normativen Vorgaben des § 21a EnWG im System einer wettbewerbsfördernden Netzentgeltkontrolle, Diss. (Freie Universität Berlin) 2008.

Menges, Roland/*Müller-Kirchenbauer*, Joachim, Rekommunalisierung versus Neukonzessionierung der Energieversorgung, ZfE 2012, S. 51–67.

Mestmäcker, Ernst-Joachim/*Schweitzer*, Heike, Europäisches Wettbewerbsrecht, 3. Auflage, 2014.

Meyer, Hubert, Amtspflichten der Rechtsaufsichtsbehörde – Staatliche Fürsorge statt Selbstverantwortung?, NVwZ 2003, S. 818–821.

Meyer-Renschhausen, Martin, Die Auswirkungen der Privatisierung öffentlicher Dienstleistungen auf die Umwelt am Beispiel von Energiewirtschaft und Abwasserbeseitigung, Zeitschrift für öffentliche und gemeinwirtschaftliche Unternehmen, ZögU, Band 19, Heft 1, 1996, S. 79–94.

Michaelis, Peter, Wasserwirtschaft zwischen Markt und Staat – Zur Diskussion um die Liberalisierung der deutschen Wasserversorgung, Zeitschrift für öffentliche und gemeinwirtschaftliche Unternehmen, ZögU, Band 24, 2001, S. 432–450.

Mohl, Helmut/*Wegener*, Ulrich, Ökologisierung kommunaler Gebühren, KStZ 1996, S. 87–90.

Mohr, Jochen, Anreizregulierung, Ökonomie, Mathematik – am Beispiel des generellen sektoralen Produktivitätsfaktors gem. § 9 ARegV –, RdE 2020, S. 385–394.

Mohr, Jochen, Anreizregulierung und Innovation, RdE 2017, S. 273–281.

Mohr, Jochen, Die Verzinsung des Eigenkapitals von Energienetzbetreibern in der 3. Regulierungsperiode – Zur Reichweite von Entscheidungsspielräumen der Bundesnetzagentur bei der Ermittlung des Wagniszuschlags mithilfe des Capital Asset Pricing Model –, N&R-Beilage 1/2020, S. 1–36.

Mohr, Jochen, Energienetzregulierung als Zivilrechtsgestaltung, EuWZ 2019, S. 229–235.

Mohr, Jochen, Privatrechtliche Nichtigkeit von Kartellen und öffentlich-rechtlicher Vertrauensschutz, ZWeR 2011, S. 383–406.

Mohr, Jochen, Sicherung der Vertragsfreiheit durch Wettbewerbs- und Regulierungsrecht, Domestizierung wirtschaftlicher Macht durch Inhaltskontrolle der Folgeverträge, Habilitationsschrift (Universität Tübingen) 2015.

Mohr, Jochen, Zugangs- und Entgeltregulierung als Aufgaben des Regulierungsrechts, in: Säcker/Schmidt-Preuß (Hrsg.), Grundsatzfragen des Regulierungsrechts, 2015, S. 94–118.

Möller, Berenice, Die rechtliche Stellung und Funktion des Aufsichtsrats in öffentlichen Unternehmen der Kommunen, Diss. (Berlin, Humboldt-Univ.) 1998.

Monopolkommission, Bericht über die großstädtische Trinkwasserversorgung in Deutschland, 2006.

Monopolkommission, 1. Hauptgutachten der Monopolkommission 1973/1975, Mehr Wettbewerb ist möglich.

Monopolkommission, 18. Hauptgutachten der Monopolkommission 2008/2009, Mehr Wettbewerb, wenig Ausnahmen.

Monopolkommission, 19. Hauptgutachten der Monopolkommission, 2010/2011, Stärkung des Wettbewerbs bei Handel und Dienstleistungen.

Monopolkommission, 20. Hauptgutachten der Monopolkommission 2012/2013, Eine Wettbewerbsordnung für die Finanzmärkte.

Monopolkommission, Sondergutachten 21, 1991, Die Mißbrauchsaufsicht über Gas- und Fernwärmeunternehmen.

Monopolkommission, Sondergutachten 63, 2012, Die 8. GWB-Nolle aus wettbewerbspolitischer Sicht.

Möschel, Wernhard, Privatisierung, Deregulierung und Wettbewerbsordnung, JZ 1988, S. 885–893.

Möschel, Wernhard, Die Privatisierung der öffentlichen Kreditinstitute im Streit der Meinungen, in: Großfeld, Bernhard/Sack, Rolf/Möllers, Thomas M. J./Drexl, Josef/Heinemann, Andreas (Hrsg.), Festschrift für Wolfgang Fikentscher, 1998, S. 574–585.

Möschel, Wernhard, Recht der Wettbewerbsbeschränkungen, 1983.

Möschel, Wernhard, Strompreis und kartellrechtliche Kontrolle, WuW 1999, S. 5–14.

Müller, Jürgen, Die Wahl, Abwahl und Erstwahl von gemeindlichen Vertretern in Organen privatrechtlicher Gesellschaften nach nordrhein-westfälischem Kommunalrecht, NWVBl. 1997 S. 172–175.

Müller, Nikolaus, Rechtsformenwahl bei der Erfüllung öffentlicher Aufgaben (Institutional choice), 1993.

Münch, Ingo von/*Kunig*, Philip, Grundgesetz Kommentar, Band 1: Präambel bis Art. 69, 7. Auflage 2021.

Nesselmüller, Günter, Rechtliche Einwirkungsmöglichkeiten der Gemeinden auf ihre Eigengesellschaften, 1977.

Neusinger, Ulrich/*Lindt*, Peter, Ein Unternehmen auf dem Vormarsch – 7 Jahre bayerisches Kommunalunternehmen, BayVBl. 2002, S. 689–696.

Niederleithinger, Ernst, Die Stellung der Versorgungswirtschaft im Gesetz gegen Wettbewerbsbeschränkungen, 1968.

Oelmann, Mark, Anreizwirkung von Benchmarkingsystemen – Implikationen ür die Überzeugungskraft des deutschen Weges in der Wasserwirtschaft, in: Haug/Rosenfeld, Die Rolle der Kommunen in der Wasserwirtschaft: Hallesches Kolloquium zur Kommunalen Wirtschaft, 2007, S. 47–69.

Oertel, Klaus, Die Unabhängigkeit der Regulierungsbehörde nach §§ 66 ff. TKG, Diss. (Univ. Heidelberg) 2000.

Ohler, Christoph, Der institutionelle Vorbehalt des Gesetzes, AöR 131 (2006), S. 336–377.

Ossenbühl, Fritz, Die Erfüllung von Verwaltungsaufgaben durch Private, Band 29 (1970) der Reihe Veröffentlichungen der Vereinigung der Deutschen Staatsrechtslehrer (VVDStRL), Berichte und Diskussionen auf der Tagung der Vereinigung der Deutschen Staatsrechtslehrer in Speyer am 8. und 9. Oktober 1970, Zweiter Beratungsgegenstand, S. 137–276.

Osterloh, Lerke, Privatisierung von Verwaltungsaufgaben, Band 54 (1995) der Reihe Veröffentlichungen der Vereinigung der Deutschen Staatsrechtslehrer (VVDStRL), Berichte und Diskussionen auf der Tagung der Vereinigung der Deutschen Staatsrechtslehrer in Halle/Saale vom 5. bis 8. Oktober 1994, Zweiter Beratungsgegenstand, S. 204–242.

Pafﬂhausen, Peter, Gestaltung von Public Private Partnerships, in: Bauer, Hartmut/Büchner, Christiane/Brosius-Gersdorf, Frauke, Verwaltungskooperation – Public Private Partnerships und Public Public Partnerships, 2008, S. 95–106.

Pappermann, Ernst, Grundzüge eines kommunalen Kulturverfassungsrechts, DVBl. 1980, S. 701–711.

Paschke, Marian, Die kommunalen Unternehmen im Lichte des GmbH-Konzerns, ZHR 152 (1988), S. 263–285.

Pauly, Walter/*Schüler*, Yvonne, Der Aufsichtsrat kommunaler GmbHs zwischen Gemeindewirtschafts- und Gesellschaftsrecht, DÖV 2012, S. 339–346.

Peine, Franz-Joseph, Grenzen der Privatisierung – verwaltungsrechtliche Aspekte, DÖV 1997, S. 353–365.

Pestalozza, Christian, Thesen zur kompetenzrechtlichen Qualifikation von Gesetzen im Bundesstaat, DÖV 1972, S. 181–191.

Peters, Hans, Öffentliche und staatliche Aufgaben, in: Dietz, Rolf/Hübner, Heinz (Hrsg.), Festschrift für Hans Carl Nipperdey zum 70. Geburtstag, Band II, 1965, S. 877–895.

Petersen, Thomas/*Hartermann*, Niels, Die ARegV als Blaupause für die Kontrolle von Wasserpreisen und -gebühren?, IR 2013, S. 305–308.

Picot, Arnold, Theorien der Regulierung und ihre Bedeutung für den Regulierungsprozess, in: Picot (Hrsg.), 10 Jahre wettbewerbsorientierte Regulierung von Netzindustrien in Deutschland, 2008, S. 9–29.

Pielow, Johann-Christian, Öffentliche Daseinsvorsorge zwischen „Markt“ und „Staat“, JuS 2006, S. 692–694.

Piltz, Harald, Kartellrechtliche Bewertung bestehender Gaslieferungsverträge, RdE 1999, S. 60–64.

Pöcker, Markus, Unabhängige Regulierungsbehörden und die Fortentwicklung des Demokratieprinzips, VerwArch 99 (2008), S. 380–400.

Popitz, Johannes, Der künftige Finanzausgleich zwischen Reich, Ländern und Gemeinden – Gutachten, erstattet der Studiengesellschaft für den Finanzausgleich, 1932.

Poschmann, Thomas, Grundrechtsschutz gemischt-wirtschaftlicher Unternehmen: ein Beitrag zur Bestimmung des personalen Geltungsbereichs der Grundrechte unter besonderer Berücksichtigung der Privatisierung öffentlicher Aufgaben, Diss. (Univ. Passau) 1999.

Prandl, Josef/*Zimmermann*, Hans/*Büchner*, Hermann/*Pahlke*, Michael, Kommunalrecht in Bayern, Kommentar zu Gemeindeordnung – Verwaltungsgemeinschaftsordnung – Landkreisordnung und Bezirksordnung mit ergänzenden Vorschriften, 2019.

Prinz, Ulrich/*Winkeljohann*, Norbert, Beck'sches Handbuch der GmbH, 6. Aufl. 2021.

Püttner, Günter, Die öffentlichen Unternehmen: ein Handbuch zu Verfassungs- und Rechtsfragen der öffentlichen Wirtschaft, 2. Aufl. 1985, teilw. zugleich Habil. (Univ. Köln) 1969.

Püttner, Günter, Privatisierung, LKV 1994, S. 193–196.

Quaas, Michael, Aktuelle Rechtsfragen des Benutzungsgebührenrechts unter besonderer Berücksichtigung der Privatisierung kommunaler Infrastruktureinrichtungen, NVwZ 2002, S. 144–151.

Quaas, Michael, Kommunales Abgabenrecht, 1997.

Raiser, Thomas, Konzernverpflechtungen unter Einschluß öffentlicher Unternehmen, ZGR 1996, S. 458–480.

Rajczak, Lawrence, Wasserpreise auf dem Prüfstand des Zivilrechts, Diss. (Humboldt-Universität zu Berlin) 2014.

Rapsch, Arnulf/*Pencereci*, Turgut/*Brandt*, Claudia, Wasserverbandsrecht, 2. Auflage 2020.

Reif, Thomas/*Bollinger*, Julia, Preisstrukturmissbrauch – die unterschätzte Gefahr in der Wasserwirtschaft, WuW 2022, S. 184–195.

Reinhardt, Michael, Das wasserrechtliche Bewirtschaftungsermessen im ökologischen Gewässerschutzrecht, NVwZ 2017, S. 1000–1004.

Reinhardt, Michael, Demografischer Wandel im Wasserrecht – Rechtsrahmen für Daseinsvorsorge und Gewässerschutz, LKV 2018, S. 289–299.

Reinhardt, Michael, Die kartellrechtliche Kontrolle der Wasserpreise aus rechtswissenschaftlicher Sicht, LKV 2010, S. 145–152.

Reinhardt, Michael, Die Kontrolle der Wasserpreisgestaltung zwischen Kommunalabgabenrecht, Wettbewerbsrecht und Gewässerschutz, ZfW 2008, S. 125–148.

Reinhardt, Michael, Neuere Entwicklungen im wasserhaushaltsgesetzlichen Bewirtschaftungssystem unter besonderer Berücksichtigung des Bergbaus, NuR 2004, S. 82–89.

Reinhardt, Michael, Öffentliche Aufgaben unter Kartellkontrolle? – Zum Verhältnis der neueren BGH-Rechtsprechung und der verwaltungsgerichtlichen Gebührenkontrolle, LKV 2010, S. 296–302.

Reinhardt, Michael/*Hasche*, Frank, Wasserverbandsgesetz Kommentar, 2011.

Ritzenhoff, Lukas, Die kartellrechtliche Wasserpreisekontrolle nach „Wasserpreise Wetzlar“, WRP 2010, S. 734–740.

Ruffert, Matthias, Grundlagen und Maßstäbe einer wirkungsvollen Aufsicht über die kommunale wirtschaftliche Betätigung, VerwArch 92 (2001), S. 27–57.

Rüttgers, Christian/*Schwarz*, Christian, Durchleitungsexternalitäten der gemeinsamen Netznutzung in der Trinkwasserversorgung, Schmollers Jahrbuch: Journal of Applied Social Science Studies/Zeitschrift für Wirtschafts- und Sozialwissenschaften, vol. 130 (2010), S. 71–94.

Sachs, Michael, Grundgesetz: GG, 9. Aufl. 2021.

Sachs, Michael, Sachverständigenrat für Umweltfragen, Umweltgutachten 2000 – Schritte ins nächste Jahrtausend, 10. 03. 2000.

Säcker, Franz Jürgen, Die kartellrechtliche Missbrauchskontrolle über Wasserpreise und Wassergebühren, NJW 2012, S. 1105–1111.

Säcker, Franz Jürgen, Die wettbewerbsorientierte Anreizregulierung von Netzwirtschaften, N&R 2009, S. 78–85.

Säcker, Franz Jürgen/*Böcker*, Lina, Die Entgeltkontrolle als Bestandteil einer sektorübergreifenden Regulierungsdogmatik für Netzwirtschaften, in: Picot, Arnold (Hrsg.), 10 Jahre wettbewerbsorientierte Regulierung von Netzindustrien in Deutschland, 2008, S. 69–122.

Säcker, Franz Jürgen/*Meier-Beck*, Peter, Münchener Kommentar zum Wettbewerbsrecht, Band 2, 4. Aufl. 2022.

Säcker, Franz Jürgen/*Mohr*, Jochen, Reintegration von Dienstleistungskonzessionen in das Vergaberecht am Beispiel der Wasserversorgung, ZWeR 2012, S. 417–441.

Säcker, Franz Jürgen/*Mohr*, Jochen/*Wolf*, Maik, Konzessionsverträge im System des europäischen und deutschen Wettbewerbsrechts, 2011.

Salamon, Lester M., The Tools of Government: A Guide to the New Governance, 2002.

Salzwedel, Jürgen, Optionen, Chancen und Rahmenbedingungen einer Marktöffnung für eine nachhaltige Wasserversorgung – Rechtsfragen, NordÖR 2001, S. 185–187.

Sander, Georg, Privatisierung in der Wasserversorgung und europarechtliche Vorgaben, VBlBW 2009, 161–168.

Sauer, Johannes/*Stecker*, Daniel, Steigerung der Versorgungseffizienz auf Unternehmens- und Sektorebene – Unternehmensstrategien im Wassermarkt; Zeitschrift für öffentliche und gemeinwirtschaftliche Unternehmen, ZögU 2003, S. 259–282.

Scheele, Ulrich, Aktuelle Entwicklungen in der englischen Wasserwirtschaft, Zeitschrift für öffentliche und gemeinwirtschaftliche Unternehmen, ZögU 1997, S. 35–57.

Schink, Alexander, Organisationsformen für die kommunale Abfallwirtschaft, VerwArch 85 (1994), S. 251–280.

Schlitt, Michael, Rechtliche Rahmenbedingungen des Börsengangs kommunaler AGs, Finanz-Betrieb 1999, S. 440–448.

Schmalz, Reinhard, Ressourcenschonung im liberalisierten Wassermarkt, ZUR 2001, Sonderheft, S. 152–156.

Schmidt, Christian, Neustrukturierung der Bundesnetzagentur – Verfassungs- und verwaltungsrechtliche Probleme, NVwZ 2006, S. 907–909.

Schmidt, Kai/*Weck*, Thomas, Kartellrechtliche Effizienzkontrolle kommunaler Gebühren nach der 8. GWB- Novelle – ein Schlag ins Wasser?, NZKart 2013, S. 343–349.

Schmidt, Reiner, Die Liberalisierung der Daseinsvorsorge, Der Staat 42 (2003), S. 225–227.

Schmidt, Reiner/*Vollmöller*, Thomas, Kompendium Öffentliches Wirtschaftsrecht, 3. Auflage 2007.

Schmidt, Torsten, Liberalisierung, Privatisierung und Regulierung der Wasserversorgung, LKV 2008, S. 193–200.

Schmidt-Aßmann, Bernhard, Das allgemeine Verwaltungsrecht als Ordnungsidee – Grundlagen und Aufgaben der verwaltungsrechtlichen Systembildung, 2. Aufl. 2004.

Schmidt-Aßmann, Eberhard/*Ulmer*, Peter, Die Berichterstattung von Aufsichtsratsmitgliedern einer Gebietskörperschaft nach § 394 AktG, BB 1988, Beilage 13.

Schmidtz-Jortzig, Edzard, Gemeinde- und Kreisaufgaben – Funktionsordnung des Kommunalbereiches nach „Rastede“, DÖV 1993, S. 973–984.

Schneider, Uwe H., Konzernbildung, Konzernleitung und Verlustausgleich im Konzernrecht der Personengesellschaften, ZGR 1980, S. 511–547.

Schoch, Friedrich, Privatisierung von Verwaltungsaufgaben, DVBl. 1994, S. 962–977.

Schön, Wolfgang, Der Einfluss öffentlich-rechtlicher Zielsetzungen auf das Statut privatrechtlicher Eigengesellschaften der öffentlichen Hand: Gesellschaftsrechtliche Analyse, ZGR 1996, S. 429–457.

Schönefuß, Stephan, Privatisierung, Regulierung und Wettbewerbselemente in einem natürlichen Infrastrukturmonopol – ein ordnungsökonomischer Ansatz bezogen auf die Wasserwirtschaft, Diss. (Univ. Hannover) 2005.

Schröder, Holger, Das Verfahren zur Vergabe von Wasserkonzessionen, NVwZ 2017, S. 504–510.

Schröder, Rainer, Verwaltungsrechtsdogmatik im Wandel, 2007.

Schulte, Josef Lothar/*Just*, Christoph, Kartellrecht, 2. Auflage 2016.

Schulz, Norbert, Neue Entwicklungen im kommunalen Wirtschaftsrecht Bayerns, BayVbl. 1996, S. 97–102.

Schuppert, Gunnar Folke, Die Privatisierungsdiskussion in der deutschen Staatsrechtslehre, StWStP 5 (1994), S. 541–564.

Schuppert, Gunnar Folke, Rückzug des Staates? – Zur Rolle des Staates zwischen Legitimationskrise und politischer Neubestimmung, DÖV 1995, S. 761–770.

Schwarz, Theo, Die wirtschaftliche Betätigung der öffentlichen Hand im Kartellrecht, Diss. (Univ. München) 1969.

Schwarze, Jürgen, Der Staat als Adressat des europäischen Wettbewerbsrechts, EuZW 2000, S. 613–627.

Schwarze, Reimund, Yardstick-Regulierung oder kartellrechtliches Vergleichsmarktkonzept – ein Vergleich am Beispiel der Wasserwirtschaft, WuW 2003, S. 241–246.

Schweitzer, Heike, Kommunale Daseinsvorsorge zwischen Kartellrecht und öffentlich-rechtlicher Gebührenkontrolle, ZHR 181 (2017), S. 119–147.

Schwintowski, Hans-Peter, Corporate Governance im öffentlichen Unternehmen, NVwZ 2001, S. 607–612.

Schwintowski, Hans-Peter, Gesellschaftsrechtliche Bindungen für entsandte Aufsichtsratsmitglieder in öffentlichen Unternehmen, NJW 1995, S. 1316–1321.

Schwintowski, Hans-Peter, Verschwiegenheitspflicht für politisch legitimierte Mitglieder des Aufsichtsrats, NJW 1990, S. 1009–1015.

Seuser, Anna Alexandra, Die Rechtskontrolle von Wassergebühren und Wasserpreisen – Eine systemvergleichende Gegenüberstellung von gebührenrechtlicher und kartellrechtlicher Missbrauchsaufsicht, Diss. (Univ. Trier) 2016.

Sieder, Frank/*Zeitler*, Herbert/*Dahme*, Heinz/*Knopp*, Günther-Michael, Wasserhaushaltsgesetz, Abwasserabgabengesetz: WHG, Stand 57. Ergänzungslieferung Februar 2022.

Soyez, Volker/*Berg*, Werner, Preiskontrolle und Vergleichsmarktkonzept in der Wasserversorgungswirtschaft, WuW 2006, S. 726–737.

Späth, Lothar/*Michels*, Günter/*Schily*, Konrad, Das PPP-Prinzip – Public Private Partnership – Die Privatwirtschaft als Sponsor öffentlicher Interessen, 1998.

Statistisches Bundesamt (Destatis), Umwelt, Öffentliche Wasserversorgung und öffentliche Abwasserentsorgung – Öffentliche Wasserversorgung – Fachserie 19, Reihe 2.1.1, 2016

Statistisches Bundesamt (Destatis), Umwelt, Öffentliche Wasserversorgung und öffentliche Abwasserentsorgung – Öffentliche Wasserversorgung – Fachserie 19, Reihe 2.1.3, 2016

Statistisches Bundesamt (Destatis), Umwelt, Öffentliche Wasserversorgung und öffentliche Abwasserentsorgung – Öffentliche Wasserversorgung – Fachserie 19, Reihe 2.2, 2016

Statistisches Bundesamt (Destatis), Wasserwirtschaft, Entgelt für die Trinkwasserversorgung in Tarifgebieten nach Tariftypen 2014 bis 2016.

Statistisches Bundesamt (Destatis), Wasserwirtschaft, Entgelt für die Trinkwasserversorgung in Tarifgebieten nach Tariftypen 2017 bis 2019.

Steiner, Udo/*Brinktrine*, Ralf, Besonderes Verwaltungsrecht, 9. Auflage 2018.

Stern, Klaus, Das Staatsrecht der Bundesrepublik Deutschland, Band 2 Staatsorgane, Staatsfunktionen, Finanz- und Haushaltsverfassung, Notstandsverfassung, 1980.

Storr, Stefan, Der Staat als Unternehmer, Habil. 2001.

Streinz, Rudolf, EUV/AEUV – Vertrag über die Europäische Union, Vertrag über die Arbeitsweise der Europäischen Union, Charta der Grundrechte der Europäischen Union, 3. Aufl. 2018.

Strohn, Lutz, Die Rechtsprechung des Bundesgerichtshofs zum Wasser-Kartellrecht, in: Festschrift für Klaus Tolksdorf, 2014, S. 563–575.

Stürner, Rolf (Hrsg.), Jauernig, Bürgerliches Gesetzbuch, 18. Aufl. 2021.

Surén, Friedrich-Karl/*Loschelder*, Wilhelm, Die Deutsche Gemeindeordnung II, Kommentar, 1940.

Tettinger, Peter J., Die Charta der Grundrechte der Europäischen Union, NJW 2001, S. 1010–1015.

Tettinger, Peter J., Die rechtliche Ausgestaltung von Public Private Partnership, DÖV 1996, S. 764–770.

Tettinger, Peter J., Die rechtliche Ausgestaltung von Public Private Partnership, in: Budäus, Dietrich/Eichhorn, Peter (Hrsg.), Public Private Partnership – Neue Formen öffentlicher Aufgabenerfüllung, 1997.

Tettinger, Peter J., Public Private Partnership, Möglichkeiten und Grenzen – ein Sachstandsbericht, NWVBl. 2005, S. 1–10.

Teuber, Christian, Interkommunale Kooperationen unter Berücksichtigung vergabe- und wasserrechtlicher Fragestellungen. Teil 1: Erscheinungsformen und Kriterien für die Rechtsformenwahl, KommJur 2008, S. 444–451.

Theobald, Christian/*Kühling*, Jürgen, Energierecht Kommentar, Band 1, 116. Ergänzungslieferung, Mai 2022.

Thode, Bernd/*Peres*, Holger, Die Rechtsform Anstalt nach dem kommunalen Wirtschaftsrecht des Staates Bayern, BayVbl. 1999, S. 6–11.

Tschentscher, Axel, Demokratische Legitimation der dritten Gewalt, Habil. (Universität Würzburg) 2006.

Uechtritz, Michael/*Otting*, Olaf, Das „ÖPP-Beschleunigungsgesetz“: Neuer Name, neuer Schwung für „öffentlich-private Partnerschaften“?, NVwZ 2005, S. 1105–1111.

Uerpmann, Robert, Das öffentliche Interesse – Seine Bedeutung als Tatbestandsmerkmal und als dogmatischer Begriff, Habilitationsschrift 1999.

Verband kommunaler Unternehmen (VKU), Kartellrechtliche Wasserpreiskontrolle nach der 8. GWB-Novelle, Leitfaden des Verbandes kommunaler Unternehmen (VKU), 2014.

Voßkuhle, Andreas, Beteiligung Privater an der Wahrnehmung öffentlicher Aufgaben und staatliche Verantwortung, Band 62 (2013) der Reihe Veröffentlichungen der Vereinigung der Deutschen Staatsrechtslehrer (VVDStRL), Berichte und Diskussionen auf der Tagung der Vereinigung der Deutschen Staatsrechtslehrer in St. Gallen vom 1. bis 5. Oktober 2002, Zweiter Beratungsgegenstand, S. 266–335.

Voßkuhle, Andreas, Gesetzgeberische Regelungsstrategien der Verantwortungsteilung zwischen öffentlichem und privatem Sektor, in: Schuppert, Gunnar Folke (Hrsg.), Jenseits von Privatisierung und „schlankem“ Staat – Verantwortungsteilung als Schlüsselbegriff eines sich verändernden Verhältnisses von öffentlichem und privatem Sektor, S. 47–90.

Voßkuhle, Andreas/*Eifert*, Martin/*Möllers*, Christoph, Grundlagen des Verwaltungsrechts, Band I, 3. Aufl. 2022.

Waldermann, Anselm, Teures Trinkwasser – Verbraucher zahlen Hunderte Euro zu viel, in: Spiegel Online vom 29.05.2007.

Waldmann, Knut, Das Kommunalunternehmen als Rechtsformalternative für die wirtschaftliche Betätigung von Gemeinden, NVwZ 2008, S. 284–286.

Weber, Klaus, Rechtswörterbuch, 27. Edition, Stand 1.10.2021.

Wehage, Maximilian Lukas, Missbrauchsaufsicht über Wasserpreise und Wassergebühren nach deutschem und europäischem Kartellrecht, Diss. (Humboldt-Universität Berlin) 2015.

Weiß, Nicole, Liberalisierung der Wasserversorgung, Diss. (Univ. Bayreuth) 2003.

Weiß, Wolfgang, Beteiligung Privater an der Wahrnehmung öffentlicher Aufgaben und staatliche Verantwortung, DVBl. 2002, S. 1167–1182.

Weiß, Wolfgang, Privatisierung und Staatsaufgaben – Privatisierungsentscheidungen im Lichte einer grundrechtlichen Staatsaufgabenlehre unter dem Grundgesetz, Habilitationsschrift, 2002.

Wettling, Hans, Gemeindesatzung und Konzessionsvertrag bei privater Wasserversorgung, KommJur 2004, S. 58–64.

Wettling, Hans, Konzessionsverträge (im Sinne des Gemeinde- und Enegiewirtschaftsrechts) zur Sicherung der Gasversorgung in Gemeinden, KommJur 2004, S. 35–39.

Wiedemann, Gerhard, Handbuch des Kartellrechts, 4. Auflage 2020.

Wienbracke, Mike, Die verfassungskräftige Verankerung des gebührenrechtlichen Kostendeckungsprinzips – Dargestellt am Beispiel der Verwaltungsgebühr –, DÖV 2005, S. 201–205.

Wieser, Robert, Ansätze zur Lösung von Principal-Agent-Problemen bei der öffentlichen Auftragsvergabe, Zeitschrift für öffentliche und gemeinwirtschaftliche Unternehmen, ZögU, Band 20, Heft 3, 1997, S. 348–359.

Windel, Peter A., Die Festlegung der gemischtwirtschaftlichen GmbH auf politische Ziele, ZögU 1999, S. 52–65.

Winkler, Jens, Wettbewerb für den deutschen Trinkwassermarkt – vom freiwilligen Benchmarking zur disaggregierten Regulierung, 2005.

Witzel, Gustav, Mittelaufbringung für Unternehmen der Wasser- und Bodenverbände, ZfW 1962, S. 26–34.

Wolf, Andreas, Mißbrauchsaufsicht über die Gaspreise, BB 1989, S. 993–1003.

Wolf, Maik, Kartellrechtliche Grenzen der öffentlich-rechtlichen Gebührenerhebung, NZKart 2013, S. 17–25.

Wolf, Maik, Zu den verfassungsrechtlichen Grenzen für eine kartellrechtliche Kontrolle von Gebühren, WuW 2013, S. 246–250.

Wolfers, Benedikt/*Wollenschläger*, Burkhard, Gebühren- oder Kartellrecht: Was gilt? Zu den verfassungsrechtlichen Grenzen kartellrechtlicher Rechtsfortbildung, DVBl. 2012, S. 273–279.

Wolfers, Benedikt/*Wollenschläger*, Burkhard, Kartellrechtliche Kontrolle von Gebühren?, WuW 2013, S. 237–246.

Wolfers, Benedikt/*Wollenschläger*, Burkhard, Rechtliche, betriebswirtschaftliche und technische Grundlagen der kartellrechtlichen Wasserpreiskontrolle, EnWZ 2013, S. 71–75.

Wolfers, Benedikt/*Wollenschläger*, Burkhard, Wasserpreiskontrolle: Welcher Rechtsschutz verbleibt nach dem Beschluss des OLG Düsseldorf v. 24. 2. 2014?, EnWZ 2014, S. 261–267.

Wolff, Hans J./*Bachof*, Otto/*Stober*, Rolf/*Kluth*, Winfried, Verwaltungsrecht I, 13. Auflage 2017.

Wolfrum, Rüdiger, Indemnität im Kompetenzkonflikt zwischen Bund und Ländern, DÖV 1982, S. 674–680.

Wollenschläger, Bernward, Effektive staatliche Rückholoptionen bei gesellschaftlicher Schlechterfüllung, Diss. (Univ. Freiburg) 2006.

Würdinger, Markus, Die Analogiefähigkeit von Normen, AcP 206 (2006), S. 946–979.

Wurzel, Gabriele/*Schraml*, Alexander/*Gaß*, Andreas, Rechtspraxis der kommunalen Unternehmen, 4. Auflage 2021.

Zacharias, Diana, Privatisierung der Abwasserbeseitigung, Die öffentliche Verwaltung, 2001, S. 454–461.

Zeichner, Wolfgang, Die Voraussetzungen für die Beteiligung des Bundes/eines Landes an einem Unternehmen nach § 65 Abs. 1 BHO/LHO und ihre Prüfung durch den Rechnungshof, AG 1985, S. 61–70.

Zieglmeier, Christian, Kommunale Aufsichtsratsmitglieder, LKV 2005, S. 338–340.

Sachwortverzeichnis